THE COMPLETE BOOK OF GUNS

총기의 구조부터 위력, 정밀도, 탄속, 탄도까지 해설

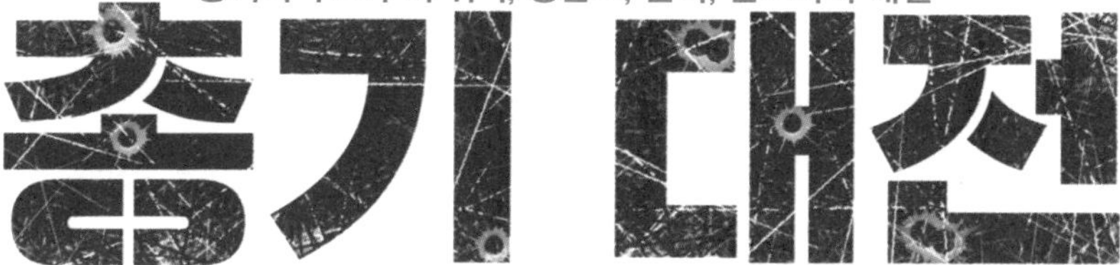

가노 요시노리 지음 오광웅 옮김

AK TRIVIA BOOK

들어가며

인류는 수백만 년에 걸쳐 수렵 생활을 해왔습니다. 농경 생활로 접어든 것은 불과 수천 년 정도에 지나지 않습니다. 그렇게 수렵 생활을 이어오던 수백만 년의 진화 과정에서 인류는 좀 더 사거리가 길고, 좀 더 강력하며, 좀 더 정확하게 명중시킬 수 있는 무기를 원해왔습니다. 따라서 이 욕구는 인류의 본능이라고도 할 수 있습니다. 남자아이의 대부분은 총을 좋아합니다. 이것은 사냥에 주로 종사하던 남성의 본능이었기에 극히 당연한 일입니다.

총기의 발명은 바로 그 소망을 이뤄줬습니다. 물론 그렇다고는 해도 초기의 총포는 단순한 쇠 파이프와 같은 것이었기에 정확하게 겨냥할 수는 없었습니다. 하지만 개량을 거듭하면서 점차 정교하게 발전해나갔습니다.

이후 총과 대포가 전쟁에 사용되면서, 더 나은 총포를 개발하는 것은 국가의 존망과도 관련된 일이 되었습니다. 저는 기계류를 참 좋아합니다만, 총포의 기계 구조는 특히 마음을 끄는 면이 있습니다. 기계류를 좋아하는 남성들 대부분도 그렇겠죠. 그것은 극히 당연한 일로, **우수한 총포의 개발에는 국가의 명운이 달려 있으니, 기술자들은 지혜를 짜내고 심혈을 기울여온** 것이죠. 그렇게 된 메커니즘이 매력적이지 않을 수가 없는 것입니다.

총포의 발달은 사회 구조도 바꾸었습니다. 총이나 대포를 많이 만들기 위해서는 많은 양의 금속이 필요했고, 이를 위해서는 광산 채굴 기술의 진보가 이뤄져야 했습니다. 좋은 철을 만들려면 야금 기술도 발달해야 했습니다. 그렇게 공업 기술이 진보하면, 여기에 관련되는 많은 두뇌가 필요하게 됩니다. 그 무기를 다루는 병사도 '탄환은 포물선을 그리며 날아가는 것이다'라는 것을 이해하지 않으면 쓸모가 없습니다. '서민은 글자 따위는 읽지 못해도 상관없다'라는 소리는 할 수 없게 되어, 이윽고 국민 모두가 학교 교육을 받게 되는 시대가 옵니다.

총이나 대포를 사용하여 전쟁을 하게 되면, 총포를 다루는 군대를 많이 보유하고 있는 편이 유리하기 때문에, 농가의 차남이나 삼남 같은 일반 국민을 모아 군대를 만듭니다.

이렇게 되면 국가의 군사력을 담당하는 것은 기사나 무사뿐만이 아니라 국민 전체가 됩니다. 그리고 국가의 지배자도 더 이상은 국민을 가축처럼 지배하고 착취할 수 없게 되지요. 민주주의 사회는 이렇게 생겨난 것입니다. 즉, 총은 근대 문명의 '어머니'이자 민주주의의 근원인 것입니다. 그러한 역사가 깃들어 있기에 우리는 그 '아우라'를 총으로 쏘고 있는 것입니다.

이 책을 손에 드신 당신은, 총이 쏘는 '아우라'에 이끌려 총에 흥미를 갖고, '총에 대해 알고 싶다'고 생각했을 것입니다. 즉, 당신에게는 지적 호기심이 있다는 것입니다. 지적 호기심은 인간에게 매우 중요한 것입니다. 호기심은 진보의 원동력입니다. 음식을 먹는 것은 본능이지만, 미식 탐구는 지적 호기심입니다. 총을 좋아하는 건 본능이지만, 자세히 알고 싶다고 생각하는 것은 지적 호기심입니다.

이 책은 당신의 지적 호기심을 충족시켜주기 위해 씌었습니다. 이 책에 쓰인 내용을 이해할 수 있다면, 당신은 총에 대해 상당한 지식을 얻을 수 있을 것입니다. 현재 일본에서 출판되어 있는 책 중에서 이 책 이상으로 총기에 대해 상세히 밝힌 책은 아마도 없을 것입니다.

물론 그렇다고 해도 페이지 수에는 한계가 있습니다. 이 책에서는 사격의 기술에 대해서는 거의 언급하지 않았고, 총의 기계적 구조에 대해서도 해설이 부족한 면이 있습니다. 또한 탄약의 재생(Handloading) 등에 대해서도 간단히 언급하고 있을 뿐으로, 어떤 분야든 깊이 탐구하고자 하면 끝이 없는 법입니다.

이 책을 읽고 난 후, 또한 어디까지 탐구할 것인가는 사람마다 다르지만, 총기에 대한 연구를 심화시켜나간다면 공업 기술뿐 아니라 현대 세계는 어째서 지금과 같은 모습으로 발전하게 되었는가 하는 역사의 흐름에까지 이야기가 이어진다고 알게 될 것입니다. 어떤 방향으로 얼마나 탐구해나갈지는 당신의 노력에 달려 있습니다.

2024년 3월 가노 요시노리

CONTENTS

제 3 장 탄약

제 5 장 소총

제 6 장 기관총

제 7 장 탄도

제12장 걸작 총기를 논평하다

제 1 장

총이란 무엇인가

애초에 '총(銃)'이라는 한자의 의미는 무엇인가? '총과 포(砲)의 차이'는 무엇인가? '20mm 기총과 20mm 기관포는 뭐가 다른가'··· 등등 제1장에서는 총이라는 것의 '근본'에 대해 알아보도록 합시다.

1-01 '총(銃)'이라는 한자의 뜻

'총'이란 원래 망치 자루를 꽂는 구멍을 말한다

일본에 총이 전해진 것은 1543년, 포르투갈인이 다네가시마에 왔을 때가 처음이라고 알려져 있습니다. 이때 포르투갈인들은 이 총을 '아르케부스(Arquebus)'라고 불렀는데, 처음에 일본인들은 이를 음차하여 '아르카부스(阿瑠賀放至)'라고 표기했고, 얼마 지나지 않아 **뎃포**(鉄炮)라는 일본어가 만들어졌습니다.

이는 가마쿠라 막부 시대에 일본을 침공한 원나라 군대가 철포(鉄炮)라는 화약 무기를 사용하여 일본인들을 놀라게 했던 일을 떠올려 그렇게 이름을 붙였을 것입니다. 다만 원나라 군대가 사용한 철포라는 것은 총보다는 오늘날의 수류탄에 더 가까운 것이었습니다만.

이후 전국시대에 들어서면서 철포는 일본 전역에 급속히 보급됐지만, 정작 **총**(銃)이라는 표현은 에도시대 중반까지 사용되지 않았습니다. '총'이라는 말은 아무래도 조선에서 온 것이 아닐까 생각됩니다. 원래 '총(銃)'이라는 한자는 망치 자루를 꽂는 구멍을 뜻합니다. 즉, 쇠에 뚫린 구멍입니다. 수백 년 전 조선의 여러 문서에는 화약의 힘으로 탄환을 발사하는 장치를 '총통'이라 기록하고 있었고, 도요토미 히데요시 군대가 침공했을 때 일본군의 화승총을 '조총(鳥銃)'이라고 부르면서 두려워했습니다.

중국에서는 총을 **치앙**(槍)이라고 하며, 기관총은 지치앙(機槍), 권총은 서우치앙(手槍) 등으로 쓰고, '총'이라는 표현은 전혀 볼 수 없습니다. 다만, 오른쪽 페이지에서 볼 수 있듯이, 수백 년 전의 옛날 책에는 칠성총(七星銃), 십안총(十眼銃)이라는 명칭을 볼 수 있습니다만, 예외적인 사례입니다.

그래서 총이라는 표현은 조선에서 사용되던 말이 에도시대에 이르러 일본에 보급된 것 같습니다. 전국시대에는 '뎃포'라고 표기했던 것이 에도시대가 되면서 '○○총'이라는 표기로 찾아볼 수 있게 된 것이죠.

칠성총(왼쪽)과 십안총(오른쪽). 이처럼 중국에서 '총(銃)'이라는 한자를 사용하고 있는 예는 고문서에 약간의 예가 있는 정도로, 일반적으로 중국에서는 '총'이라는 말을 쓰지 않는다.

출처 : 무비제승(武備制勝)

중국의 '56식 보창'. 중국어로는 '총'을 '치앙(槍)'이라고 한다.

1-02 총과 포의 구분

20mm 기관포와 20mm 기총의 차이는?

현대에는 손에 들고 혼자서 옮길 수 있을 것 같은 소형의 것이 **총**, 트럭으로 견인할 만큼 큰 것이 **포**(砲)라는 이미지가 있는데요. 일본의 예를 들자면 에도시대가 끝날 무렵까지 총과 포를 구별할 생각은 없었던 모양입니다. 바퀴가 달려 말로 끄는 것 같은 큰 것도 그냥 '대총(大銃)'이라고 불렀다고 합니다.

병사가 가지고 있는 라이플을 '소총'이라고 하는 것은, 이 대총보다 작은 것을 소총이라고 부른 데서 온 것입니다. 큰 것을 포라고 부르게 된 것은 메이지(明治)시대 이후의 일입니다. 하지만 얼마나 크면 포인가 하는 생각이 육군과 해군에서는 달랐습니다.

육군에서는 구경 13mm 이하를 총이라고 불렀는데, 해군에서는 40mm 이하를 총이라고 불렀습니다. 그래서 구경 20mm 머신건이 육군에서는 '20mm 기관포', 해군에서는 '20mm 기총'이라고 불렸습니다.

오늘날의 일본에서는 '무기 등의 제조법'이라는 법률로 **구경 20mm 이상을 '포'로 분류**하고 있습니다. 그래서 육상자위대와 해상자위대 모두 '20mm 기관포'라 부릅니다. 오른쪽 페이지 하단의 사진은 러시아의 14.5mm 기관총인데요, 이런 모습이라도 '기관총'입니다.

그런데 자위대의 장비 중에는 '96식 40mm 자동적탄총'이라는 것이 있습니다만, 구경으로 따지면 포가 되는데 정작 그 크기는 12.7mm 기관총과 비슷합니다. 러시아의 14.5mm 기관총과 비교하면 훨씬 작지요. 아마도 그것을 포라고 부르는 것은 뭔가 위화감이 있었을 것입니다.

선박 등에서 던짐줄을 멀리 날리는 데 쓰는 투삭총 같은 것도 구경이 63mm나 되는 큰 것이 있습니다. 그런 이유로 '구경 20mm 이상'이면 무조건 다 '포'라고 부르기는 어렵습니다.

자위대의 96식 40mm 자동적탄총. 구경 40mm임에도 총이라고 불린다.

중국이나 러시아 등에서 사용되고 있는 14.5mm 기관총. 상당히 거대하지만 어디까지나 '총'에 해당한다.

1-03 포란 무엇인가?

손에 들고 쏘는 포, 바퀴 달린 총도 있다

포(砲)라는 한자의 원래 의미는 오른쪽 페이지의 일러스트처럼 돌을 날리는 공성 무기였습니다. 서양에도 캐터펄트(Catapult)라고 해서 이처럼 돌을 날리는 장치가 있었지요. 그래서 중국에서는 화약을 사용해서 탄환을 투사하는 것을 '불화(火)변'을 사용하는 '炮'라는 한자를 사용하고 있습니다. 예를 들어 일본에서 '유탄포(榴弾砲-한국군에서는 곡사포라고 함-역주)'라고 쓰는 것을 중국에서는 '榴弾炮'라고 씁니다. 그런데 원래가 공성용 투석기였기 때문에 포라고 하는 것은 덩치가 크다는 이미지가 있습니다. 그러나 앞에서 설명했듯이 반드시 구경으로는 구별할 수 없습니다.

손으로 들고 쏘는 것이 총이고, 어딘가에 고정 혹은 거치시킨 채로 쏘는 것이 포라고 하는 것도 항상 옳다고는 할 수 없습니다. 예를 들어 84mm 무반동총 같은 것은 어깨에 메고 쏘고, 러시아제 기관총 중에는 바퀴뿐만 아니라 대포처럼 방순(防楯)까지 달린 것도 있습니다. 이런 기관총은 84mm 무반동총보다 훨씬 무겁습니다. 또한 탄환의 폭발 여부도 해당 탄약의 특성 문제이지 총과 포의 구별과는 관계가 없습니다. 권총이나 소총탄 중에도 폭발하는 것이 있고, 전차를 향해 발사되는 철갑탄은 폭약 등을 넣고 있으면 오히려 관통력이 떨어지기에 폭약을 포함하지 않은 금속 덩어리가 많은 것입니다.

사거리로 구분할 수도 없습니다. 84mm 무반동총의 최대 사거리는 3km 정도이지만, 12.7mm 기관총의 탄환은 6km 정도 날아갑니다. 그런 이유로 총과 포를 명확하게 구별할 수 없고, '○○총'이라고 이름이 붙어 있으면 총, '××포'라고 이름이 붙어 있으면 포라고 할 수밖에 없습니다.

에도시대에 **풍포**(風砲)라는 것이 극소수 만들어진 적이 있습니다. 이름만 들어서는 어떤 것인지 상상도 할 수 없겠지만, 실은 **공기총**입니다. 실제 위력도 현대의 공기총과 비슷한 정도였고요. 한편 1-07의 상단 사진에 있는 구경 8cm짜리 거대 화승총은 **발산총**(抜山銃)이라고 합니다.

'포'란 원래 이런 투석기를 일컫는 말이었다.

어깨에 메고 쏘는 84mm 무반동총.

구경 7.62mm(보통 보병총과 같은 구경)의 기관총이지만 대포처럼 바퀴에 방순까지 달려 있다.

1-04 소화기와 중화기

박격포나 무반동포는 중화기인가?

'건(gun)'이라는 말은 본래 화약의 힘으로 탄환을 발사하는 것을 말합니다. 그러나 레이저 건이나 화약을 사용하지 않고 고체 탄환을 발사하지 않는 것도 '건'이라고 하기 때문에 특히 화약을 사용하여 탄환을 발사하는 것을 나타내는 용어로 '**화기**(火器, fire arms)'라는 말이 사용됩니다.

'건(gun)'이라는 말은 좁은 의미로는 대포의 일종을 가리키는 말로도 쓰입니다. 프랑스어로 '카농(canon)'이라고 하며, 일본에서는 이를 음차하여 '가농포(加農砲)'라고 쓰는데, 이는 포신이 길고 탄환의 속도가 빠른 유형의 대포를 의미합니다(여담이지만 수백 년 전 영국 해군에서는 굵고 짧은 포를 '캐논(Cannon)'이라 부르기도 했습니다).

소총, 권총, 기관총 등의 소형 화기는 **소화기**(小火器, small arms)라고 합니다. 이에 비해 대포 등 큰 것을 **중화기**(重火器)라고 하지만 영어로 이를 '헤비 암즈(heavy arms)'라고 하지는 않습니다. 영어로 대포는 '아틸러리(artillery)'라고 하는데, 보통 중화기를 영어로 말할 때는 이 말이 맞습니다.

굳이 중화기에 가까운 말을 찾는다면 '헤비 웨픈(heavy weapon)'이 있습니다. 하지만 이 '헤비 웨픈'이라는 것의 정의도 명확하지는 않습니다. 일반적으로 국제 분쟁이 있어 병력 분리 협정 등이 체결될 때 '헤비 웨픈즈'라고 불리는 것은 전차나 포병이 사용하는 대포, 지대지 미사일 등을 말하고, 보병 부대가 가지고 있는 무반동포나 박격포, 대전차 로켓 등은 **경화기**(輕火器, light weapon)로 분류됩니다.

그러나 이것도 세계 공통의 명확한 구분이 없고, 각각의 협정마다 따로 정의해야 합니다. 일본 자위대의 경우, 신입대원 교육에서는 '경화기' 교육과 박격포 교육을 받는 반은 각각 따로 있습니다.

이 정도 크기라면 '중화기'임에는 틀림없지만 박격포와 무반동포, 대전차 미사일 등은 '경화기'인지 '중화기'인지 명확한 선을 긋기가 어렵다.

박격포

대전차 미사일

1-05 라이플이란 무엇인가?

본래 '강선'을 뜻하는 말이었다

'라이플(rifle)'이라는 것은 원래 총 종류의 호칭이 아니라, 총신 내부에 설치된 총신의 길이에 맞춰 겨우 1회전 할까 말까 할 정도의 완만하게 나선을 그리고 있는 여러 줄의 홈을 말합니다. 2차 세계대전 이전의 일본어로는 이를 **강선**(腔綫)이라고 합니다.

일본의 경우, 2차 세계대전 이후 '腔'도 '綫'도 교육과정에서의 '상용한자'에 없다는 이유로 '구선(口線)'이라 표현하던 시기도 있었다고 합니다. 현재 일본 방위성 규격인 NDS-Y-0002 '화기용어(소화기)', NDS-Y-0003 '화기용어(화포)'에서는 라이플링을 '강선(腔線)', 그리고 총신과 포신에 라이플링을 하지 않은 것을 '시조(施条)'라고 부르고 있습니다. 하지만 이 표현이 마음에 들지 않아 **강선**(腔旋), **선조**(旋条)라고 부르는 사람(필자도 포함)도 적지 않다고 합니다.

총강(銃腔)에 여러 갈래의 홈을 파기에 총강의 단면은 둥근 모양이 아니라 톱니바퀴 모양을 하고 있습니다. 구경 7.62mm를 예로 들면 홈의 깊이는 0.1mm이므로 탄환은 직경 7.82mm로 만들어집니다. 그리고 화약의 맹렬한 압력으로 강선을 파고들어 회전을 줄 수 있습니다. 화승총 시대의 공 모양 탄환과 달리 현대의 도토리 모양 탄환은 이렇게 회전을 주어야 **정상적으로 탄두 앞부분이 진행 방향을 향한 채로 날아갈 수 있는 것**입니다.

강선은 소총뿐만 아니라 권총에도 기관총에도 대포에도 파여 있습니다. 그래서 소총을 라이플이라고 부르는 것은 사실 잘못된 표현이겠지만, 미국에서는 이 소총을 라이플이라고 부르고 있습니다. 그 이유는 라이플링이 파여 있는 소총(라이플드 머스킷, rifled musket)이 아직 널리 보급되지 않았던 미국 독립전쟁 당시, 라이플 소총을 휴대한 미국 독립군 민병대가 라이플링이 돼 있지 않은 소총을 가진 영국군을 상대로 큰 전과를 올렸던 일을 기리는 의미일 것입니다. 그래서 미국에서는 강선을 '라이플링(rifling)'이라 따로 부르고 있습니다.

라이플이란 본래 이렇게 총신에 새겨진 나선형의 홈을 말한다. 대포의 경우 이처럼 여러 갈래의 홈이 파여 있지만 소총이나 권총과 같은 소화기의 경우엔 4~6조 정도가 보통이다.

라이플이 없음과 있음의 차이

라이플이 없는 총신에서 발사된 탄환은 회전하지 않고 이렇게 날아간다.

라이플이 있는 총신에서 발사된 탄환은 회전력을 받아 머리 부분이 진행 방향을 향한 채로 날아간다. 또한 회전하고 있는 탄환의 선단은 세차운동(歲差運動, precession, 강체의 회전운동에서 회전축이 외부 돌림힘에 의해 비틀어지는 운동)에 의해 탄도 축선에 완전히 일치하지 않고 선단부가 흔들린다.

1-06 권총이란 무엇인가?

한 손의 힘만으로 잡고 조준하는 것이 권총이다

권총은 기본적으로 한 손으로 발사하도록 만들어진 총으로 어깨에 댈 수 있는 기구(개머리판)가 달려 있지 않은 짧은 총을 말합니다. 옵션으로 개머리판을 장착할 수 있는 것도 있습니다만, 기본적인 설계가 한 손으로 조작하고 겨눌 수 있도록 되어 있다면 권총입니다.

일본식 화승총은 어깨에 대는 스틱이 없지만, 양손으로 조준하기 때문에 권총은 아닙니다. 그러나 일본의 화승총의 경우 짧은 것은 한 손으로 조준할 수도 있습니다. 그러나 '몇 cm 이하의 화승총은 권총'이라는 규칙은 없습니다. 가끔 '단총'이라는 말을 보고 듣지만 권총 또는 권총과 같은 짧은 총이라는 뜻으로 사용되고 있을 뿐 제대로 된 정의가 있는 말은 아닙니다.

권총은 영어로 '피스톨(pistol)', 독일어로 '피스톨러(pistole)', 프랑스어로는 '피스톨레(pistolet)' 등 비슷한 단어로 되어 있습니다. 그것은 중세 이탈리아의 피스토이아(Pistoia)라는 마을에서 그런 총이 제조되었기 때문이라고도 하고, 체코어로 피리와 파이프를 의미하는 '피슈탈라(píšťala)'에서 유래했다고도 합니다만, 명확하지는 않습니다.

현재 미국에서는 권총을 **핸드건**(hand gun)이라 하며, 핸드건은 **피스톨**과 **리볼버**(revolver, 회전식 권총)로 구별되어 있습니다. 그리고 피스톨에 대해서는 '1개의 총신에 약실이 1개인 것'이라고 하는, 보통 사람이 들으면 무슨 말인지 알 수 없는 정의가 이루어지고 있습니다(이 의미는 뒤에서 자세히 해설하겠습니다). 좀 성급한 추론일지도 모르겠지만, 어쩌면 이런 분류를 결정한 사람은 왠지 '리볼버는 피스톨과 다르다'라는 것을 확실히 하고 싶었던 것이 아닐까 합니다.

오른쪽 페이지의 위쪽 그림은 옵션으로 개머리판을 장착할 수 있도록 되어 있습니다만, 기본적으로 한 손으로 들고 어깨에 붙이지 않고 자세를 잡는 구조로 되어 있기 때문에 권총입니다. 하지만 아래쪽과 같이 구조적으로 처음부터 어깨에 댈 수 있는 구조라고 한다면 '숄더 웨픈(shoulder weapon)'이 됩니다.

'숄더 웨픈'이라는 용어는 일반적으로 사용되지 않지만 권총과 그렇지 않은 총을 구별하기 위한 용어로, 소총이나 기관총, 기관단총, 산탄총 등과 같이 개머리판을 어깨에 붙이고 겨누거나 어깨에 메고 다닐 정도 크기의 총을 말합니다.

권총(핸드건)과 숄더 웨픈의 차이

모양은 똑같지만, 위는 '권총(핸드건)', 아래는 '숄더 웨픈'이다.

1-07 소총이란 무엇인가?

대총이 사라지고 소총이 남았다

앞서 이야기했듯이 에도시대의 일본에서는 총과 포가 구별되지 않아 대포를 **대총**이라고 불렀습니다. 이와 반대로 혼자서 운반할 수 있는 작은 것은 **소총**이라고 불렀지요. 메이지시대가 되면서 큰 것은 '포'라고 부르는 것이 정착하게 됩니다. 대총이라는 말은 사어가 되었고 소총이라는 말만 남았습니다. 그 후 기관총과 같은 새로운 종류의 총이 등장하자 그것들은 작아도 소총과는 별개의 것으로 취급되었습니다. 그래서 소총이라는 것은 **병사가 가장 일반적으로 휴대하는 개인용 총**이라는 말이 됩니다.

그런데 소총이라는 것은 병사가 사용하는 총만을 말하며, 민간인이 수렵 등에 사용하는 총은 소총이라 할 수 없는 것인가? 한다면 논란이 생길 수밖에 없습니다. 원래의 의미에서 보면 수렵을 위한 소총이기도 하고, **수렵용 소총**(hunting rifle)이라는 표현도 있습니다. 일본의 엽총 제조사 중에는 '○○소총기제작소'라는 오래된 회사도 있습니다. 필자의 견해로는 민간용 총도 소총에 포함된다고 보지만, 일본 경찰에서는 소총은 군에서 사용하는 무기이고 민간에서 사용하는 것은 **엽총**이라고 규정합니다.

무엇보다 민간인이 가진 총은 소총이 아니라고 하는 생각은 '민간인이 무기를 가져서는 안 된다'라고 하는 일본 특유의 사고방식에 따른 것으로, 다른 나라에서는 딱히 그러한 구별을 하지 않습니다. 예를 들어 구 일본군이 사용한 99식 소총은 구조나 기능적으로 사냥용 소총으로 소지 허가를 받을 수 있지만, '99식 소총'이라고 쓰면 허가가 나오지 않고, '타입 99 라이플총'이라 하면 OK입니다. 민간인들은 '무기'를 가져서는 안 된다는 생각이 있기 때문에 억지로 '소총은 무기이고, 엽총은 무기가 아니다'라고 구별하고 있는 것입니다. 과학적 합리성이라곤 찾아볼 수 없는 종교적 신념 같은 이야기라 할 수 있겠습니다.

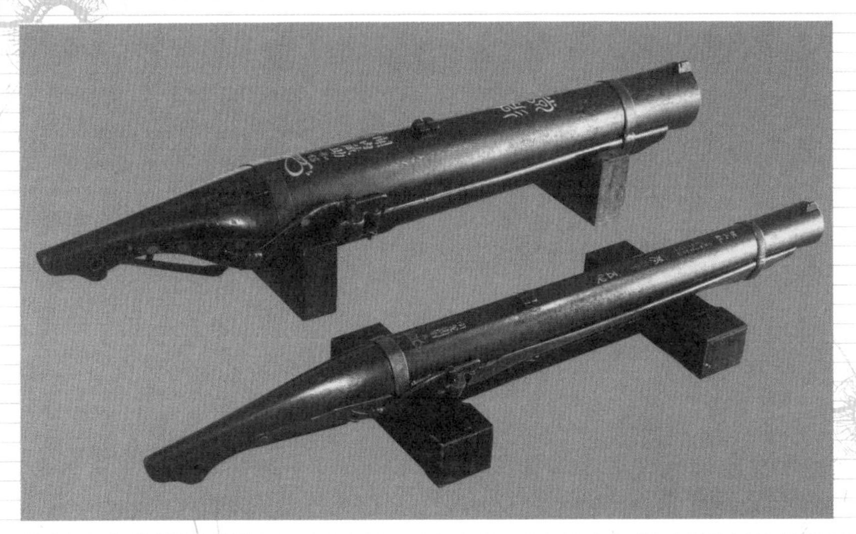

구경 8cm의 대총인 '발산총'. 사진: 쓰치우라시립박물관

마우저 Kar98k 소총. 현실적으로 일본에서는 엽총으로 합법적 소지가 가능하지만, 신청 서류에 '소총'이라고 쓰면 허가가 나오지 않는다.

1-08 기병총·기총·보병총

현대에는 보병이 '기병총'을 사용한다

소총은 영어로 '머스킷(musket, 미국 영어로는 rifle)', 프랑스어로 '퓨지(fusil)', 독일어로는 '게베어(gewehr)', 중국어로 '보창'이라고 하는데, 병사뿐 아니라 사냥꾼의 총도 이렇게 말합니다. 옛날 보병이 사용하는 소총은 말 위의 적을 아래에서 총검으로 찌를 것을 고려하여 상당히 길게 만들어졌습니다. 반면에 기병이 사용하는 총은 말 위에서 다루기 쉽도록 짧게 만들어졌지요. 이것을 영어로 '카빈(carbine)', 독일어로 '카르비너(karbiner)'라고 하는데, 모두 프랑스어 '카라빈(carabine)'에서 유래한 것으로 보입니다. 일본식 한자어로는 **기병총**(騎兵銃) 혹은 **기총**(騎銃)이라고 합니다.

'38식 보병총'처럼 일본에서는 보병이 사용하는 총을 특히 **보병총**(步兵銃)이라고 부른 예도 있습니다. 구미에서도 설명을 위해 '인펀트리 라이플(infantry rifle)'이라는 표현을 쓰는 경우가 있긴 합니다만, 일반적으로는 총의 명칭으로 'M○○ infantry rifle'이라는 표현은 쓰지 않습니다. 그냥 'M○○ rifle'이라 표현합니다.

그래서 머스킷(musket), 라이플(rifle), 퓨지(fusil), 게베어(gewehr) 등의 단어를 번역할 때, '보병총'이라고 번역할지 '소총'이라 번역할지, 아니면 그냥 '총'이라고 번역할지는 그 단어가 어떤 장면에서 사용되는지에 달려 있다고 봐야 할 것입니다.

옛날 보병총은 말 위의 적을 찌르기 위해 길었지만, 말 위의 적을 총검으로 찌른다고 생각하기 어려운 시대가 되자 보병이 가진 총도 옛날 기병총만큼 짧아졌습니다. 옛날 기병총보다 짧아졌음에도 여전히 머스킷, 라이플, 퓨지, 게베어라고 불립니다. 그러나 현대에는 짧아진 그 총들보다 더 짧은 것들이 만들어졌고, 그것을 '카빈'이라 부르며 보병들이 사용하고 있습니다. 무엇보다 일본의 99식 단소총처럼 '기병이 사용하는 것이 아니기 때문'이라고 해서 '기총(騎銃)'이라는 단어 대신 '단소총(短小銃)'이라는 명칭을 붙인 예도 있습니다.

일반적으로 보병총을 짧게 한 것을 카빈이라고 부른다. 위가 M16 라이플, 아래가 그것을 짧게 만든 M4 카빈이다.

위는 제2차 세계대전 중 독일의 마우저 Kar98 카빈. 제1차 세계대전에서 사용된 G98 보병총보다 짧아서 카빈으로 불리는데 일반 보병이 사용했다. 아래는 전후에 서독이 사용한 G3로, 마우저 Kar98 카빈보다 짧지만 게베어(gewehr), 즉 보병총이다.

1-09 기관총이란 무엇인가?

'드르르륵' 하고 연사할 수 있는 것이 기관총인가?

방아쇠를 당기는 동안 '드르르륵' 하며 탄환이 계속 발사되는 것을 **전자동**(풀 오토매틱, 줄여서 풀 오토), 1발 쏠 때마다 1회 방아쇠를 당기는 것을 **반자동**(세미 오토매틱, 줄여서 세미 오토)이라고 합니다. 하지만 **전자동으로 쏠 수 있는 총=기관총**은 아닙니다. 분명히 19세기 말~20세기 초라면 그럴 수도 있겠습니다만, 오늘날에는 보통 병사가 가지고 있는 소총에도 전자동 사격 기능이 있기 때문입니다.

그러나 소총은 전자동으로 쏠 수 있다고 해도 기관총 역할은 맡지는 않습니다. 소총은 병사들이 들고 다니기 쉽도록 3~4kg 정도의 무게로 만들어져 있습니다. 그래서 전자동 사격을 하면 반동으로 총구가 마구 요동치기에 일정한 목표를 계속 노릴 수는 없습니다.

소총에 전자동 기능이 있는 것은, 시가전 등에서 갑자기 눈앞에 적이 나타났을 때 제대로 조준할 시간이 없어 근거리에서 탄환을 퍼붓기 위해서입니다. 원거리에서는 전자동 사격을 해도 제대로 맞지 않습니다. 게다가 총신이 금방 과열되버릴 것입니다.

하지만 기관총이라면 **경기관총**이라고 해도 10kg 정도는 나가며, 덕분에 수백 m나 떨어진 곳에 있는 적도 제압할 수 있습니다. **중기관총**이라면 무게가 수십 kg이나 되며, 1,000m 정도 떨어진 적에게도 쏠 수 있습니다.

일본 자위대와 미군 모두 '미니미'라고 불리는 같은 모델의 기관총을 사용하고 있습니다만, 일본 자위대, 아니 거의 대다수 국가의 군대에서는 기관총이라 분류하고 있습니다. 그러나 미군에서는 **분대지원화기**(SAW)라 부르고 있습니다. 미군 측이 생각하기엔 혼자서 다룰 수 있는 것은 기관총이 아니라고 보는 모양입니다. 참고로 미국 법률에서는 발사의 가스압이나 반동으로 작동하는 것이 아니라 손으로 크랭크를 돌리는 개틀링건 또한 기관총이라고 생각하지 않습니다.

기관총이란 본래 이렇게 투박한 물건이다.

이 '미니미'는 자위대를 비롯한 많은 나라에서 기관총으로 취급하지만 미군에서는 기관총이 아닌 분대지원화기라 분류하고 있다.

1-10 기관단총

단기관총 또는 기관권총이라 불리기도…

'기관단총(submachine gun)'은 소총을 짧게 한 듯한 형태로, 권총용 탄약을 전자동으로 사격할 수 있는 총입니다. 권총탄을 사용하기에 독일어로 '마시넨 피스톨러(maschinen pistole)', 프랑스어로는 '피스톨레 미트라이유(pistolet-mitrailleur)'라고 합니다.

한자로는 **단기관총**, **기관단총**이라는 표현이 있습니다. 또한 '기관권총'이라는 말도 있지만 모두 마찬가지입니다. 기관권총은 기관단총보다 소형이라는 구분은 없습니다. 중국어로는 '총펑치앙(沖鋒槍)'이라고 합니다. 다만 영어로 '머신 피스톨'이라고 하는 것은 전자동 사격 기능이 있는 권총을 말합니다. 현대에는 소총도 드르륵 하며 전자동 사격을 실시할 수 있지만, 반동으로 총구가 마구 요동치기 때문에 소총은 1발씩 겨냥해 쏘는 것을 기본으로 합니다.

그런데 **기관단총은 전자동 사격이 기본**입니다. 권총탄은 소총탄에 비해 4분의 1이나 6분의 1 정도의 화약(장약)밖에 사용하지 않기 때문에 전자동으로 사격해도 비교적 안정을 유지할 수 있습니다. 하지만 그 반대로 위력이 약한 권총탄이기 때문에 원거리에서는 위력이 약하고 명중률도 낮아집니다. 시가전이나 정글전 등과 같이 근거리 전투용 총이라 보는 것이 좋을 것입니다.

위력이 약한 권총탄을 사용하기 때문에 구조적으로도 쉽게 만들 수 있고, 예상치 못한 큰 전쟁이 시작되어 어쨌든 단시간에 많이 총을 만들고 싶은 경우에 적합합니다. 예를 들어 제2차 세계대전 당시 미군이 사용했던 M3 기관단총은 '이것도 총인가?'라는 생각이 들 만큼 단순한 구조였는데, 일주일 만에 8,000정이나 만들 수 있었습니다. 독일 HK의 MP5나 중국의 79식과 같은 권총탄을 사용하는 **미니 어썰트 라이플**과 같은 예외도 있습니다.

러시아제 기관총용 탄약과 기관단총용 탄약. 탄피 안에 든 화약의 양이 여섯 배나 차이가 난다.

이스라엘의 '우지'는 기관단총의 대표 격이라 할 수 있다.

1-11 산탄총

산탄총의 유효 사거리는 한정적이다

산탄총은 말 그대로 좁쌀알처럼 작은 **탄환**(산탄)을 채워 넣고 발사하는 총입니다. 날아다니는 새를 잡는 것을 목적으로 하고 있으며, 클레이 사격에 사용되는 것도 바로 이 산탄총입니다.

산탄 알갱이의 크기는 직경 1mm 남짓한 것부터 8mm 정도 크기까지 용도에 따라 다양한 크기가 있습니다. 참새처럼 작은 새는 2mm 정도, 오리 정도라면 3mm 정도 크기의 탄환을 사용하며, 여우와 비슷한 크기의 동물을 잡는 데는 5~6mm, 사슴이나 멧돼지 사냥에는 8mm 전후의 것을 사용합니다.

미국에서는 경찰이 산탄총을 자주 사용하는데, 여기에는 일반적으로 8.3mm 크기의 산탄이 9알 들어간 것을 사용하고 있습니다.

구경은 여러 가지가 있지만 사냥용으로 가장 많이 보급되어 있는 12번(구경 18.5mm)을 예로 들자면, 표준 장탄으로 32g의 산탄이 채워져 있습니다. 이 무게는 직경 1.5mm의 산탄이라면 1,525알, 직경 3mm짜리 산탄이라면 213알, 직경 4mm 산탄의 경우에는 87알이 되는 셈입니다.

그리고 이것이 거리 5m에서 10cm, 거리 10m에서 20cm, 거리 20m에서 40cm, 거리 30m로 70cm 크기로 넓게 퍼져나갑니다(단, 총신이나 장탄의 종류에 따라 다소 차이가 날 수 있습니다).

'탄이 흩어지니, 겨냥이 엉성해도 맞지 않을까?'라고도 생각할 수 있겠지만, **거리가 가까우면 탄은 거의 퍼지지 않기 때문에**, 제대로 조준하지 않으면 맞지 않습니다.

반대로 거리가 너무 멀어지면 탄환이 너무 넓게 퍼져서 공중에 드문드문 탄환이 뿌려지게 되어 탄환과 탄환 사이를 새가 빠져나가는 것처럼 될 수도 있습니다.

그래서 산탄총이 효과를 발휘하는 것은 30~50m 정도의 한정된 거리입니다.

흔히 샷셸이라 불리는 산탄총용 탄약은 산탄을 많이 넣을 수 있도록 커다란 탄피를 사용한다. 붉은 샷셸 아래에 있는 소총용 탄약은 5.56mm 소총탄이다.

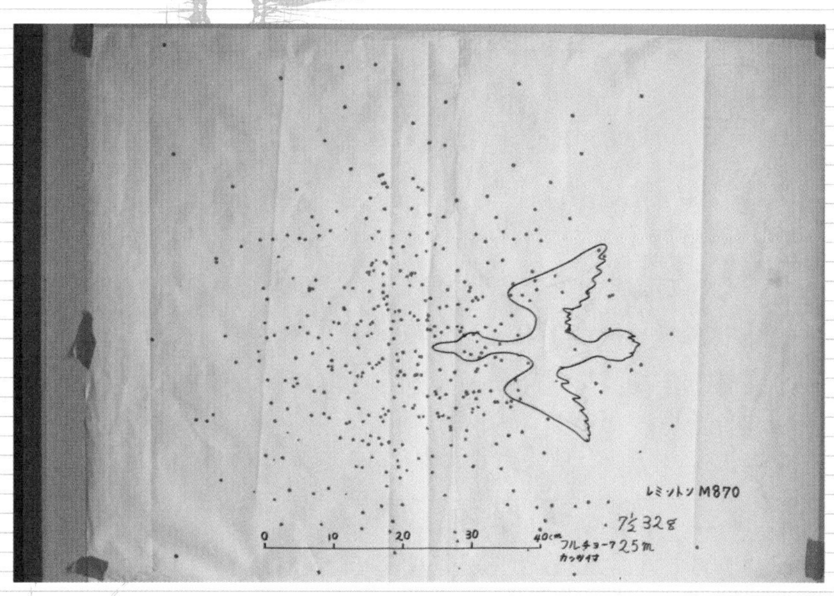

풀초크(8-05 참고)의 산탄총(레밍턴 M870)으로 7호반(2.41mm) 산탄 32g을 25m 거리에서 쏘았을 때 산탄이 퍼진 모습이다.

1-12 공기총

화약을 쓰지 않아 경제적이지만 위력은 떨어진다

공기총의 종류에는 스프링식, 펌프식, 프리차지식, 액화압축가스식이 있습니다.

먼저 스프링식이라는 것은 1발 쏠 때마다 피스톤의 스프링을 수동으로 압축하고, 방아쇠를 당기면 스프링이 튕기면서 피스톤을 밀어내고 그것이 실린더 내의 공기를 압축하여 탄환을 날려 보내는 구조입니다.

펌프식은 총의 일부가 수동 펌프로 되어 있어서 레버를 몇 번 손으로 삐걱삐걱 움직여서 공기를 압축하고, 방아쇠를 당기면 저장한 공기가 분출되며 탄환을 밀어내는 방식입니다. 펌프질을 많이 할수록 압력이 높아지고 탄환이 날아가는 속도도 빨라지면서 위력도 증가하지만, 이 횟수가 늘어날수록 강한 힘으로 펌프질을 해야만 합니다.

프리차지식은 스쿠버다이빙용 공기탱크와 같은 외부의 압축공기로부터 고압의 공기를 받아 모아두는 공기탱크가 총에 내장되어 있는 방식입니다.

그리고 액화압축가스식은 구명조끼를 부풀리는 데 사용하는 것과 같은 실린더형 봄베를 사용하며 여기에 든 가스(주로 이산화탄소를 사용한다)의 압력으로 탄환을 밀어내는 것입니다. 펌프식 펌프 기준으로 약 6~7회 정도의 위력을 내며, 봄베 1~2개로 20~30발을 쏠 수 있는데, 프리차지식에 비해서는 위력이 떨어집니다.

어떤 방식이건 **화약의 힘으로 탄환을 발사하는 장약식 총포에 비하면 위력이 한참 떨어지지만** 그래도 강력한 것은 자동차 유리를 관통할 정도의 위력은 지니고 있기 때문에, 장난감 취급을 해서는 안 됩니다. 이 때문에 공기총을 소지하고자 할 때에도 화약을 사용하는 총기와 마찬가지로 엄격한 법적 절차를 거쳐야만 합니다.

이들 공기총, 가스총의 구경은 4.5mm, 5mm, 5.5mm가 주류인데, 6.35mm 등과 같이 소수지만 다른 구경도 있습니다.

위는 압축가스식 '도요와 55G', 아래는 펌프식 '샤프 이노바'.

액화압축가스식 공기총에 사용되는 실린더형 이산화탄소 봄베와 공기총용 탄환. 왼쪽부터 구경 4.5mm, 5mm, 5.5mm, 6.35mm이다.

1-13 척탄총·척탄통·유탄발사기

'척'이란 내던지는 것

일본의 경우, 옛 일본군에서는 **척탄통**(擲弾筒), 현대의 일본 자위대에서는 **척탄총**(てき弾銃)이라는 무기를 사용하고 있습니다. 사실 세계 각국에서도 같은 개념의 무기를 사용하고 있는데, 이것이 바로 **유탄발사기**(grenade launcher)입니다.

유탄(榴彈), 즉 그레네이드(grenade)라고 하는 것은 원래 프랑스어로 과일의 일종인 '석류'를 말합니다. 수백 년 전 화승총은 발명되었지만 아직 본격적으로 보급되지 않았고, 보병은 장창 밀집 대형을 만들던 시절에 석류 열매만 한 쇠공에 화약을 채워 던진 것이 시초입니다. 그래서 현대에도 수류탄을 영어로 '핸드 그레네이드'라고 합니다. 이것을 일본의 경우 한자로 '척탄'이라고 불렀습니다. '척(擲)'이라는 것은 '던지다'라는 뜻입니다.

손으로 던진 것은 멀리 날릴 수 없기에, 얼마 뒤에 총신이 굵고 짧은 총이나 불꽃놀이용 발사통과 같은 원통에서 발사하는 것이 출현했습니다. 이것은 총이라고 하기에는 탄이 크고, 포라고 하기에는 발사기가 작다는 점에서 총이나 포라고 하지 않고 '척탄통'이라고 부르게 되었습니다. 구 일본 육군에서는 분대(10명 정도)에 1정의 척탄통이 배치되어 있고, **300m 이하에서의 총격전 때는 포물선 탄도로 적의 머리 위에 척탄을 떨어뜨리는 방식으로 운용**되었습니다.

그 경험으로 미군은 베트남전 무렵부터 구경 40mm의 소총 같은 형태의 유탄발사기를 만들고, 또 소총 총신 아래에 장착하는 방식의 유탄발사기를 사용하기 시작했습니다. 그리고 여기에 자극을 받은 세계 여러 국가에서 비슷한 것을 장비하게 되었습니다.

기관총처럼 생긴 유탄발사기인 고속유탄발사기(고속유탄기관총)도 출현했습니다. 일본 자위대에서는 구경 40mm의 기관총형 유탄발사기를, '이건 구경으로 따지면 총은 아니지만…'이라고 생각하면서도, **96식 40mm 척탄총**이라는 명칭을 붙여 사용하고 있습니다. 또한 소총의 총신에 씌워 발사하는 **박격포탄 형태의 총류탄**이라는 것도 존재합니다.

일본군의 89식 중척탄통

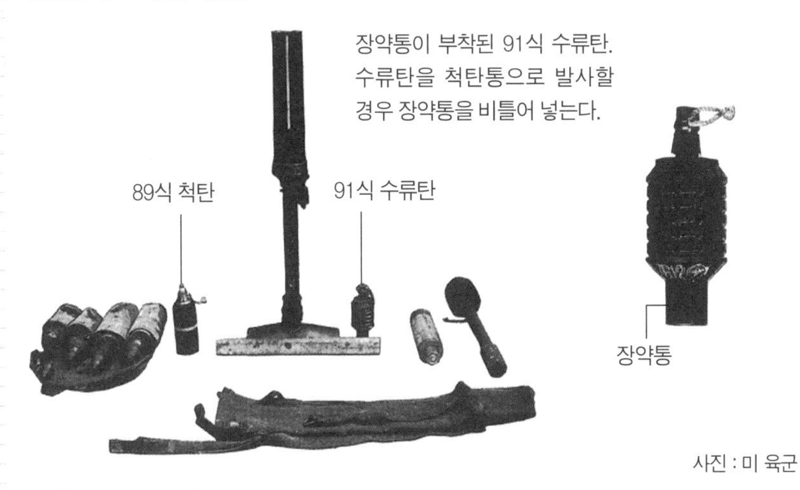

사진 : 미 육군

M79 유탄발사기(오른쪽). 전장 737mm, 중량 2.72kg으로 소형·경량이었지만, 총 모양을 하고 있기 때문에, 여기에 소총까지 따로 휴대하기는 좀 거추장스러웠다.

사진 : 미 해병대

이 때문에 이 총신 부분만 소총의 총신 아래에 부착해서 소총수가 유탄 사수를 겸할 수 있도록 한 것이 바로 M203 유탄발사기다. 중량이 1.36kg밖에 되지 않아 소총에 부착해도 크게 부담되지 않는다.

사진 : 미 육군

1-14 산업용 총포
의외의 장소에서 활약하는 총

일반적으로 '총'이라고 하면 '군대가 사용하는 소총이나 기관총', '동물을 쏘는 엽총', '스포츠용 소총' 등을 연상하는데, **산업용 총포**라는 장르의 다양한 마이너한 총이 있습니다.

● **투삭총**(投索銃, line-throwing gun)

투삭총이란 배 위에서 물가로(혹은 옆 배로) **로프를 발사하는 총**입니다. 구경은 50mm나 60mm로, 유탄발사기와 비슷하게 생겼습니다.

● **킬른건**(Kiln Gun)

킬른건이라고 하는 것은 용광로 출구가 찌꺼기로 막혀 녹은 철이 흐름이 좋지 않게 되었을 때, 그 덩어리를 파쇄하기 위해 사용됩니다.

● **포경포**

포경포는 고래를 잡기 위해 로프가 달린 거대한 작살을 발사하는 기구입니다.

● **도축용 총**(Captive bolt pistol, cattle gun)

'이게 왜 총으로 취급되지?'라고 생각하는 것 중에 **도축용 총**이 있습니다. 소 등의 미간에 대고 방아쇠를 당기면 조그만 쇠막대기가 튀어나와 소를 기절시킵니다. 철봉은 금방 총 안으로 수납됩니다. 사실 이것은 쏜다기보다는 두드린다는 느낌으로, 탄환을 날리지는 않지만 이러한 **도축용 총도 총포로 엽총과 마찬가지로 법적 규제의 대상**이 되는데, 이는 스토퍼를 풀면 안에 든 핀을 날릴 수 있다는 것이 이유인 것 같습니다.

투사총으로 밧줄을 날리려 하고 있는 모습.
사진 : 미 해안경비대

포경포. 밧줄이 달린 커다란 작살을 날린다. 사진 : Daderot

1-15 총구제동기와 총구보정기

반동을 억제하다, 튀어 오르는 것을 억제하다

총구제동기(muzzle brake)라는 것은 총구에 장착하거나 또는 총구 자체를 가공하여 총기의 반동을 완화시키는 장치입니다. **총구보정기**(compensator)라는 것 역시 총구에 장착해서 반동으로 총구가 튀어 오르는 것을 억제하는 장치입니다. **모두 탄을 발사한 연소 가스를 거기에 부딪히게 함으로써 반동을 제어하는 것이기 때문에 거의 같은 것**이라고 해도 과언이 아니며, 양자 사이에 명확한 선을 긋기는 어렵습니다. 하지만 총구제동기라고 하면 반동 억제, 총구보정기라고 하면 총구 앙등 방지(튀어오르는 것도 반동에 의해 일어나는 것입니다만)라는 이미지가 강합니다.

반동을 가볍게 하거나 총구가 튀어 오르는 것을 억제하면 다음 표적을 신속히 조준할 수 있기에 현대의 군용 총기에서는 거의 상식이 되고 있는 것입니다만, 권총이라는 것은 컴팩트함도 중요하고 총구제동기를 부착하면 좀 보기 흉하다고 하는 이유가 있어서 애초에 반동이 약한 권총에는 일반적이지 않았습니다.

총신의 끝 근처에 옆으로 구멍을 뚫는 것만으로도 어느 정도 총구제동기 비슷한 역할을 하고, 위쪽으로 구멍을 뚫어 가스를 위로 분출시키면 튀어 오르려는 총구를 아래로 눌러 총구보정기가 됩니다. 리볼버에서는 이 가공이 간단하기 때문에 이런 가공을 하는 사람도 꽤 있었지만, 슬라이드가 있는 자동권총에서는 슬라이드보다 앞으로 나올 정도의 길이로 총신을 만들거나 슬라이드에도 구멍을 뚫어야 합니다. 가공이 번거로운 데다 반동이 바뀌는 것 자체가 자동권총에서는 불안 요소이기도 하기에 거의 보급되어 있지 않습니다. 그러나 일부 속사 경기에서는 특별 주문으로 가공된 총구보정기가 달린 자동권총이 활약하고 있기도 합니다. 산탄총에 총구제동기나 총구보정기를 붙이는 것은 (있긴 하지만) 그다지 선호되지 않고 있습니다. 클레이 사격장에서는 옆으로 연소 가스가 분출되는 것을 싫어하기 때문입니다.

총구제동기

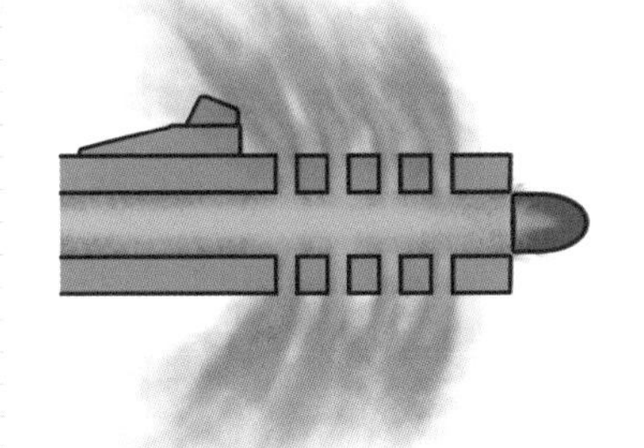

분출된 연소 가스가 총을 앞으로 당긴다.

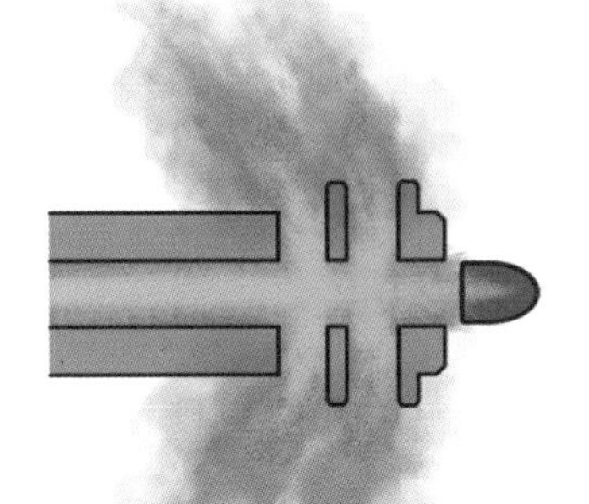

연소 가스가 분출되는 면적을 늘리면 효과도 커진다.

총구보정기

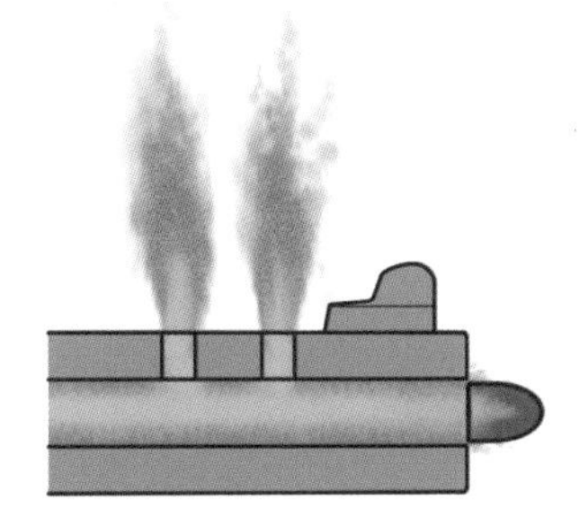

연소 가스를 위로 뿜어 반동으로 총구가 치솟는 것을 억제한다.

총구보정기가 달린 권총.

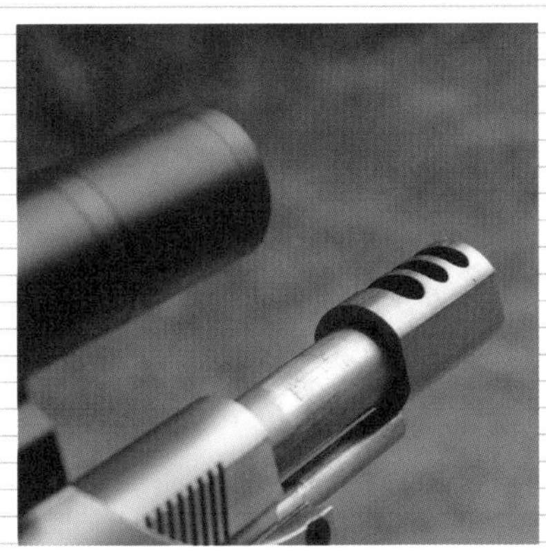

가까이서 본 총구보정기.

1-16 소음기

완전한 소음 효과를 내고 싶다면 자동 작동은 포기해야 한다

발사음을 없애기 위해 총구에 장착하는 것이 바로 **소음기**(Silencer, Suppressor)입니다. 이 중에서 소리를 작게 줄이는 용도의 것을 **서프레서 혹은 사운드 서프레서**(sound suppressor)라고도 합니다만, 어느 쪽이건 완전히 소리를 지우기는 어려워 둘 사이에 명확한 선을 긋기는 어렵습니다.

리볼버는 실린더 갭에서 손가락을 가까이하면 위험할 정도의 가스가 분출되기 때문에 총구에 소음기를 붙여도 상당한 소음이 발생합니다.

자동권총의 총신에 소음기를 달면 쇼트 리코일 방식의 경우 총신의 후퇴 속도가 달라지기 때문에 총기가 원활하게 작동하지 않게 됩니다.

블로백 방식 권총이라면 총신은 고정되어 있습니다만, 소음기는 거기에 가스를 저장하기 때문에 총구에서 가스가 잘 빠져나가지 않는 블로백 권총은 슬라이드의 후퇴가 빨라지고, 탄피 배출구에서 상당히 압력이 높은 가스가 나와 소리를 냅니다. 물론 소음기 없이 쏘는 것보다는 훨씬 낫습니다만.

그래서 정보기관 등에서 암살용으로 만든 본격적인 소음 권총은 개조하여 자동 작동을 포기하고 **1발씩 손으로 슬라이드를 작동**하도록 되어 있습니다. 또 탄환의 속도가 음속보다 빠르면 탄환이 공기를 가르면서 파열음이 발생하므로(그래도 원래의 총성보다는 훨씬 작은 소리입니다만), 음속 이하의 탄을 선택할 필요도 있습니다.

● 발사음을 줄이고, 가스 분출도 완화하여 사격 위치를 은닉한다

최근의 군용 소총, 특히 저격소총의 경우 서프레서를 장착하고 있는 것을 자주 볼 수 있습니다. 소총의 강렬한 발사음을 완전히 없앨 수는 없고, 탄환이 초음속으로 날면서 발생시키는 충격파도 지울 수 없지만, 서프레서로 발사음을 줄임으로써 발사 위치를 파악하기 어렵게 하는 효과가 있습니다. 또한 서프레서는 총구에서 나오는 폭풍도 완화시키기 때문에 흙먼지가 잘 날리지 않는 것도 사격 위치 은닉에 도움이 됩니다.

중국의 85식 소음 기관단총. 아음속탄과 긴 소음기로 총성을 거의 완벽하게 지우고 있다.

미 육군의 차세대 분대지원화기 프로그램(NGSW)의 소총(NGSW-R)에 장착된 소음기. 발사음을 낮추는 것만으로도 발사 지점을 파악하기 어렵게 하는 효과가 있다. 사진 : 미 육군

1-17 소염기

총구에서 나온 일산화탄소가 연소되다

총을 쏘면 대개 총구에서 **총구 화염**(muzzle flash)이 나옵니다. 장약의 양에 비해 짧은 총신에서 탄을 발사하면 아직 연소 도중인 화약이 총구에서 튀어나오는 경우도 있습니다만, 총신이 충분히 긴데도 총구 화염이 나오는 것은 대부분 **일산화탄소가 타고 있는 것**입니다.

원래 화약이라고 하는 것은 성분 자체적으로 산소가 포함되어 있습니다만, 사실 그 성분 속의 탄소나 수소를 전부 산화시키기에는, 특히 무연화약(니트로셀룰로오스)의 경우, 산소가 조금 부족합니다. 그래서 화약에 포함된 탄소가 전부 이산화탄소로 바뀌지 못하고 일부가 일산화탄소로 바뀐 채로 총구로 분출되고, 이것이 공기 중의 산소와 결합하여 연소되는 것입니다.

그래서 장약에 포함되는 산소를 늘리기 위해서 질산칼륨이나 질산암모늄처럼 산소가 포함된 질산염 등을 첨가하는 방법이 있습니다. 이들 **질산염은 연소 온도도 낮추기 때문에 이런 첨가제를 감열소염제**라고 합니다. 총구에서 나올 때의 온도가 내려가면, 총구에서 나온 일산화탄소도 타기 어려워지는 것입니다. 하지만 이런 첨가제를 첨가하면 종종 위력이 저하되는 문제를 일으키기도 합니다.

그래서 감열소염제를 사용하지 않고 총구를 가공해서 총구 화염을 억제하는 것이 소염기(flash hider, flash suppressor)입니다. 예를 들어, 구 일본군의 92식 중기관총이나 99식 경기관총에서 볼 수 있는 나팔 모양의 것이 바로 그것입니다. 나팔 모양으로 만들어 급속하게 압력을 낮추고(즉 열도 내리고) 일산화탄소가 외기와 접촉하더라도 연소 온도 이하로 만들자는 발상입니다. 하지만 보면 바로 알 수 있듯이, 나팔 모양이라는 것은 로켓의 노즐과 같은 형상이기에 반동을 키우는 면이 있습니다. 따라서 반동은 줄이고 싶다는 생각에 성능이 조금 어중간해지기는 하지만, 총구제동기의 형상을 조정하여 총구제동기와 소염기의 역할을 겸하는 **소염제퇴기**도 개발되고 있습니다.

92식 중기관총에 달린 나팔 모양 소염기.

AK-74에는 잘 고안된 소염제퇴기가 달려 있다.

사진 : DVIDS

일본 자위대에서 사용 중인 89식 소총의 소염제퇴기.

1-18 탄창의 이모저모 ①

여러 가지 급탄 방식이 있다

요즘의 군용 소총은 **탈착식 탄창**이 일반적이지만, 제2차 세계대전 무렵까지 사용되고 있던 세계 각국의 볼트 액션 소총 대부분은 탈착식 탄창이 아니라 오른쪽 페이지의 사진처럼 클립으로 묶은 탄약을 기관부 위에서 밀어 넣고 있었습니다. **탄약은 클립으로 5발씩 묶어 정리된 상태로 보급**되었습니다.

클립은 탄약을 밀어 넣는 가이드 레일 역할을 할 뿐으로, 탄창 안에는 들어가지 않으며, 탄환을 다 밀어 넣으면 버리도록 되어 있습니다. 하지만 일부 총기에서는 클립째로 밀어 넣는 것도 있었습니다.

볼트 액션식 엽총의 경우에는 클립을 사용하지 않고, 1발씩 채우는 것이 대부분입니다. 군용 소총과 엽총 모두 쏘지 않은 탄약은 탄창 바닥을 열고 꺼냅니다. 바닥을 열고 탄환을 꺼내는 방식이기에 바닥에서 탄환을 넣을 수 없는 것은 아니지만, 애초에 그런 방식을 사용하도록 만들어진 것은 아니었기 때문에 원활하게 장전되지는 않습니다.

자동소총도 탈착식 탄창이 아니라 클립 급탄을 사용한 경우가 있는데, 구소련의 SKS 소총이 바로 그 대표적 예였습니다. 미국의 M1 개런드 소총은 8발이 들어간 독특한 클립(탄은 클립에 들어간 상태로 보급되었다)으로, 기관부 위쪽에서 클립째로 밀어 넣었으며, 8발을 다 쏘면 빈 클립은 위로 튀어나오듯 배출되는 구조였습니다.

서부영화에 자주 나오는 레버 액션 소총은 총신 아래에 달린 관형 탄창을 사용합니다. 또한 산탄총은 자동과 펌프 액션을 막론하고 대부분은 관형 탄창입니다. 하지만 소총의 경우에는 뒤에 있는 탄약의 탄두 부분이 앞에 있는 **탄약의 뇌관을 건드리기에 불안하고 원거리 사격용 첨두탄을 사용할 수 없다는 문제**가 있어 소총에서는 그다지 선호되지 않습니다.

대부분의 볼트 액션 소총은 위에서 클립으로 급탄한다.

탄창 바닥의 뚜껑을 열고 탄약을 제거한다.

M1 개런드 소총은 독특한 ㄷ자 모양 8발들이 클립을 밀어 넣는 방식이다.

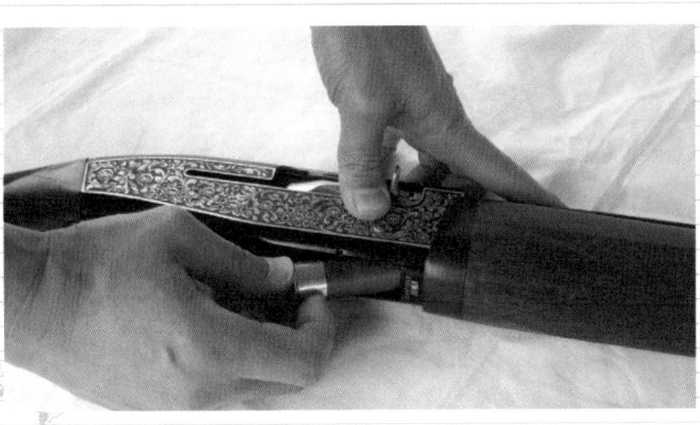

레버 액션 소총이나 산탄총에서 많이 볼 수 있는 관형 탄창. 한 발씩 밀어 넣고 있다.

1-19 탄창의 이모저모 ②

대부분의 권총 탄창은 바로 위에서 탄약을 밀어 넣을 수 없다

자동권총의 탄창은 대부분 탈착식이지만, 100년 이상 옛날에 설계된 것 중에는 고정식 탄창에 클립으로 급탄하는 것도 있었습니다. 마우저 C96이나 슈타이어 M1907이 바로 그 예입니다.

오른쪽 페이지의 ①처럼 탄창 안에서 탄약이 상하 일렬로 늘어서 있는 것을 **단열 탄창**(Single stack-Box Magazine)이라고 합니다. ②와 같이 2열로 늘어져 있는 것을 **복열 탄창**(Double stack-Box Magazine)이라고 합니다.

탄환을 밀어 넣는 입구 부분에서 탄약이 빠져나가지 않도록 물고 있는 부분을 **립**이라고 합니다. 립 부분이 좁아져 있고, 1개의 탄약을 물고 있는 것을 싱글 피드(single feed), 립 부분까지 2열로 되어 있는 것을 **더블 피드**(double feed)라고 합니다.

대부분의 소총용 탄창은 복열 탄창에 더블 피드로, 그냥 탄창 위에서 바로 탄을 밀어 넣으면 탄창에 탄이 걸립니다.

현대의 군용 라이플의 대부분은 탈착식 탄창인데, 탄창에 탄을 채울 때에는 1발씩 넣지 않고 클립에 5발, 10발 등으로 한꺼번에 보급되어온 탄을 그대로 5발, 10발씩 한꺼번에 밀어 넣을 수 있습니다.

많은 권총의 탄창은 단열식입니다. 최근에는 복열식 탄창도 증가했습니다만, 립 부분은 대부분 싱글 피드입니다. 즉, 권총의 탄창에 탄약을 넣을 때는 바로 위에서 밀어 넣지 못하고, ④처럼 조금 앞에서 밀어 넣고, 뒤에서 다시 밀어줘야 합니다. 더블 피드식 권총은 구소련의 스테츠킨이나 FN 파이브세븐 등 비교적 소수입니다.

또한 드럼 탄창이라는 것도 있습니다. 탄약이 많이 들어가는 장점이 있지만, 같은 탄수를 운반하는 데 드럼 탄창보다 상자형 탄창을 여러 개 휴대하는 쪽이 부피가 크지 않다는 이유로 그리 널리 보급되지는 못했습니다.

탄약이 위로 빠지지 않도록 잡아주고 있는 부분을 립이라고 한다.

❶ 단열식 탄창

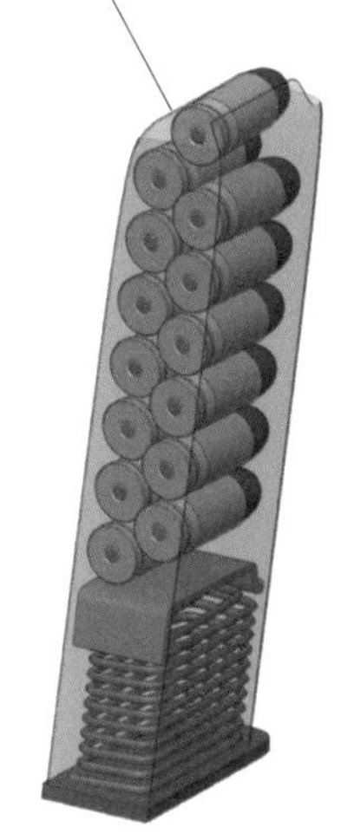

❷ 복열 탄창-싱글 피드

❸ 복열 탄창-더블 피드

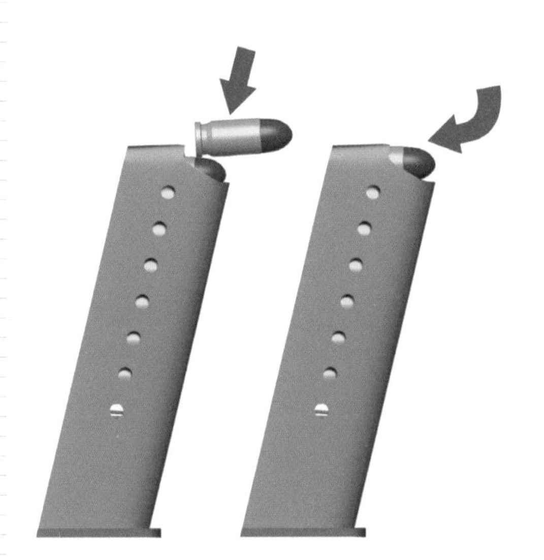

❹ 싱글 피드식 탄창에 탄약을 채우려면, 립 앞부분을 누르고 뒤로 밀어 넣어서 립에 물리도록 한다.

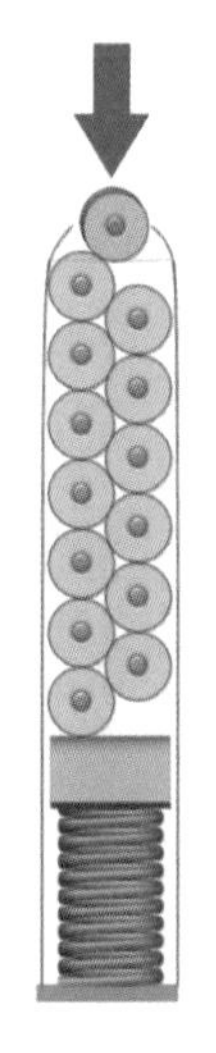

❺ 더블 피드식 탄창은 그냥 바로 위에서 밀어 넣으면 된다.

1-20 미국에서 자주 쓰는 단위 이야기

미국은 왜 인치나 파운드를 쓰는 걸까?

총에 대해 얘기를 한다고 하면 미국발 정보를 많이 접할 수밖에 없습니다. 그런데 그 정보를 보다 보면 총이니 자동차, 항공기를 막론하고 길이 단위는 인치, 피트, 야드입니다. 거리 단위는 마일, 무게는 온스나 파운드, 부피는 쿼트(quart)와 갤런을 쓰는데, 세계 어떤 곳에서도 이런 단위를 사용하지 않습니다. 오직 미국뿐입니다(영국에서도 아직 민간의 경우 이를 쓰는 사람이 있기는 합니다만...).

사실 세계의 모든 국가가 미터법(정확히는 미터법에서 발전한 SI 단위)을 지키도록 되어 있고, 미국 정부도 공문서 등에서는 kg, mm와 같은 단위를 사용하고 있습니다. 그래서 예전에는 '.30인치'라고 부르던 구경도 지금은 '7.62mm'라고 부르고 있습니다.

그러나 이것은 어디까지나 정부 공문서나 학술 문헌에 국한되고, 미국 사회 전체적으로는 미터법이 제대로 보급되지 않았습니다. **정부가 그런 것을 민간에 강제하는 것은 자유와 민주주의에 반한다고 생각**하고 있는 것입니다.

그래서 정부는 민간 기업에 미터법에 맞춘 볼트와 너트로 차를 만들라는 식의 규제는 결코 하지 않습니다. 기업들도 '인치법으로 만든 물건 따위는 사지 않겠다!'라고 소비자가 외면하지 않는 한 그것을 고치지 않으려 합니다.

일본의 경우에는 '치'니 '척'이니 '관'이니 하는 단위의 자나 저울을 파는 것부터 법으로 금하고 있습니다(물론 정식 계량기가 아니라 일종의 골동품으로 팔 수는 있겠습니다만).

어쨌거나 미국발 정보에는 미국만의 독특한 단위가 사용되고 있기 때문에 이것에는 우리가 익숙해지는 것 말고는 달리 방법이 없습니다(사실은 미국이 바뀌야 하는 것이 맞겠지만, 어쨌든 오만한 초강대국이니까).

일단 여기서는 총기 관련으로 자주 사용되는 단위에 대해 해설해보도록 하겠습니다.

인치(in)=25.44mm

원래 엄지손가락 폭이 기원입니다. 구경 0.38인치는 9.5mm, 총신 길이 26인치는 66cm입니다.

피트(ft)=12인치=304.8mm

원래 발바닥 길이에서 왔습니다. 탄환의 초속도 2,700피트/초는 821m/초가 됩니다.

야드(yd)=914.4mm

원래 양손을 벌린 폭에서 유래했습니다. 사거리 300야드는 274m입니다.

그레인(gr)=0.0648g

원래는 보리 한 알의 무게입니다. 장약량 50그레인은 3.2g입니다.

파운드(lb)=0.4536kg=7,000그레인

파운드의 기호인데 어째서 'lb'인가 하면, 원래는 고대 로마의 리브라(Libra pondo)라는 단위에서 유래했기 때문이라고 합니다.

온스(oz)=28.35g

16분의 1파운드입니다.

오래된 문헌을 보면, 산탄총의 장약량을 '드럼(dr)'이라는 단위로 나타내는 예도 있습니다. 1드럼은 16분의 1온스=256분의 1파운드=1.77g입니다. 탄환의 운동에너지를 나타내는 데는 '피트 파운드(ft lbf)'라는 단위가 사용되고 있는데, 이것은 1.356줄이며 0.13826킬로그램 포스 미터(kgf·m)가 됩니다.

COLUMN-01

수렵은 국제인의 필수 교양

예로부터 '사냥'은 왕후귀족의 교양이었습니다. 지금도 서구에서는 사냥을 하는 것은 훌륭한 사회인으로서 필수적인 교양입니다. 미국에서는 인구 24명 중 1명은 사냥을 나갑니다. 그렇다는 것은 성인 남성 5~6명 중 1명이 사냥꾼이라는 셈입니다. 프랑스에서는 인구 46명 중 1명, 자연이 덜 풍요로운 스페인조차 100명 중 1명, 풍요로운 자연의 핀란드에서는 인구 16명 중 1명이 사냥을 합니다. 유럽과 미국에서 사냥은 그 정도로 일반적인 것입니다. 따라서 우리도 국제인이고자 한다면 사냥에 대해 전혀 무지해서는 안 될 것입니다.

또한 사냥으로 얻은 수렵육은 게임(game) 혹은 지비에(gibier)라고 불리며 서양 요리의 중요한 분야 가운데 하나로 자리하고 있습니다. 이러한 것에 대해 전혀 무지한 것은 부끄러운 일입니다.

하지만 일본에서는 그러한 지식을 얻는 것 자체가 어렵습니다.

그런 것도 이 책에서 소개할 수 있으면 좋겠지만, 총기와 수렵 모두 한 권의 책에 담는 것은 역시 무리한 일입니다.

그래서 자기소개를 겸해서 필자의 책을 한 권 소개하고자 합니다.

『스나이퍼 입문-슈팅 초초급 강좌(スナイパー入門ーシューティング超初級講座)』, 고진샤(光人社), 2005년

제목만 봐서는 뭔가 군의 저격수에 대해 서술하고 있을 것 같은 느낌이지만, 실은 전혀 군사 분야와 관계없는(물론 아주 조금 군사 관련 이야기도 나옵니다) 수렵 입문서입니다.

완전한 초보자가 어떤 절차로 총을 소지하고, 사냥 면허를 따고, 어떻게 사격 연습을 하는지, 일본에는 어떤 장소에 어떤 사냥감이 있으며, 그 생태는 어떻고, 어떤 방법으로 그것을 사냥하는지, 잡은 사냥감은 어떻게 해체하고, 어떻게 요리하는지, 가까이에 아무도 가르쳐주는 사람이 없어도 이 책에 쓰여 있는 대로만 하면 된다고 하는, 아주 친절한 초보자용 입문서입니다.

제 2 장

총의 역사

일본에 화승총이 전해진 것은 1543년에 포르투갈인이 다네가시마에 조총을 가지고 온 것이 처음(다만 류큐에는 그보다 좀 더 이전에 전해졌다)이라고 알려져 있다. 세계 전체적으로 봤을 때 총은 어디에서 발명되었으며, 또 어떻게 전달되었고, 어떤 모습으로 진화해갔는지를 이 장에서 알아보도록 합시다.

2-01 화약의 발명

언제 어디서 누가 화약을 발명했을까?

인류 **최초**의 화약은 질산칼륨, 황, 숯의 혼합물인 **흑색화약**입니다. 총알이나 포탄을 투사하는 발사약(장약)은 20세기 들어 무연화약으로 대체되었기에 현재는 주역의 자리에서 내려오게 되었지만, 수백 년 동안 화약이라고 하면 바로 **흑색화약**을 말하는 것이었습니다.

흑색화약이 언제 어디서 누구에 의해 발명되었는지는 알 수 없습니다. 흑색화약의 주성분인 초석의 존재는 이미 고대 중국 한나라 시절부터 알려져 있었지만, 당시에는 한약의 일종으로 취급되었습니다. 물론 그렇다고는 해도 어떤 병에 효과가 있다기보다는, 신선이 되어 하늘을 날 수 있도록 몸을 가볍게 한다고 하는 뭔가 좀 수상한 쪽의 이야기입니다. 덧붙여 초석은 인체에 들어가면 발암물질로 바뀌기 때문에 대량으로 섭취하면 위험합니다.

이 초석에 유황을 섞어 목표물을 불태워 없애는 **소이제**(燒夷劑)로 처음 이용한 사람이 제갈공명이라는 이야기가 있는데, 이것은 어디까지나 소설 속의 허구입니다. 실제로 소이제가 만들어진 것은 그보다 더 후대인 송나라 때의 일이었습니다. 송대의 화약은 기록에 따르면 초석의 배합이 적어 폭발력이 약했던 것 같습니다. 따라서 탄환의 발사약으로 사용될 정도까지는 이르지 못했고, 주로 소이제로 사용되었습니다. **화약을 채운 용기를 투석기 등을 이용해 적진에 던지는 식이었다**고 합니다.

유럽에서는 화약의 발명자가 로저 베이컨(Roger Bacon) 또는 베르톨트 슈바르츠(Berthold Schwarz)라는 설이 있지만, 이것도 아시아에서 전해진 화약의 제조법을 그들이 연구했다는 것이지, 그들이 처음부터 화약을 발명했다는 것은 아닌 것으로 보입니다. 하지만 유럽에도 예로부터 초석의 존재는 알려져 있었고, 주로 햄이나 소시지의 방부제에 필수적으로 사용되었습니다. 무려 기원전 옛날에 갈리아인들이 그런 지식을 가지고 있었다는 것도 놀라운 일이겠습니다만….

로저 베이컨(영국)

제갈공명(중국)

베르톨트 슈바르츠(독일)

이 세 사람이 화약의 발명자라고 하는 이야기가 전해오지만 사실이 아닌 것으로 보인다.

2-02 화기의 발명

가장 오래된 화기는 무엇인가?

화약의 폭발력을 이용하여 금속 총신에서 금속 탄환을 발사하는 화기를 최초로 만든 사람은 누구이며 언제 만든 것인지는 명확하지 않습니다. 1200년대 초반에 **비화창**(飛火槍)이라 하여 종이통에 화약을 넣고, 총알을 발사하는 것이 아니라 화염방사기처럼 화염을 내뿜어 적을 제압하는 무기가 등장했습니다. 그리고 1259년에는 **돌화창**(突火槍)이라 하여, 큰 대나무 통에서 자과(子窠)라는 이름의 투사체를 날리는 것이 출현했습니다.

금속통에서 탄환을 발사하게 된 것은 1355년 초옥(焦玉)이라는 사람이 명나라 초대 황제인 주원장(朱元璋, 1328~1398)을 위해 만든 **화룡창**(火龍鎗)이 최초인 것으로 알려져왔으나, 최근에 1322년에 제작된 것이 발견되어 중국역사박물관에 전시되어 있습니다. 또한 12세기 말에 제작된 것으로 보이는 **서하동화포**(西夏銅火砲)도 발굴된 바 있습니다.

중국에서 발명된 화약이 어떤 경로로 유럽에 전해졌는지는 알 수 없지만, 화룡창 발명 이전인 돌화창의 시대에 이미 유럽에 전해졌습니다. 기록에 따르면 백년전쟁 중이던 1346년, 크레시 전투(Battle of Crécy)에서 처음으로 화기가 사용되었지만, 구체적으로 그것이 어떤 것이었는지는 알 수 없습니다. 무엇보다 이 전투에서 결정적인 역할을 한 것은 잉글랜드의 장궁이었기에, 화기가 어떤 전과를 올렸는지에 대한 기록은 제대로 남아 있지 않으니 말이죠.

1300년경에 **마드파**(madfa)라고 불리는 목제 화기가 존재한 것으로 알려졌으나, 크레시 전투에서 사용된 것이 같은 것인지 금속으로 되어 있었는지는 알 수 없습니다. 유럽에서 실물이 확인된 가장 오래된 화기는 1399년에 함락된 타넨베르크 성터에서 발견된 것으로, 구리로 만들어진 이 무기는 중국의 화룡창과 매우 흡사한 모습을 하고 있습니다.

그리고 폴란드에서 벌어진 타넨베르크 전투(일반적으로는 그룬발트 전투[Battle of Grunwald]로 더 많이 알려져 있다)가 유명하기 때문에, 이 타넨베르크성도 폴란드에 있다고 오해하는 사람들이 많은데, 여기서 말하는 타넨베르크성은 프랑크푸르트(Frankfurt an der Oder)에서 40km 정도 남쪽에 있습니다.

화룡창과 마드파

중국에서 발명된 화룡창. 금속 원통에서 탄환을 발사하는 세계 최초의 무기로 알려져 있다.

마드파. 유럽에서 사용한 목제 화기.

2-03 화승총의 등장

서펀틴에서 매치락으로

화룡창이나 마드파는, 어쨌든 적의 방향으로 탄을 날린다는 것만으로, 제대로 겨눠 명중시킬 정도의 것은 아니었습니다. 그래도 어떻게든 조준이라는 것을 하려면 막대기(손잡이) 부분을 들고 원통 끝 방향을 적에게 향하도록 해야만 합니다. 그러나 발사하려면 불을 붙인 막대기나 **화승**(火繩)을 손으로 점화구에 갖다 대야 하기에, 적을 노리던 눈을 한 번은 점화구 쪽으로 돌려야만 했습니다. 따라서 점화구로 시선을 돌리지 않고도 점화시킬 방법이 필요하게 되었습니다.

서펀틴(serpentine, 뱀과 같은)이라고 불리는 점화 방식은 바로 이 때문에 발명되었습니다. 즉, 화승총의 원시적 형태라고 할 수 있지요. 초기에는 오른쪽 페이지 상단의 그림과 같이 개머리판 부분이 막대 모양이었지만, 이윽고 가운데 그림처럼 다루기 쉽게 개량되어 손잡이 부분이 아래로 휘어진 모습을 하게 되었습니다.

그러나 서펀틴 방식은 방아쇠를 당기는 동작이 커서 조준이 틀어지는 문제가 있었습니다. 이를 해결하기 위해 **용두**(cock)와 방아쇠가 각각 별개 부품이 되어 방아쇠를 당기면 스프링의 힘으로 용두가 화약접시 위로 순간적으로 떨어지는 방식이 출현합니다(사진). 이것을 바로 **매치락**(match lock, 화승총)이라고 부릅니다. 이 방식은 방아쇠를 당기는 손가락을 조금만 움직이면 되기 때문에 방아쇠를 당기는 힘 때문에 조준이 틀어지는 일이 적습니다. 또한 좀 더 정확하게 겨냥하기 위해 총신의 끝부분에 **가늠쇠**, 후방에는 **가늠자**가 설치되었습니다. 이러한 발명들이 언제 누구에 의해 이루어졌는지는 전혀 단서가 없지만, 어쨌거나 1450~1500년 정도 사이에 이러한 발전이 나타났습니다.

여담이지만 만화 작품 중에서 타넨베르크 건과 같은 원시적인 총을 사용한 전쟁을 다룬 것이 있습니다. 바로 '소녀전쟁 Dívčí Válka'(오니시 고이치 저, 후타바샤 / AK커뮤니케이션즈)이라는 작품이 바로 그것인데, 이 작품은 15세기의 체코에서 벌어진 후스 전쟁이라고 불리는 종교 전쟁을 배경으로 하고 있습니다.

서펀틴 방식

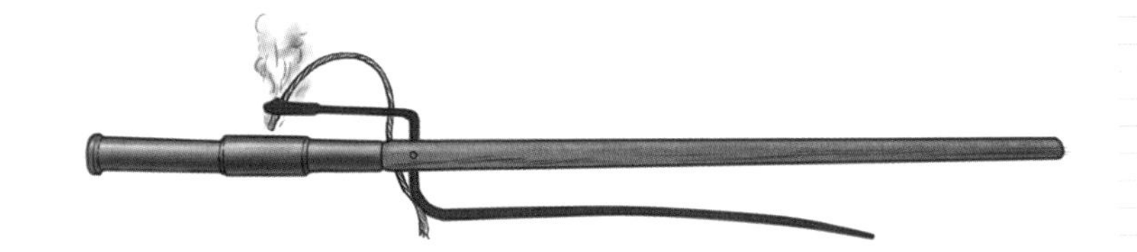

가장 초기의 서펀틴. 스틱이 그냥 막대기 모양이어서 조준이 불편했다.

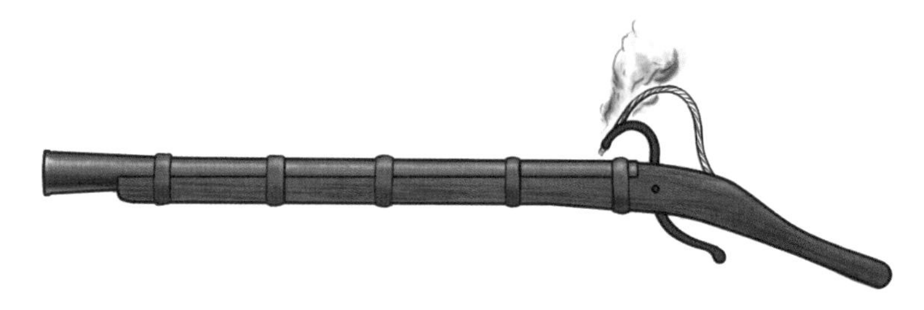

그래서 다루기 쉽도록 개머리판이 휘어진 모양으로 바뀌었다. 하지만 방아쇠를 당기는 동작이 커서 조준이 틀어지기 쉬웠다.

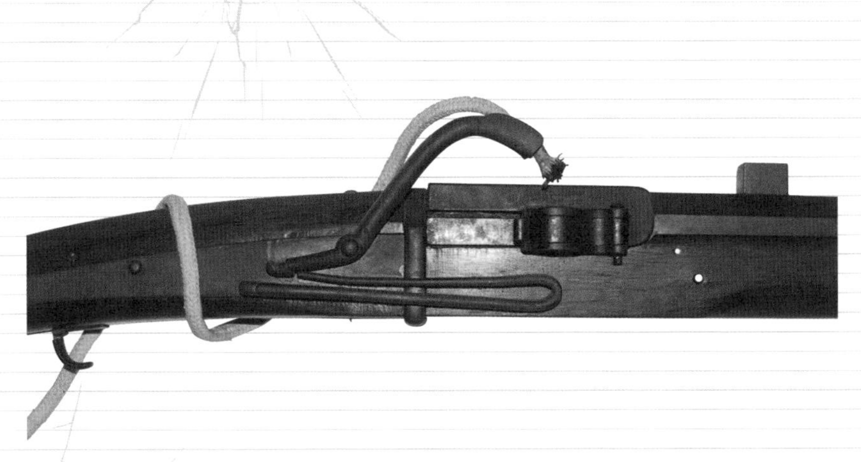

방아쇠와 용두를 별개의 부품으로 분리하여 방아쇠를 당기면 스프링의 힘으로 용두가 쓰러지도록 개량된 화승총(매치록). 작은 동작으로 방아쇠를 당길 수 있으므로 명중률도 높아졌다.

2-04 조총의 전래

조총은 왜구를 통해 들어왔다

일본에 조총이 전해진 것은 1543년 포르투갈인이 다네가시마(種子島)에 가져온 것이 최초라고 합니다. 그런데 이미 그 이전부터 류큐(琉球, 지금의 오키나와 일대)에서는 화룡창과 같은 유형의 화기가 사용되고 있었으며, 교토를 방문한 류큐의 사신이 예포를 울려 사람들을 놀라게 했다는 기록도 있습니다. 또한 오닌의 난(應仁の亂, 1467~1477) 당시에도 이런 종류의 화기가 사용된 것이 아닌가 하는 설도 있습니다. 중국이나 조선과도 교류가 있었기 때문에 다네가시마 이전에 원시적인 화기가 전해졌다고 해도 딱히 이상한 이야기가 아니지요. 하지만 다네가시마에 전해진 조총은 그 이전의 원시적인 화기와 달리 길쭉한 총신에 가늠자와 가늠쇠가 붙어 있어 훨씬 정확하게 겨눌 수 있고 방아쇠를 당기면 발사되는 매치록으로, **현격히 진보된 무기**였습니다.

그런데 다네가시마에 포르투갈인이 총을 가져온 것은 포르투갈 측에도 기록이 있어 틀림없는 것 같습니다만, 이때 포르투갈인을 데려온 것은 왜구들의 우두머리인 왕직(王直)이라는 자였습니다. 왜구라고 하면 당연히 일본인이라 생각하기 쉽지만, 사실 이 사람은 중국계였습니다(나가사키에 저택을 가지고 있었지만…). 당시의 왜구들 중에는 일본인보다 중국인이 훨씬 많았다고 합니다. 이 왕직이라는 사람은 단순한 해적선의 선장이 아니라 왜구 집단의 우두머리로 해상 왕국의 지배자라고 할 만한 거물이었지요.

그런 사람이 다네가시마에 조총을 든 포르투갈인을 데려왔다고 하는 것이 우연의 일일까요? 어디까지나 필자의 상상입니다만, 명나라와 싸워야 했던 왜구들은 성능이 좋은 총을 많이 장비하고 싶었고, 그래서 왜구가 드나들기 쉬운 섬으로서 총을 생산하기에 적합한 **다네가시마를 골라 계획적으로 총을 도입했던 것이 아닐까** 합니다.

또한 이때 다네가시마에 전해진 화승총은 포르투갈제가 아니라 말라카 인근에서 만들어진 것이 아니냐는 설도 있습니다.

화승총의 조작 순서

❶ 총구로 화약을 주입한다.
❷ 탄환을 넣는다.
❸ 화약접시에 점화약을 붓는다.
❹ 화약접시의 뚜껑을 닫는다.
❺ 용두에 화승을 끼우고, 화약접시의 뚜껑을 연다.
❻ 방아쇠를 당기면 용두가 쓰러지면서 점화약에 불이 붙는다.

2-05 수석총의 등장

일본은 왜 화승총 단계에 머물렀을까?

화승총을 사용하려면 불을 붙인 화승을 가지고 다녀야 합니다. 그리고 하루 종일 불이 꺼지지 않도록 주의해야 했습니다. 참으로 어려운 일이었지요.

그래서 16세기에 이르자 **부싯돌**을 사용하는 방식이 고안되었습니다. 처음에는 **치륜식**(齒輪式, 휠락[wheellock])이라 하여 미세한 돌기가 있는 원반을 용수철의 힘으로 회전시켜 부싯돌을 긁고, 거기서 나온 불꽃으로 화약을 점화하는 것이었습니다. 하지만 1발을 쏠 때마다 키를 꽂아 용수철을 되감아야 했고, 제작에 손이 많이 가는 데다 단가도 비싸다는 문제가 있어 일부 고급 엽총 등에 사용되었을 뿐 일반 보병의 총으로는 보급되지 못했습니다.

이후로도 부싯돌을 사용하는 점화 기구가 몇 가지 더 고안되었지만, 최종적으로 보급된 것은 **수석총**(플린트록, flintlock)으로, 17세기의 일이었습니다.

수석총은 구조가 간단하고 생산하기 쉬우며 거칠게 다루어도 고장이 잘 나지 않기 때문에 일반 보병의 총으로는 물론 사냥용으로도 널리 보급되었습니다.

하지만 부싯돌로 때려 불꽃을 일으키는 방식이었기 때문에 강한 용수철을 사용했고, 방아쇠를 당길 때에도 큰 힘이 필요했습니다. 게다가 계두(cock) 끝의 부싯돌이 화약접시 뚜껑을 때리는 충격에도 총이 흔들렸기 때문에 화승총보다 명중률은 결코 좋지 못했습니다.

에도시대 일본에서 부싯돌 총을 만든 사람도 있었습니다만, 명중률만 놓고 따지면 적은 힘으로 방아쇠를 당길 수 있고, 화약접시 위에 화승을 떨어뜨릴 수 있는 화승총 쪽이 훨씬 우수한 명중률을 보였습니다. 실전을 벌일 일이 없었던 평화로운 에도시대 동안, 일본의 총은 수석총이 아닌 화승총 그대로였습니다. 또한 일본(을 포함한 동아시아)의 부싯돌은 일으킬 수 있는 불꽃이 약했다고 하는 설도 존재합니다.

초기의 수석총

치륜식(휠록) 총. 회전하는 톱니바퀴로 부싯돌을 긁어 점화시킨다.

널리 보급된 부싯돌 총

수석총(플린트록). 뚜껑을 부싯돌로 때릴 때 발생하는 불꽃으로 점화시킨다.

2-06 뇌관의 발명

점화부터 발사까지의 시차가 사라졌다!

뇌홍(雷汞) 혹은 뇌산제2수은(Mercury[II] fulminate)이라는 물질을 아시나요? 충격을 주거나 강하게 마찰하면 폭발하는 민감한 화약입니다. 18세기 후반, 프랑스의 의사이자 화학자인 클로드 루이 베르톨레(Claude-Louis Berthollet, 1748~1822)가 처음 발견한 것으로 알려져 있지요.

19세기 초에 알렉산더 포사이스(Reverend Alexander John Forsyth, 1768~1843)라는 사람이 뇌홍을 총의 화약접시 위에 놓고 격철(擊鐵)로 타격하여 흑색화약을 점화시키는 방식을 발명했지만 별로 보급되지 않았습니다. 이 뇌홍은 매우 민감해서 용기에 넣어 운반하는 동안 뇌홍끼리 마찰하는 것만으로도 폭발하는 등 안전성에 문제가 있었기 때문입니다.

이후, 이 뇌홍을 작은 알갱이처럼 만들거나 종이로 감싸고, 아니면 가느다란 금속 튜브에 넣는 등의 다양한 방법을 모색했습니다. 그리고 최종적으로 보급된 것은 뇌홍을 작은 금속 캡에 채운 **뇌관**(primer)이라는 것으로, 1822년에 미국의 조슈아 쇼(Joshua Shaw, 1776~1860)라는 사람이 발명했습니다(그보다 이전에 유럽에서 다른 사람이 발명했다는 설도 있습니다).

점화구에 뇌관을 씌우고 격철로 타격하여 발화시키는 것을 **뇌관식 격발**(percussion lock)이라고 하며, 이 방식을 사용하는 총은 빠르게 보급되었습니다.

화승총이건 수석총이건 당시의 점화장치로는 화약접시에서 총신 내부까지 불이 옮겨 붙는 데 수십 분의 1초라고는 하지만 시간이 걸렸습니다. 따라서 방아쇠를 당기고 나서 탄환이 발사되기까지 인간의 감각으로도 알 수 있을 정도의 시차가 있었습니다만, **뇌관을 사용하면서 그 시차가 사라졌습니다**. 또한 화약접시 위에 화약을 얹어두는 기존의 방식은 비가 오면 접시 위의 화약이 쉽게 젖었지만 뇌관식 격발을 사용하게 되면서 **비의 영향을 거의 받지 않게 되었습니다**.

현대에 들어와서는 뇌관에 뇌홍 대신 트리시네이트(tricinate)를 사용하고 있습니다.

뇌홍을 사용한 방식

점화구 위에 뇌홍 알갱이를 올리고
격철로 타격하여 점화시키는 방식.

뇌관을 사용한 방식

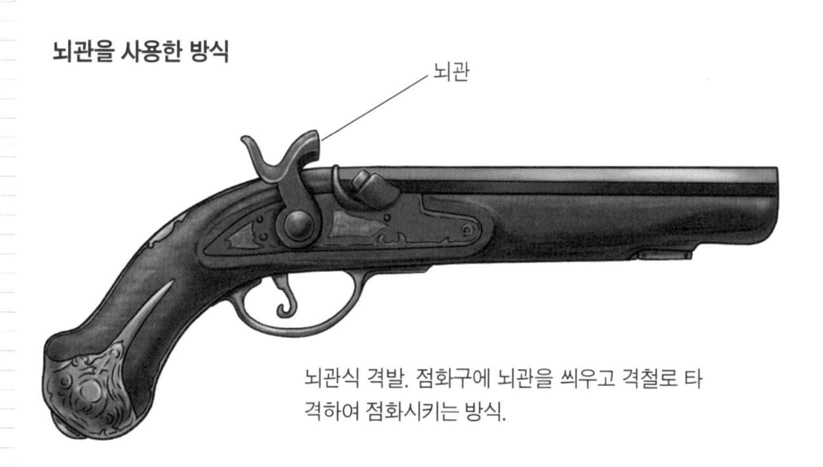

뇌관식 격발. 점화구에 뇌관을 씌우고 격철로 타격하여 점화시키는 방식.

2-07 강선과 미니에탄의 발명

총의 성능이 극적으로 진화하다

총신의 내부에 완만하게 선회하는 여러 갈래의 홈, 즉 강선(rifle)을 누가 발명했는지는 알 수 없지만, 이미 화승총 시대부터 존재했다고 합니다.

그런데 탄환에 회전을 주기 위해서는 먼저 탄환을 소총에 집어넣어야 합니다. 당시의 총은 '전장식(前裝式, Muzzle Loading)', 즉 총구를 통해 화약과 탄환을 밀어 넣는 방식이었습니다. 총구로부터 총신 안에 밀어 넣을 수 있는 정도 크기의 탄환은 강선에 딱 맞게 물려서 잘 들어가지 않습니다. 그래서 천이나 가죽으로 감싼 막대를 대고 망치로 콩콩 두들기며 탄환을 장전했는데, 이래서는 탄환을 장전하는 데 시간이 걸렸고, 이러는 동안 적군이 돌격해오기라도 한다면 총검에 찔리고 말 것이었습니다. 이 때문에 일부 고급 엽총에나 사용되었을 뿐, 군에서는 극히 일부의 특수한 임무를 맡은 사람들이 쓰는 정도에 그쳤습니다.

하지만 1849년에 프랑스의 미니에(Claude-Étienne Minié, 1804~1879)가 **도토리처럼 생긴 현대식 탄환**을 발명했습니다. 이것은 탄환 바닥에 구멍이 있고, 이 구멍을 나무로 된 마개로 막은 것이었습니다. 총구에서 탄환을 밀어 넣고 마지막으로 강하게 찔러주면, 이 마개가 박히면서 탄환의 바닥을 넓게 펼쳐주는데, 탄환을 발사하면 화약이 폭발하면서 나오는 고압 연소가스가 나무 마개를 밀어 올리고, 이것이 탄환 안쪽을 팽창시켜 탄환을 강선에 딱 맞게 밀착시키는 구조입니다. 이 발명 덕분에 **소총의 명중률과 사거리는 단번에 3배 가까이 향상**되었습니다.

나폴레옹 시대의 군대는 적 앞에서 밀집 대형을 이뤄 북소리에 맞춰 행진했는데, 그럴 수 있었던 것은 둥근 탄환을 발사하던 당시의 소총은 그 명중률이 그다지 높지 않았기 때문입니다. 하지만 미니에탄이 발명되면서 총의 성능이 극적으로 진화하여 군의 전술에도 극적인 변화가 나타났습니다. 나폴레옹 시대로부터 불과 반세기 만에 병사들은 산개하여 땅에 엎드린 채 총을 쏘게 되었습니다.

강선의 종류

멧퍼드(metford) 방식 엔필드(Enfield) 방식 래칫(Rachet) 방식 폴리고널(polygonal) 방식

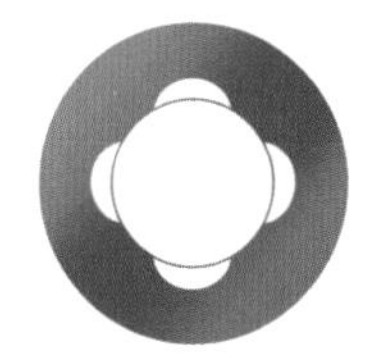

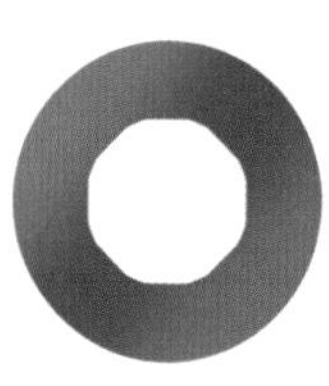

미니에탄

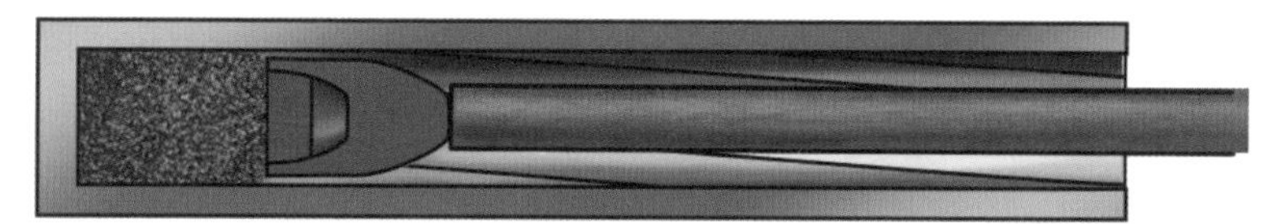

총신 내경보다 작은 탄환을 무리 없이 밀어 넣는다.
마지막으로 쿡 찌르면 탄환 바닥이 넓게 펴진다.

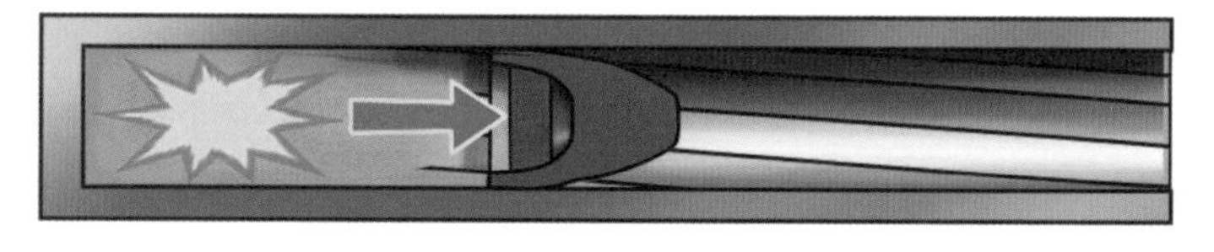

화약의 폭발로 발생한 가스 압력이 나무 마개를 밀어 올리고,
이것이 탄환을 안쪽에서 벌려서 강선에 밀착시킨다.

2-08 리볼버의 발명

6발 연속 사격할 수 있는 총이 출현했다. 하지만…

몇 발이고 연속해서 쏘려면 총신이 여러 개 있는 총을 만들면 된다고 하는 것은 누구나 생각할 수 있는 것입니다. 하지만 그런 총은 당연히 크고 무거워서 휴대하기 불편한 법이죠. 그래서 총신은 1개지만 화약과 탄환을 채워두는 곳인 **약실**(chamber)을 여러 개 묶어서 차례차례 총신에 대고 쏘면 된다는 아이디어가 나왔습니다. 이러한 여러 개의 회전식 약실이 달린 총을 **리볼버**(revolver)라고 합니다. 그러나 화승식이나 수석식으로는 역시 1발 쏠 때마다 접시에 점화약을 부어주어야 하기에 그다지 신속한 사격을 기대할 수는 없었습니다.

그러던 중, 미국의 새뮤얼 콜트(Samuel Colt, 1814~1862)가 1830년경에 퍼커션 리볼버를 발명했습니다. 뇌관을 사용하면 약실 뒤에 뇌관을 붙여두면 될 뿐이기 때문입니다.

콜트가 발명한 리볼버는 격철을 일으키면 그 힘으로 실린더(cylinder)도 약실 1칸만큼 움직이게 되어 있어서 격철을 일으켜 방아쇠를 당기는 동작을 반복하면 미리 담아둔 탄환을 차례로 쏠 수 있었습니다. 리볼버로 여러 발(보통은 6발들이가 많다)의 약실이 설치된 블록은 어째서인지 실린더 블록(cylinder block)이라 부르지 않고 단순히 **실린더**라고만 부릅니다.

아직 **약협**(탄피)이 발명되기 전이었기 때문에 6연발 리볼버라면 6발을 쏴버리면 실린더 앞쪽에서 화약과 탄환을 각각 6발분을 넣고 실린더 뒤에 6개의 뇌관을 부착하는 수고가 필요하지만, 어쨌거나 이것으로 **6발을 속사할 수 있는 총**이 출현한 것입니다. 이어서 1857년 스미스&웨슨(smith&wesson)에서 금속 탄피를 사용하는 리볼버를 발명했습니다. 또한 1851년에는 더블 액션이 발명되었습니다.

새뮤얼 콜트가 발명한 퍼커션 리볼버.

퍼커션 리볼버의 구조

2-09 후장식 총기의 발명

금속 약협의 발명이 후장식 총기의 탄생으로 이어지다

오른쪽 페이지 상단 그림은 15세기에 만들어진 이른바 **불랑기포**(佛郞機砲)라고 불리는 대포입니다. 포신에서 약실 부분만 분리해 교체할 수 있도록 만들어져 있습니다. 불랑기포는 이렇게 약실 부분을 여러 개 준비해두고, 교체하며 연달아 쏠 수 있습니다. 그러나 이 방식은 어느새인가 사라졌고, 얼핏 보기에는 원시적인 전장식 대포가 주류가 되어 19세기까지 사용되었습니다.

편리하게 보이는 불랑기포가 도태된 이유는 무엇일까요? 당시에는 정밀한 가공 기술이 없었고, 이로 말미암아 가스 누출을 막을 수 없었기 때문입니다. 쏠 때마다 고열과 고압의 가스가 포 주변의 사람들에게 분출되곤 했기 때문에 화약을 많이 쓰는 강력한 대포를 만들 수 없었던 것입니다. 화약을 많이 사용하여 강력하고 사거리도 긴 대포를 만들려면 전장식이 될 수밖에 없었죠.

그 후 정밀 가공 기술이 발전하고 뇌관이 발명되면서 후장식 총기도 여러 가지로 고안되지만, 아무리 정밀하게 가공해도 화약의 연소 가스가 새지 않도록 하는 것은 불가능했습니다. 1841년에 등장한 드라이제 총은 볼트 액션의 도입식으로, 실전에도 사용되어 성과를 올렸다고는 하지만, 종이 약협으로는 역시 한계가 있었습니다.

그것을 가능하게 한 것이 바로 **금속제 약협**(탄피)의 발명입니다. 금속 탄피 안에서 화약이 폭발하면 탄피에서 **탄환이 분리되기 전에 화약 연소 압력이 탄피를 팽창시켜 가스가 새지 않도록 밀폐**하는 것입니다.

오른쪽 페이지 하단의 그림은 전장식이었던 영국의 엔필드 라이플을 개조해서 약실 부분에 개폐 블록과 뇌관을 타격하기 위한 **격침**(擊針)을 달아 후장식으로 개량한 것입니다. 제이콥 스나이더(Jacob snider, 1811~1866)라는 사람이 고안한 것이기 때문에 **스나이더-엔필드 라이플**(Snider-Enfield)이라 불리며, 막부 말기부터 메이지 초기의 일본에 수입되었습니다. 일본에서는 **스나이들**(スナイドル)이라고 불렀고, 1877년의 세이난 전쟁(西南戰争) 때까지 사용되었습니다.

불랑기포

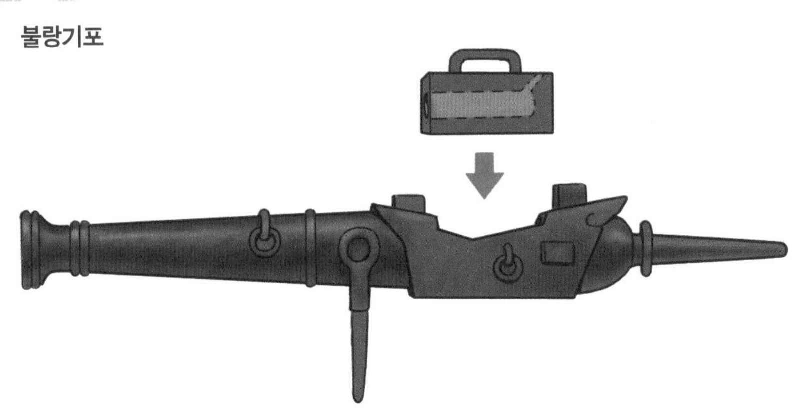

불랑기포는 가스 누출을 막지 못해 강력한 포를 만들 수 없었기에 도태되고 말았다.

스나이더-엔필드란?

이런 전장식 뇌관 격발총에…

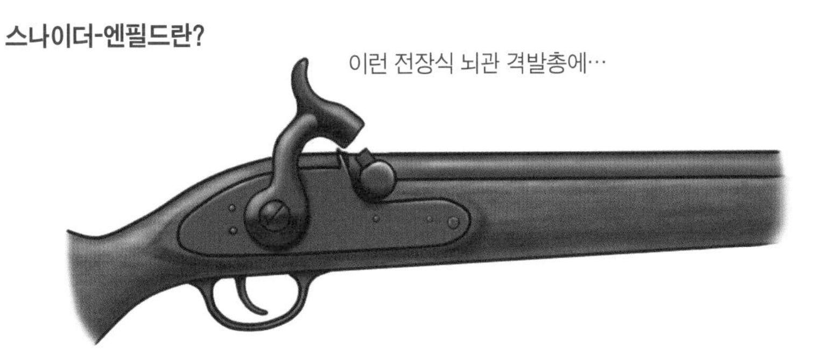

이런 식으로 폐쇄 블록을 추가하여
후장식으로 개조한 총기였다.

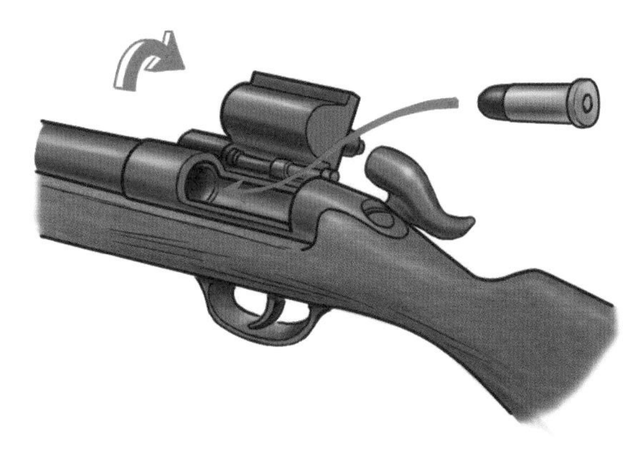

2-10 연발총의 출현

다양한 작동 방식의 총기가 개발되었으나…

남북전쟁이 한창이던 1860년에 헨리 라이플과 스펜서 라이플이라는 2종의 **레버 액션 연발총**이 등장했습니다. 당시로서는 복잡한 구조에 고가였기 때문에 그다지 대량으로 장비되지 않았고, 남북전쟁 이후에도 미군의 소총은 한동안 단발로 남아 있었습니다. 또한 레버 액션은 그 구조상 그다지 강력한 탄약을 사용할 수 없고, 엎드린 상태에서는 레버를 조작하기도 불편했기 때문에 군용 총기의 주류가 되지 못했습니다.

연발총의 주류가 된 것은 볼트 액션 방식입니다. 초기에는 단발이었지만 **탄창**을 달아 연발총으로 만드는 것은 그리 어렵지 않았습니다. 세계 최초의 볼트 액션 연발총은 1867년 스위스에서 채택되었고, 1884년에는 독일도 이를 채택했으며, 일본이 **무라타 연발총**을 제식으로 채용한 것은 1889년의 일이었습니다.

초기의 볼트 액션 연발총은 총신 아래에 총신과 평행하게 설치된 **관형 탄창**(管形彈倉, Tubular Magazine)이 사용되었는데, 튜브 탄창은 첨두탄(spitzer bullet)을 사용하면 뒤에 있는 탄두가 앞에 있는 탄약의 뇌관을 찌를 위험이 있었기에 앞부분이 둥글거나 평형하여 공기저항이 큰 원두탄이나 평두탄을 사용할 수밖에 없었습니다. 또한 탄약을 소모한 뒤 재장전하는 것이 불편했기에 군용 총기로는 적합하지 않았고, 결국 바로 **상자형 탄창**으로 바뀌었습니다.

1890년에는 미국의 브라우닝(John Moses Browning, 1840~1916)이 **슬라이드 액션 총기**를 개발했지만, 이것은 오직 산탄총에만 이용되었고 소총에는 별로 보급되지 않았습니다. 엎드린 상태에서는 역시 **포어 그립**을 앞뒤로 슬라이드시키기가 어려웠고, 구조적으로도 포어 그립에 유격이 있기 때문에 정밀한 사격에는 적합하지 않았습니다. 그런 이유로 군용 소총이나 대형 동물 사냥용 엽총은 거의 볼트 액션 일색이 되었습니다.

제2차 세계대전 이후 군용 소총은 자동소총이 주류를 이루었지만 **저격 소총이나 엽총은 아직도 볼트 액션이 주류**입니다.

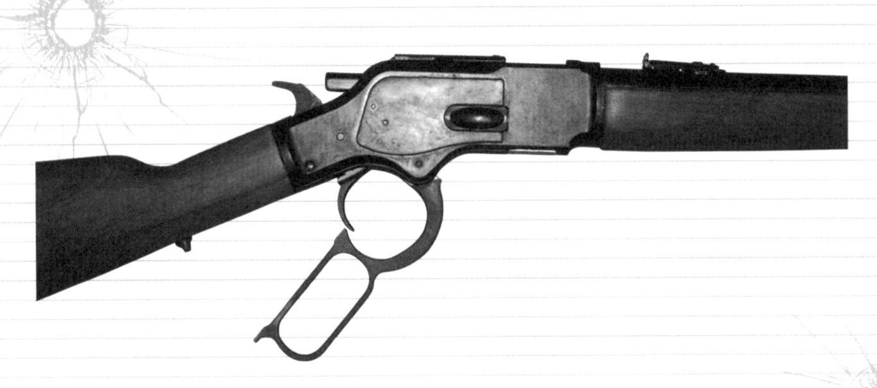

레버 액션 방식인 윈체스터 M73.

구 일본군의 볼트 액션 소총인 99식.

2-11 기관총의 출현

불과 50년 만에 머리를 들 수조차 없게 되다

이미 전장식 총기의 시대에도 대포처럼 큰 수레에 총신을 잔뜩 늘어놓고 기관총처럼 많은 탄을 발사할 수 있는 것이 만들어진 바가 있었습니다만, 한번 탄환을 다 쏘면 재장전이 어려워 실용적이지는 못했습니다.

하지만 금속 약협이 발명되면서 비로소 본격적인 기관총 개발이 가능해졌습니다. 하지만 무연화약이 발명되기 전까지는 기관총이라고 해도 개틀링(Gatling gun)과 같은 수동식이 주류였습니다.

본격적인 기관총은 19세기 말 미국의 브라우닝, 그리고 미국인이지만 영국에서 일하던 맥심에 의해 발명되었습니다. 이 기관총들은 **탄환을 발사한 반동으로 내부 기구를 작동시켜 다음 탄환을 발사하는 방식**이었습니다.

브라우닝의 기관총은 미군에 채용되었지만, 맥심의 기관총은 영국은 물론 독일이나 러시아 등 세계 여러 나라에 팔렸습니다. 러일전쟁에서 일본군은 러시아군의 기관총에 시달렸는데, 이 기관총도 맥심이었습니다.

반면 프랑스는 호치키스(Hotchkiss, 프랑스어에서는 머리글자의 'H'는 발음하지 않기 때문에 오치키스라 부르는 것이 맞겠지만, 이 회사의 창설자는 미국인이므로 호치키스라고 부르는 경우가 많다)의 기관총을 채용했으며, 일본은 이 호치키스 기관총을 기반으로 자국산 기관총을 개발했습니다. 이쪽은 **탄환을 발사한 연소 가스 일부를 총신 옆의 구멍으로 분출시켜 피스톤을 움직이고 이를 통해 내부 기구를 작동시키는 방식**이었죠. 처음에 일본 측에서는 맥심의 기관총을 복사하려고 했지만, 당시 일본의 기계 공작 기술로는 무리였고, 호치키스 쪽이 그나마 모방하기 쉬웠기에 이후의 일본제 기관총은 호치키스 기관총의 흐름을 이어받는 식으로 설계되었습니다.

이 같은 기관총이 출현하면서 붉은 군복을 입고 북소리에 맞춰 밀집 대형으로 행진하던 병사들이었지만 불과 50년 만에 땅에 납작 엎드린 채 고개도 들 수 없는 신세가 되고 말았습니다.

맥심 기관총

앞은 프랑스가 개발한 호치키스 기관총. 안쪽은 호치키스를 복제한 일본의 38식 기관총.

2-12 기관단총의 등장

권총탄을 사용하는 전자동총

청일전쟁과 러일전쟁 당시는 전차는 물론 비행기도 없었고 대포는 말로 끌었기에 기동력이 낮아 전투의 주역은 보병의 소총이었습니다. 보병들은 일렬횡대가 되어 1,000m나 2,000m 떨어진 곳에서 서로를 향해 쏘고 있었습니다. 물론 그런 먼 거리에 있을 적을 한 명 한 명씩 조준하여 명중시킬 리는 없을 테니 집단 사격으로 적의 머리 위에 탄막을 퍼부어 제압하는 방식이었습니다. 따라서 당시의 보병용 소총은 탄환이 2,000m나 떨어진 곳까지 날아간 뒤에도 여전히 살상력을 지니고 있을 정도의 탄약을 사용하고 있었습니다.

그런데 기관총이 출현하자 보병 대열은 추풍낙엽처럼 쓰러지는 신세가 되고 말았습니다. 기관총이 설치된 적진을 향해 보병부대가 기존의 방법으로 공격한 결과, 사상자가 산더미처럼 생기고 만 것이었죠. 그래서 야습을 하거나 참호를 파서 접근하는 등 **근접전이나 난전으로 끌고 가는 경우**가 많아졌습니다.

그러자 지금까지의 원거리 사격을 중시하여 만든 보병 소총은 적의 진지에 뛰어들어 접근전을 벌이기에는 적합하지 않다고 판명되었습니다. 너무 길어서 좁은 참호 안에서는 다루기도 어렵고, 볼트 액션으로 1발을 쏠 때마다 철커덕거리며 수동으로 노리쇠를 움직여서는 늦습니다. 오히려 근거리에서는 권총이 훨씬 도움이 되었죠. 하지만 권총은 조금만 거리가 멀어져도 명중률이 극도로 떨어졌습니다.

그래서 제1차 세계대전 말기에 출현한 것이 바로 권총탄을 샤워처럼 퍼붓는 **기관단총**(Sub-machine gun)이었습니다. 최초의 기관단총은 독일의 MP 18이었습니다. 이에 자극받아 제2차 세계대전 중에는 각 참전국들이 제각기 기관단총을 개발해 투입했는데, 그중에서도 독일의 MP 38, 미국의 M1 톰슨, 영국 스텐건 등이 특히 유명합니다. 일본의 경우에는 **100식 단기관총이라 부르는 기관단총**을 개발하기도 했습니다.

2차 세계대전 당시 미군이 사용한 톰슨 기관단총.

제2차 세계대전에서 소련군이 사용한 PPS 기관단총.

2-13 자동소총의 등장

소총의 자동화에 대해서는 그다지 적극적이지 않았다?!

기관총을 만들 수 있다고 한다면, 분명 자동소총도 만들 수 있을 것입니다. 물론 연구된 바는 있지만, 처음에 세계 각국은 **자동소총** 개발에 그다지 힘을 쏟지 않았습니다.

총을 쏘면 반동이 발생합니다. 강력한 소총탄을 사격하면 반동으로 총구가 튀어 오르고, 두 발째를 쏘려면 다시 조준해야 합니다. 방아쇠만 당기면 계속 다음 탄을 쏠 수 있다 하더라도 실제로는 매번 다시 조준해야 하기에 4~5초에 1발 정도입니다. 볼트 액션 소총의 노리쇠 조작에 추가로 1초 정도가 걸리는 것까지 생각하면 5~6초에 1발 정도이니 자동소총이 압도적으로 유리한 것은 아닌 셈입니다.

하지만 제1차 세계대전 당시에 **접근전이 늘어나면서 자동소총이 필요**하다는 목소리가 커지기 시작했습니다. 적진에 뛰어들어 눈앞의 적을 총검으로 찌르는 것보다 방아쇠를 당기는 것이 훨씬 쉽기 때문입니다.

기관단총은 적진 내로 뛰어들어 치르는 접근전에서 절대적인 위력을 발휘했지만, 어차피 탄환을 마구 뿌리는 총이었습니다. 100m 이상 떨어지면 명중률이 급격하게 떨어졌습니다.

옛날처럼 1,000m 이상 떨어진 거리에서 탄환을 주고받을 일은 없어도, 수백 m 떨어진 상대를 쏴야 할 일은 자주 일어났습니다. 따라서 보병 총기를 전부 기관단총으로 대체할 수도 없었던 것입니다.

그래서 세계 각국은 모두가 소총의 자동화에 힘썼지만, 제1차 세계대전 이후로 전 세계가 불황에 빠졌기에 군의 예산은 줄어들었고, 연구를 통해 시제품도 만들었지만 어느 나라도 본격적으로 자동소총을 양산하지는 못했습니다. 제2차 세계대전이 시작되자 생산에 손이 많이 가는 자동소총을 대량으로 장착할 수 있었던 곳은 미국뿐이고, 다른 나라는 극소수가 생산·배치되었을 뿐이었습니다. 일본도 **자동소총의 시제품 제작과 연구**는 하고 있었습니다만, 역시 양산까지는 이르지 못했습니다.

미군이 제1차 세계대전부터 한국전쟁까지 사용한 브라우닝 자동소총. 소총이라고는 하지만 너무 무거웠기 때문에 분대지원화기로 기관총처럼 운용되었다.

제2차 세계대전 중에 미국이 대량 생산한 M1 소총. 미국 이외의 나라에서는 모든 병사의 소총을 자동소총으로 교체하지 못한 채 일부에게만 지급하는 데 그쳤다.

2-14 돌격소총의 등장

기관단총과 소총의 중간 정도 위력

제2차 세계대전에서 보병의 총은 소총과 기관단총, 이렇게 2원 체계였습니다. 적진에 뛰어들어 치르는 접근전에서 권총탄을 마구 뿌릴 수 있는 기관단총의 위력은 절대적이지만 100m 이상 떨어지면 명중률이 뚝 떨어졌습니다. 반면에, 소총은 300m 밖의 사람 크기의 과녁에도 명중시킬 정도의 정확도가 있었죠.

하지만 당시의 소총탄은 기본적으로 청일전쟁, 러일전쟁 무렵의 전술 개념에 맞춰 만들어진 것이었기에 2,000m의 거리에서도 살상력이 유지되는 강력한 것입니다. **현대전에서는 보병이 그렇게 먼 거리의 표적을 쏠 일이 없는데**, 그렇게까지 강력한 탄약을 사용하는 총을 계속 쓸 필요가 있는가 하는 의문이 들 수밖에 없습니다. 살상력은 수백 m 거리까지만 유지하면 그만이다, 더 작은 탄약을 사용하면 반동도 경감시킬 수 있고 반동이 줄어들면 소총을 기관단총처럼 전자동으로 연사할 수도 있을 것이다, 그리고 그런 소총이 있다면 기관단총의 사거리 부족과 낮은 명중률이라는 문제도 해결할 수 있을 것이라고 생각하게 된 것이죠.

이를 가장 먼저 실현한 것은 제2차 세계대전 말기에 독일이 만든 StG44 돌격소총이었습니다(다만, 제2차 세계대전 이전에 러시아에서 개발된 구경 6.5mm의 표도로프 자동소총이 세계 최초의 돌격소총이라는 의견도 있기는 합니다).

지금까지 사용되고 있던 마우저 Kar98k 소총의 탄과 비교해 탄피 길이가 절반 정도인 소형 탄을 사용하고, 30발들이 탄창을 사용했습니다. 그래서 **소총처럼 정밀하게 조준해서 쏠 수도 있고, 기관단총처럼 총알을 마구 뿌릴 수도** 있었지요. 이 소총을 사용하는 독일군과 싸워본 소련군은 이제 이런 소총의 시대가 올 것이라 생각하고, 제2차 세계대전이 끝난 뒤에 **AK-47 돌격소총**을 개발하게 됩니다.

현재 세계 각국에서 사용되는 소총은 굳이 **돌격소총**이라고 부르지 않더라도 기본적으로 이 돌격소총이라는 범주에 속하는 것들입니다.

소총과 돌격소총. 위는 러시아 AVT-1940 자동소총, 아래는 AK-47 돌격소총.

사용 탄약의 차이. 오른쪽 3발은 왼쪽부터 러시아제 소총탄, 돌격소총탄, 권총탄. 왼쪽 3발은 왼쪽부터 독일제 소총탄, 돌격소총탄, 권총탄이다.

2-15 소구경 고속탄의 시대

7.62mm에서 5.56mm로

제2차 세계대전의 교훈으로 소련은 **AK-47 돌격소총**을 개발했습니다. AK-47의 구경은 7.62mm로 기존 소총과 같았지만, 탄피가 작아지고 발사약의 양도 절반 정도가 되었습니다. 탄환 무게도 9.6g에서 7.9g으로 가볍게 만든 소형 탄약을 사용하게 된 것이었지요.

하지만 미국은 이 소형 탄약의 이점을 뒤늦게 인식하게 되었는데, 베트남전에서 소련제 AK-47 돌격소총과의 전투에서 고전했던 것이 그 계기라 할 수 있습니다.

그렇다고 해도 구경이 기존 그대로인데 발사약의 양이 적다는 것은 탄환의 속도가 느리다는 얘기가 됩니다. 그리고 구경이 같은데 총알이 가벼워졌다는 것은 공기저항으로 생기는 속도 저하도 커졌다는 말이지요. 즉, 이러한 탄은 탄도가 그리는 포물선이 커지게 됩니다. 그러자 목표까지 300m인 줄 알았는데 알고 보니 400m였다거나 반대로 300m인 줄 알았는데 알고 보니 200m였다는 식의 거리 판단 착오에 따른 탄착점의 상하 오차도 크게 나옵니다.

그래서 미국은 (AK-47처럼) 화약의 양을 절반으로 줄일 것이라면 구경도 줄이고 탄환도 공기저항이 적게 만들어 속도 저하를 막고 거리 판단 오차에 따른 탄착 오차도 줄여보자는 발상에서 구경 5.56mm인 **M16 소총**을 채택했습니다. **구경이 작아도 초속 900m가 넘는 고속탄은 명중하면 종래의 7.62mm탄에 지지 않는 파괴력**을 발휘했습니다.

그러자 이번에는 소련에서도 **소구경 고속탄**으로 만들어야 한다고 생각하게 되었습니다. 이렇게 소련은 5.45mm탄을 사용하는 **AK-74**를 채용했습니다. 이어서 중국은 소구경 고속탄이면서도 미국이나 러시아보다는 원거리 사격에 유리한 구경 5.8mm의 95식 소총을 개발했습니다. 이렇게 해서 소구경 고속탄을 사용하는 것이 세계적 추세가 되었습니다.

AK-47과 M16의 탄도 차이

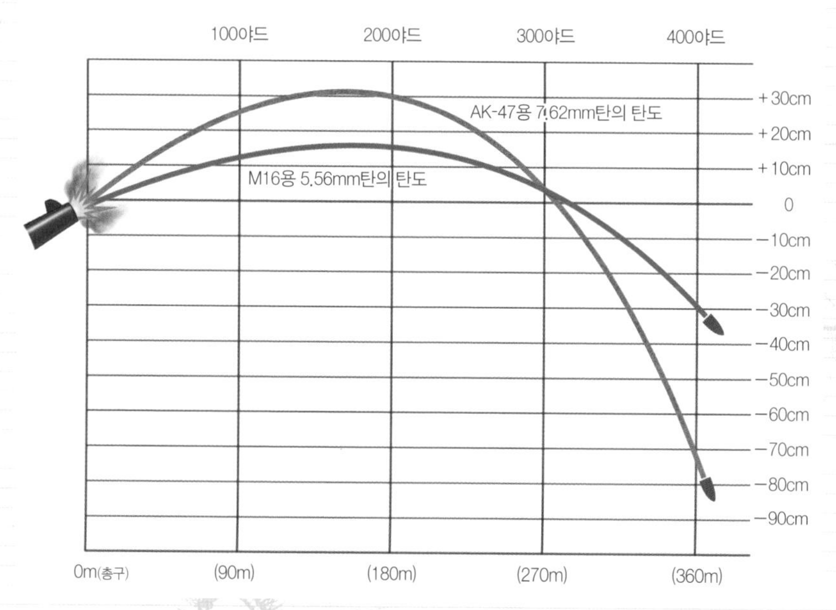

AK-47은 총구 초속이 빠르지만 기세가 꺾이는 것도 빠르다. M16은 공기저항이 작은 소구경 탄이며 고속탄이어서 AK-47의 탄환보다 공기저항을 덜 받고 나아간다.

AK-47(위)과 M16(아래)

2-16 89식 소총

자위대 주력 소총도 소구경 고속탄을 채택했다

소구경 고속탄의 시대를 맞아 일본 자위대가 채용한 소총이 바로 **89식 5.56mm 소총**입니다. 전장 91.6cm, 무게 3.5kg이므로 소형 경량 소총이라고 할 수 있습니다. 구경은 구미 각국의 소총에 공통으로 사용되는 5.56mm로, 물론 일본에서도 생산하고 있습니다만, 만약 대량으로 필요한 사태가 되면 여러 나라로부터 수입할 수도 있습니다.

탄창은 미국의 M16을 비롯해 여러 나라의 총과 호환됩니다. 이를테면 한국군의 소총 탄창도 사용할 수 있습니다. 30발들이가 표준이지만 기갑부대에서는 전차에 출입할 때 긴 탄창이 방해가 되지 않도록 20발들이가 사용되고 있습니다.

오른쪽 페이지 가운데 사진을 보면 오른쪽 측면에 조정간이 있고, 각각 아(ア), 레(レ), 3, 타(タ)라는 글자가 각인되어 있는데, '아'가 안전, '레'로 하면 1초에 10발 정도의 속도로 연사할 수 있습니다. 조정간을 '3'의 위치에 두면 3발 점사로, 방아쇠를 당기면 3발씩 연사하고 멈춥니다(지금은 불필요한 기능으로, 쓸데없는 곳에 공을 들였다는 평가도 있습니다). 마지막으로 '타'의 위치는 반자동으로, 방아쇠를 1회 당길 때마다 1발씩 발사됩니다.

전력 질주 후에 숨이 차올라 안정적인 조준이 어려울 때에도 아래 사진처럼 **양각대**를 펼치면 안정적인 사격을 할 수 있습니다. 특히 연사를 할 때 그냥 사람의 힘으로 버티고 있으면 반동으로 총이 움직여 탄착점이 크게 흩어지게 됩니다만, 이때 양각대를 사용하면 300m 떨어져 있어도 사람의 크기 정도의 표적에 명중시킬 수 있게 됩니다.

세세하게 파고들자면 이 89식에도 몇 가지 불만스러운 점이 있습니다만, 그 장점과 단점을 말하기 시작하면 그것만으로도 책 1권 분량은 가볍게 나올 것이기에 자세한 것을 알고 싶은 분은 필자가 쓴 『자위대 89식 소총』(『自衛隊89式小銃』, 並木書房, 2013)을 읽어주시면 감사하겠습니다.

89식 소총

왼쪽 위에서 시계 방향으로 안전, 단발, 3점사, 연발 사격으로 전환된다.

적이 해당 지점에 왔을 때 일제 사격하겠다고 결정한 지점인 살상지대에 집중 사격할 때 양각대를 이용해서 연사하면 가공할 위력을 발휘한다.

2-17 불펍형과 컨벤셔널형

각각의 장점과 단점은?

불펍(bullpup)형 총이라는 것은 오른쪽 페이지처럼 방아쇠보다 **뒤쪽에 탄창이 있는 형식의 총**을 말합니다. 제2차 세계대전 이후 영국이 EM-2라는 시제품을 제작했지만 성공작이 되지는 못했기에 결국 영국군에서는 FN-FAL을 채택했지만 1977년에 오스트리아군이 채택한 슈타이어 AUG는 큰 성공을 거두면서 여러 나라 군대에서 채택되기도 했습니다.

이후 영국은 다시 불펍형에 도전하여 L85를 채택했으며, 프랑스가 FA-MAS, 중국이 95식, 그리고 이스라엘이 타볼(TAR-21)을 채택하는 등 빠르게 불펍형 총이 늘었습니다.

불펍형 총이 더 이상 특이하다 할 수 없을 정도로 늘어난 결과, 불펍이 아닌 종래 방식의 총을 컨벤셔널(conventional)형이라 부르게 되었습니다.

불펍형의 가장 큰 장점은 **총신을 짧게 하지 않고 총 전체 길이를 짧게 할 수 있다는 점**에 있습니다. 무게중심이 후방에 있기 때문에, 반동으로 총이 튀어 오르는 것이 적고, 전자동 사격 시의 안정성도 좋습니다. 장갑차에 탄 채로 적진에 돌입해 하차하면 전자동 사격으로 적을 제압하는 식의 사용법에 최적화된 총입니다.

한때 21세기 소총은 불펍식이 될 것이라는 식의 논의도 있었지만, 프랑스가 FA-MAS의 후계자로 컨벤셔널형인 HK416F를 채용하고 중국도 95식을 대신하는 03식을 채용하는 등 반드시 불펍형 소총 천하가 되지는 않은 것 같습니다.

불펍형은 탄피가 얼굴 바로 아래에서 배출되기 때문에 사수 얼굴 근처에서 연기가 배출되고, 총구도 얼굴에 가깝기에 총성이 시끄럽다는 문제가 있으며 그 외에도 탄창을 교환하기 어렵다, 안전장치나 조정간도 조작하기 어렵다는 등의 문제가 지적되고 있습니다. 게다가 L85는 물론 FA-MAS도 각종 작동 불량에 시달리는 탓에 불펍형 소총 중에서 **성공작은 슈타이어 AUG와 타볼뿐**인 것이 현실입니다.

성공작이 된 슈타이어 AUG. 사진: 미 해병대

중국의 95식은 FA-MAS와 비슷한 외관이지만 내부 구조는 다르다.

프랑스 FA-MAS
사진: 미 해병대

영국 L85
사진: 미 해병대

이스라엘의 타볼
사진: 미 육군

2-18 전투소총과 지정사수소총

원거리 사격에 약한 돌격소총을 보완하다

돌격소총은 제2차 세계대전까지 쓰였던 강력한 소총이나 기관총탄의 절반 정도 분량의 발사약이 쓰이는 소형 탄약을 사용하는 소총으로, 근·중거리 사격을 중시하는 총기입니다. 그에 반해 근대적인 총이지만 화약량 3g 전후의, 원거리 사격용 탄을 사용하는 소총인 G3나 FN-FAL, AR-10 같은 소총을 따로 구분하여 **전투소총**(Battle Rifle)이라 부릅니다.

1960~70년대에 이러한 고위력탄을 사용하는 소총도 처음에는 그냥 돌격소총이라 불렀는데, 역시 소형 탄약을 사용하는 소총이 아니면 돌격소총이라 부르기 어렵다는 의견이 있어 (비공식적이기는 하지만) 전투소총이라 구분해서 부르게 되었습니다.

그런데 중동의 사막이나 아프가니스탄의 산악 지대 같은 곳에서는 고위력 탄약의 절반 정도 위력밖에 나오지 않는 돌격소총보다는 강력한 전투소총이 좀 더 의지가 됩니다. 그렇다고 해도 5.56mm의 3배 정도의 반동이 있는 전투소총을 사용해 원거리의 표적을 정확하게 사격할 수 있으려면 그 나름의 숙련이 필요하며, 모든 병사의 총을 전투소총으로 바꾸는 것도 현실적인 선택은 아닐 것입니다.

그래도 적의 기관총이나 저격수에 대항하기 위해 고위력 탄약을 사용한 원거리 사격용 분대 저격소총 같은 성격의 소총이 필요하기도 합니다. 그래서 러시아군은 소련 시절부터 AK 소총을 장비한 보병 분대에 1정씩, **드라구노프 저격소총**을 배치했습니다. 본격적인 저격소총 정도의 정확도는 없지만, 돌격소총으로는 대항하기 어려운 적에 대처할 수 있는 믿음직한 화기입니다.

미군에서도 그런 유형의 분대용 저격소총이 있어야 한다는 생각에 전투소총에 망원조준경을 달아 분대용 저격총이라고 할 만한 성격의 총을 배치했는데, 이를 **지정사수소총**(Designated Marksman Rifle, DMR)이라고 합니다.

독일의 G3. 벨기에의 FN-FAL도 대표적인 전투소총이다. 사진: 미 육군

러시아의 드라구노프 저격소총. 지정사수소총의 효시라고 할 수 있다. 사진: 미 육군

M110 DMR. AR-10 전투소총이 그 모체이다.
사진: 미 육군

2-19 다시 대구경 소총탄의 시대가 오는 것인가?

6.8×51mm 탄약이란?

1970년대 미군은 베트남전의 교훈에서 소총 구경을 7.62mm에서 5.56mm로 변경했습니다. 이에 따라 러시아군도 소총의 구경을 5.45mm로, 중국은 5.8mm로 하여 전 세계가 **소구경 고속탄**의 시대에 접어들었습니다.

그런데 중동이나 아프가니스탄과 같은 전장에서는 예상보다 원거리에서 교전이 벌어진 일이 있어 미군 내에서 역시 5.56mm는 위력이 부족하다는 의견이 나왔고, 이러한 이유에서 6mm라거나 6.5mm, 6.8mm와 같은 다양한 구경의 탄약 시제품이 만들어지기 시작했습니다. 그리고 최근 미군은 **6.8×51mm의 신형 탄약을 사용하는 XM5 소총과 XM250 분대지원화기**를 채용했습니다.

그러나 여기에는 여전히 회의적인 의견도 있습니다. 6.8×51mm는 오래전부터 있었던 7.62×51mm의 탄환 직경이 조금 가늘어졌을 뿐으로, 가늘어진 이유는 공기저항을 적게 하고 사거리를 7.62×51mm보다 길게 하는 데 있지만, 10% 향상된 정도로는 사격 경기라면 몰라도 실전에서 승패를 좌우할 정도까지는 아닐 것입니다. 필자는 이따위 것을 새로 채용할 바에야 7.62×51mm를 계속 쓰면 되지 않는가, 그것도 아니라면 260 레밍턴이나 6.5mm 크리드모어를 사용하면 되지 않겠는가 생각합니다.

6.8mm 탄약은 거의 7.62mm NATO탄과 비슷한 크기이므로 5.56mm탄이라면 840발이 들어갈 탄약통에 420발밖에 들어가지 않습니다. 이 때문에 병사들이 휴대할 수 있는 탄약의 양도 절반이 되어버리는 문제가 있습니다. 그럼에도 미군이 이런 탄약을 채택한 것은 **5.56mm로는 진보한 방탄복을 뚫지 못하는 시대**를 예상한 것 같습니다.

그러나 이 탄약은 위력을 추구한 탓에 약실 압력이 높아졌고, 그 때문에 탄피의 구조도 특수한 고가의 탄환이 되었기에 이러한 점에도 의문이 남습니다.

M4 카빈의 후계가 되는 XM5. 2023년에 상표권 문제로 XM7로 개칭되었다. 사진: 미 육군

M249 분대지원화기의 후계자가 될 XM250. 사진: 미 육군

6.8×51mm탄. 길이 51mm의 탄피로, 길이 63mm의 탄피 수준의 위력을 요구했기 때문에 높은 약실 압력에 견딜 수 있도록 바닥 부분을 스테인리스강으로 만들어 탄피가 3개의 부품으로 구성되어 있고 이 때문에 단가가 상승하는 문제가 있다. 결국 옛날 30-06과 같은 길이가 되는데 그냥 270 윈체스터를 쓰면 되지 않을까 하는 생각도 든다.

2-20 PDW란 무엇인가?

근접 전투용 미니 돌격소총

최근 PDW(Personal Defense Weapon)라는 말을 가끔 듣습니다. **개인 방어 화기**라는 뜻입니다. 그러면 권총은 개인 방어 화기가 아닌가 하는 생각이 들 수밖에 없는데, 권총은 유효 사거리가 너무 짧아 미덥지 않으며, 그렇다고 돌격소총을 쓰는 것은 좀 요란하다는 이유에서 돌격소총을 더욱 소형화한 듯한 총기를 이렇게 부르고 있습니다.

PDW라는 사고방식은 제2차 세계대전 당시의 **M1 카빈**에서 시작되는 것 같습니다. 일반 보병의 M1 개런드 소총이 크고 무거웠기 때문에 공병이나 통신병처럼 소총을 사용해 전투하는 것이 주 임무는 아니지만 상황에 따라서는 적 보병과 교전을 벌일 수도 있는 인원들을 위해 **보병 소총의 3분의 1 정도인 화약량으로 권총탄보다는 강한 탄알을 사용하는 소형 경량 소총**이라는 콘셉트로 만들어진 소총입니다. 당시에는 PDW라는 말이 없긴 했지만, 이게 PDW의 기원이라 할 수 있겠지요.

그 후 보병이 돌격소총을 사용하게 되고, M4 카빈처럼 짧게 줄인 단축형 돌격소총이 만들어지게 되자 보병의 소총은 충분히 소형화되었고, 근접 전투용의 컴팩트한 화기를 원한다면 소형 기관단총도 얼마든지 있는 시대가 되었습니다.

하지만 권총탄을 사용하는 기관단총은 방탄조끼를 뚫지 못한다거나 사거리와 명중률이 떨어진다는 문제가 있었기에 돌격소총용 탄약을 조금 더 소형화한 경량 고속탄을 사용하는 미니 돌격소총이라는 느낌의 총이 만들어지게 되었고, 1990년대에 들어서는 PDW라는 말이 생겨나기에 이르렀습니다. 대표적인 총기로는 FN P90이나 H&K의 MP7을 들 수 있습니다. **FNP90**은 5.7×28mm, **MP7**은 4.6×30mm라는 **독특한 소형 고속탄**을 사용합니다. 두 총 모두 세계 수십 개국의 특수부대에 채용되었지만, 군대 전체를 놓고 보자면 **조연이라고조차 할 수 없는 소수 배치**에 그친 상태입니다.

FN P90. 벨기에의 FN사가 개발했다. 사진: 미 육군

H&K의 MP7. H&K사가 MP7을 만들었을 때 처음으로 PDW라는 말을 꺼낸 것 같다. 하지만 PDW의 정의는 좀 애매한데, 돌격소총인 AK-74를 단축한 AK-74U도 PDW의 범주에 넣자는 의견도 있고, 중국의 79식은 기관단총이라 불리고는 있지만 초속 500m인 강화 토카레프탄을 사용하는 가스압 작동 회전식 노리쇠 구조의 미니 돌격소총이니 PDW라고 말할 수 있지 않을까 싶기도 하다. 사진: 미 해병대

2-21 왜 20식이 필요했는가?

좋은 총인 것 같기는 한데 너무 짧다?

2020년에 일본 자위대는 89식 소총의 후계로 **20식 소총**을 채택했습니다. 89식 소총이 제식으로 채용된 지 31년이 지났기 때문에 후계 소총이 등장하는 것은 당연한 일 같습니다. 하지만 미군의 M16은 무려 1964년에 제식 채용된 물건이죠. 아, 물론 M16은 M16A1, A2, A3, A4로 진화해나갔으며, 단축형인 M4 카빈, 그 외 여러 소량 생산된 파생형(XM넘버) 등 다양한 모델이 만들어지며 오늘날에 이르고 있습니다만….

그렇다면 89식도 A1, A2, A3, 89식 카빈…과 같은 식으로 근대화된 개량판을 생산하면 시대의 변화에 대응할 수 있을 것입니다만, 일본의 제도상으로는 '○○식'이라고 하는 '제식'이 정해지면 개량하고 싶어도 할 수 없습니다. 이러한 딱딱하기 그지없는 제도이기 때문에 최근에는 '○○식'이라고 부르지 않는 장비가 늘고 있습니다.

20식 소총은 시대에 대응하여 **피카티니 레일**이 설치되었습니다. 이 덕분에 저격용 망원조준경 외에 야간 투시 조준경, 도트 사이트 등 다양한 광학 조준경을 부착할 수 있게 되었습니다.

또한 도서 방위작전을 중시하는 방침에 따라 바닷물 등으로 생기는 부식을 방지할 수 있도록 **총신은 스테인리스**로 제작되었습니다. 스테인리스 총신은 민간 경기용 소총이나 고급 엽총 등에서는 예전부터 많이 쓰여왔습니다만, 군용 소총으로는 이것이 거의 처음 아닐까요? 일본에서는 99식 소총의 시대부터 총강에 크롬 도금을 해왔습니다만, 박리되는 경우도 있었기에 명중률이라는 관점에서 보더라도 크롬 도금보다 역시 스테인리스제 총신이 좋은 것 같습니다.

개머리판은 사용자의 체격은 물론 방탄복 착용 유무에 따라 **신축하여 길이를 조절할 수 있게** 되어 있습니다.

꽤 좋은 총이라고 생각합니다만, **총신 길이가 330mm에 불과**하다는 점에는 의문을 품지 않을 수 없습니다. 원래 5.56mm 탄약은 최소한 50cm 정도 길이는 되는 총신에서 성능을 제대로 발휘할 수 있는 탄환이기에 이렇게까지 짧게 해도 되나 싶기도 하지만, 근접 전투에서의 취급성은 대단히 우수해 보입니다.

20식은 오른손잡이나 왼손잡이 모두 불편함 없이 사용할 수 있도록 안전장치나 탄창 제거 버튼 등을 좌우 어느 쪽에서도 조작할 수 있다. 장전손잡이도 좌우를 선택할 수 있다. 사진: 미 해병대

COLUMN-02

분대지원화기는 앞으로 어떻게 될 것인가? 미니 기관총인가, 중돌격소총인가?

일반적인 보병 분대(10명 내외)에는 경기관총 1정이 지급됩니다. 미군이나 일본 자위대도 소총과 같은 구경인 5.56mm탄을 사용하는 기관총인 미니미를 장비하고 있지만 자위대에서 '기관총'이라 부르고 있는 이 총을 미군은 '분대지원화기'라 부르며 기관총처럼 취급하지 않습니다. 미군의 관점에서 봤을 때 기관총이라는 것은 좀 더 크고 무거운 것이어야 하는 모양입니다.

호칭이 어쨌건 간에 기관총은 적 보병에게 큰 위협이기 때문에 기관총 사수는 가장 먼저 표적이 됩니다. 이 때문에 제2차 세계대전 때부터 기관총 사수는 소총수보다 높은 사망률을 보였습니다.

그래서 그다지 기관총 같지 않은 외관의, 멀리서는 소총과 구분하기 어려운 분대지원화기라는 것이 등장했습니다. 러시아군이라면 AK의 총신을 길게 연장하고 양각대를 붙인 RPK, 미군에서는 M4 카빈이 몸집을 불린 듯한 모습의 M27 IAR(Infantry Automatic Rifle)가 사용되고 있습니다. 하지만 적에게 표적이 되기 쉽다고 화력이 낮은 총을 사용하는 것은 문제라는 비판도 있습니다.

러시아군의 RPK(왼쪽)와 미군의 M27 IAR(오른쪽). 사진 맨 앞의 총만 M27 IAR이고 나머지 안쪽의 총은 M4 카빈이지만 멀리 떨어진 곳에서는 분간하기 어렵다. 미 해병대에서는 M27IAR을 분대지원화기가 아닌 일반 소총으로 사용하기 시작한 것 같다. 사진: DVIDS

제 3 장

탄약

폭약과 발사약은 전혀 다른 것입니다. 폭약은 탄환을 발사하는 데는 사용할 수 없습니다. 산탄총용 발사약과 소총용 발사약도 화학적인 성분만 같을 뿐 별개의 것입니다. 양자는 연소 특성이 각기 다르기에, 잘못하면 총기가 파손될 수 있습니다. 이번 제3장에서는 이러한 탄약에 대한 기초 지식을 배워보도록 합니다.

3-01 폭약은 발사약으로 쓸 수 없다?!

폭연과 폭굉은 다르다

총탄이나 포탄을 발사할 때에는 나이트로셀룰로스(nitrocellulose)를 주성분으로 하는 무연화약이 사용되고 있습니다. 만약 여기에 TNT(트리니트로톨루엔)나 다이너마이트 같은 폭약을 사용하면 어떻게 될까요? 아마 탄환이 튀어 나가기 전에 포신이 먼저 파열되고 말 것입니다. 그럼 양을 줄이면 괜찮은 것 아닌가 싶겠지만, 총신이 파손되지 않을 정도로 양을 줄이면 이번에는 거의 탄환이 날아가지 않게 되어버립니다. 이는 TNT 등 폭약의 **폭굉**(detonation)이라 불리는 반응이 흑색화약 등의 **폭연**(deflagration)과는 차원이 다른 **폭속**(velocity of explosion)을 지니고 있기 때문입니다.

폭연이라는 것은 숯이나 장작이 타는 것과 마찬가지로 한쪽 끝에 점화해주면 거기에서 서서히 타오르는 현상으로, 다만 무연화약의 경우 그 속도가 초속 200~300m라는 것뿐입니다. 이와 달리 폭굉이라고 하는 것은 단지 타는 것이 빠르다고만 하는 현상이 아닙니다. **폭굉은 폭약 덩어리 속에서 초속 수천 m의 충격파가 발생하고, 이 충격파에 의해 폭약의 분자구조가 흔들려**(연소되어 타들어간 것이 아니라) **반응을 일으키는 것**입니다.

폭굉이 폭약이 연소되는 반응이 아니라는 것은 TNT나 다이너마이트에 불을 붙여보면 알 수 있습니다. 이러한 폭약은 그냥 불을 붙인 것만으로는 폭발하지 않고 그저 연소될 뿐입니다. 이러한 **폭약은 뇌관을 장착하여 뇌관의 폭발에 의한 충격을 주었을 때 비로소 폭발, 즉 폭굉을 일으키는 것**입니다.

폭약의 종류 중에 **슬러리 폭약**(slurry explosive)이라는 것이 있습니다. 산을 무너뜨리는 등 대규모 발파 작업에 사용하는데, 질산암모늄 45~60%, 알루미늄 분말이나 TNT, 그리고 물을 15~25%나 섞은 걸쭉한 것이지요. 이것을 구멍에 흘려 넣고 폭파시키는 것입니다. 물이 25%나 포함된 것임에도 폭발한다는 것에서 알 수 있듯 폭굉은 '불타는 것이 빠른' 현상이 아닙니다.

그냥 육안으로 보기에는 흑색화약이나 무연화약의 폭연도, TNT나 다이너마이이트의 폭굉도 똑같은 '폭발'로 보일지 모르겠지만, 사실 폭연과 폭굉은 전혀 다른 종류의 반응입니다.

흑색화약과 TNT 또는 다이너마이트의 차이

흑색화약을 긴 튜브에 채운 채로 점화하면, 1초에 약 1cm의 속도로 타들어가는데, 이것이 바로 도화선이다.

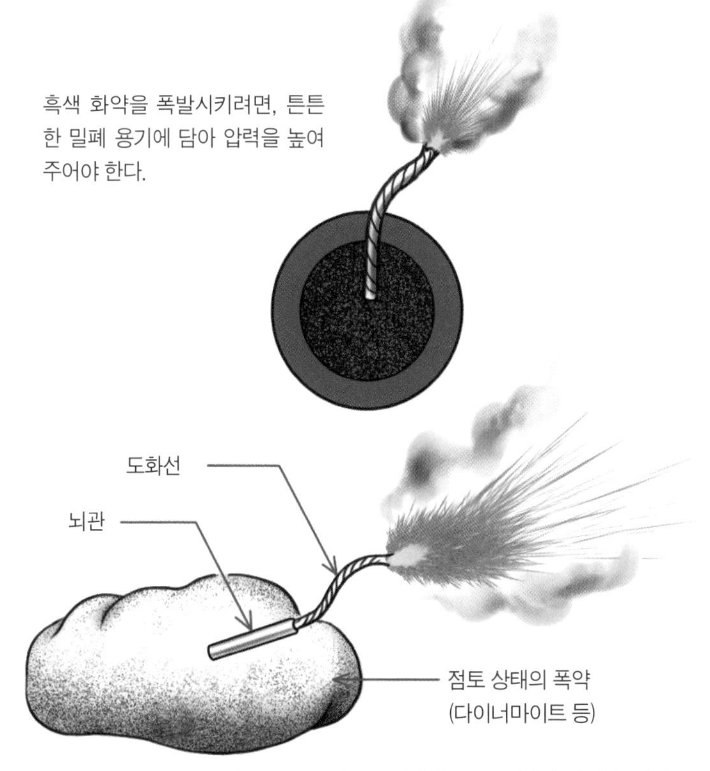

TNT나 다이너마이트 등의 폭약은 불을 붙여도 타기만 할 뿐 폭발하지 않지만, 뇌관으로 기폭하면 밀폐되어 있지 않아도 폭발한다.

3-02 발사약의 연소 속도

연소 속도가 적절하지 않으면 총기가 망가진다

산탄총용 발사약이건 라이플용 발사약이건 화학적인 성분은 동일합니다. 하지만 만약 라이플에 산탄총용 발사약을 사용하면 총이 망가져버립니다. 반대로 산탄총에 라이플용 발사약을 사용하면 발사약은 거의 연소하지 않고 산탄과 함께 총구에서 낱개로 분출될 뿐 탄환은 거의 날아가지 않습니다.

이것은 성분이 같아도 알갱이의 모양과 크기가 다르고, 따라서 연소 속도가 다르기 때문입니다. 같은 무게의 나무를 태우더라도 나무젓가락을 모은 것과 통나무를 비교해보면, 나무젓가락을 모은 쪽이 훨씬 빨리 타오릅니다.

이것은 발사약도 마찬가지여서, **알갱이가 큰 것일수록 천천히 타오르고, 알갱이가 작은 것일수록 빨리 타오릅니다.** 그리고 발사약은 사용하는 총포의 종류와 용도에 맞는 속도로 연소되어야만 합니다.

라이플의 경우, 탄환이 강선에 맞물려 들어가면서 회전력을 얻게 됩니다만, 당연히 이 과정에서 큰 저항이 발생합니다. 반면에 강선이 없는 산탄총의 총강은 매끄럽기 때문에 탄환이 지나가더라도 거의 저항을 받지 않게 됩니다. 만약 저항이 큰 라이플에 속연성인 산탄총용 발사약을 사용하면 저항이 커서 탄환은 좀처럼 앞으로 나아가지 못하는데 발사약만 점점 연소되면서 내부 압력이 상승합니다. 발사약은 압력이 높으면 높을수록 빨리 연소하는 성질이 있는데, 압력이 올라가면 탄환을 전진시키는 힘도 증가하지만, 그 이상으로 급격히 압력이 상승하면 탄환이 발사되기 전에 총 쪽이 먼저 망가지고 마는 것입니다.

즉, **탄이 총강을 통과할 때의 저항이 큰**(즉 탄환이 무겁거나 마찰이 큰) **총일수록 연소 속도는 느린 것이 좋습니다.**

● M16 소총을 망가뜨린 이야기…

예전에 필자는 별도 판매된 화약(발사약)과 뇌관, 탄피, 탄두를 직접 조립(흔히 핸드 로드라고 합니다)해서 재생한 탄약과 M16 소총을 가지고 사격장에 간 적이 있었습니다. 자세를 잡고 표적을 조준하여 방아쇠를 당긴 순간, 눈앞에서 정상적인 총성과는 다른 폭발음이 일어났고 허연 연기가 피어올랐습니다.

무슨 일이 일어났는지는 바로 알아차렸지만, 나름 숙련자라 자부하던 저 자신이 설마 그런 얼빠진 일을 저지를 리 없다고 생각했습니다. 하지만 M16의 기관부는 쪼개졌고, 탄창은 아래로 튀어 날아갔으며, 작은 파편 몇 개가 필자의 얼굴과 어깨에 박혀 있었습니다.

너무나 어처구니가 없는 일에 탄약을 분해해보니, 역시나 발사약을 잘못 넣었음을 알 수 있었습니다. M1 카빈용 발사약을 M16용 탄피에 넣었던 것이었죠. 스스로를 전문가라고 자신하고 있었지만 오래 살다 보면 가끔은 어처구니없는 실수도 저지르는 법인 듯합니다.

폭발 당시의 모습.

의외라고 생각될 수 있겠지만, 총이 망가질 당시 반동은 없었다.

3-03 발사약의 적절한 연소 속도란?

같은 구경이라도 탄환의 무게가 다르면 화약은 다르다

산탄총용 발사약을 라이플총에 사용하면 총이 망가진다고 했는데, **문제는 탄환이 총강을 통과할 때의 저항 크기**입니다. 라이플이라고 해도 22 림파이어(rim fire)와 같은 작은 탄환이라면 저항이 작기 때문에 산탄총 수준의 속연성 화약이 사용되고, 산탄총으로도 구경에 비해 산탄을 넉넉하게 채운 것은 가벼운 탄환을 발사하는 작은 라이플 탄약에 쓰이는 화약이 사용됩니다.

그래서 라이플이라도 구경의 크기, 그리고 같은 구경이라도 탄환의 무게가 다르면 연소 속도가 다른 화약을 사용해야 합니다. 예를 들어 구경 7.62mm의 라이플도 무게 7g의 탄환을 발사하는 것과 10g의 탄환을 발사하는 것은 전혀 연소 속도가 다릅니다. 아주 작은 차이일지도 모르겠지만 이 정도로도 충분히 총은 망가질 수 있습니다.

오른쪽 페이지의 그림은 총강 내부의 압력 변화를 나타낸 그래프입니다. 탄환을 추진하는 에너지는 붉은 부분의 면적에 비례합니다.

A는 연소 속도가 너무 빠른 발사약으로, 탄환에 주는 에너지에 비해 총강 내 압력이 높아 총신에 큰 부담을 줍니다. 이러한 발사약은 조금 가벼운 탄환을 사용하면 B와 같은 연소를 하게 됩니다. **B는 적당한 연소 속도의 발사약**으로, 탄환에 주어지는 에너지가 크고 압력은 그다지 높지 않기 때문에, 비교적 얇은 총신에서도 안전하게 고속의 탄환을 발사할 수 있습니다. 하지만 역시 탄환을 무겁게 하면, A와 같은 압력 커브를 그린다는 것을 알 수 있습니다. 반대로 **C는 연소 속도가 너무 느린 발사약**으로, 아직 다 타지 않은 발사약이 총구에서 튀어나와 화약을 낭비하고 마는 경우입니다. 이러한 발사약은 조금 더 무거운 탄환을 사용하면 B와 같은 연소 그래프를 그리게 됩니다. 빈 탄피에 스스로 발사약을 채우고 뇌관과 탄두를 결합하는 작업에는 이러한 지식이 필수입니다.

강압 곡선

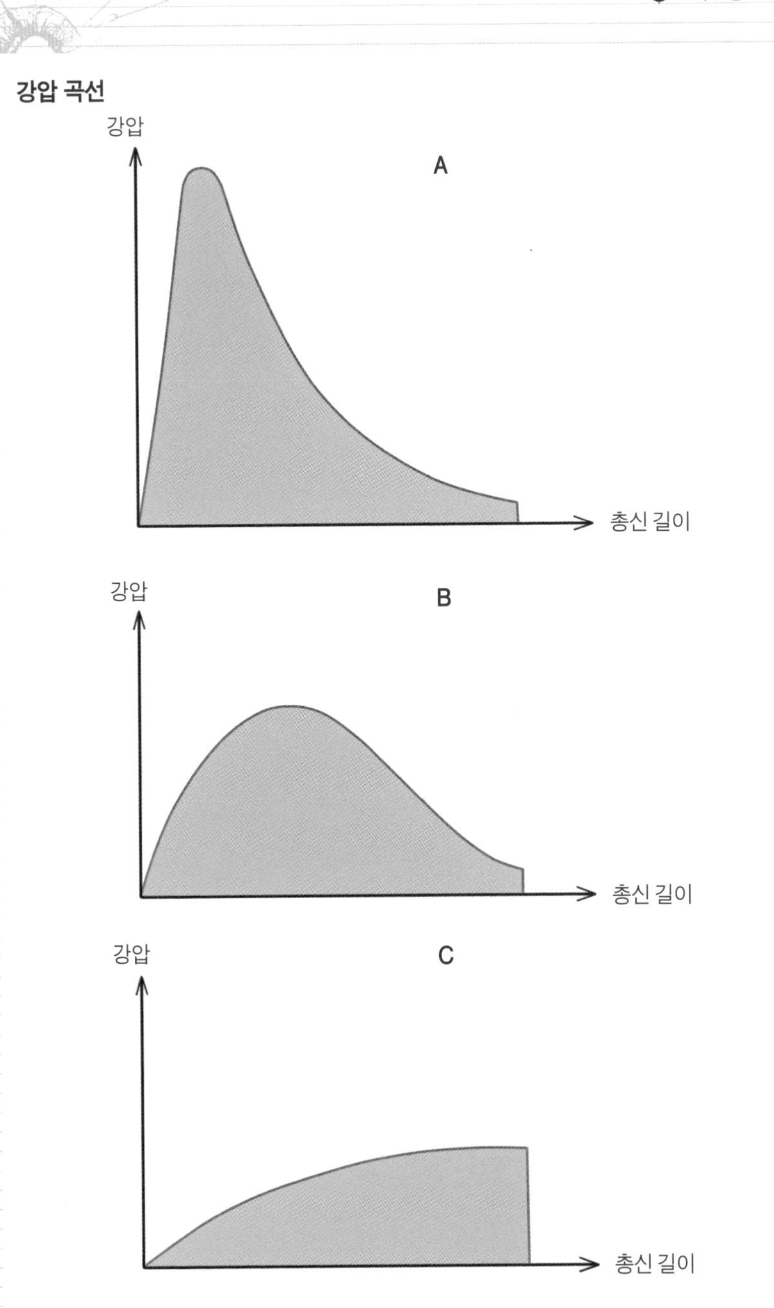

A는 발사약 연소 속도가 너무 빨라 총신에 큰 부담을 줄 수 있다. B는 적절한 연소 속도의 발사약이며, 반대로 C는 연소 속도가 너무 느려서 발사약 낭비가 많은 경우이다.

3-04 흑색화약

뭉게뭉게 흰 연기가 피어오르는 인류 최초의 화약

흑색화약은 인류가 발명한 가장 오래된 발사약입니다. 19세기 말에 **무연화약**이 발명되기 이전까지 총포의 발사약으로 널리 사용돼왔습니다. 흑색화약은 질산칼륨 75%에 황 10%, 목탄 15% 비율로 섞은 혼합물인데, 이 재료 분말은 아무리 잘 혼합해두어도 운반 도중의 진동으로 분리되기 쉬웠습니다. 또한 분말 상태에서는 흡습성이 높고 연소 속도도 너무 빠르다는 문제가 있어 물을 더해 반죽하고 판 모양으로 눌러 필요에 따라 잘라 사용했습니다. 현재는 물을 더하는 것이 아니라 기계로 압축하여 굳히고, 필요에 맞는 크기로 절단하는 식으로 생산되고 있습니다.

흑색화약은 무연화약에 비해 몇 배는 더 많은 양을 사용해야 동일한 효과를 얻을 수 있습니다.즉, 흑색화약을 사용하는 탄약은 부피가 커질 수밖에 없으며, 그 탄약을 사용하는 총포도 위력에 비해 크고 무거웠습니다.

흑색화약은 연기가 많이 납니다. 연속 사격을 하면 연기 때문에 앞이 보이지 않을 정도입니다.탄매도 많이 발생하기에 자동소총이나 기관총에 사용하면 총의 작동기구가 금세 오염되어 바로 고장이 날 수도 있습니다. 무연화약보다 훨씬 쉽게 총에 녹이 슬게 만들기에 관리하기도 번거롭습니다.

그런 이유로 **현대에는 발사약으로 흑색화약을 거의 사용하지 않습니다**. 개인의 취미로 일부 구식 총기에 사용되는 정도(일본의 경우, 현대에도 화승총을 사용하는 사격경기 등이 열리고 있으며, 메이지시대의 무라타 소총을 사용하는 엽사도 있을 정도입니다)여서 더 이상 실용적인 발사약이라고는 하기 어렵습니다. 다만 그 대신에 대포로 다량의 무연화약을 사용할 때 점화를 돕기 위한 **점화약**(ignition charge)의 일부로 사용되기도 합니다.

19세기에는 **갈색화약**(Brown powder)이라는 것도 있었습니다. 이것은 숯(목탄) 대신에 지푸라기 등을 고압 증기의 열로 탄화시킨 것을 사용했는데, **흑색화약**보다 연소 속도를 느리게 만들 수 있어서 당시 전함에 실린 함포의 발사약으로 사용되었습니다.

● 세계문화유산의 마을은 중세의 군수공장이었다!

원래 일본을 비롯한 동아시아에서는 흑색화약의 원료인 초석을 채취할 수 없었습니다. 따라서 일본의 전국시대 당시 대량의 조총을 사용하기 위해 많은 양의 초석을 수입해야 했습니다. 그런데 언제부터인가 분뇨에 들어 있는 암모니아와 식물에 들어 있는 칼륨, 토양의 박테리아를 이용한, 현대로 치면 **'바이오 기술'로 초석**을 만들게 되었습니다.

누가 처음 발명했는지는 모르겠지만 아마도 동남아시아(태국?)에서 전해진 기술이 아니었을까 생각됩니다. 에도시대 당시 이러한 방식의 초석 제조를 마을 단위의 업으로 삼은 곳이 있었는데, 바로 기후현(岐阜県)의 시라카와고(白川鄕)와 도야마현(富山県)의 고카야마(五箇山) 마을로, 이른바 **갓쇼즈쿠리**(合掌造り)라는 독특한 양식의 지붕을 올린 전통 주택으로 유네스코 문화유산으로 지정된 바 있는 곳이었죠. 유럽의 경우, 언제 누가 발명했는지는 알 수 없지만 프랑스혁명 무렵부터 비슷한 방법을 사용하기 시작했다고 합니다. 몬순기후로 비가 많이 내리는 동아시아와 달리 강수량이 적은 유럽에서는 노천이나 간단한 지붕 아래에서 초석을 만들 수 있었다고 합니다.

두 손으로 합장을 한 것처럼 높이 솟은 모양의 지붕 아래서 초석이 만들어졌다.

3-05 무연화약

초기의 무연화약은 저장 중에 자연 발화하기도 했다

무연화약은 19세기 중반에 발명되었고 19세기 말에 실용화되었습니다. 흑색화약 등과 비교하면 연기가 극히 적게 발생하기에 무연화약이라고 합니다만, 연기가 전혀 나지 않는 것은 아니며, 대포 정도 크기가 되면 도저히 '무연'이라 말하기는 어려운 수준입니다.

무연화약의 주성분은 나이트로셀룰로스로, 셀룰로스 즉 식물섬유(면화가 가장 대표적인 예)를 질산으로 처리하여 만듭니다. 질산에 면화를 몇 시간 담가두기만 하는 것으로 나이트로셀룰로스를 만들 수 있습니다. 이렇게 처리된 면화는 겉모습은 변함이 없지만 화약으로 변했기에 불을 붙이면 활활 타오릅니다. 그래서 이를 흔히 면화약(nitrocotton) 또는 건코튼(guncotton)이라고 합니다. 공장에서 대량생산하는 경우는 종이와 마찬가지로 나무에서 분리한 펄프를 원료로 삼습니다.

그러나 면화를 질산으로 처리한 만큼 면화약은 발사약으로서는 연소 속도가 지나치게 빨라 실용적이지 않았습니다. 그래서 발명 초기에는 발사약이 아니라 어뢰의 작약 등으로 사용되었습니다.

그런데 이 솜처럼 생긴 나이트로셀룰로스에 에테르나 알코올을 첨가하면 녹으면서 젤라틴 형태가 됩니다. 그래서 필요에 따라 크기와 모양을 잡아준 뒤에 알코올이나 에테르를 증발시키면 셀룰로이드 형태의 무연화약이 만들어집니다.

● 나이트로셀룰로스를 니트로글리세린으로 녹이다

그런데 솜 형태인 나이트로셀룰로스를 녹여 셀룰로이드로 만들 때, 에테르나 알코올 대신 다이너마이트의 원료인 니트로글리세린을 사용해도 잘 녹았습니다. 그래서 나이트로셀룰로스를 니트로글리세린으로 반죽한 무연화약이 만들어지게 되었는데, 나이트로셀룰로스를 에테르나 알코올로 반죽한 것을 **싱글 베이스**라고 하며, 니트로글리세린으로 반죽한 것을 **더블 베이스**라고 합니다.

더블 베이스는 싱글 베이스보다 강력하지만 연소 온도가 높아 총신의 수명을 단축시킬 수 있었기에 여기에 나이트로구아니딘(nitroguanidine)을 더해 가스 발생량에 비해 연소 온도가 낮아지도록 억제합니다. 이것을 **트리플 베이스**라고 하는데, 주로 대구경 화포의 장약(발사약)으로 사용됩니다. 소화기에는 대개 싱글 베이스 그리고 더블 베이스가 일부 사용되고 있습니다.

● 무연화약과 자연 분해와의 싸움

그런데 무연화약은 시간이 지남에 따라 자연 분해되는 성질이 있습니다. 그래서 발명 초기에는 종종 폭발 사고가 발생했죠. 제조 공정에서 산이 남아 있으면 위험하기 때문에 최대한 꼼꼼히 세척하여 산을 제거했지만 자연 분해를 완전히 막을 수는 없었습니다. 분해됨에 따라 산이 나오고, 이것이 더욱 분해를 촉진하여 끝내 폭발에 이르게 됩니다. 그래서 이 산을 중화하고, 조금씩 분해가 진행되기는 하지만 폭발까지 이어지지는 않도록 **안정제**를 첨가하게 되었습니다.

초기에는 안정제로 바셀린과 디페닐아민(diphenylamine)이 사용되었지만, 현재는 안정제이면서 교화제(膠化劑)로 작용하는 센트랄리트(centralit), 디페닐우레탄(diphenylurethane) 등이 사용되고 있습니다.

무연화약이 자연 분해되는 성질은 아무리 해도 막을 수 없습니다. 그렇다고 해도 최근 제품은 품질 관리가 잘되어 있어 5년이나 10년 이상 보존해도 자연 발화는커녕 거의 변질되지 않습니다. 하지만 낡고 변질되어가는 무연화약은 왠지 시큼한 냄새가 나고 눅눅한 느낌이 듭니다. 이렇게 변질된 무연화약을 철제 용기에 넣어두면 용기에 녹이 슬기 시작하는데, 이것이 바로 위험 신호입니다.

따라서 군에서는 탄약고에 보관 중인 탄약의 발사약이 얼마나 변질되었는지 정기적으로 검사를 실시하고 있습니다.

3-06 실탄이란 무엇인가?

센터 파이어와 림 파이어

현대의 총탄은 모두 **실탄**, **탄약**이라고 하며 영어로는 **카트리지**(cartridge)라고 합니다. 원래 카트리지라는 말은 만년필 잉크나 탁상용 가스레인지의 가스 봄베 등과 같이 용기에 넣고 본체에 삽입하여 사용하도록 한 것을 가리키는 말이지만 총포 관련 용어로는 발사약과 탄환, 뇌관을 약협이라는 케이스에 넣어 사용하기 편리하게 만든 것을 뜻합니다.

이 탄약이 발명되기 전까지 총포는 1발 분량씩 총구로부터 발사약과 탄환을 밀어 넣고 화약접시에 점화약을 부어 사용했습니다.

산탄총용 탄약은 어떤 이유에서인지 실탄 대신 **장탄**(裝彈)이라고 부르는 경우가 더 많으며, 마찬가지로 영어로는 카트리지 대신 **셸**(shell)이라고 부릅니다.

산탄총의 장탄에 대해서는 8장에서 자세히 해설하도록 하겠습니다.

현대 소화기용 탄약은 오른쪽 페이지의 그림과 같은 구조입니다. 오른쪽 상단 그림처럼 별도의 뇌관 대신 **림**(rim)이라고 불리는 돌출부에 기폭약이 박혀 있어 림의 어느 부분을 타격해도 점화가 이뤄지는 것을 **림 파이어**(rim fire) 방식이라고 합니다. 반대로 하단 그림과 같이 약협 바닥 중앙에 뇌관이 끼워져 있는 것을 **센터 파이어**(center fire) 방식이라고 합니다.

센터 파이어보다 림 파이어가 더 구조가 간단하고 저렴하게 만들 수 있습니다만, 바닥이 얇아서 큰 탄약에 사용할 경우, 떨어뜨리거나 부딪쳤을 때 사고의 위험이 있기 때문에 22구경(약 5.588mm)처럼 작은 것밖에 제조되지 않습니다만, 역사적으로는 이보다 더 큰 탄약도 만들어진 적이 있으며, 현재도 극히 소수이지만 다른 구경의 탄약이 존재합니다.

림 파이어 방식

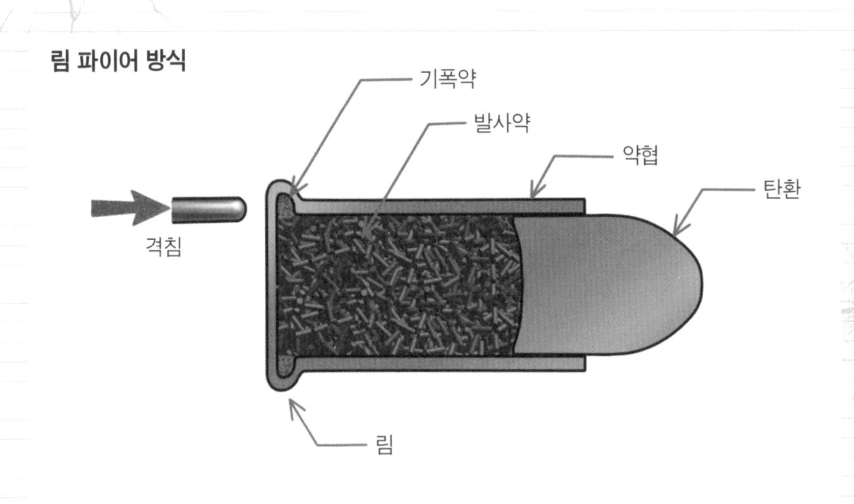

센터 파이어 방식

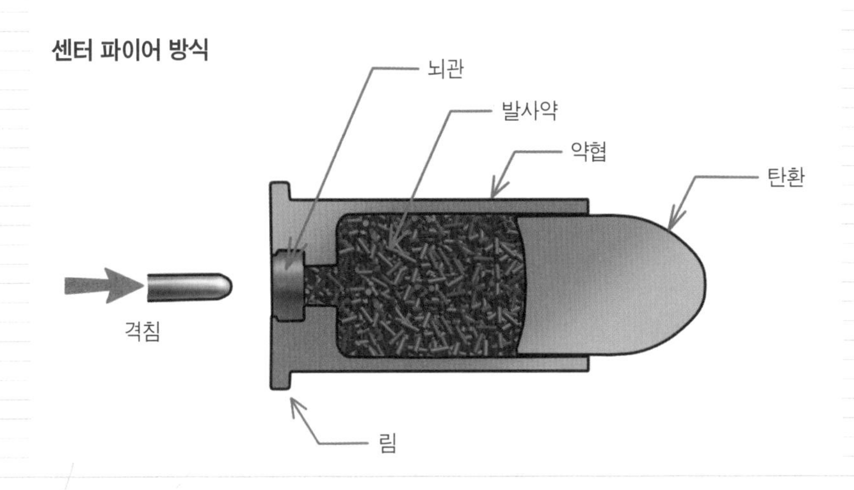

3-07 뇌관 이야기

복서형과 버든형

뇌관(primer)은 구리 또는 황동으로 만든 작은 컵에 기폭약을 넣은 것인데, 대개는 니켈 도금 처리가 되어 있어 은색을 띱니다.

기폭약으로 예전에는 뇌홍이 많이 사용되었지만, 보관 중에 자연 분해되는 데다 비싸고, 총강을 녹슬게 하는 등의 단점이 있어, 20세기 중반부터 트리시네이트(tricinate, 트리니트로레졸신납)를 사용하게 되었습니다.

하지만 순수한 트리시네이트는 화염의 양이 충분하지 않기 때문에 각 제조사에서는 질산바륨(Barium nitrate)과 같은 산화제를 첨가하고 있기도 합니다.

뇌관을 격침으로 타격하여 발화시킬 때 이를 돕기 위하여 뇌관에는 발화금(anvil)이라는 작은 쇠붙이가 달려 있습니다. 기폭약은 발화금과 뇌관 본체 사이에 끼여 있기 때문에 격침으로부터의 타격을 잘 받아서 발화하게 됩니다.

발화금이 없는 뇌관도 있습니다.

버든형 뇌관(berdan primer)은 약협 바닥의 뇌관이 들어가는 움푹 파인 곳인 프라이머 포켓(primer pocket)의 중앙부가 돌출되어 있는데 이것이 발화금 역할을 합니다. 제2차 세계대전 이전의 유럽 국가와 일본에서는 이 방식이 보급되어 있었습니다. 지금도 러시아와 중국의 군용탄은 이 버든형 뇌관을 사용합니다.

이와 반대로 발화금이 달린 뇌관을 복서형 뇌관(boxer primer)이라고 합니다. 복서형 뇌관은 불발된 약협에서 뇌관을 제거하고 새로운 뇌관을 설치하기 용이하기에 민간용으로 선호되고 있습니다. 군용 탄약도 미국에서 개발된 탄약은 복서형 뇌관을 사용합니다.

권총용 뇌관과 소총용 뇌관은 치수와 형상이 거의 동일하여 구분할 수 없습니다만, 권총용 쪽이 미묘하게 얇게 만들어져 있습니다.

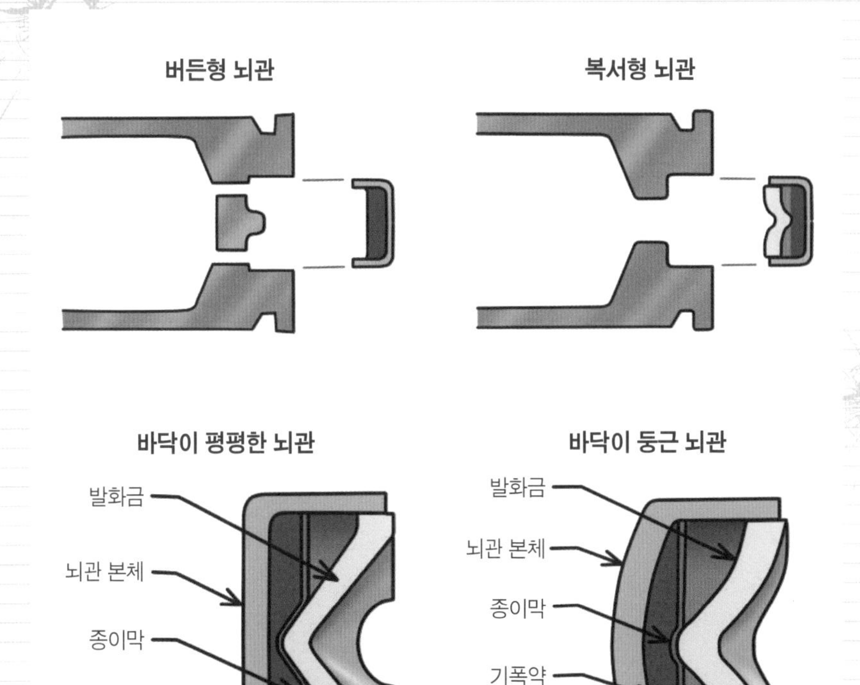

복서형 뇌관에는 바닥면이 평평한 것과 둥근 것이 있는데 미군은 평평한 것, 일본 자위대는 둥근 것을 사용하고 있다. 양자 사이에 성능 차이는 없다.

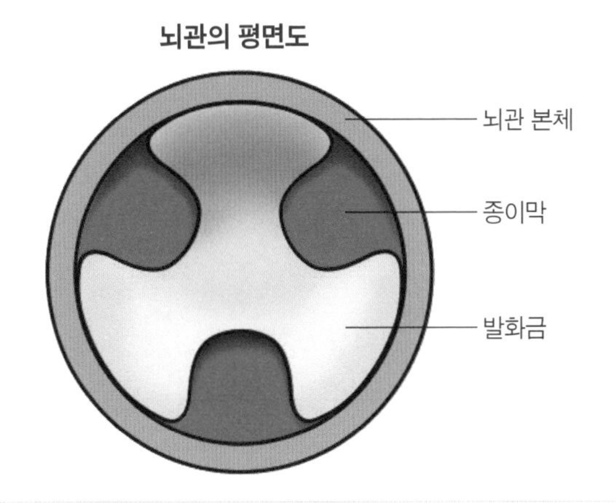

3-08 약협의 재질

소총이나 권총 탄약은 황동, 산탄용은 종이를 사용한다

흔히 **탄피**라고 불리는 **약협**(case)은 일반적으로 구리 70%에 아연 30%를 섞은 황동이라는 합금으로 제작됩니다. 산탄총용 약협은 종이와 플라스틱을 사용하는 경우가 많지만, 철과 알루미늄을 쓰는 예도 있습니다.

소총이나 권총의 약협은 대개 **황동**이지만, 제2차 세계대전 중의 독일군이나 소련군이 사용한 약협에는 **철**이 많이 들어 있었습니다. 미국의 경우도 대전 중의 권총용 탄약에 철제 약협을 사용했던 것을 볼 수 있습니다. 오늘날에도 러시아나 중국군에서는 철제 약협을 사용하고 있습니다. 하지만 철은 쉽게 녹이 슬기 때문에 구리로 도금하거나 페인트를 발라 부식을 막고 있습니다.

철은 황동보다 저렴하고 가볍다는 장점이 있지만, 황동보다 가공하기 어렵고 녹이 슨다는 문제가 있으므로 구리 입수가 어려운 경우가 아니라면 그리 권장되지는 않는 재료입니다.

산탄총의 약협은 흑색화약의 시대에는 종이와 황동이 사용되었는데, 구경이 같아도 종이와 황동 약협 사이에는 규격이 달랐습니다. 그러나 오늘날의 무연화약용 산탄 약협은 특수한 예외를 제외하고는 모두 **종이**나 **플라스틱**으로 만들어지고 있습니다. 황동 약협은 구식 총기를 취미 목적으로 사용하는 경우 외에는 거의 사용되지 않습니다.

알루미늄 탄피는 리볼버나 산탄총용으로 만들어진 적이 있습니다만, 탄약을 재생하여 쓸 수 있을 정도의 강도가 나오지 않기에 널리 보급되지 못했습니다.

하지만 가볍다는 장점이 있어 군용으로는 전차 포탄이나 기관포탄으로 일부 사용되고 있는 예가 있으며, 소총용으로 종종 사용되고 있습니다. 황동의 주성분인 구리는 제법 비싼 재료이기 때문에 소총용 약협에도 플라스틱을 사용하는 것이 연구되고 있습니다만, 10년 이상 보관한 후 또는 영하 수십 도의 저온에서 보관했을 때에도 문제없이 사용할 수 있는가 하면 여전히 불안이 남아 있어서 아직은 널리 보급되지 않았습니다. 그럼에도 일부 양산 판매가 시작되고 있다고 합니다.

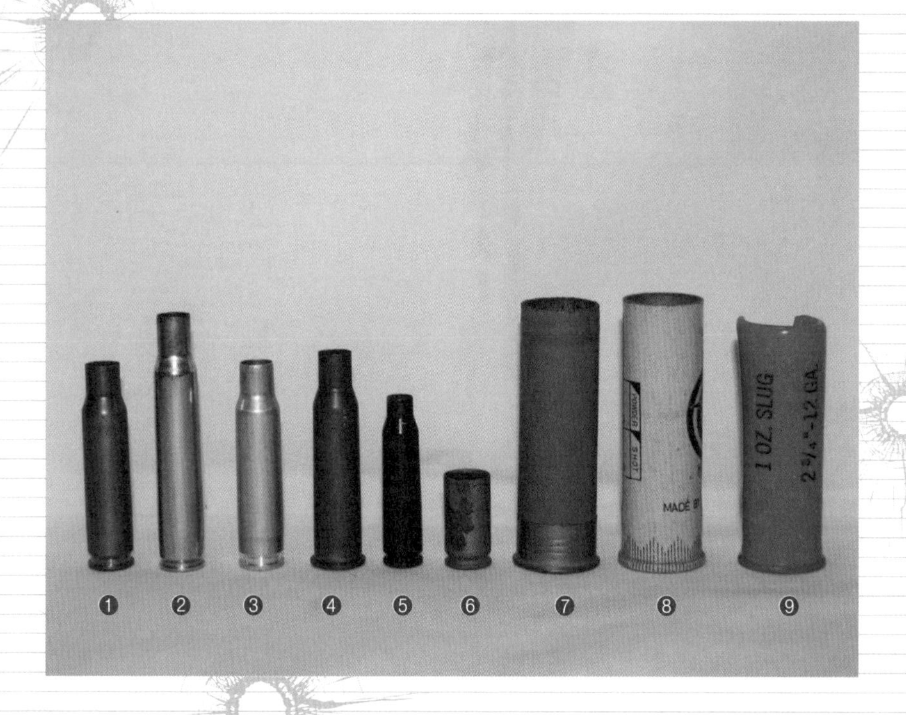

여러 가지 약협의 재질

❶ 소총이나 권총에 가장 일반적으로 쓰이는 황동 약협.

❷ 은빛을 띠고 있지만, 실은 황동에 도금을 한 약협.

❸ 알루미늄 약협

❹ 철에 구리 도금을 한 약협.

❺ 철에 도료 코팅을 한 약협.

❻ 철에 아연 도금을 한 약협.

❼ 바닥 부분만 금속으로 만든 종이 약협.

❽ 종이만으로 만든 산탄총의 약협.

❾ 플라스틱으로만 만든 산탄총의 약협.

3-09 약협의 형태 ❶

구경이 같아도 탄피가 다르면 사용 불가

약협에도 다양한 형태와 규격이 존재합니다. 예를 들어 다 같은 7.62mm 구경 탄약이라고 해도 약협의 치수와 형상이 다르면 호환되지 않는 법입니다.

❶은 **림드**(rimmed)**형**이라고 하며, 발사 후 약협을 제거하기 쉽도록 약협의 바닥이 넓적한 원판 모양을 하고 있습니다. 주로 리볼버나 산탄총의 약협에서 볼 수 있는 형태로, 대표적인 탄약으로는 45 롱 콜트, 38 스페셜 등이 있습니다.

❷는 **림드형**에 **테이퍼드**(tapered) 형태를 하고 있는데, 이것은 발사 압력으로 약협이 팽창하면서 약실에 들러붙는 일이 있기 때문에 길이가 긴 약협은 테이퍼드형으로 만들지 않으면 약실에서 제거하기 어렵습니다. 산탄총의 황동제 약협이 주로 이런 형상을 하고 있으며, 권총탄 중에는 7.62mm 나강(Nagant), 엽총용으로는 500 니트로 익스프레스(Nitro Express) 등이 있습니다.

❸은 **림드형**이면서 탄두를 물고 있는 목 부분이 병처럼 좁아진 **보틀넥**(bottle neck) 약협입니다. 구경에 비해 많은 발사약을 사용하고 싶을 때 이런 모양으로 만듭니다. 제2차 세계대전까지 영국군의 소총에 사용된 303 브리티시, 러일전쟁부터 현대에 이르기까지 러시아군의 기관총 등에 사용되는 7.62mm 러시안 등이 대표적인 탄약입니다.

❹는 **림리스**(rimless)**형**으로 림의 직경과 약협 몸체 직경이 같은 것입니다. 림드형 약협은 자동소총의 탄창에 탄약을 삽입할 때 바닥면의 림이 거추장스럽기에 홈을 파서 림을 만들었습니다. 45 오토 등이 대표적입니다.

❺는 **림리스형**이면서 **테이퍼드** 형태를 하고 있는 것입니다. 9mm 루거, 30 카빈 등이 있습니다.

❻은 **림리스형**이면서 **보틀넥** 형태인 약협입니다. 현대의 소총탄에 가장 널리 쓰이는데, 30-06이나 308 윈체스터 등이 그 대표라 할 수 있습니다.

❶ 림드형 약협
❷ 림드형 테이퍼드 약협
❸ 림드형 보틀넥 약협
❹ 림리스형 약협
❺ 림리스형 테이퍼드 약협
❻ 림리스형 보틀넥 약협

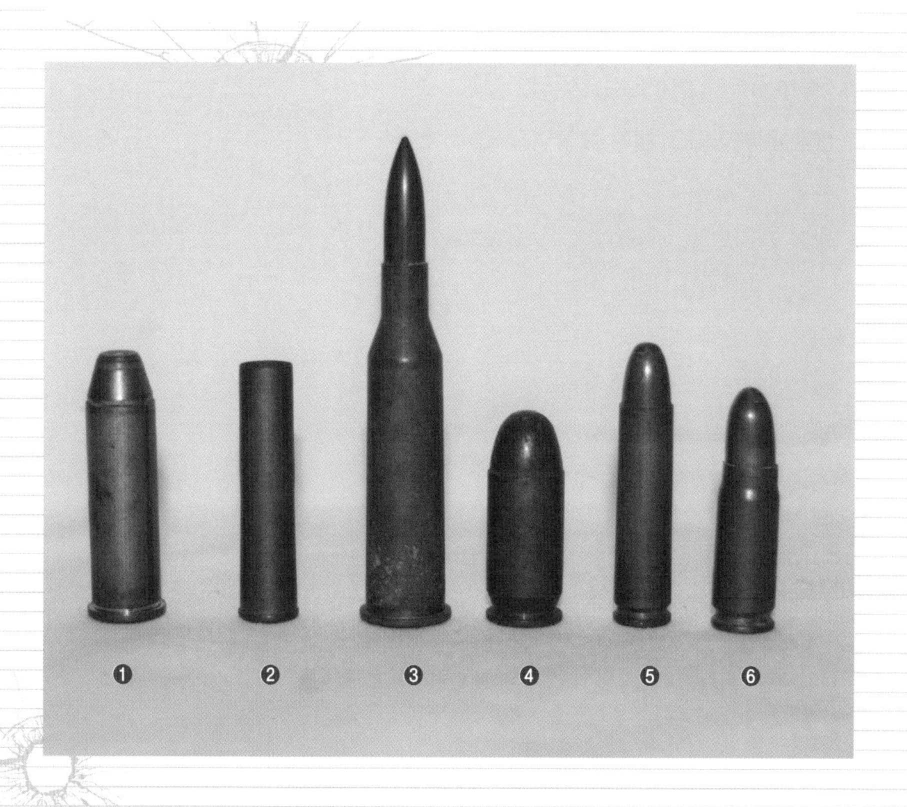
❶
❷
❸
❹
❺
❻

3-10 약협의 형태 ❷

매그넘 약협에 많이 쓰이는 벨티드형

❼은 **세미 림드**(semimmed)**형**으로 림리스형과 비슷하지만 림이 약간 튀어나와 있습니다. 32 오토나 38 슈퍼와 같은 탄약에 사용되고 있습니다. 개중에는 처음 생산될 무렵에는 림드형이었지만 현재 생산되고 있는 것에는 익스트랙터 그루브(extractor groove)라는 홈을 파서 이것이 림드형인지 세미 림드형인지 좀 모호한 것도 있습니다.

❽은 **세미 림드형 보틀넥 약협**으로 림리스형 보틀넥과 비슷하지만 림이 살짝 튀어나온 세미 림드형입니다. 구 일본군이 사용한 38식 보병총의 6.5mm 아리사카나 7.7mm 92식 중기관총용 탄약이 이런 형태였습니다.

❾는 **리베이티드 림**(rebated rim)**형**이라고 해서 림 직경이 몸체 직경보다 작은데 이런 형상의 약협은 극히 드문 편입니다. 41 액션 익스프레스(Action Express) 등이 있습니다.

❿은 **리베이티드 림형 보틀넥**으로, 극히 소수입니다. 248 윈체스터나 오리콘(Oerlikon) 20mm 기관포탄의 약협에서 볼 수 있습니다.

⓫은 **벨티드**(belted)**형**이라 하여 약협 바닥 부분이 벨트를 감은 것처럼 보강되어 있는 것입니다. 458 윈체스터나 458 아메리칸 등의 매그넘 라이플 카트리지에서 볼 수 있습니다.

⓬는 **벨티드형 보틀넥 약협**으로, 고속 매그넘 라이플 카트리지에서 볼 수 있습니다. 7mm 레밍턴 매그넘, 300 웨더비(weatherby) 등이 대표적인 예입니다. 벨티드형 약협은 군용 탄약에서는 거의 볼 수 없지만, 옛날 핀란드군에서 사용한 라티(Lahti) 20mm 대전차 소총용 탄약이나 독일군의 20mm 기관포탄은 벨티드형 보틀넥 약협이 사용됐습니다. 이러한 벨티드형은 사용자에게 강력한 **매그넘** 탄약이라고 어필하기 위한 디자인일 뿐 실제로 약협의 강도를 높이는 효과는 거의 없기에 최근의 매그넘 카트리지에는 딱히 사용되는 예를 찾아볼 수 없습니다.

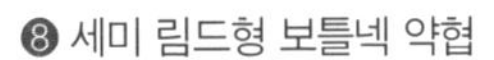

❾ 리베이티드 림형 약협

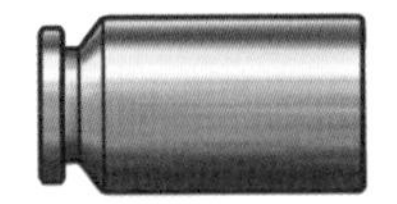

❿ 리베이티드 림형 보틀넥 약협

⓫ 벨티드형 약협

⓬ 벨티드형 보틀넥 약협

3-11 탄환의 형태 ❶

다양한 형태의 탄환이 존재한다

원거리 사격을 중시한 탄환은 가급적 공기저항이 적도록 그림 ❶과 같이 뾰족한 형태로 만들어집니다. 이를 **첨두탄**(pointed bullet)이라고 하며, 특히 더 뾰족한 것을 **첨예탄**(spire pointed bullet)이라고 합니다. 탄환을 뾰족하게 만들면 원거리 사격에는 유리하지만, 탄환은 물론 탄약 자체도 가늘고 길어집니다. 이에 맞춰 탄창이나 노리쇠까지 길어지기 때문에, 총도 그만큼 무거워질 수밖에 없다는 단점이 있습니다.

원거리 사격을 중시하는 것이 아니라면, 탄환 무게가 같다는 전제하에 가늘고 긴 탄환보다 굵고 짧은 탄환이 총기에 주는 스트레스도 적고 명중률도 올라갑니다. 그래서 원거리 사격을 하지 않는다고 한다면 그림 ❷와 같은 **원두탄**(round nose)이나 ❸**세미 포인티드**(semi pointed)탄도 수렵용 탄약에 많이 사용되고 있습니다. 표적이 근거리에 있는 권총탄은 당연하게도 거의 원두탄을 사용합니다.

❹처럼 머리가 평평한 것은 **평두탄**(flat point) 또는 플랫 노즈(flat nose)라고 합니다. 공기저항이라는 면에선 불리하지만 첨두탄은 관형 탄창을 사용하는 총에 장전했을 때, 탄두 끝부분이 앞쪽 탄약의 뇌관을 찌를 위험이 있으므로 평두탄을 사용하게 됩니다. 근거리 사격만 할 것이라면 평두탄의 탄도도 안정적이고 명중률도 그리 나쁘지 않습니다.

첨두탄은 금속 등의 딱딱한 목표에 비스듬히 닿으면 미끄러져 튕깁니다만, 평두탄이라면 파고들기 때문에 기관포탄 등으로도 사용됩니다. 또 첨두탄을 수면에 쏘면 직진하지 않고 튀어 오르거나 급격히 침하하고 말지만, 평두탄은 수중으로도 직진합니다.

이 때문에 함선에 발사하는 포탄을 평두탄으로 만들면 목표의 약간 앞에 착탄하더라도 포탄이 수중에서 직진합니다. 마찬가지 원리에서 포경포에서 쏘는 탄(작살)도 평두탄으로 만들어져 있습니다.

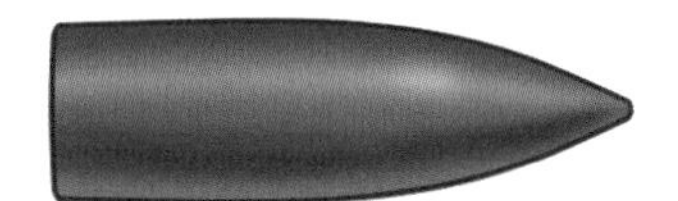

❷ 원두탄

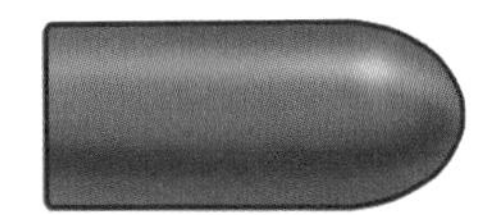

❸ 세미 포인티드탄

❹ 평두탄

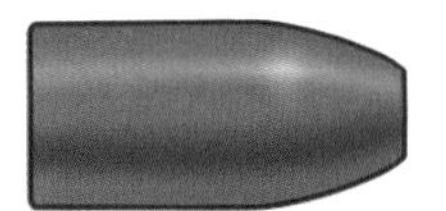

탄환에도 여러 가지 형태가 있다.

3-12 탄환의 형태 ❷

와드 커터와 보트 테일

그림 ❺는 **와드 커터**(wad cutter)라고 불리며 권총 사격 경기에 사용됩니다. 원두탄으로 표적을 쏘면 탄환의 중심이 어디인지 알기 어려운 구멍을 뚫지만, 와드 커터를 사용하면 탄환의 직경 그대로인 둥근 구멍을 깔끔하게 도려내주기 때문에 정확하게 채점할 수 있는 것입니다.

탄환이 고속으로 비행하면 밀려난 공기가 바로 탄환 뒤로 흘러나가지 못해 탄환 바닥이 진공 상태가 되곤 합니다. 이 경우, 탄환을 뒤로 당기는 힘으로 작용하여 탄환의 속도가 저하되는데 여기서 탄환 밑바닥을 그림 ❻처럼 뒤로 갈수록 폭이 좁아지는 형태로 만들면 바닥으로 공기가 흘러나가면서 속도 저하를 막아 사거리를 연장시킬 수 있습니다

이렇게 끝자락이 좁아지는 형태를 **보트 테일**(boat tail)이라고 합니다. 하지만 원거리 사격을 할 것이 아니라면 굳이 보트 테일 형태를 취할 필요 없이 그림 ❼과 같은 **플랫 베이스**(flat base)나 그림 ❽과 같은 **할로 베이스**(hollow base)를 선호하게 됩니다. 탄환 바닥이 발사 가스압에 의해 팽창하면 탄환이 총강에 밀착됨으로써 명중률이 올라가기 때문입니다.

한편 약협의 입구에 물리는 부분에 그림 ❾처럼 홈이 나 있는 탄환도 있습니다. 이 홈을 **커낼**(canal)이라고 하는데, 약협의 입구 부분을 이 홈이 단단히 고정해서 탄환과 약협의 결합을 강화하는 역할을 합니다.

물론 굳이 커낼이 없더라도 탄환과 약협은 상당히 튼튼하게 결합되어 있습니다만, 전쟁터에서 험하게 다뤄질 수밖에 없는 군용 탄약(특히 기관총탄)의 경우에는 좀 더 단단하게 결합시키기 위해 커낼형 탄환을 사용하는 예가 많습니다. 또한 관형 탄창식 총기의 경우에도 사격 반동으로 탄창 내의 탄두가 전방의 탄약과 부딪쳐 탄두가 약협 안으로 깊이 박히는 사고가 발생할 수 있어 커낼형 탄환이 선호됩니다.

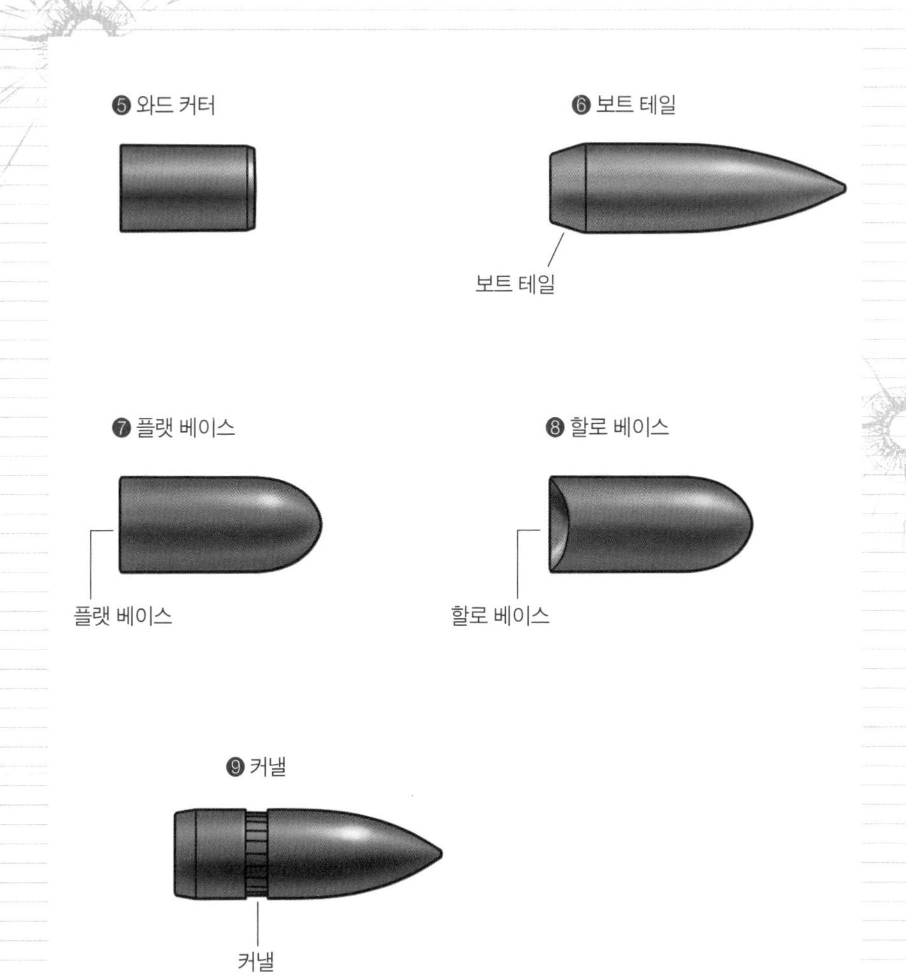
❺ 와드 커터
❻ 보트 테일
보트 테일
❼ 플랫 베이스
플랫 베이스
❽ 할로 베이스
할로 베이스
❾ 커낼
커낼

3-13 탄환의 재질

납으로 된 탄심을 구리로 감싼다

19세기 후반까지 총탄은 납을 열로 녹인 것을 거푸집에 붓는 방식으로 만들어졌는데, 이것을 **캐스트 불릿**(cast bullet)이라고 합니다. 하지만 무연화약을 사용하게 된 이후, 탄환의 속도가 높아지면서 총강에 납이 들러붙는 현상이 일어났고, 표적에 명중했을 때 충격으로 탄환이 쉽게 파쇄되어 얇은 판자조차 관통할 수 없게 되자 납을 구리로 싸서 보강하게 되었습니다.

탄환의 중심이 되는 납 부분을 **탄심**(core)이라 하며 이 탄심을 감싸는 부분을 **피갑**(Jacket)이라고 합니다. 그리고 탄심 전체를 피갑으로 감싸고 있는 탄환을 **FMJ**(풀 메탈 재킷, full metal jacket)라고 합니다. 군용 보통탄의 대명사이지요. 탄심은 순수한 납을 쓸 경우 너무 부드럽기 때문에 안티몬 등을 몇 % 첨가하여 경화시키는 것이 보통입니다. 피갑의 재료는 일반적으로 구리 90~95%에 아연 5~10%를 섞은 것으로 황동색 합금입니다. 하지만 구 일본군의 38식 보병총 등에 사용되었던 6.5mm 탄은 니켈을 많이 함유한 구리 합금을 사용해 탄두가 은색을 띠고 있었으며, 아연이 많이 함유된 황색 피갑도 있었습니다. 제2차 세계대전 중의 독일이나 대전 후의 소련에서는 철제 피갑을 사용했는데, 녹이 잘 슨다는 문제가 있어 도장을 하거나 인산염 피막 처리(parkerizing), 또는 구리 도금 등의 추가 가공을 했습니다.

피갑 위에 테플론(teflon) 코팅을 하면 마찰이 감소하면서 탄환의 속도가 증가하는 것은 물론이고 관통력도 향상되며 총강의 수명까지 연장시키는 효과가 있는데, 비용 증가 문제가 있어 널리 보급되지 못했습니다. 최근에는 이황화 몰리브덴(molybdenum disulfide) 코팅이 보급되고 있다고 합니다. 미국에서는 납으로 된 권총탄을 나일론으로 감싼 것도 있습니다. 이것은 실내 사격장의 납 오염을 방지하기 위해 취해지고 있는 조치로, 수렵용 탄약에도 납을 사용하지 않도록 하자는 움직임이 있기도 합니다.

납을 녹여 거푸집에 부어 만든 캐스트 불릿.

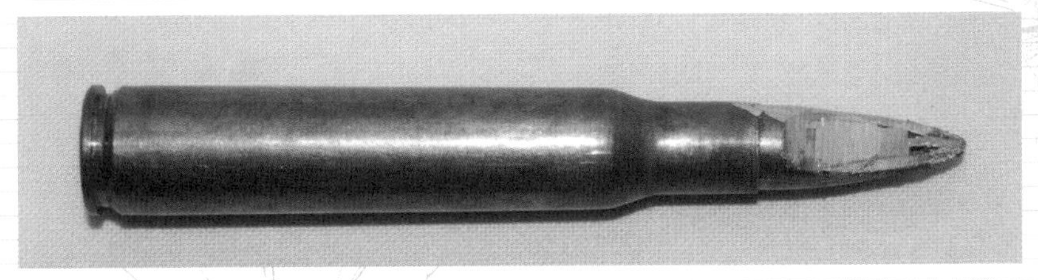

현대의 탄환은 납으로 된 탄심을 구리 합금제 피갑으로 감싼 구조를 하고 있다.

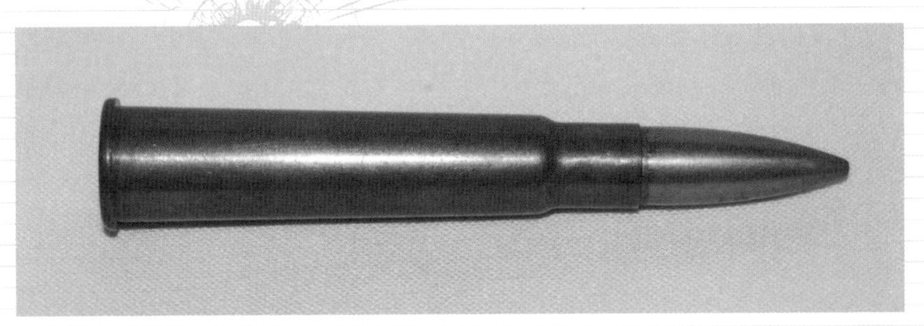

구 일본군의 총탄 중에는 피갑으로 니켈과 구리의 합금을 사용한 것이 있었는데, 사진에서 보는 것과 같이 은색을 띠고 있었다.

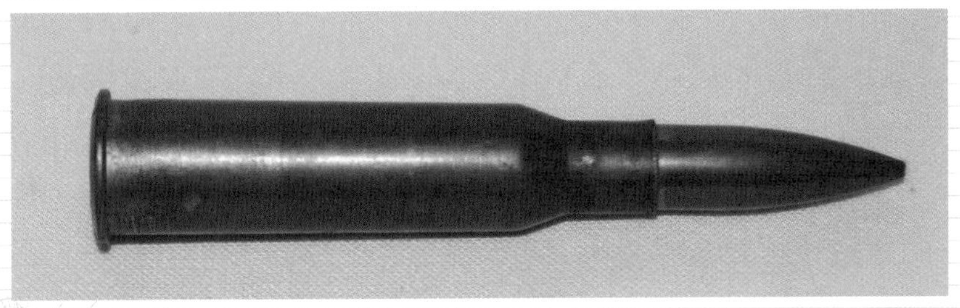

중국군의 탄약. 철제 피갑을 구리로 도금했다.

3-14 탄환의 구조 ❶

풀 메탈과 소프트 포인트

군용 보통탄을 영어로 '볼(ball)'이라고 부르는데, 이것은 어디까지나 탄환이 둥근 모양이었던 시대의 흔적일 뿐으로, 실제로는 구형이 아닙니다. 따라서 영어 문헌에 '볼 카트리지(ball cartridge)'라거나 '볼 불릿(ball bullet)'이라는 단어가 나왔다고 해서 '볼 실탄'이라거나 '볼탄'이라고 번역하는 우를 범해서는 안 됩니다. 볼 불릿은 그림 ❶과 같이 납으로 된 탄심을 구리나 철 또는 기타 합금으로 만든 피갑으로 감싸고 있는데, 프레스 가공으로 만들어지기 때문에 바닥만 피갑으로 감싸여 있지 않아 납이 보입니다. 하지만 바닥을 감싸고 있지 않더라도 이렇게 거의 전체를 피갑으로 감싼 탄환을 **풀 메탈 재킷탄**이라 부릅니다.

그런데 수렵용 탄약은 그림 ❷처럼 군용탄과 반대로 바닥 부분은 피갑으로 감쌌지만 머리 부분은 오히려 납이 노출되어 있습니다. 이것을 **소프트 포인트**(soft point) 또는 **소프트 노즈**(soft nose)라고 합니다. 이러한 탄환은 동물의 몸에 명중하면 그림 ❸처럼 버섯 모양으로 뭉게뭉게 퍼지고, 심지어는 몸에 박힌 뒤 파열되면서 당연히 풀 메탈 재킷보다 더 큰 상처를 만듭니다. 그래서 군용탄보다 수렵용탄에 맞는 쪽이 더 큰 피해를 보게 됩니다.

이렇게 탄환이 변형되는 것을 **익스팬션**(expansion) 또는 **머시루밍**(mushrooming)이라고 하며, 이러한 성질을 지닌 탄환을 **익스팬딩 불릿**(expanding bullet, 확장탄)이라고 합니다.

군에서는 확장탄을 속칭 **덤덤탄**(dum dum bullet)이라고 부르는데, 인도를 식민지로 삼았던 영국이 인도의 덤덤 조병창에서 생산했기 때문에 이렇게 부르고 있습니다. 전쟁에서 덤덤탄을 사용하는 것은 국제법(헤이그 협약)에 따라 금지되어 있습니다. 그런데 요즘 사용되는 고속탄은 군이 덤덤탄과 같은 방식을 사용하지 않음에도 체내에서 크게 변형되기에 마찬가지로 끔찍한 상처를 만든다고 합니다.

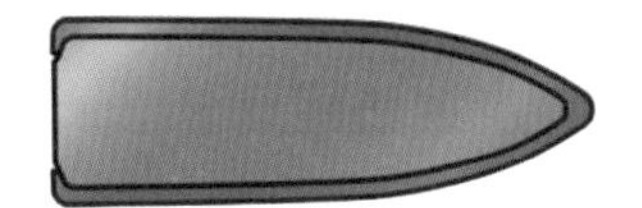

❷ 소프트 포인트탄

❸ 익스팬션(머시루밍)

군용으로는 풀 메탈 재킷탄, 수렵용으로는 소프트 포인트탄이 쓰이는 경우가 많다.

3-15 탄환의 구조 ❷

수렵용 탄두의 구조

아무리 전쟁이라고 해도, 서로가 덤덤탄에 맞는 것은 싫으니까, 국제협약으로 금지시켰습니다. 그러나 사냥을 나간 경우라면 가급적 사냥감을 즉사시키고 싶은 법입니다. 중상을 입은 사냥감이 끝내 도망쳐 산 너머에서 죽어버리는 바람에 회수하지 못하는 불상사는 피하고 싶은 것이죠. 그래서 여러 가지 고안이 나왔습니다.

익스팬션의 효과는 탄환의 속도가 빠를수록 커서 초속 600~700m 정도가 되면 거의 부서질 정도가 됩니다. 그래서 대형 동물 사냥용 매그넘 라이플의 탄환은 익스팬션 효과가 필요하기는 하지만, 사냥감에 명중했을 때 표면에서 바로 파열되어서는 곤란하기에 어느 정도 뚫고 들어간 뒤에 **익스팬션 효과가 일어나도록** 조절할 필요가 있습니다

그림 ❹는 **파티션**(partition)이라 불리는 것으로, 앞부분이 파열되더라도 뒷부분은 쉽게 변형되지 않도록 했습니다. 그림 ❺는 피갑과는 별도로 얇은 알루미늄으로 머리 부분을 감싸 익스팬션을 지연시키는 것으로, 끝부분이 하얗게 빛나는 데서 **실버 팁**(silver tip)이라 불립니다.

반대로 속도가 느릴 경우는 익스팬션이 일어나기 어렵기 때문에 익스팬션 효과가 쉽게 발생할 수 있도록 그림 ❻처럼 끝부분에 움푹 파인 구멍을 만들기도 합니다. 고속 라이플탄의 구멍이 작은 것과 달리 탄환의 속도가 느릴수록 이 구멍이 커져야만 하기에 권총탄 중에는 그림 ❼과 같이 탄두 끝이 크게 움푹 파인 것도 있습니다. 이렇게 움푹 파인 것을 **할로 포인트**(hollow point)라고 합니다.

또한 수렵용 중에서도 풀 메탈탄을 사용하는 것이 있는데, 이것은 코끼리나 버팔로의 두개골을 관통시키는 것을 목적으로 하는 탄약입니다. 같은 목적으로 아예 전체를 구리로 만든 탄환도 있습니다.

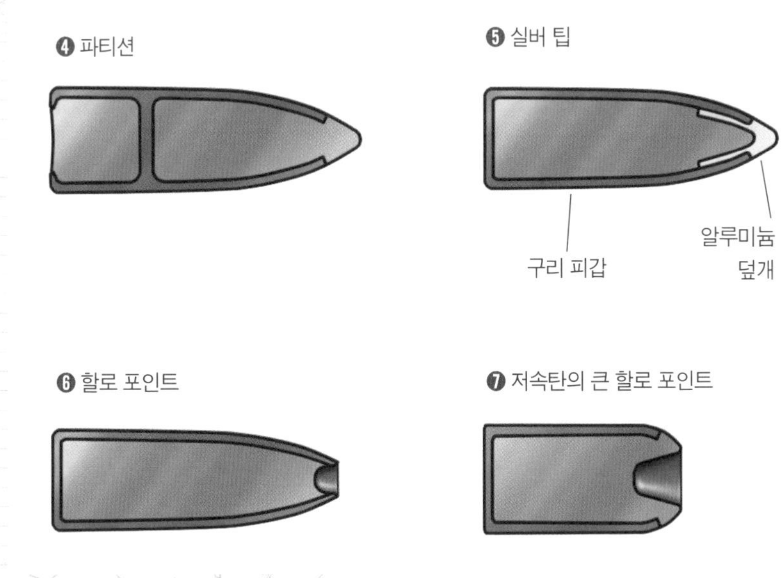

왼쪽부터 사냥용 풀 메탈, 실버 팁, 소프트 포인트, 할로 포인트, 권총탄용 할로 포인트이다.

3-16 탄환의 구조 ❸

군용 탄두의 구조

그림 ❶은 미군의 M16이나 일본 자위대의 89식 소총 등에 사용되고 있는 5.56mm **보통탄약**(ball)입니다. 명칭은 보통탄약이지만 쇠로 된 탄두 충전물이 들어갔는데, 이는 이전에 사용하던 7.62mm 탄보다 작아지면서 관통력이 떨어지는 것을 보완하기 위해 넣은 것입니다. 또한 군용 탄약은 대량으로 소비되기 때문에 가격이 높은 납을 절약하는 의미도 있고, 탄환 무게를 늘리지 않으면서 공기저항이 적은 유선형으로 만들기 위해서이기도 합니다.

그림 ❷는 러시아의 5.45mm 보통탄인데 **앞이 납, 뒤가 철로 구성**되어 있습니다. 그림 ❸은 **철갑탄**(armor piercing)입니다. 철판을 관통하기 위해 딱딱한 텅스텐 합금 탄심을 납으로 감싸고 그 바깥쪽을 다시 피갑으로 감싸고 있습니다.

그림 ❹는 **예광탄**(tracer)으로, 탄환 바닥면에 질산스트론튬(strontium nitrate) 등과 같이 밝은 빛을 내는 화약(예광제)이 들어 있어 탄환의 궤적을 눈으로 볼 수 있게 해줍니다. 그림 ❺는 **소이탄**(incendiary)으로, 소이제로는 주로 황린이 사용됩니다. 황인은 공기에 닿으면 상온에서 자연 발화하기 때문에 명중했을 때의 충격으로 탄환이 부서지면서 황인이 튀어 불이 붙는 것입니다.

그림 ❻은 **작렬소이탄**(explosive incendiary)입니다. 이것은 소이탄처럼 착탄의 충격으로 탄환이 파열되어 흩날리는 것이 아니라 착탄의 관성으로 격철이 뇌관에 격돌하며 폭발하고 이를 이용해 소이제(황린)를 흩날리게 하는 방법입니다. 제2차 세계대전 중에 독일에서 만들어졌습니다.

그 밖에도 비슷한 탄환을 만든 나라는 있지만, 작은 탄환에 이런 식으로 화약을 넣어봐야 딱히 실용적이지 않다고 판단해서, 지금은 만들어지지 않습니다. 애초에 작렬탄에는 폭발력으로 뭔가를 파괴하는 것보다는 기관총으로 원거리를 사격할 때 흙먼지를 일으켜 탄착점을 관측하기 쉽게 하는 것이 더 효과적인 사용법이었다고 합니다.

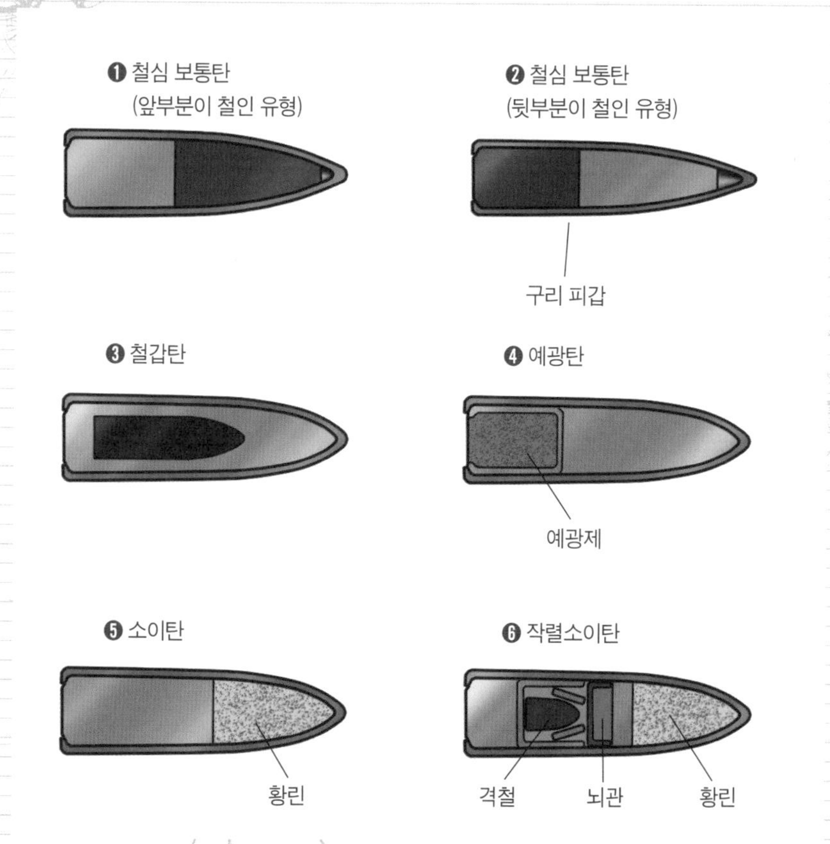

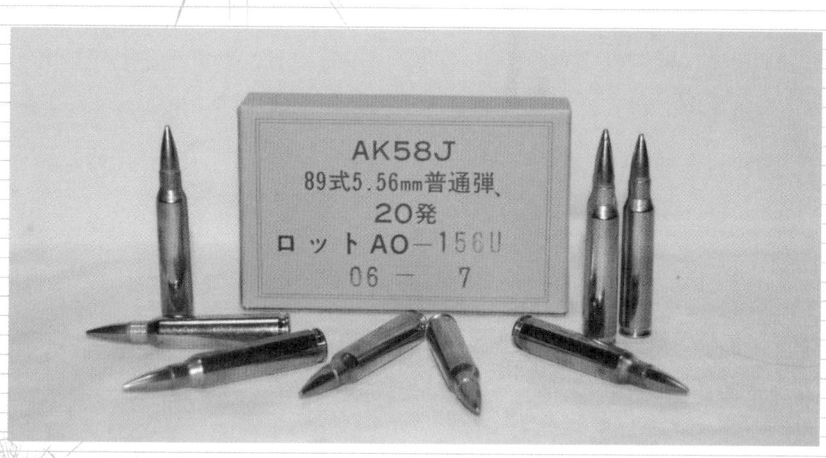

5.56mm 보통탄은 탄두 앞부분에 철심이 들어 있다.

3-17 공포탄과 모의탄

자동소총의 공포 사격에는 별도의 기구를 부착해야 한다

군에서 훈련을 할 때나 새 또는 짐승을 죽이지 않고 그냥 위협해서 쫓아버리려고 할 때에는 소리만 요란한 **공포탄**(blank)을 사용합니다. 당연하겠지만 실탄 발사약과는 연소 속도가 다른데, 공포탄은 실탄보다 압력이나 반동이 작기 때문에 기관총 등과 같은 자동 총기에 그대로 사용해서는 정상적으로 작동하지 않고 단발총처럼 되어버립니다. 그래서 총구의 구멍을 막아주는 기구인 공포탄용 **어댑터**(Blank-firing adaptor)를 설치해 가스압을 높이는 방법으로 반동을 강하게 만드는 궁리가 필요합니다.

탄환이 결합되어 있지 않은 공포탄은 뭔가로 약협 입구를 막아줘야 합니다. 그래서 나무로 된 탄환이 물려 있는 것이 만들어진 적도 있었습니다. 제2차 세계대전 무렵까지는 일본이나 유럽에서도 자주 사용되었습니다. 하지만 아무리 나무라고 해도 수십 m 정도의 근거리에서는 여전히 위험하기 때문에 최근에는 거의 사용되지 않고 있습니다.

오른쪽 페이지 아래 사진은 왼쪽부터 종이 탄환을 사용하는 구 일본군의 공탄(❶), 약협의 목 부분을 별 모양으로 눌러 막은 미군의 공포탄(❷), 목이 길게 연장되어 실탄과 거의 같은 길이로 만들어진 있는 일본 자위대의 공포탄(❸)입니다.

모의탄(dummy)이라고 하는 것은 실탄과 똑같이 생겼지만 화약이 전혀 들어 있지 않습니다. 이 때문에 실탄과 착각하지 않도록 옆에 구멍을 뚫어놓았거나(❹), 러시아군의 5.45mm탄(❺)처럼 **세로로 파인 홈**이 들어가기도 합니다. ❻은 빈총격발용 모의탄입니다. 탄약을 넣지 않고 격발시킬 경우 실탄을 쏘는 것보다 격침 손상이 커지기에(물론 총의 종류에 따라 정도 차이가 있습니다), 이런 플라스틱 더미를 넣고 방아쇠를 당기는 것입니다.

또한 레이저 포인터로 되어 있는 모의탄도 있는데, 이것은 총구에서 레이저 광선이 나오기 때문에 조준경의 영점을 조정할 때, 조준경의 축선과 총신 축선 사이에 어긋남이 없는지 확인하는 데 사용합니다.

공포탄을 쏠 경우, 총구에 어댑터를 달지 않으면 자동 총기로서 기능할 수 없다.

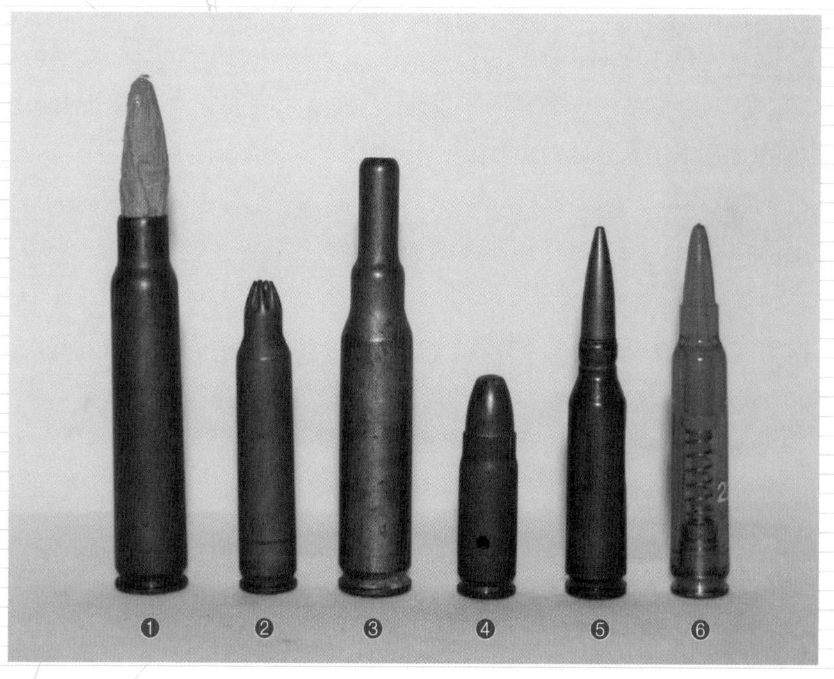

❶ 종이 탄환을 사용하는 구 일본군의 공포탄.
❷ 약협의 목 부분을 별 모양으로 찌그러뜨린 미군의 공포탄.
❸ 목 부분이 연장된 일본 자위대의 공포탄.
❹ 옆구리에 구멍이 뚫려 있는 모의탄.
❺ 세로 홈이 난 러시아군의 모의탄.
❻ 빈총 격발에 사용되는 모의탄.

3-18 구경 표기법

45구경이라는 것은 무엇을 뜻하는 것일까?

서부영화에 자주 등장하는 콜트 피스 메이커는 45구경, 미국 전쟁영화에 나오는 M2 브라우닝 중기관총은 50구경입니다. 그런데 이 '45'나 '50'이라는 숫자는 무슨 의미일까요? 이것은 인치(inch, 1인치=25.4mm) 표시로 '100분의 몇 인치인가' 하는 것을 나타내는 말입니다. mm로 말하면 50구경은 약 12.7mm, 45구경은 11.4mm, 30구경은 7.62mm가 됩니다. 300 홀랜드 매그넘이나 338 윈체스터 매그넘처럼 '1000분의 몇 인치인가'로 표시하는 것도 있습니다.

어떤 종류의 탄약은 1000분의 몇 인치로 나타내고, 또 어떤 탄약의 구경은 100분의 몇 인치로 나타낸다고 하는 것을 명확히 정하는 규정은 없습니다. 완전히 제멋대로입니다만, 대체로 매그넘 계열 탄약은 '1000분의 몇 인치'라는 식으로 표기하는 경향이 있습니다.

일반적으로 **구경**은 총강 내부의 **강선등**(bore)을 기준으로 한 지름입니다만, 308 윈체스터나 8mm 마우저와 같이 **강선홈**(groove) 기준 지름으로 표시되는 것도 있습니다.

화승총 등과 같은 전장식 총기의 시대에는 탄환의 직경만 맞으면 어떤 총에서도 해당 직경의 탄환을 사용할 수 있었습니다만, 약협을 사용하는 현대 총기는 **구경이 같더라도 약협의 치수가 다르면 전혀 호환되지 않습니다.** 구경 0.3인치, 즉 7.62mm라고 해도 오른쪽 페이지 그림처럼 다양한 탄약이 존재하지요.

똑같은 7.62mm 구경의 총이라고 해도, 실제로 어떤 실탄을 사용하는지 모르면 위력이 어느 정도인지 짐작도 하기 어렵습니다. 이래서는 그 총에 맞는 탄을 보급하는 것도 불가능한 일이 되고 말지요. 그래서 **탄약의 명칭이 중요**해집니다. 38 롱 콜트, 38 S&W, 38 스페셜, 38 숏 콜트에 9mm 쇼트, 9mm 마카로프, 9mm 루거, 9mm 슈타이어… 이런 식입니다.

각종 7.62mm(0.3인치) 실탄 모음

같은 구경이라도 약협의 치수나 형상이 다르다는 것을 알 수 있다.

3-19 매그넘이란 무엇인가?

작은 매그넘도 존재한다

매그넘은 원래 사이즈가 큰 와인 병을 일컫는 말로, **구경에 비해 약협이 크고 위력이 강한 탄약을 매그넘이라 부르는 것은 여기서 유래**한 것입니다. 하지만 매그넘이라는 호칭은 원래 같은 구경의 탄약이 존재한 상태에서 훨씬 강력한 위력의 신형 탄약이 나온 것이 아니라면 아무리 강력한 탄약이라도 이름에 매그넘이라는 말을 붙일 수 없습니다.

예를 들어 22 윈체스터 매그넘 림파이어라는 탄약이 있다고 하면, 이 탄약은 이전부터 22 림파이어라는 탄약이 있는 상태에서 좀 더 강력한 22구경 림파이어로 등장했기 때문에 매그넘이라는 이름이 붙게 된 것입니다. 또한 매그넘이라고는 해도 22구경이기 때문에 38구경이나 45구경에 비하면 작은 것이 되지요. 즉, **매그넘이라는 이름이 붙는다고 모두가 엄청난 파괴력을 지닌 것은 아니라는 것**입니다.

357 매그넘이라는 탄약은 사실 38 스페셜이라고 하는 탄약의 약협을 조금 길게 하고 화약을 많이 넣은 것입니다. 38 스페셜이라고 하는 탄약의 탄두 직경은 사실 0.38인치가 아니라 0.357인치인데, 수치를 살짝 과장해서 38이라고 칭한 것입니다. 357 매그넘은 여기서 약협을 조금 길게 한 것뿐입니다만, 어째서인지 38 매그넘이라 부르는 대신, 정확한 치수에 맞춰 357 매그넘이라 부르고 있습니다. 한편 매그넘탄으로 사람을 쏘면 험악한 이미지로 비칠 우려가 있다고 하여 357 매그넘과 비슷한 위력에 38 스페셜+P 라고 이름 붙인 강장탄도 만들어졌습니다.

458 윈체스터 매그넘, 460 웨더비 매그넘이라는 탄약의 경우를 살펴보면 사실 매그넘이 아닌 458구경이나 460구경 탄약이라는 것은 없었습니다만, 458 윈체스터 매그넘이나 460 웨더비 매그넘 모두 실제 구경은 45로, 이전부터 존재했던 45-70과 같은 45구경의 매그넘 탄약이 되는 셈입니다.

일반탄과 매그넘탄의 차이

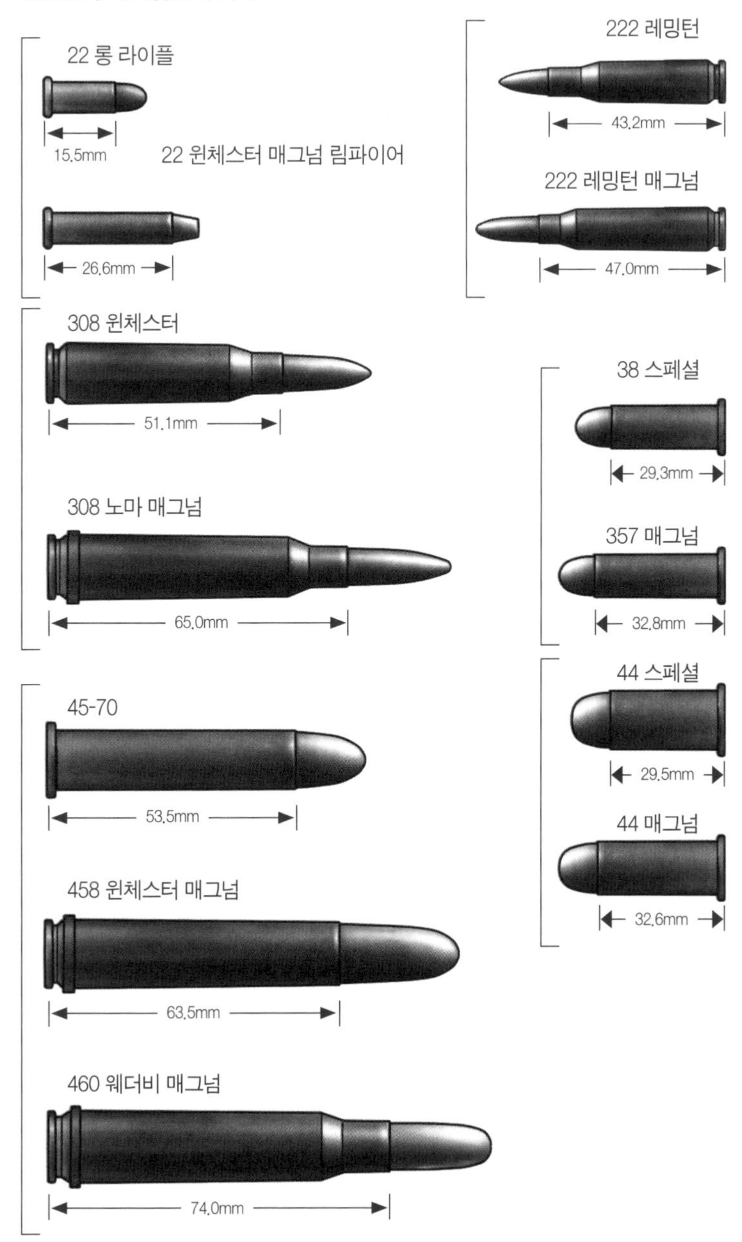

매그넘이라는 이름은 기존에 존재하는 구경의 탄약을 강화한 경우에만 붙는다.

3-20 탄약의 재생

약협을 재활용하면 경제적이다

탄약 가격의 절반은 약협값이라고 알려져 있습니다. 약협은 구리와 아연의 합금으로 재료값만으로도 싼 금속이 아니지만, 금속 재료를 약협 형태로 가공하는 것 또한 품이 많이 드는 일입니다. 탄환을 발사하고 남은 빈 탄피에 새로운 뇌관과 발사약, 탄환을 결합하여 재생하는 작업을 **리로드** 또는 **핸드 로드**라고 합니다. **새것을 구매하는 비용의 절반 정도로 탄약을 만들 수** 있기 때문에, 사격 경기 등으로 탄약을 많이 소비하는 사람들은 대개 핸드 로드를 하고 있습니다.

소총의 세계에서는 비용 문제 해결뿐 아니라 자기 나름의 노하우를 가지고 정밀하게 핸드 로드를 하여 공장에서 만들어진 탄약보다 훨씬 명중률이 높은 탄약을 만들 수도 있습니다. 권총의 경우는 핸드 로드를 해도 명중률이 그렇게까지 향상되지는 않는다고 합니다. 또한 핸드 로드를 할 수 있는 것은 뇌관을 교환할 수 있는 센터 파이어 방식의 복서형 뇌관을 사용하는 탄약뿐으로, 뇌관을 교환할 수 없는 버든형이나 림 파이어 방식의 탄약은 핸드 로드를 할 수 없습니다.

발사약은 종류가 매우 많고 탄약의 종류, 탄두의 중량에 따라 적절한 발사약의 종류와 양을 결정해야 하는데, 탄두 제조사에서 이를 정리한 **데이터 북**이 시중에서 팔리고 있기 때문에 이를 참고해서 작업하게 됩니다. 발사약의 종류를 착각하면 위험할 정도로 압력이 올라가 최악의 경우 총이 파손되기도 하고, 반대로 전혀 위력이 없는(불완전 연소가 된 화약이 총구로 뿜어져 나온다) 것이 되기도 합니다. 약협을 몇 번 반복해서 이용할 수 있는지는 총이나 실포의 종류에 따라, 그리고 각각의 약협마다 상당히 편차가 있어 일률적으로 말할 수는 없습니다만, 일반적으로는 **수십 번**은 사용할 수 있다고 합니다. 하지만 많이 사용하면 도중에 약협에 균열이 생기거나 뇌관의 설치가 느슨해지거나 하여 수명이 줄어들게 됩니다.

리로드용 공구 세트. 오래된 뇌관을 빼고 약협을 교정하는 리사이즈 다이(resize die, ❶), 탄두를 부착하기 쉽도록 약협 입구를 살짝 넓혀주는 익스팬딩 다이(expanding die, ❷), 약협에 탄두를 결합하고 다시 조여서 고정시키는 불릿 시팅 다이(bullet seating die, ❸), 약협을 고정하는 셸 홀더(❹). 이들 공구를 아래 사진의 프레스기에 물려 작업하게 된다.

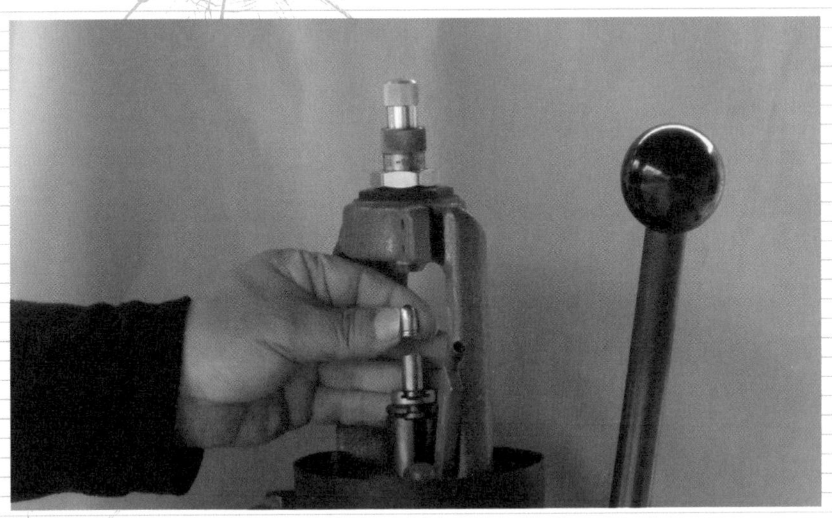

약협에 탄두를 장착하려고 하는 모습. 검은 공이 붙어 있는 레버를 내리누르면 약협이 다이 속으로 밀려 들어간다.

3-21 발사약의 선택

각 카트리지에 맞는 발사약을 고른다

3-03에서 설명한 바와 같이 **해당 탄두를 발사하기에 적합한 발사약의 연소 속도**라는 것이 있습니다. 핸드 로드 작업 시에는 항상 이를 염두에 둬야만 합니다. 물론 9mm 루거 약협에 30-06 소총탄에 사용하는 것과 같이 연소 속도가 극단적으로 다른 것을 사용하는 것은 논외입니다만, 9mm 탄두라고 해도 88gr인 가벼운 것부터 125gr이나 나가는 무거운 것까지 있습니다. 이 때문에 9mm 루거에 사용할 수 있는 발사약 중에도 오른쪽 표와 같이 'BLUE DOT', 'BULLSEYE', '800X', 'HP38', '473AA' 등 다양한 명칭의 발사약이 있습니다.

이들 사이에는 미묘한 연소 속도 차이가 있는데, 무거운 탄에 연소 속도가 빠른 발사약을 사용하면 위력에 비해 총에 가해지는 압력이 높아져 총의 수명이 단축될 것이고, 반대로 가벼운 탄에 연소 속도가 느린 발사약을 사용하면 총신 내에서 완전 연소되지 못한 채 총구에서 큰 불을 뿜고는 있지만, 사실 화약을 낭비하고 있을 뿐으로 위력은 약하다는 결과를 보게 될 것입니다. **탄두중량에 맞는 발사약을 선택하는 것은 이래서 중요**한 것입니다.

또한 탄두 형상도 풀 메탈, 할로 포인트, 소프트 포인트, 라운드 노즈 등 다양한 형상의 것이 있습니다.

자동권총에 사용할 경우, 그 권총이 가장 원활하게 작동되는 탄두 형상과 반동의 강도가 있습니다. 같은 운동에너지를 내더라도 무거운 탄환을 저속으로 쏠 수도, 가벼운 탄환을 고속으로 쏠 수도 있습니다. 손에 느끼는 반동도 탄착점도 명중률도 달라집니다. 그래서 **여러 가지 탄두를 여러 가지 발사약의 종류와 양으로 날려보고, 자신의 총과 자신의 손에 가장 궁합이 좋은 조합을 찾아내야** 합니다.

미국만큼은 아니지만, 일본에서도 소총이나 산탄총용으로 상당히 많은 종류의 발사약을 판매하고 있어 여러 가지 시도를 해볼 수 있습니다.

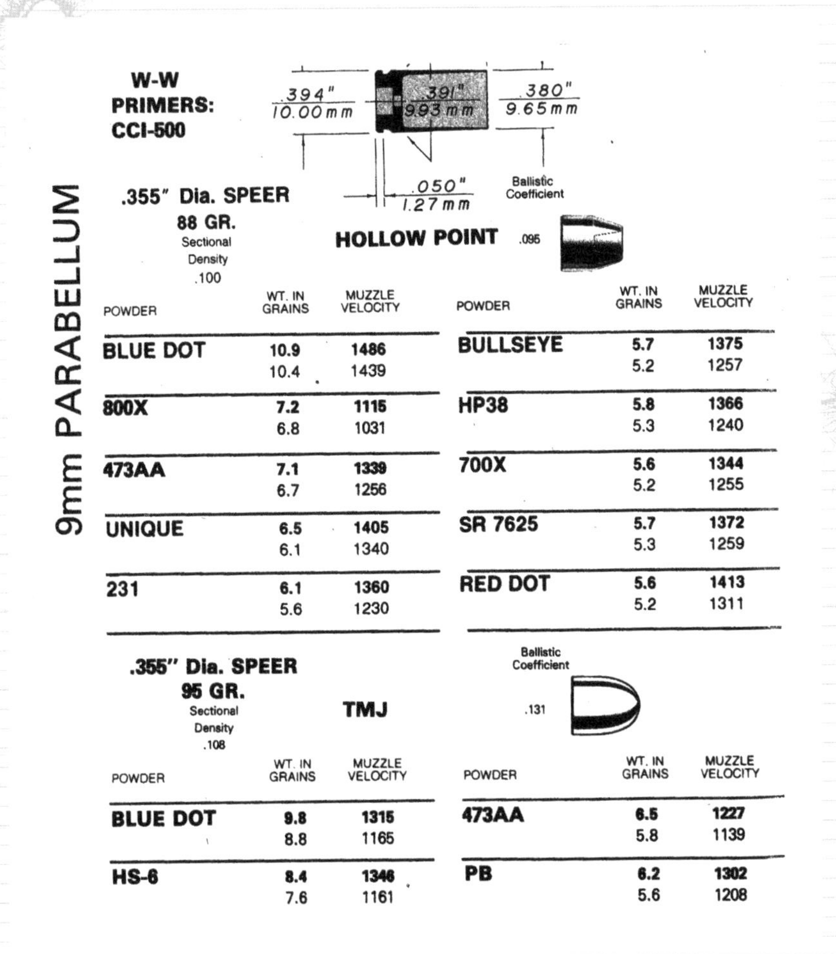

9mm PARABELLUM

W-W PRIMERS: CCI-500

.394" 10.00mm — .391" 9.93mm — .380" 9.65mm — .050" 1.27mm

.355" Dia. SPEER 88 GR. Sectional Density .100

HOLLOW POINT — Ballistic Coefficient .095

POWDER	WT. IN GRAINS	MUZZLE VELOCITY
BLUE DOT	**10.9**	**1486**
	10.4	1439
800X	**7.2**	**1115**
	6.8	1031
473AA	**7.1**	**1339**
	6.7	1256
UNIQUE	**6.5**	**1405**
	6.1	1340
231	**6.1**	**1360**
	5.6	1230

POWDER	WT. IN GRAINS	MUZZLE VELOCITY
BULLSEYE	**5.7**	**1375**
	5.2	1257
HP38	**5.8**	**1366**
	5.3	1240
700X	**5.6**	**1344**
	5.2	1255
SR 7625	**5.7**	**1372**
	5.3	1259
RED DOT	**5.6**	**1413**
	5.2	1311

.355" Dia. SPEER 95 GR. Sectional Density .108

TMJ — Ballistic Coefficient .131

POWDER	WT. IN GRAINS	MUZZLE VELOCITY
BLUE DOT	**9.8**	**1315**
	8.8	1165
HS-6	**8.4**	**1346**
	7.6	1161

POWDER	WT. IN GRAINS	MUZZLE VELOCITY
473AA	**6.5**	**1227**
	5.8	1139
PB	**6.2**	**1302**
	5.6	1208

리로딩을 하는 사람들을 위해 여러 회사에서 이런 데이터 북이 출시되고 있다. 사진의 스피어(Speer)사 데이터 북에서는 9mm 루거에 대해서만 4페이지에 걸쳐 설명하고 있으며, 탄두 종류별로 사용할 수 있는 발사약의 종류와 양도 기술되어 있다. 이 표를 보면 발사약의 양이 2단으로 나뉘어 기재되어 있는데, 윗줄의 굵은 글씨로 적힌 수치는 이 이상의 양은 권장하지 않는다(물론 바로 총이 망가질 정도는 아니지만)는 것을 의미한다. 비교적 적은 양으로 높은 초속을 얻을 수 있는 것이 좀 더 적합한 발사약이라 할 수 있다.

출처: 스피어사의 Reloading Manual, http://www.speer-bullets.com/

3-22 탄약의 안전성

탄약을 떨어뜨리거나 불 속에 던져 넣으면 어떻게 될까?

발사약이라는 것은 불을 붙이지 않는 한, 충격을 주는 정도로는 발화되지 않습니다. 따라서 탄약을 아무리 높은 곳에서 떨어뜨린다 해도 땅에 떨어진 충격으로 폭발하는 일은 없습니다.

뇌관 속의 기폭약은 민감하다고 하지만, 아무리 높은 곳에서 떨어뜨려도 역시 낙하의 충격만으로는 발화되지 않습니다. **뇌관이 움푹 들어가도록 타격하지 않으면 발화하지 않기 때문**입니다. 탄약은 탄두 부분의 비중이 커서 탄약을 떨어뜨리면 머리를 아래로 향한 채로 낙하하기 때문에 뇌관 부분이 먼저 바닥에 닿는 일은 좀처럼 없습니다. 게다가 지면에 떨어졌을 때 직경 4~5mm 크기인 뇌관을 정확하게 타격할 돌출물이 바로 그 자리에 있다는 것은 걷고 있는 사람의 머리에 운석이 떨어지는 것만큼이나 확률이 낮을 것입니다.

그리고 만에 하나, 발사약이 점화됐다고 하더라도 **약실 안에 들어 있지 않은 탄약은 화약이 거의 연소되기 전에 탄두가 약협에서 분리**되기에 사람에게 치명적인 상해를 입힐 정도의 힘을 가지고 있지 않습니다.

또한 탄약을 불 속에 던져 넣어도 마찬가지입니다. 불의 기세에 따라 다르지만, 대개 수십 초에서 몇 분 정도 지나서야 겨우 발화됩니다. 총신과 연결된 약실에 들어 있지 않은 탄약이 발화한 정도로는, 총신에서 발사된 것과 같은 위력을 발휘할 수 없습니다. 발사약이 불완전 연소된 상태에서 탄두가 분리되거나 탄피가 깨지기도 합니다. 반대로 약협이 로켓 불꽃처럼 날아가기도 합니다만, **뇌관이 빠져버리기 때문에 제대로 압력이 올라가지 못해 대단한 위력은 내지 못합니다.** 나무에 약실처럼 구멍을 뚫어 소총탄을 삽입하고, 아래에서 불을 피운 상태에서 위에 나무판을 놓고 발화시켰을 때, 탄두가 판에 박히는지 실험한 예(오른쪽 페이지 아래 그림)에서 탄두는 판에 약간의 움푹 파인 자국을 내는 데 그쳤을 뿐이었습니다. 약협은 반작용으로 조금 목재에서 빠져나갈 정도였지만, 뇌관 쪽은 상당히 기세 좋게 약협에서 튀어 날아갔습니다.

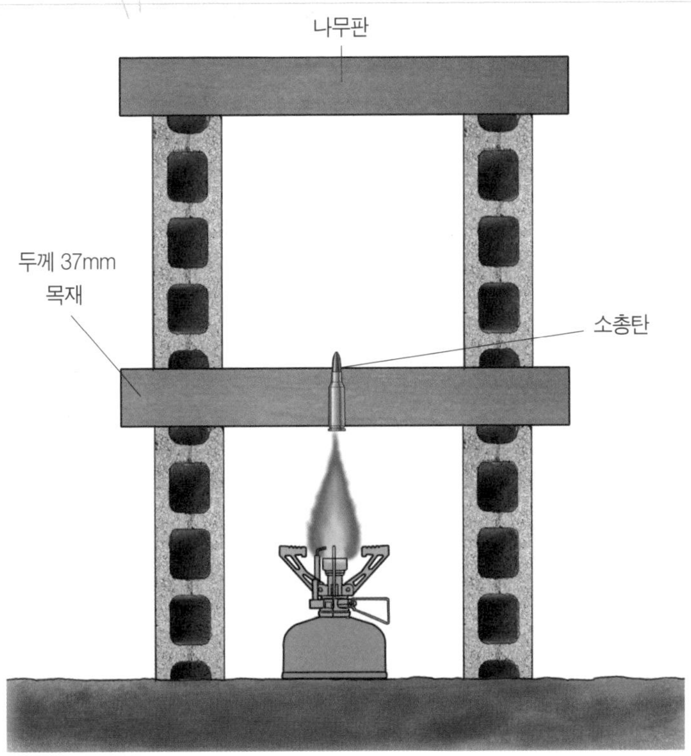

이런 실험을 해봤지만, 탄환은 위쪽 판에 박히지 않았다.

3-23 총탄에 사용기한이 있을까?

무연화약은 시간이 지남에 따라 점차 분해되어간다

흑색화약은 수백 년이 지나도 변질되지 않습니다. 하지만 무연화약은 자연 분해가 되는 성질을 지니고 있습니다. 백여 년 전, 무연화약이 막 발명되었을 때에는 종종 **자연 발화 사고**가 일어났습니다. 심지어는 군함이 폭침한 사건도 여러 건이나 있을 정도죠. 지금은 품질 관리가 좋아져 수십 년 보존한다고 해서 자연 발화 등의 현상이 일어나지는 않습니다만, 자연 발화만 하지 않을 뿐 서서히 변질되어간다는 점에는 변함이 없습니다. 필자는 제2차 세계대전 무렵에 만들어진 탄을 1990년대나 21세기에 쏴본 경험이 있는데, 불발이나 발사 지연이 빈발하는데다 기껏 발사된 탄도 어딘가 발사음이 이상했습니다.

그렇다면 정상적인 사격이 가능한 상태는 몇 년 정도 유지될 수 있는가 따져보면, 이것도 제조사의 기술력이나 보관 환경에 따라 달라지기 때문에 일률적으로는 말할 수 없습니다. 다만 일정하게 온도 관리된 지하 탄약고에 보관되어 있던 것과 여름과 겨울 온도 차가 큰 지상의 창고에 보관되어 있던 것은 상당히 다릅니다.

탄약 제조업체는 식품 등과 달리 제품에 유통기한과 같은 사용기한을 설정하지 않았는데, 대략 지금 제품이라면 10년이나 20년까지 괜찮지만, 저격소총에 사용할 거라면 5년 이내에 사용하는 것이 좋다고 말할 수 있을 것입니다.

그러고 보니 와인도 유통기한 설정은 따로 없고, 시간의 경과에 따라 얼마나 변질되는지도 보관 조건에 따라 상당히 다르다고 하더군요.

군대에서는 같은 해에 같은 공장에서 만들어진 제품에서 **추출 검사**를 실시하고 있습니다. 화약 자체의 변질은 카트리지를 분해해 발사약을 꺼내서 시험관에 넣고 거기에 파란색 리트머스 시험지를 넣어 산화 정도를 확인합니다만, **탄약으로서의 실질적인 변질 여부는 사격을 하여 초속(初速)을 측정해볼 수밖에 없습니다.** 초속이 신품일 때의 기준에서 얼마나 차이가 나는지 알면 탄착점이 얼마나 차이가 나게 될 것인지도 짐작할 수 있습니다.

수십 년이나 지난 30-06 소총탄이지만, M1 라이플은 제대로 작동했다.

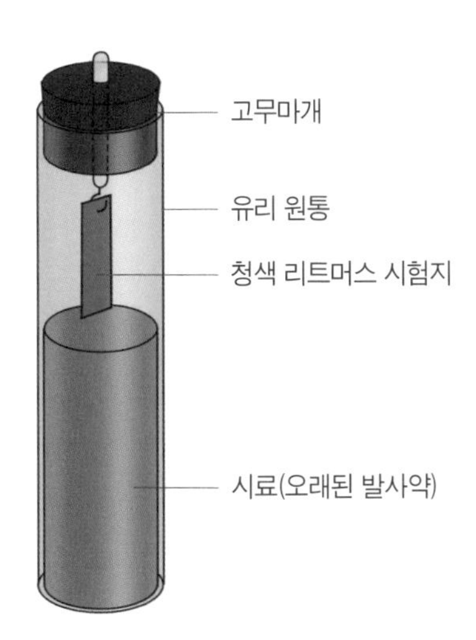

발사약의 열화 정도를 확인하는 유리산 시험. 6시간 이내에 청색 리트머스지가 빨갛게 변색되면 불합격으로 간주한다.

3-24 약협의 각인

해당 탄약의 정보가 기재되어 있다

약협의 바닥에는 뭔가 문자나 기호가 각인되어 있습니다. 약협은 바닥을 머리라고 보기 때문에 이것을 **헤드 스탬프**(head stamp)라고 합니다. 헤드 스탬프는 해당 탄약이 어디에서 만들어졌는지, 그리고 어떤 탄약인지 알 수 있는 단서가 됩니다만, 각인 표시 방법에는 아무런 규칙도 없습니다. 세계 공통이 아닌 것입니다. 그래서 헤드 스탬프에 대해서 해설하는 것만으로도 책 한 권을 쓸 수 있을 정도인데, 여기서는 그중에서 몇 가지 예를 소개하고자 합니다.

오른쪽 페이지의 a는 윈체스터제 9mm 루거 탄약입니다. W-W라고 W가 두 개 들어간 것은 옛날에 웨스턴 탄약회사(Western Cartridge Company)라는 곳이 있었는데, 이 회사가 윈체스터 산하에서 탄약을 만들게 되었기 때문입니다. 즉, 윈체스터-웨스턴이라는 뜻입니다.

b는 자위대에서 사용되는 9mm 루거 탄약입니다. 9mm라고도, 루거 또는 파라벨룸(Parabellum)이라고도 쓰여 있지 않습니다만, 이것은 자위대에 9mm 마카로프도 9mm 쇼트도 있을 리가 없기에, 굳이 구별할 필요가 없어서 쓰지 않고 있을 뿐입니다. 이런 것은 외국에서도 군용탄의 경우, 의외로 흔히 있는 일입니다. 그리고 J는 일본을, AO는 이것을 제조하고 있는 아사히정기공업(旭精機工業)이라는 회사가 아사히오쿠마공업(旭大隈工業)이라는 사명을 쓰던 시기의 흔적 같은 것입니다. 그리고 W는 자위대용 탄약의 기호, 90은 제조년입니다.

c는 미군을 위한 9mm 루거 탄약으로, 9mm라고도 루거라고도 쓰여 있지 않습니다. WCC는 윈체스터에서 군용으로 제조했다는 의미의 기호, 90은 연호, ⊕는 NATO 규격으로 만들고 있음을 나타내는 기호입니다(그러나 ⊕라는 기호가 찍혀 있다고 해서 전부 NATO 규격이라고 할 수는 없습니다).

d는 군용이지만 9MM라고 적혀 있는데 이것은 캐나다의 도미니언 카트리지사의 제품으로 1944년에 생산된 탄약입니다.

e는 윈체스터 38 스페셜이고, f는 핀란드의 라푸아(Lapua, 정확도가 높은 탄을 만드는

것으로 유명)에서 만든 38 스페셜입니다. 미국 시장에서 수요가 많은 탄약은 이처럼 다른 나라에서 만들어 수출하는 사례를 많이 볼 수 있습니다. g는 필리핀의 Arms Corporation of Philippines제 38 스페셜, h는 캐나다 군용으로 공급된 38 스페셜로 캐나다의 발카르티에(Valcartier)사에서 1967년에 제조한 것입니다.

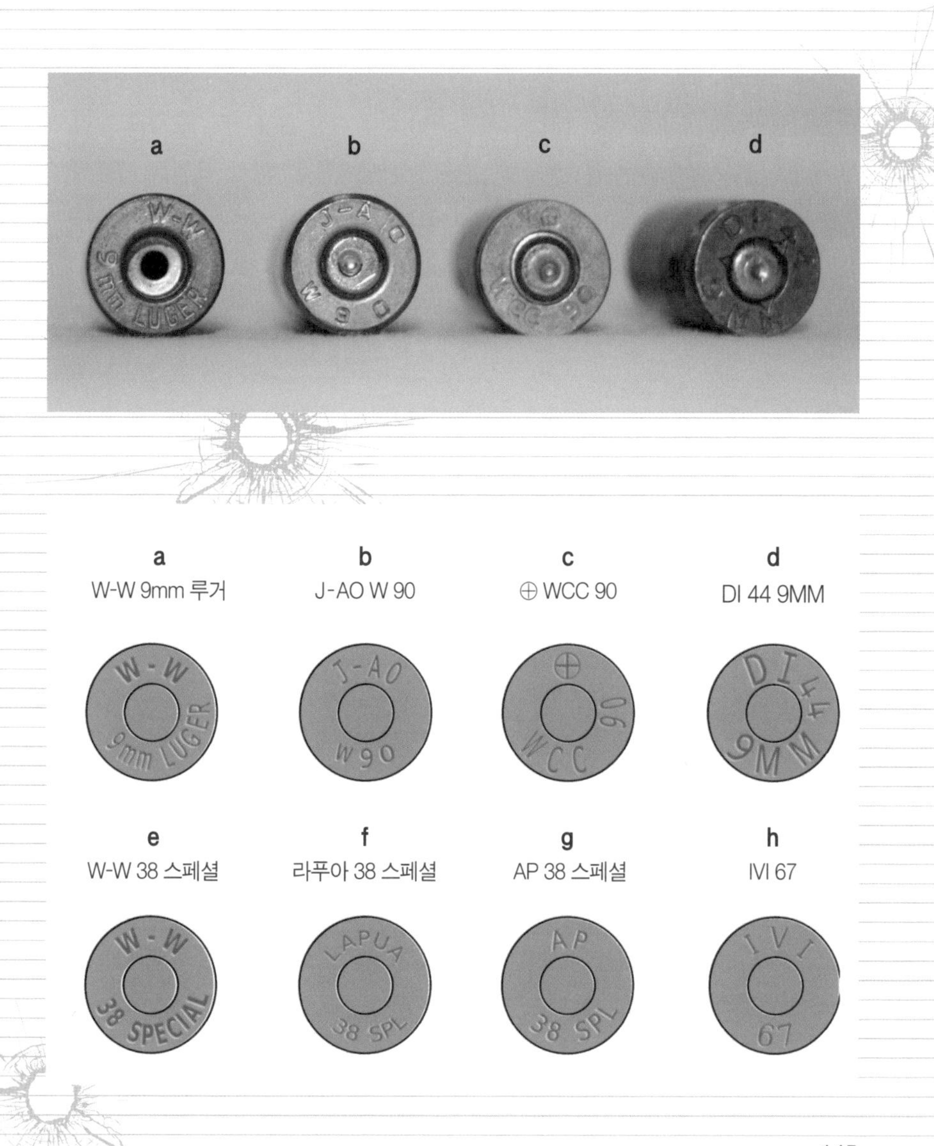

3-25 무탄피 탄약

결국 실용화되지는 못했다

영어로 **케이스는 약협을 뜻**하므로 케이스리스(caseless) 탄약이라고 하면 바로 탄피(약협)를 사용하지 않는 탄약, 즉 무탄피 탄약을 말하는 것입니다. 약협을 사용하지 않는 총으로는 공기총이 있기는 하지만, 여기서 해설할 것은 화약을 사용하는 총 이야기입니다.

흔히 탄약 가격의 절반은 약협이 차지한다고 알려져 있습니다. 중량으로 따져 보더라도 카트리지 무게의 약 절반이 탄피 무게이지요. 만약 약협을 사용하지 않는 탄약을 만들 수만 있다면, **가볍고 저렴한 탄약을 공급**할 수 있게 됩니다.

155mm 같은 대구경 화포는 약협 대신에 화약(장약)이 든 자루를 사용하며, 최근에는 자루가 아니라 화약과 같은 성분(나이트로셀룰로스)으로 만든 용기에 화약이 든 통을 사용하고 있습니다. 발사하는 순간, 약협까지 연소되어 사라지는 셈이지요. 총의 경우에도 그런 방법으로 무탄피 탄약을 만들 수 있습니다. 하지만 문제는 그러한 탄약의 경우 어떻게 연소 가스 누출을 방지하는가 하는 것에 있었습니다. 대포라면 나사식 **폐쇄기**가 있고 **패킹** 등을 사용하여 가스 누출을 막지만, 발사 속도가 1분에 수 발 정도이기에 딱히 그런 구조라도 문제를 일으키지 않습니다. 반대로 기관포는 역시 약협을 사용하고 있습니다. 로켓탄이라면 탄피가 필요 없겠지만, 로켓탄은 일반적인 탄환에 비해 명중률도 떨어지고 효율도 매우 낮았습니다.

아예 화약과 같은 성분으로 약협을 만들어서는 강도가 제대로 나오지 않습니다. 탄약은 기관총처럼 격렬하게 작동되는 기계 속에서도 부서지지 않을 정도의 강도가 필요한 데다 전장에서는 비에 젖는 일 또한 일상다반사입니다. 그것으로 모자라 연사로 총신은 달아오르고 화약의 발화 온도보다 훨씬 뜨거워진 총신에 다음 탄을 밀어 넣는 것은 기관총의 경우, 지극히 평범한 일인데 내열성에도 문제가 있었죠.

무탄피 탄약을 사용하는 총기의 개발에 예전부터 많은 사람들이 도전했지만 성공에 이르지는 못했습니다. 그런 와중에 그나마 가장 성공에 근접했던 것이 바로 독일 H&K사의 G11이었지요. 하지만 결국 실용화에는 이르지 못한 채로 개발을 포기할 수밖에 없었습니다. 지금으로부터 30년도 더 이전의 이야기입니다.

H&K사의 G11. 어느 정도 성공에 근접한 선까지 갔지만, 끝내 실용화에는 실패했다.

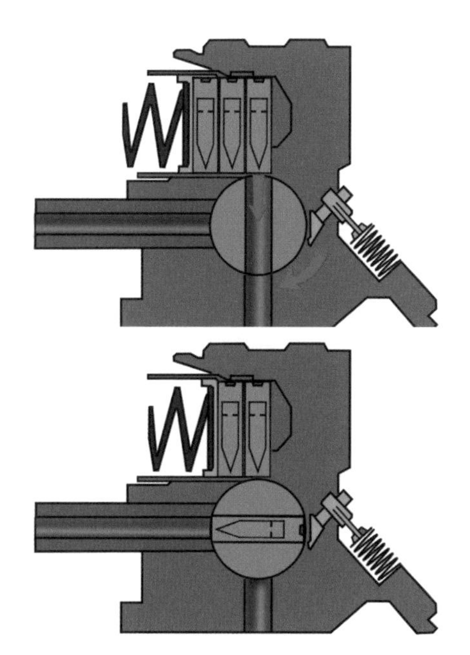

G11에 사용된 회전식 약실. G11에서는 일반 총에서 볼 수 있는 전후 왕복식 노리쇠 대신 그림과 같은 회전식 약실이 채용되었다.

COLUMN-03

유럽식 구경 표기

미국이 구경을 인치로 나타내는 것과 달리 유럽에서는 당연하게도 mm로 구경을 표기하고 있습니다. 그리고 약협을 사용하는 총은 구경뿐만 아니라 어떤 탄약인지 명확하게 하기 위해 유럽에서는 7.62×51이라는 식으로 표기하고 있습니다. 이것은 **맨 앞의 7.62가 구경을 의미하며, 51은 약협의 길이**를 나타냅니다.

7.62mm 구경에 약협 길이가 51mm라고 하면, 이것은 미국에서 말하는 308 윈체스터 군용 카트리지이며, 흔히 7.62mm NATO탄이라 부르고 있는 것입니다. 마찬가지로 5.56mm NATO탄은 약협의 길이가 45mm이므로 '5.56×45'라고도 불립니다. 러시아의 AK-47용 탄약은 약협의 길이가 39mm이므로 '7.62×39'가 됩니다. 러시아의 기관총용 탄약 중에 7.62×54R이라는 것이 있는데, 여기서 'R'이라는 것은 이 약협이 림드형(3-09 참조)임을 나타내고 있습니다. 마찬가지로 제2차 세계대전까지 영국군이 사용했던 303 브리티시는 '7.7×57R'이라 표기할 수 있습니다.

권총도 마찬가지로 9mm 루거 또는 9mm 파라벨룸이라 부르는 권총탄은 '9×19', 러시아군의 '9mm 마카로프'는 '9×18'입니다.

이렇게 유럽에서는 구경 표시에 mm를 사용하는데, 개중에는 유럽에서 개발되었음에도 인치로 표기된 탄약도 있습니다. 308 노마 매그넘이나 338 라푸아 매그넘이 좋은 예이지요.

이들은 대형 동물 사냥용 탄환인데, 캐나다나 알래스카에서 대형 동물 사냥을 하는 미국 사냥꾼에게 수요가 클 것이라며 미국 시장을 강하게 의식해 인치로 표시한 것입니다. 이와는 반대로 미국에서 개발된 탄약임에도 mm로 표시된 것도 몇 종류 존재합니다. 7mm 레밍턴 매그넘이나 10mm 오토 같은 것이 대표적입니다.

제 4 장

권총과 기관단총

'자동권총'이란 무엇이 자동이라는 것일까? 더블 액션과 싱글 액션의 차이는? 권총은 실제로 얼마나 잘 맞는 것일까? 쇼트 리코일이란? 그리고 블로백이란? 제4장에서는 권총과 기관단총에 대한 기초 지식을 다뤄보도록 하겠습니다.

4-01 리볼버의 장전 방식

중절식과 스윙 아웃식으로 나뉜다

리볼버는 5발, 6발, 7발, 8발들이 등 여러 종류가 있습니다. 장전할 수 있는 탄의 수가 많을수록 실린더의 직경이 커져 부피가 큰 총이 되므로 무턱대고 실린더를 크게 만들 수도 없어 6발들이가 가장 표준이 되는 총기입니다. 리볼버는 6발을 다 쏘고 난 뒤에는 빈 약협을 제거하고 새로운 탄약을 실린더에 장전해야 합니다.

이 방식에는 여러 가지 유형이 있습니다. 서부영화에 자주 나오는 콜트 피스메이커처럼 로딩 게이트(loading gate)를 열고, 1발씩 빈 탄피를 뽑은 뒤에 새로운 탄약을 장전하고, 실린더를 1발분씩 돌리는 방식이 있는데 이것은 시간이 많이 걸립니다. 그래서 **실린더 뒤에서 총몸을 꺾는 중절식**이나 **실린더를 옆으로 빼는 스윙 아웃식**이 개발되었습니다.

러일전쟁에서 일본군이 사용한 26년식과 영국군이 사용한 엔필드 권총이 대표적인 중절식 리볼버입니다. 총몸을 꺾으면 모든 탄피가 밀려 나옵니다. 현대 리볼버의 대다수는 스윙 아웃식으로, 옆으로 꺼낸 실린더 축을 앞에서 누르면 약협이 전부 한 번에 밀려 나옵니다.

하지만 새로운 탄약을 손가락으로 1발씩 실린더에 넣어 장전하는 것은 여전히 번거로운 일입니다. 그래서 **스피드 로더**(speed loader)라고 하여 6발의 탄약을 묶은 실린더 비슷한 형상의 케이스를 실린더 뒤에 대고 6발을 한꺼번에 실린더에 밀어 넣는 도구도 있습니다. 이 경우에는 총의 실린더와 맞는 사이즈의 스피드 로더가 필요합니다. 또한 총에 따라서는 **하프문 클립**이라 하여 반달 모양의 판에 3발의 탄약을 묶은 클립 2개를 사용하여 6발의 총알을 장전하는 것도 있습니다.

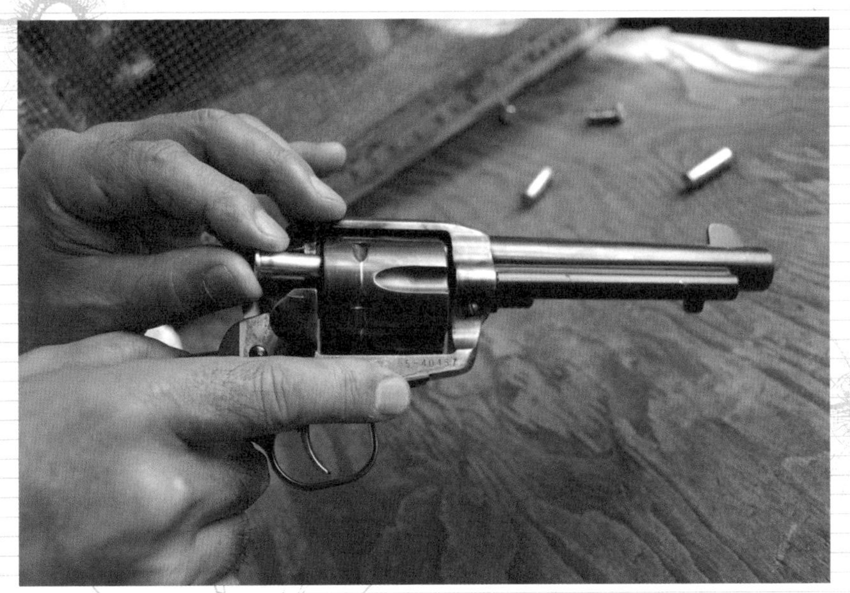

로딩 게이트를 열어 한 발씩 장전한다.

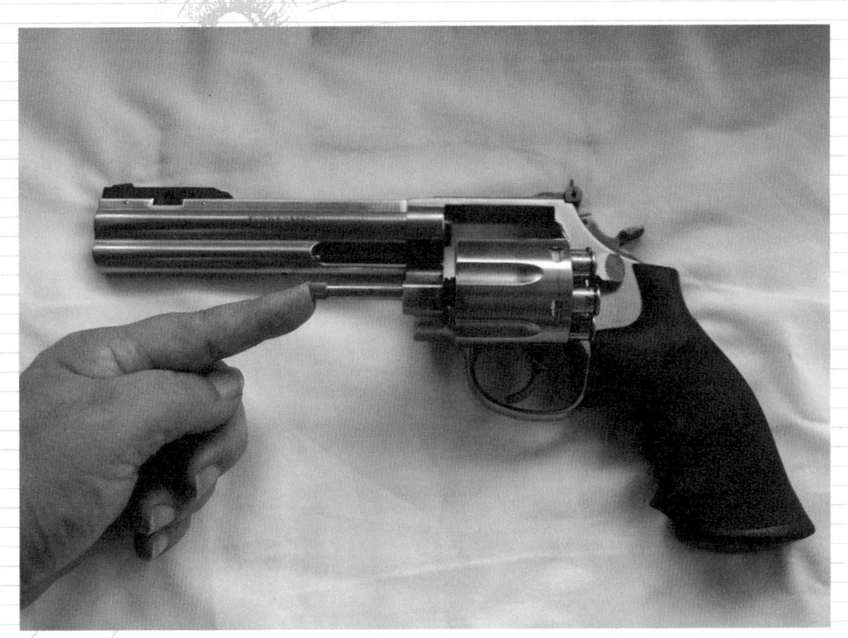

실린더를 옆으로 뺀 뒤, 실린더의 축(이젝터 로드)을 눌러 단번에 6개의 빈 탄피를 뽑아낸다

4-02 1발을 쏠 때마다 손가락으로 격철을 당긴다

싱글 액션과 더블 액션

초기의 리볼버, 예를 들어 서부극에 자주 나오는 콜트 피스 메이커 같은 권총은 싱글 액션이라고 해서 한 발 쏠 때마다 손가락으로 격철을 당겨줘야 했습니다. 손이 큰 사람은 이 동작을 한 손으로도 할 수 있습니다만, 손이 작은 사람이라면 영 어색했기에 차라리 반대편 손으로 격철을 당겨주는 것이 훨씬 빠를 정도였습니다.

이렇게 오른손으로 잡은 권총의 격철을 왼손 손바닥으로 당겨 세우고는 발사하고, 다시 세우고 쏘고…를 빠르게 반복하는 기술을 **패닝**(fanning)이라고 합니다. 가끔 서부영화에 나오는 장면인데, 이 동작을 하는 중에는 조준할 수가 없기에 지근거리에서의 속사 외에는 그리 쓸모가 없었습니다.

이 때문에 굳이 반대편 손으로 격철을 당겨주지 않아도 방아쇠를 당기는 힘으로 격철을 세우고, 방아쇠를 끝까지 당기면 격철이 뇌관을 타격하는 **더블 액션**이 발명되었습니다. 이것이라면 방아쇠를 당기는 것만으로 연발로 사격할 수 있었습니다. 하지만 스프링의 힘으로 쓰러지도록 만들어진 격철을 방아쇠를 당기는 손가락의 힘으로 일으켜 세우는 데다, 실린더까지 돌리는 구조인 탓에 방아쇠를 당기는 데 강한 힘이 필요했고, 방아쇠를 당기는 거리도 길어진다는 문제가 있었습니다. 이래서는 목표를 정확하게 겨눴어도 방아쇠를 당기는 힘에 총이 흔들려 조준이 틀어지고 마는 것입니다. 그래서 시간 여유가 있고 정확한 사격을 하고 싶을 때는 더블 액션 권총이면서도 손가락으로 격철을 당겨 싱글 액션으로 쏘고 급할 때만 더블 액션으로 쏘게 되었습니다.

현대의 리볼버 대부분은 싱글 액션이든 더블 액션이든 자유롭게 조작하여 쏠 수 있도록 되어 있습니다만, 그중에는 지근거리(미국에서 범죄로 발생하는 총격전의 대다수는 7m 전후의 거리에서 이뤄지므로 방아쇠가 무겁고 명중률이 낮아지더라도 어느 정도 타협할 수밖에 없다) 호신용으로 **더블 액션 온리**(double action only) 방식을 채용한 권총도 있습니다.

옛날 리볼버는 싱글 액션으로, 1발을 쏠 때마다 격철을 당겨줄 필요가 있었다.

현대 리볼버의 대부분은 더블 액션 방식으로, 방아쇠를 당기는 힘으로 격철도 당겨줄 수 있다.

4-03 자동권총

오토매틱은 무엇이 자동인가?

자동권총(오토매틱)은 무엇이 자동일까요?

약실, 그러니까 탄약이 총신에 자동적으로 전달되는 구조의 권총이 바로 자동권총입니다. 물론 리볼버도 더블 액션이라면 방아쇠를 당기는 힘만으로 6발이나 7발이 장전된 탄환을 속사할 수 있습니다.

리볼버는 사격을 마친 뒤 수동으로 빈 약협을 제거하고, 약실에 탄약을 재장전해야 합니다. 단지 이 동작을 6발씩 묶어 수동으로 하고 있을 뿐입니다. 6연발 리볼버라면 6개의 약실에 손가락으로 각각 탄약을 장전합니다만, 이와 달리 **자동권총은 약실에 탄약을 보내고 발사 후 빈 탄피를 배출하는 과정이 자동**으로 이뤄집니다.

자동권총의 조작을 살펴보면, 먼저 탄창에 탄약을 채워 넣는데 이것은 수동으로 실시하게 됩니다. 그리고 탄약을 채운 탄창을 총에 삽입합니다.

❶ 슬라이드를 뒤 끝까지 당깁니다. 이때 격철도 뒤로 젖혀집니다.

❷ 손을 떼면 슬라이드는 용수철의 힘으로 전진하며, 이 힘으로 탄창에서 1발의 탄약이 약실로 이동하게 됩니다.

❸ 방아쇠를 당기면 격철이 공이를 때려 탄환이 발사됩니다.

❹ 탄환을 발사하며 발생한 반동이 약협을 뒤로 밀어내고 슬라이드를 후퇴시킵니다. 빈 탄피는 밖으로 배출됩니다.

그리고 슬라이드는 스프링의 힘으로 다시 전진하여 탄창에서 1발의 탄약을 물고 약실로 이동시킵니다. 처음 1발은 수동으로 슬라이드를 당겨야 하지만, 2발째부터는 발사의 반동을 이용해 빈 약협을 배출하고, 다음의 탄을 약실에 밀어 넣는 동작은 자동으로 해줍니다. 자동권총이란 바로 이런 것입니다.

자동권총은 발사의 반동으로 격철을 당겨주기 때문에 가벼운 방아쇠의 힘으로 연발 사격이 가능합니다.

❶ 슬라이드를 당긴다. 격철이 젖혀진다.

❷ 슬라이드에서 손을 떼면, 스프링의 힘으로 슬라이드가 전진한다.

❸ 방아쇠를 당기면 격철이 공이를 타격하며 탄환이 발사된다.

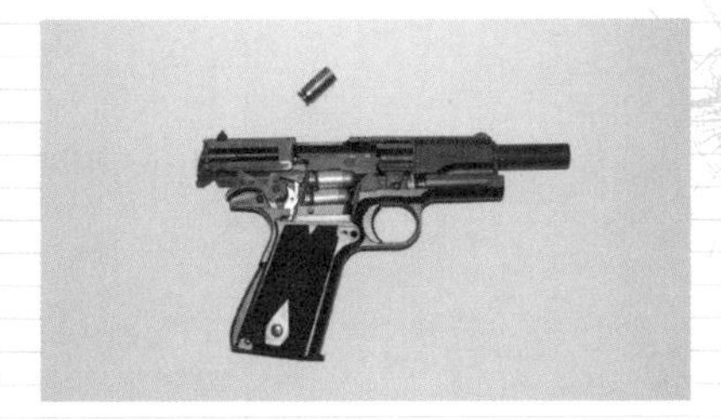

❹ 반동으로 슬라이드가 후퇴하며 빈 탄피를 배출한다.

가장 유명한 자동권총 'M 1911'. 콜트 거버먼트(Colt government)라는 이름으로 잘 알려져 있다.

4-04 더블 액션 자동권총

자동권총을 왜 더블 액션 방식으로 만들었을까?

자동권총은 처음 1발을 쏘기 위해 손으로 슬라이드를 당겨줘야 합니다. 하지만 리볼버를 가진 적과 만났을 경우엔 좀 난감할 수밖에 없습니다. **슬라이드를 당기는 동안에 리볼버를 든 상대에게 당하고 말 것이기 때문**입니다.

미리 슬라이드를 당겨 약실에 탄약을 넣어두고 방아쇠를 당기면 바로 쏠 수 있도록 만들어둔 상태에서 안전장치를 걸어두는 방법도 있습니다만, 아무리 안전장치를 걸어뒀다고 해도 **격철이 당겨진 채로 둔다는 것에는 불안**이 남을 수밖에 없습니다.

그럼 격철을 손가락으로 확실히 잡은 상태에서 방아쇠를 당겨 격철을 서서히 앞으로 쓰러뜨려둔 상태로 휴대하는 것은 어떨까요? 적과 만나면 격철만 젖히고 방아쇠를 당기는 것입니다. 유감스러운 일이지만 **더블 액션 리볼버에 당하고 말 거라는 사실**에는 변함이 없습니다.

그래서 자동권총에도 더블 액션 기구가 탑재된 것이 만들어지게 되었습니다. 이거라면 방아쇠를 당기는 것만으로 바로 쏠 수 있지요.

영화 007 시리즈의 제임스 본드가 애용한 발터(walther) PPK나 애니메이션의 루팡 3세가 사용하는 발터 P-38이 대표적인 권총인데, 현대에는 많은 자동권총이 더블 액션 기구를 채택하고 있으며, 일본의 자위대가 사용하는 9mm 자동권총 SIG-P220을 비롯하여 세계 각국의 군용 권총 대부분이 **이제는 더블 액션 방식**입니다.

더블 액션 자동권총은 약실에 탄약을 장전한 후, 손가락으로 격철을 잡은 상태에서 방아쇠를 당기는 조작을 하지 않더라도 대부분의 총에 **디코킹 레버**(decocking lever)라는 것이 붙어 있어 이를 누르면 격철이 안전한 위치에 놓이도록 만들어져 있습니다.

제2차 세계대전 당시, 독일은 세계 최초로 더블 액션 방식을 채용한 발터 P-38을 개발했다.

지금은 전 세계의 군용 권총 대부분이 더블 액션 방식을 사용하며, 자위대의 9mm 자동권총인 SIG-P220도 더블 액션 자동권총이다.

4-05 리볼버와 오토매틱

그 장점과 단점이란?

리볼버 권총도 더블 액션이라면 방아쇠를 당기는 것만으로 6발, 7발씩 연발로 쏠 수 있습니다. 하지만 더블 액션은 강한 힘으로 방아쇠를 당겨야 하기에 명중률이 떨어질 수밖에 없습니다. 반면에 자동권총 쪽은 가볍게 방아쇠를 당기는 것만으로도 연발 사격이 가능하지요. 하지만 그렇다고 해도 지근거리에서의 호신용으로 2~3m의 거리에서 쏘기 때문에 명중률 따위는 크게 신경 쓸 필요가 없다고 잘라 말해도 문제가 없다고도 할 수 있겠지요.

또한 리볼버는 약실이 6개, 7개가 있고, 미리 약실에 탄약을 장전해두기 때문에 장전 실수는 있을 수 없습니다. 그러나 오토매틱의 경우 슬라이드가 앞뒤로 움직이며 탄창에서 탄약을 꺼내 약실로 보내는 구조이므로 때에 따라서는 원활하게 작동하지 않을 가능성도 있습니다. 만일 불발탄이 발생한 경우, 리볼버라면 방아쇠를 당기면(싱글 액션이라면 격철을 당겨주면) 다음 약실로 넘어가게 됩니다. 하지만 오토매틱의 경우에는 손으로 슬라이드를 당겨 불발탄을 배출하고, 그다음에 탄약을 약실로 보내는 조작이 필요합니다.

전쟁터처럼 대량으로 서로에게 총알을 쏴야 하는 경우라면 오토매틱이 적합하지만, **지근거리에서 수 발, 한순간의 승부라고 생각하면 리볼버**가 조금 더 믿음직하다고 할 수 있습니다. 특히 총이 진흙투성이인 경우라면 리볼버의 신뢰도가 더 높을 것입니다. 또한 리볼버는 가방이나 주머니 속에서도 갑자기 쏠 수 있습니다만, 오토매틱으로 그렇게 하면 2발째는 정상적으로 쏘기 어려울 것입니다.※

다만 리볼버는 총알이 많이 들어가는 것일수록 실린더의 직경이 커져 부피가 크고 무거워집니다. 5발 실린더 정도라면 문제없겠지만, 그 이상이 되면 오토매틱보다 리볼버 쪽이 무거워집니다(총의 형태에 따라 일률적으로 말할 수는 없겠습니다만…).

※ 가방이나 주머니의 천이 방해가 되어 슬라이드가 후퇴하며 빈 약협을 배출하는 동작이 제대로 이뤄지지 않아 다음 탄을 탄창에서 약실로 정상적으로 이동시킬 수 없게 되기 때문이다.

근거리에서의 순간적인 기습에는 리볼버가 유리하다. 사진은 S&W M649.

위력 면에서도 역시 리볼버 쪽의 손을 들어줄 수밖에 없다. 사진은 세계 최강의 권총인 S&W M500.

4-06 권총은 얼마나 잘 맞을까?

'프리 피스톨 경기용 권총'이라면 50m에서 10cm 표적도 맞힐 수 있다

올림픽 종목 중 하나인 프리 피스톨(free pistol) 경기에서 만점인 10점 표적의 직경은 10cm입니다. 그리고 시상식에 오를 수 있는 상위권의 선수는 50m 거리에서 쏜 탄환 대부분을 이 10점 표적 안에 넣을 수 있습니다.

물론 이것은 경기에 특화된 특수한 단발 권총을 사용하는 데다, 사용하는 탄약도 22 림 파이어로, 약협 안에는 극히 적은 양의 화약만 들어 있습니다. 그래서 아무리 잘 맞힐 수 있다고 해도 이런 권총을 들고 전장에 나갈 수는 없는 법이지요.

실전용 권총을 들고 쏘면 **25m 거리에서 직경 30cm 전후의 원에 들어가는 정도가 평균**입니다. 표적을 맞히는 것 자체가 그리 쉽지 않지요. 물론 전설의 명사수라 불릴 정도의 사람이라면 100m 떨어진 사람 크기의 표적도 명중시킬 수 있다고 하지만, 아무나 할 수 있는 재주는 아닙니다.

올림픽 등의 권총 사격 경기는 한 손으로 쏘도록 정해져 있습니다만, 실전이 되면 역시 두 손으로 잡는 편이 명중률도 올라갑니다.

총을 든 손을 모래주머니에 올려놓고 쏘면 25m 거리에서 10cm 정도 표적까지도 맞힐 수 있고, 총을 손으로 들지 않고 기계적으로 고정해서 쏜다면 5cm 크기의 표적 안에 들어갑니다. 하지만 **실전에서는 심리적 안정을 잃기 쉽기에 25m나 떨어지면 잘 맞히지 못하게 되는 것**입니다.

또한 총신이 길수록 잘 맞는 것처럼 생각하기 쉽지만, 아무래도 꼭 그렇지만은 않은 것 같습니다. 총신이 길면 가늠자와 가늠쇠 사이의 거리가 길어져 조준 오차를 검출하기 쉬워지기 때문에 좀 더 정확하게 조준할 수 있게 되는 것뿐입니다. 망원 조준경을 부착하고 쏘면 알 수 있겠지만, 총신이 긴 총이 반드시 명중률이 높은 것은 아닌 듯합니다.

사수가 10m 거리에서 세 종류의 권총으로 사격했을 때의 결과.

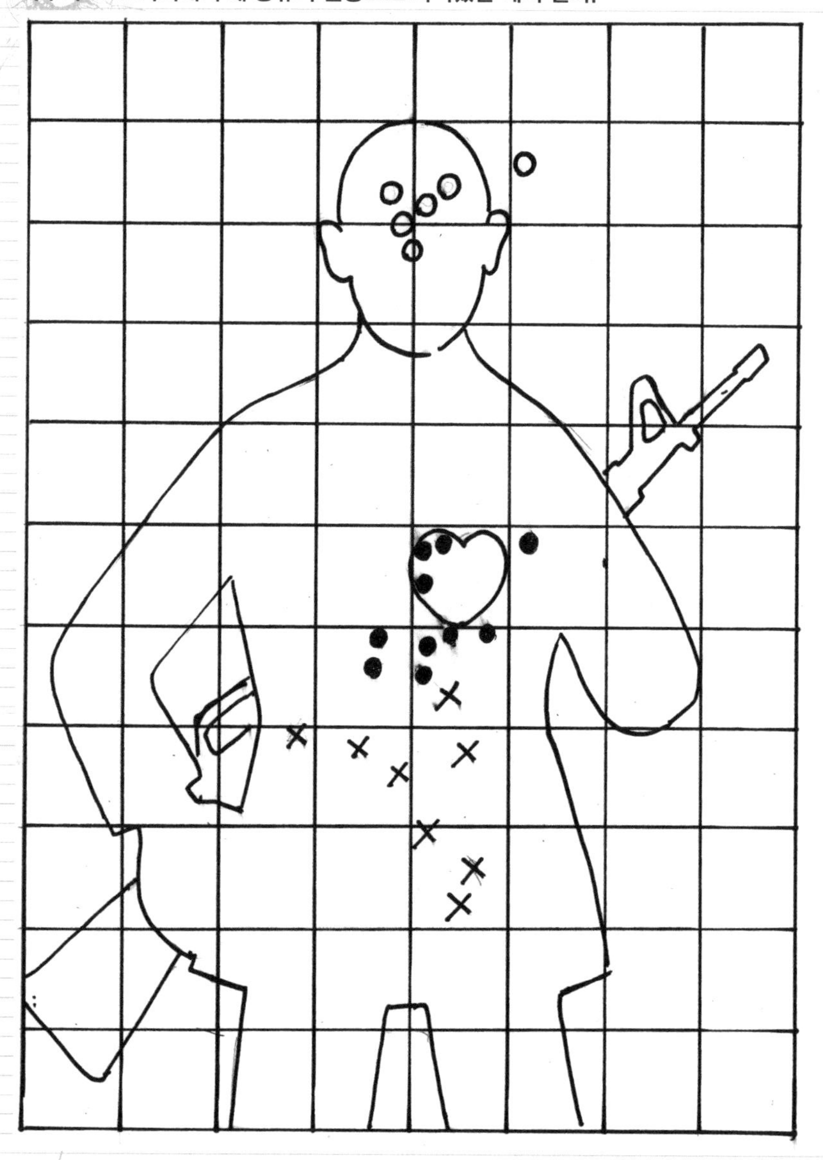

'O'는 S&W-M685, '●'는 SIG-P226, '×'는 발터 P-38로, 사수는 어느 정도 사격 경험이 있지만 각각의 총은 처음으로 쏴본 것이다. 좀 더 연습하면 더 맞힐 수 있을 것이고, 독자 여러분도 수십 발 정도 연습해보면 이 정도는 맞힐 수 있을 것이다.

4-07 자동권총의 작동 방식

블로백과 쇼트 리코일

자동권총은 탄환을 발사한 화약의 폭발력이 약협을 뒤로 밀어내려는 힘을 이용해 **슬라이드**를 후퇴시킵니다. 이것을 **블로백**(blow back) 방식이라고 합니다. 블로백 방식을 사용하는 총기는 총신이 고정되어 있습니다.

약협 안에 화약이 적게 들어 있어 위력이 낮은 총이라면 이 블로백 방식을 사용해도 안전하게 쏠 수 있습니다. 22 림파이어는 물론이고, 발터 PPK에 사용되고 있는 32 APC(7.65×17이라고도 하며 4.73g의 탄환을 0.16g의 화약으로 발사합니다) 정도까지는 블로백 방식으로도 큰 무리가 없습니다.

하지만 세계 각국의 군용 권총탄으로 널리 사용되고 있는 9×19(9mm 루거탄이라고도 합니다)는 7.45g의 탄환을 0.42g의 화약으로 발사하게 되는데, 이 정도 위력이면 화약의 힘이 강해 블로백 구조로는 총신 안의 압력이 높을 때 슬라이드가 열리는 것을 막지 못할 우려가 있습니다.

이 때문에 슬라이드와 총신에 맞물리는 장치를 만들어 순간적이지만 총신과 슬라이드가 결합된 채로 후퇴하도록 만들어 총신 내 압력이 떨어질 때까지 총신과 슬라이드가 떨어지는 것을 지연시킵니다. 이것을 **쇼트 리코일**(short recoil) 방식이라고 하며, 대형 권총의 대부분은 이 방식을 사용하고 있습니다. 참고로 결합 방식에는 여러 가지가 있습니다.

기관단총은 9×19나 그 외의 여러 강력한 군용탄을 사용하고 있지만 보통은 블로백 구조로 만들어집니다. 이것은 기관단총의 경우, 권총에서 슬라이드와 같은 역할을 하는 **노리쇠**(bolt)가 권총 슬라이드보다 몇 배는 더 무겁게 만들어져 있기 때문에 그 무게로 약협의 후퇴를 지연시킬 수 있기 때문입니다. 또한 극소수이지만 소총처럼 **가스압 작동 방식**을 사용하는 권총도 존재합니다.

블로백 방식

총신은 고정되어 있으며, 탄환을 발사한 화약의 압력이 직접 탄피를 밀어 슬라이드를 후퇴시킨다.

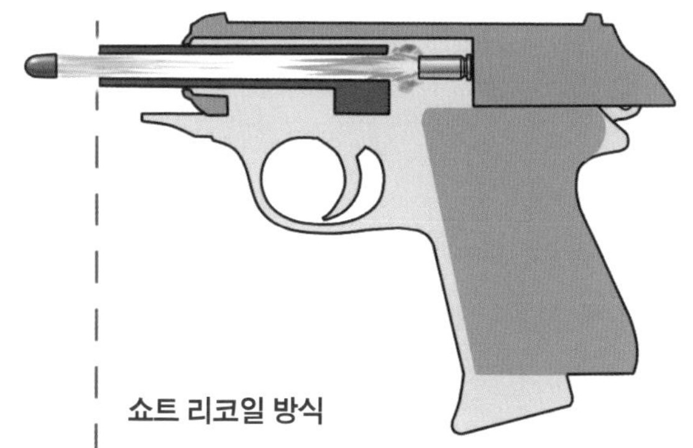

쇼트 리코일 방식

총신과 슬라이드가 맞물리는 장치가 있어 총알이 총신(약실)에서 벗어나기 전(즉, 아직 총신 내부의 압력이 높은 상태인 동안)까지 총신과 슬라이드가 결합된 상태로 후퇴한다.

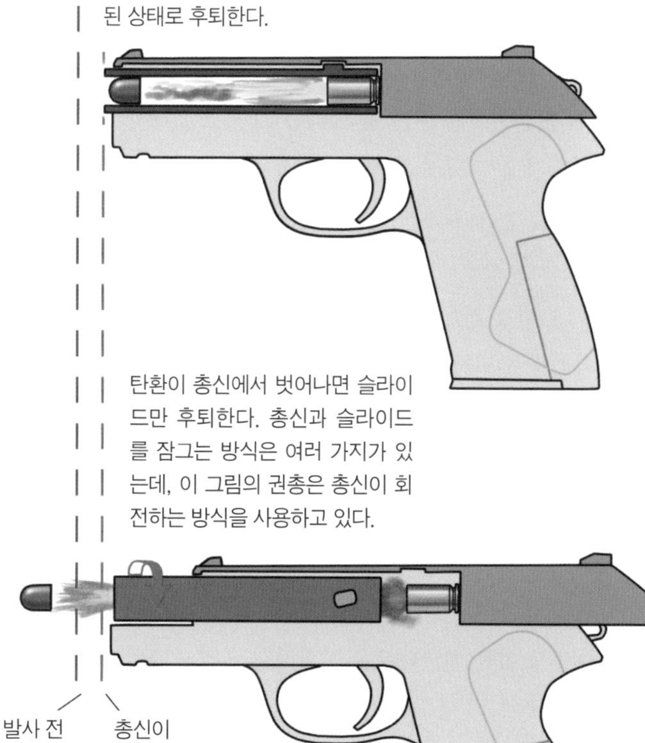

4-08 기관단총의 격발 방식

방아쇠를 당기면 노리쇠가 전진한다

대부분의 총은 **볼트**(놀이바닥)가 전진하여 약실에 탄약이 장전되면 발사 준비가 완료됩니다. 여기서 방아쇠를 당기면 격철이 움직여 격침을 타격하고, 이것이 뇌관을 찔러 격발되는 것입니다.

그런데 대부분의 기관단총은 따로 격철이 없는 총이 많습니다. 기관단총 대다수는 **노리쇠가 격철의 역할까지 수행**하고 있기 때문입니다. 탄환을 발사하기 전, 노리쇠는 후퇴 위치에 고정되어 있습니다. 여기서 방아쇠를 당기면 용수철의 힘으로 노리쇠가 전진하며 탄창에서 탄약을 꺼내 약실에 밀어 넣는 즉시 발사가 이뤄지는 것이죠. 이렇게 연사가 이뤄지고, 방아쇠에서 손가락을 떼면 노리쇠는 다시 후퇴 위치에 고정됩니다.

대부분의 기관단총은 독립된 격침조차 없습니다. **볼트 중앙의 돌출부가 뇌관을 찌를 수 있게 만들어졌을 뿐인 것**이 많습니다. 소총에 비해 기가 막힐 정도로 단순한, 마치 장난감 같은 구조이면서 실탄을 연사할 수 있는 것이 기관단총입니다. 그래서 기관단총은 저렴하게 대량생산을 할 수 있다는 장점이 있지요.

하지만 기관단총은 군용 권총탄을 블로백 구조, 다시 말해 총신과 노리쇠를 잠그는 별도 기구 없이 탄환을 발사하는 화약의 압력이 약협을 뒤로 밀어내는 힘을 그대로 노리쇠를 후퇴시키는 데 사용되고 있습니다. 따라서 노리쇠가 충분히 무겁지 않으면 총신 안의 압력이 아직 높은 상태에서 노리쇠가 후퇴하며 가스를 분출할 수 있기에 위험합니다.

따라서 기관단총의 노리쇠는 크고 무거워, 경우에 따라서는 **권총 1자루 정도의 무게가 나가기도** 합니다. 그리고 그렇게 무거운 노리쇠가 '덜컹' 하고 전진하는 순간에 탄환이 발사되는 구조로, 총기 내부에서 이렇게 무거운 부품이 격렬하게 전후 왕복운동을 하는 기관단총은 정확하게 표적을 조준하는 데는 맞지 않습니다. 하지만 예외적으로 명중률을 중시하여 소총과 같은 작동 구조를 하고 있는 기관단총도 존재합니다.

오픈 볼트 파이어링(open bolt firing)

방아쇠를 당기기 전, 노리쇠는
후퇴 위치에 고정되어 있다.

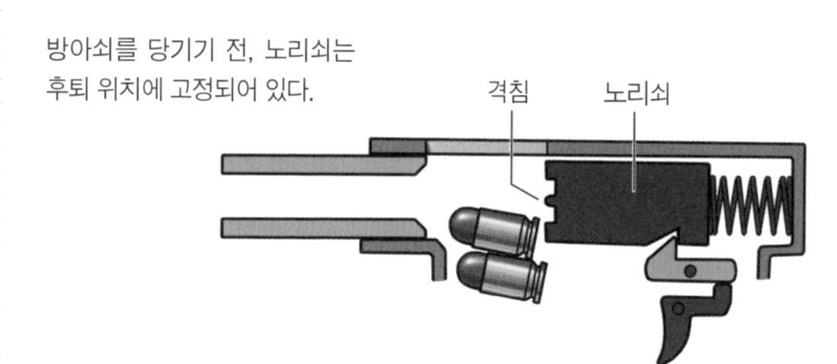

방아쇠를 당기면 용수철의 힘으로 노리쇠
가 전진해 탄창에서 총알을 끄집어낸다.

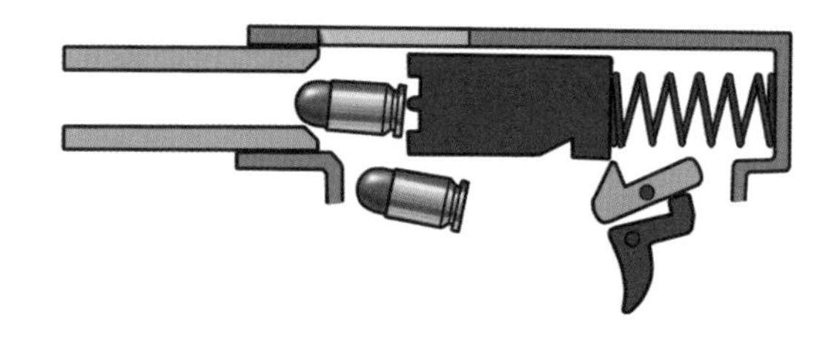

노리쇠가 끝까지 전진한 시점에서 노리쇠에 고정된
격침이 뇌관을 찔러 격발이 이루어진다.

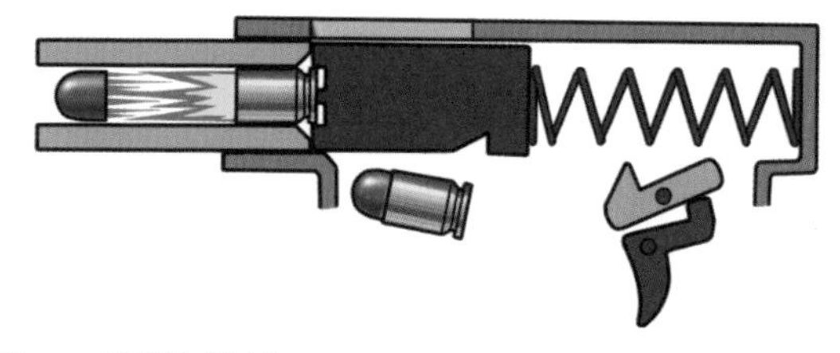

노리쇠가 후퇴(블로백)하면서 빈 탄
피를 배출한다.

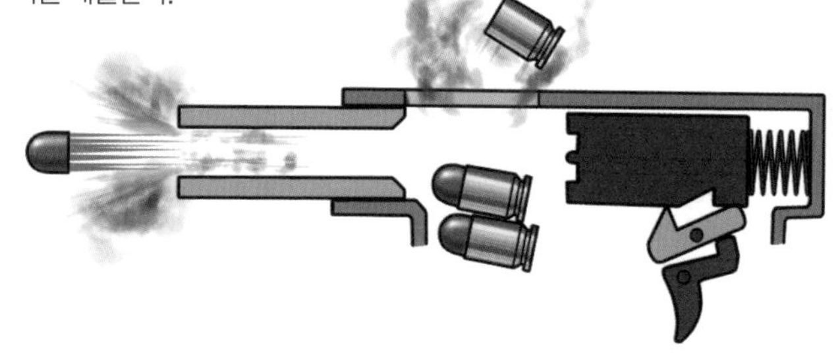

4-09 명중률을 중시한 MP5

권총탄을 사용하는 대테러 부대용 기관단총

제2차 세계대전 중에는 많은 나라의 군대에서 소총과 기관단총을 함께 사용했습니다. 그러나 기관단총은 명중률이 낮은 데다 위력도 약하고 사거리도 짧아 돌격소총이 보급되기 시작한 이후엔 군에서 거의 퇴출당하는 신세가 되고 말았습니다. 이후 기관단총은 군대보다는 경찰의 대테러용 장비로 중시되게 됩니다.

왜냐하면 돌격소총은 기존의 보병 소총에 비하면 위력이 절반 정도에 그치는 탄약을 사용하지만, 그래도 역시 근거리에서는 콘크리트 블록을 관통할 정도의 위력을 지니고 있었습니다. 따라서 돌격소총으로 경찰이 범인을 쏘면, 경우에 따라서는 벽을 뚫고 건너편의 무고한 사람까지 다치게 만들 우려가 있었습니다. 그 때문에 경찰에서는 적절한 위력을 지닌 권총탄을 사용하고자 했습니다.

하지만 기관단총은 총알 분무기라 불릴 만큼 명중률이 낮은 총기입니다. 범인 근처에 무고한 사람이 있는 경우도 많기에 기존의 기관단총 역시 그냥 쓰기에는 문제가 있었지요. 바로 이런 문제를 해결하고자 등장한 것이 독일의 헤클러 운트 코흐(Heckler & Koch, H&K)사에서 개발한 MP5 기관단총입니다.

MP5는 권총탄을 사용하기 때문에 기관단총이라고 불리고 있습니다만, 기계 구조적으로는 **권총탄을 사용하는 축소판 소총**에 가깝습니다. 노리쇠가 탄창에서 탄약을 약실로 보낸 다음 노리쇠가 약실을 폐쇄하는 위치에 고정되고, 방아쇠를 당기면 격철이 움직이는 구조로, 여타 기관단총과는 달리 1발 1발을 조준해서 쏠 때의 정확도를 중시하고 있습니다. 따라서 MP5는 독일뿐만 아니라 세계 각국의 경찰과 대테러 부대에 채용되었습니다. MP5는 **롤러 로킹**(roller locking) 방식이라는 독특한 구조를 하고 있는데, 이것은 원래 독일군의 G3 소총에 사용되던 작동 방식을 그대로 기관단총에 적용한 것입니다. 비슷한 콘셉트로 만들어진 총기 중에는 중국의 79식 기관단총이 있습니다. 이 또한 토카레프 권총탄을 사용하는 미니 AK 소총이라는 느낌의 총입니다.

롤러 로킹식

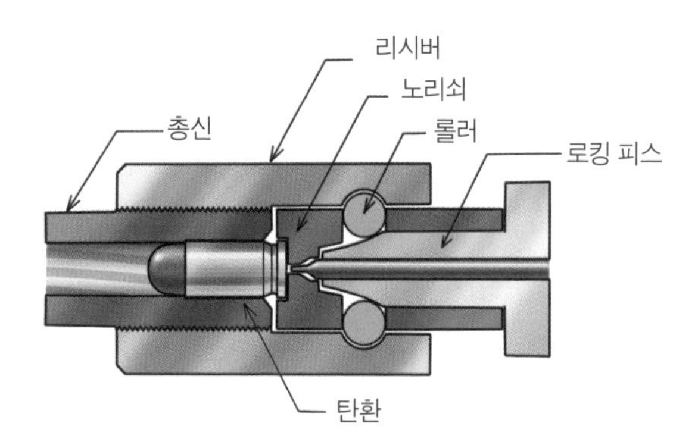

탄환을 발사했을 때 발생하는 화약의 압력은 탄피를 뒤로 밀어낸다. 하지만 롤러가 리시버에 파인 홈에 물려 있기 때문에 로킹 피스를 후퇴시키려면 롤러가 홈에서 빠져나올 수 있을 만큼의 강한 힘이 필요하다. 이러한 원리를 통해 탄환이 총신을 떠날 때까지 볼트의 후퇴를 지연시킬 수 있는 것이다.

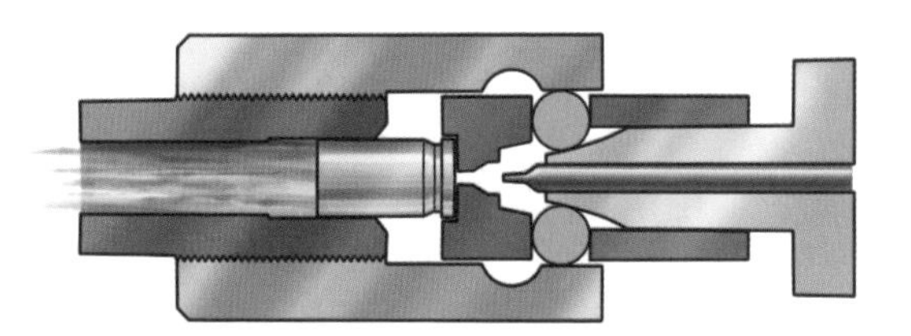

4-10 해머식과 스트라이커식

최근에는 스트라이커식이 늘고 있다

오른쪽 페이지 상단의 그림은 **해머**(hammer, 격철)가 달린 자동권총으로 이를 해머식이라고 합니다. 슬라이드를 당겼다 놔서 슬라이드를 전진시키면 탄창에서 약실로 탄약이 이동하고, 격철이 젖혀진 상태로 고정됩니다. 그리고 이 상태에서 방아쇠를 당기면 격철이 앞으로 넘어가면서 격침을 때리고, 격침이 뇌관을 찔러 탄환이 발사됩니다.

반면에 하단의 그림은 해머가 없는 이른바 **스트라이커**(striker)식이라 불리는 작동 방식의 자동권총입니다. 격침에 강한 용수철이 달려 있어 슬라이드를 당기면 용수철이 압축되며, 방아쇠를 당기면 용수철의 힘으로 격침이 전진합니다. 스트라이커식 권총의 대표작으로는 **14년식 권총과 브라우닝 M1910**을 들 수 있습니다.

스트라이커식은 발사 반동으로 **총구가 튀어 오르는 일이 적다는 장점**이 있습니다. 스트라이커식이면 격철(의 축)이 없기 때문에 손으로 그립을 잡는 위치가 1~2cm 정도 높아(엄지손가락 뿌리의 위치와 총신 축선의 거리가 짧아짐)지기 때문입니다. 또한 해머나 해머 스프링이 필요 없으므로 구조도 간단합니다.

하지만 이전에는 스트라이커식이 주류를 차지하지 못했습니다. 약실에 탄을 장전한 상태로 휴대할 경우, 격침의 스프링이 압축되어 **언제든 튀어나갈 준비가 된 상태**이기 때문에 사고가 일어날 우려가 있다는 것이 그 이유였습니다. 반면에 해머식이라면 약실에 장전한 상태에서 망치를 손가락으로 집어 방아쇠를 당겨 천천히 격철을 전진시키는 것(디코킹)만으로 안전하게 휴대할 수 있었기 때문입니다.

그런데 최근 미군이 채용한 SIG의 **P320**(M17, M18)이나 일본 자위대의 **SFP9**는 스트라이커식 권총입니다. 이것은 글록을 효시로 하는, **안전하게 휴대할 수 있도록 발전된 스트라이커식 작동 구조의 총기가 널리 보급**되었기 때문입니다.

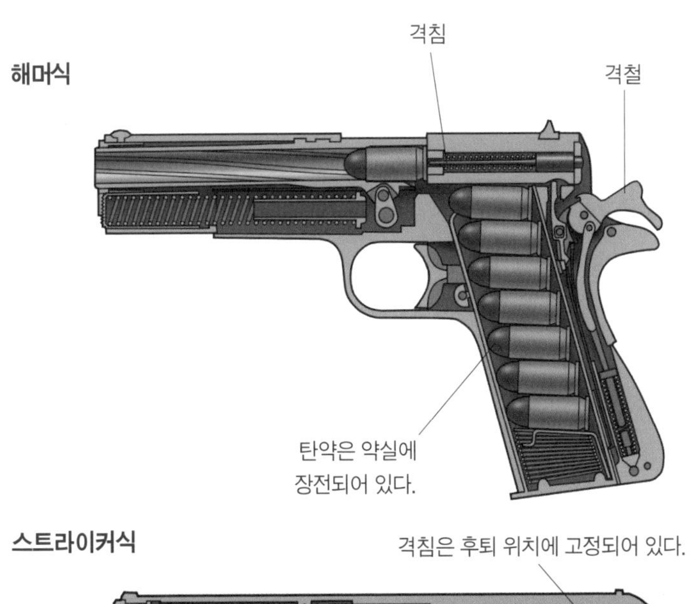

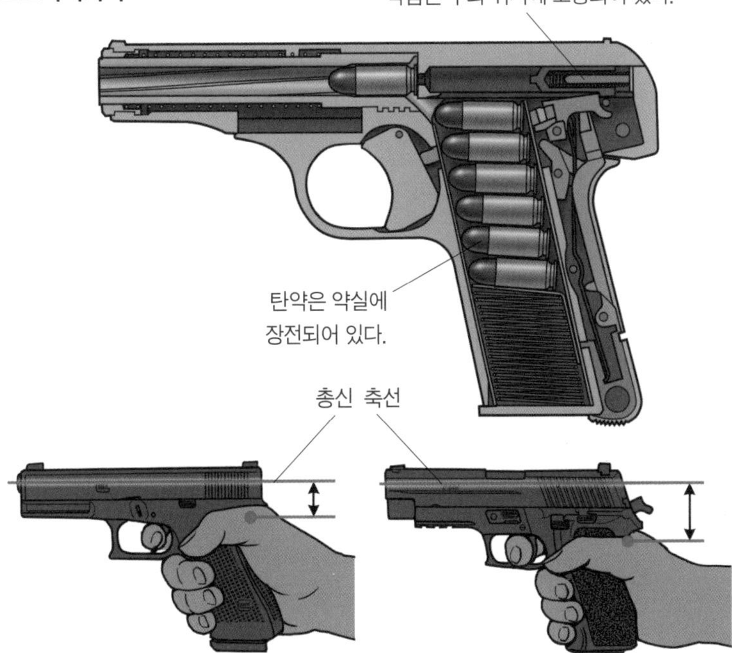

해머식과 스트라이커식은 각각 총신 축선과 파지하고 있는 손의 엄지손가락 뿌리 사이의 거리가 다르다. 반동으로 생기는 총구 들림은 이 거리가 짧을수록 줄어든다.

COLUMN-04

권총·기관단총도 경량 고속탄의 시대?

기존의 권총탄은 둥글고 땅딸막하며 속도도 느렸지만, 최근에는 **소구경 고속탄**으로 만들어 방탄조끼도 관통시킬 수 있도록 만드는 흐름이 생겼습니다.

벨기에에서 개발된 5.7×28 탄약을 사용하는 FN P90 기관단총과 FN5-7(파이브-세븐) 권총, 독일에서 개발된 4.6×30 탄약을 사용하는 H&K의 MP7 기관단총과 P46 권총, 마지막으로 중국에서 개발된 5.8×22 탄약을 사용하는 05식 기관단총과 92식 권총 등이 그 대표적 예입니다.

총의 반동은 총알이 무거울수록 강한 법으로, 기존의 권총 탄환은 화약의 양에 비해 무거운 탄환을 사용했기에 상당히 반동이 강했습니다만, 이들 소구경 고속탄을 사용하는 권총은 놀라울 정도로 **반동이 작다**고 합니다.

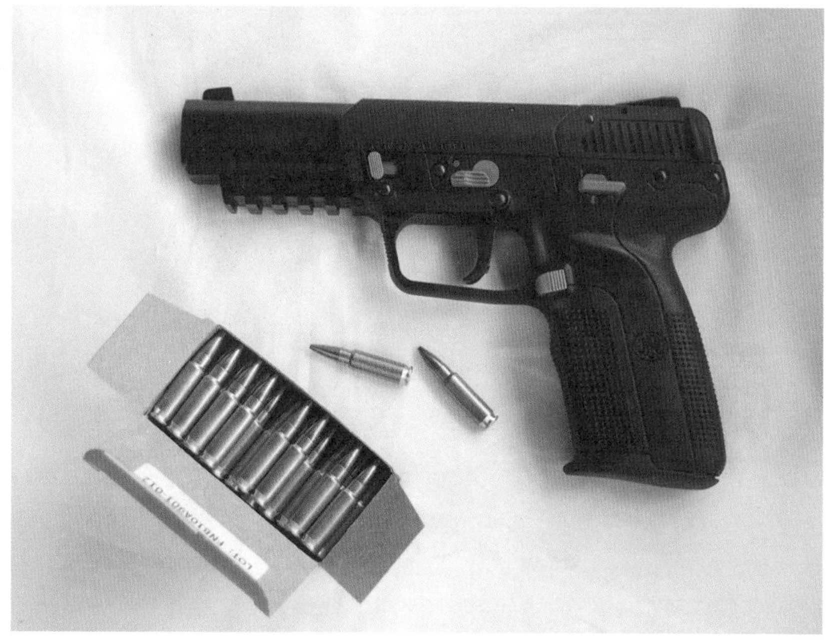

구경 5.7mm의 FN5-7 권총

제 5 장

소총

강선은 어떤 방법으로 총신에 새겨지는 것일까? 탄약의 종류에 따른 적절한 강선의 피치는? 명중률이 높은 총신이란 어떤 것인가? 그리고 가스를 이용한 작동 방식이란 어떤 것인가? 이런 여러 가지 의문과 소총의 과학에 대해 알아보도록 합시다.

5-01 볼트 액션

가장 신뢰받는 방식

오늘날의 군대에서 사용되는 소총은 모두 자동소총이지만 사격 경기나 수렵 등의 활동에서는 **볼트 액션식**이 여전히 주류를 차지하고 있습니다. 명중률이 높고 신뢰성과 취급 안전성도 우수하기 때문입니다.

현대 보병은 근거리에서 교전하는 경우가 많기 때문에 자동소총을 사용하고 있습니다만, 수백 m 이상 떨어진 거리에서라면 자동소총이 마냥 유리한 것만은 아닙니다.

이 때문에 오늘날에도 저격소총은 대개 볼트 액션입니다. 볼트 액션도 세세하게 구분하면 여러 종류의 구조가 있습니다만, 일반적으로는 오른쪽 페이지의 그림처럼 원기둥 모양인 노리쇠에 **볼트 핸들**이라는 손잡이가 달려 있고, 이것을 손으로 앞으로 밀어 탄약을 약실에 장전하도록 되어 있습니다.

볼트 핸들을 옆으로 내리면 노리쇠 앞부분에 있는 **로킹 러그**(locking lug)라는 돌기가 총신의 **로킹 리세스**(locking recess)라는 홈과 맞물려 잠깁니다. 방아쇠를 당겨 발사한 뒤에는 볼트 핸들을 위로 올린 다음, 후퇴시키면 **익스트랙터**(extractor)라는 갈퀴가 빈 약협을 약실에서 빼냅니다.

볼트 액션 소총의 노리쇠는 간단하게 뒤로 빼낼 수 있습니다. 엽사나 사격 경기 선수가 총을 운반할 때는 보통 노리쇠를 제거한 상태에서 이동하며, 총구를 표적 방향으로 한 상태에서 노리쇠를 결합합니다. 최대한 사고를 방지할 수 있는 안전한 방법이라 할 수 있습니다.

수렵 활동 시에도 볼트 액션이라면 사냥감을 발견한 후에 노리쇠를 왕복시켜 약실에 탄을 장전하거나 혹은 약실에 탄을 장전했더라도 노리쇠를 완전히 밀어 넣지 않은 상태로 휴대하다가 사냥감을 쏘기 직전에 노리쇠를 완전히 전진시키고 볼트 핸들을 움직여 약실을 폐쇄하면 폭발 등의 사고가 거의 일어나지 않습니다. 게임의 세계에서는 그다지 인기가 없는 것 같습니다만, 실총의 세계에서는 볼트 액션이야말로 총 중의 총, 라이플맨의 라이플이라 할 수 있을 것입니다.

볼트 액션의 구조

볼트 액션 소총의 노리쇠는 쉽게 뒤로 뺄 수 있다. 노리쇠가 제거된 상태에서는 실수로 사고가 일어날 가능성도 없어 안전하다.

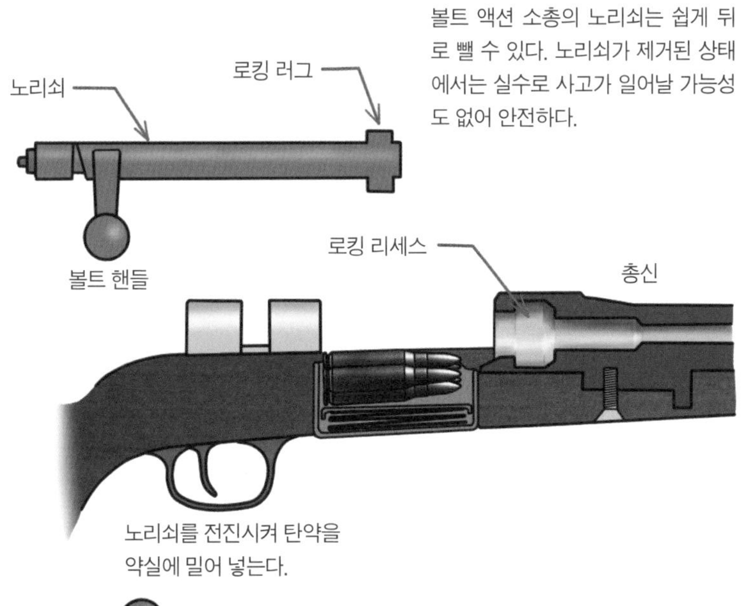

노리쇠를 전진시켜 탄약을 약실에 밀어 넣는다.

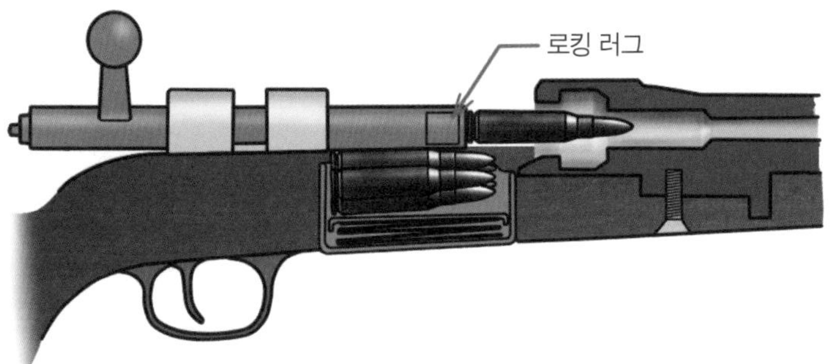

볼트 핸들을 아래로 내리면, 로킹 러그와 로킹 리세스가 맞물려 약실이 폐쇄된다.

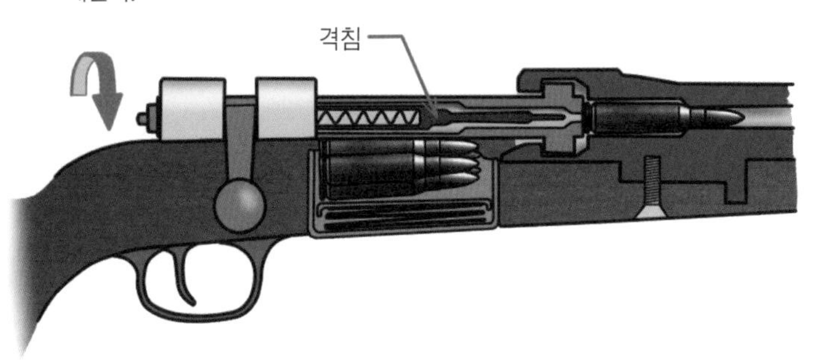

5-02 자동소총

수렵에서도 자동소총이 유리한 경우가 있다

현대의 저격수들은 볼트 액션 소총을 많이 사용하지만 근거리 교전을 자주 치르는 일반 병사들은 자동소총이 아니면 곤란합니다. 자동소총은 볼트 액션 소총보다 명중률이 낮다고는 하지만 실전에서는 스포츠 경기처럼 1점 차를 겨루는 것이 아니기에, 수백 m 이내의 거리에서 벌어지는 교전 상황에서는 실용적으로 문제가 없습니다. 또한 수렵의 세계에서도 자동소총이 유리한 경우가 있습니다. 자동소총은 탄을 약실에 장전할 때, 힘차게 '찰칵' 하고 조작하지 않으면 탄약이 약실에 제대로 들어가지 않는 경우가 있어서 사냥감을 발견하고 나서 이런 짓을 했다가는 사냥감이 그 소리로 이쪽을 알아챌 수 있습니다.

따라서 조용하게 조작할 수 있는 볼트 액션이 좋지만, 총을 들고 다니지 않아도 되는 매복 상황이라면 미리 약실에 탄약을 장전해둘 수 있습니다. 그리고 동료 엽사나 사냥개가 사냥감을 자기 쪽으로 몰아오기를 기다리게 되는데, 이 경우에는 사냥감이 여러 마리가 무리를 지은 경우도 많고, 쫓겨 도망치는 중인 사냥감을 쏴야 하므로 1발로 명중시키기는 어렵기도 하기에 여러 발을 속사하는 경우가 많습니다. 이런 상황에서라면 **자동소총이 유리**할 수밖에 없지요.

단, 자동소총 중에는 그렇게 위력이 강한 것은 별로 없습니다. **볼트 액션 소총에 비해 구조가 복잡한 자동소총은 강력한 탄약을 사용할 수 있도록 만들 경우, 너무 크고 무거워지기 때문**입니다. 반동을 생각하면 구조 특성상, 자동소총에서는 쿠션이 들어간 듯한 느낌의 반동이 발생하므로 고위력 탄을 사용하고자 한다면 자동소총이 편리할 수도 있겠습니다만, 무거운 총을 메고 산속을 걷는 수고만큼은 피하고 싶은 법이지요.

따라서 수렵용 자동소총은 소수의 제조업체에서 생산하고 있지만 구경은 30-06 정도가 일반적입니다. 매그넘을 사용하는 수렵용 자동소총은 브라우닝 7mm 레밍턴 매그넘이나 300 윈체스터 매그넘 정도로, 매그넘 탄약을 사용하고자 할 경우에는 볼트 액션 소총의 독무대라 할 수 있습니다.

브라우닝 암즈(Browning arms)의 'BAR'은 수렵용 자동소총의 대표 격이라 할 수 있다.

M110 SASS. 원거리 사격에 불리한 5.56mm의 M16을 보완하기 위해 M16에서 7.62mm NATO탄을 사용할 수 있도록 스케일업한 것. 이와 거의 비슷한 AR-10A2는 소수가 일본에 수렵용으로 수입된 바 있다.

5-03 레버 액션

서부영화에 자주 나와 미국에서는 절대적인 인기를 자랑한다

레버 액션은 **언더 레버** 또는 **핑거 레버**라 불리는 레버를 조작하여 여기에 연동된 노리쇠를 작동시킴으로써 탄창에서 약실로 탄약을 보내는 구조입니다.

레버 액션 총은 보통 총신 아래로 총신과 평행하게 뻗은 모양의 관형 탄창을 사용합니다. 하지만 관형 탄창에 공기저항이 적은 첨두탄을 사용하면 뒤쪽의 탄두가 앞쪽 탄약 바닥에 있는 뇌관을 찌를 우려가 있어 첨두탄을 사용할 수는 없습니다. 또한 기관부의 구조 문제로 볼트 액션이나 자동소총만큼 강한 탄약을 사용하는 총기도 만들기 어렵습니다.

볼트 액션보다 빠르게 속사할 수가 있음에도 군용으로 널리 보급되지 못한 것은 엎드려 쏠 때 언더 레버는 조작하기 어려우며, 옛날식 보병 소총에 쓰이던 강력한 탄을 사용할 수 없다는 점 때문입니다.

그런데 19세기의 크림전쟁 당시, 튀르키예군 진지로 밀려오던 러시아 병사들을 미국제 레버 액션 총으로 격퇴한 사례가 있습니다. 미국에서는 서부극의 영향도 있어서 꾸준하게 인기를 끄는 형식이지만 다른 나라에서는 극히 보기 드문 존재입니다.

그래도 멧돼지를 근거리에서 쏘기에 적합한 총이기 때문에 일본의 엽사들 중에서는 레버 액션을 사용하고 있는 사람이 어느 정도 있습니다. 가볍고 날씬한 총이기에 산지에서 한 손에 총을 들고, 다른 한손으로 풀이나 나무의 뿌리를 잡고 급격한 경사면을 기어오르는 식으로 움직이기에도 최적의 총이라 할 수 있지요.

더 강력하고 멀리 쏠 수 있는 레버 액션 총기를 추구하여 **박스 탄창**에 내부 구조도 강화한 총기도 만들어졌습니다만, 이런 총기는 레버 액션 특유의 경쾌함을 잃고 말았기에 그럴 바에는 그냥 자동소총이나 볼트 액션 소총을 쓰는 편이 낫지 않겠는가 하는 느낌이 듭니다. 역시 사거리나 위력보다는 경쾌함이 이 총의 장점이라 할 수 있을 것입니다.

레버 액션의 조작 방법

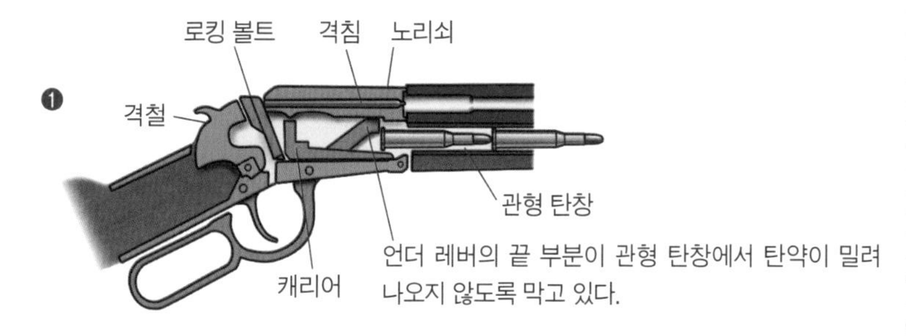

언더 레버를 조금 내리면 탄약이 밀려나 캐리어 위로 올라간다. 이 상태에서 언더 레버를 더 내리면 캐리어가 탄약을 들어올린다.

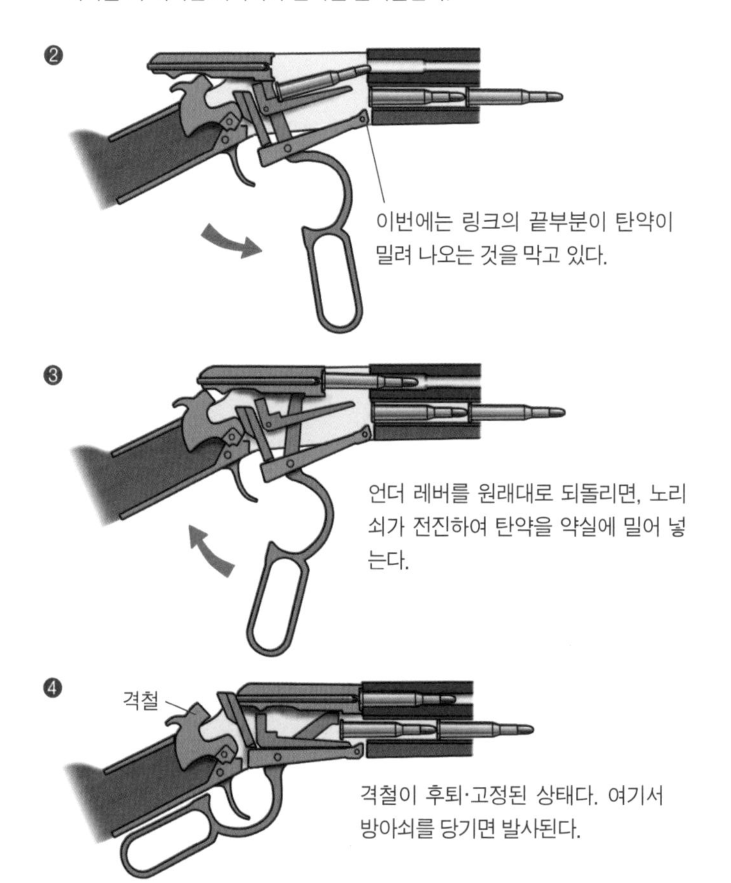

5-04 강선의 가공법

커터 방식부터 콜드 해머 방식까지

앞서 1-05에서 설명한 바와 같이 **라이플**이란 원래 총신 내부에 설치된 **강선**을 일컫는 말이지만 미국에서 라이플=소총이라는 의미로 정착되어버렸기 때문에 강선을 따로 지칭할 때에는 **라이플링**이라 부르게 되었습니다. 그런데 이 강선이라는 것을 100년 정도 전에는 숙련된 장인들이 한 줄씩 홈을 파냈다고 합니다. 이것을 '**커터법**'이라고 하는데 지금은 도태되어 사라진 방식입니다.

제2차 세계대전 이전부터 사용된 가공법으로는 브로치(broach)법이 있습니다. 강선 모양과 일치하는 톱니바퀴 모양의 칼날 여러 개가 늘어선 금속 막대를 총신에 넣고 돌리면서 뽑으면 강선이 새겨지는 원리로, 구 일본군이 사용한 소총 중에는 38식이 커터법, 99식이 브로치법으로 생산되었다고 알려져 있습니다.

제2차 세계대전 이후에는 **버튼**(button)**법**이 보급되었습니다. 이것은 강선 모양이 새겨진 톱니바퀴 형상을 하고 있으며 끝부분이 매우 단단한 긴 막대를 넣고 총신 안에서 돌리면서 꺼내어 강선을 만드는 방식입니다. 다만 이것은 깎는다기보다는 강한 힘으로 눌러 찍어서 철에 굴곡을 넣는다는 느낌이 더 강합니다.

또한 대규모 공장에서 실시되는 **콜드 해머**(cold hammer)**법**이라는 것도 있습니다. 이것은 강선이 설치된 총강 내부 공간처럼 생긴 심봉에 총신이 될 파이프를 씌우고 바깥쪽에서 기계의 힘으로 맹렬하게 내려쳐서 모양을 잡는 것입니다.

예전에는 쇠를 빨갛게 달궈야 했는데, 강한 힘으로 두들기면 굳이 빨갛게 달굴 필요가 없습니다. 이런 가공 방식을 **냉간단조법**이라고 합니다. 이 방법은 총신 외에 다양한 기계 부품을 만드는 데도 사용되고 있습니다.

하지만 제작 기계가 워낙 비싸기 때문에 큰 규모의 기업에서 주로 사용하며, 중소 규모 제작사에서는 여전히 버튼법을 사용하고 있습니다. 참고로 일본에서는 64식 소총을 만들 무렵부터 콜드 해머법으로 총신을 가공했다고 합니다.

강선 가공법의 종류

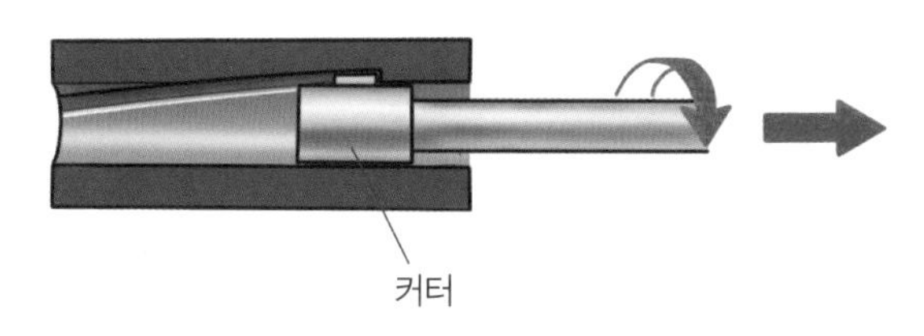

브로치법

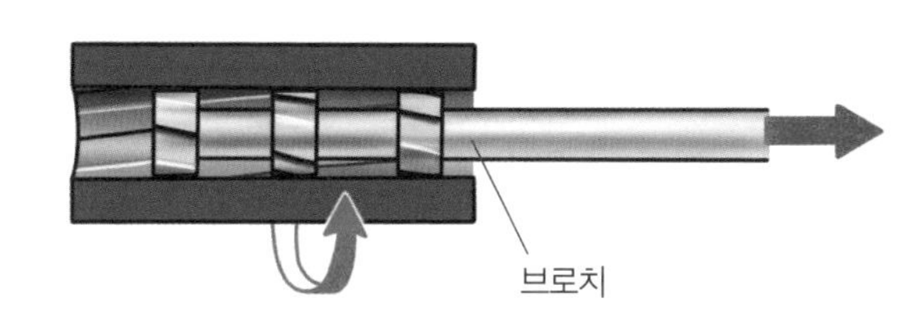

버튼법

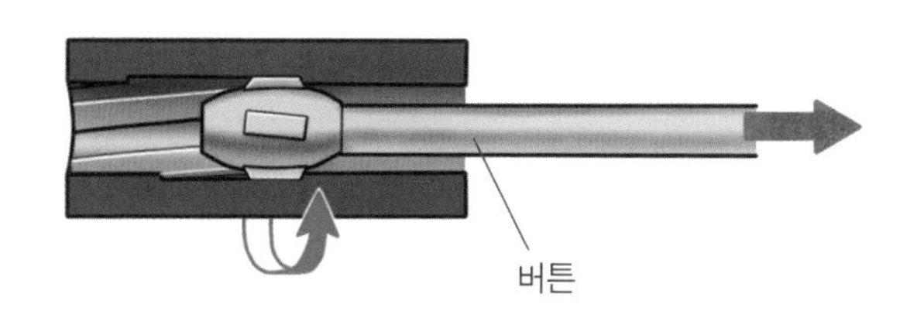

콜드 해머법

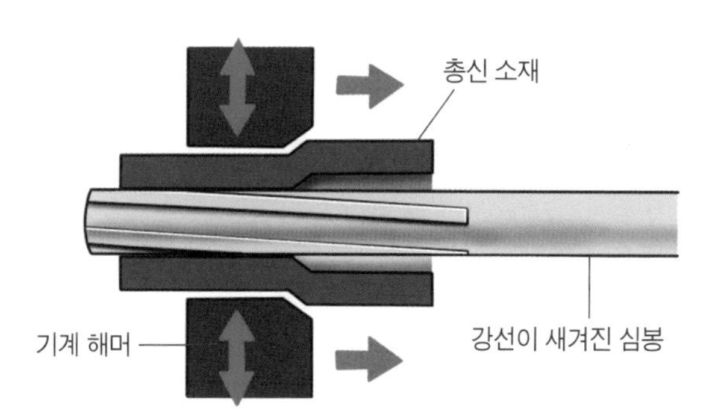

5-05 강선의 전도(轉度)

긴 탄환일수록 강한 회전력이 필요하다

강선의 비틀림(twist) 정도를 전도(轉度, Twist rate)라고 합니다. 단순히 총의 종류보다는 그 총이 어떤 탄약을 사용하느냐에 따라 전도도 달라집니다.

굵고 짧은 탄환보다 가늘고 긴 탄환 쪽일수록 회전수를 높이지 않으면 안정적으로 날아가지 않습니다. 가늘고 긴 탄환을 사용하는 총은 전도도 강해야 하는 것이지요. 즉, 권총보다 소총 쪽이 강한 전도를 필요로 한다는 얘기가 되는 것입니다.

예를 들어 굵고 짧은 탄환의 대표라고 할 수 있는 콜트 거버먼트 권총의 전도는 406mm당 1회전입니다. 이에 반해 구 일본군의 99식 소총은 248mm당 1회전, 38식 소총은 229mm당 1회전이었습니다. 38식 쪽이 더욱 원거리 사격을 중시하는 가늘고 긴 탄환을 사용했기 때문입니다.

미국의 M16 소총을 보더라도 초기에는 305mm당 1회전이었지만, 이후 원거리 사격 성능 향상을 위해 다소 긴 탄환을 사용하게 되면서 178mm당 1회전으로 변경되었습니다.

탄환은 화약의 연소 가스 압력으로 가속됩니다. 점점 속도가 올라가기 때문에 강선의 전도도 처음에는 약하게, 그리고 전진할수록 강하게 주는 것이 좋지 않을까 생각할 수 있는데, 실제로 전도를 이런 식으로 조정한 것을 점진전도(漸進轉度)라고 합니다. 이와 달리 처음부터 끝까지 전도가 일정한 것은 등제전도(等齊轉度)라고 합니다.

점진전도 방식의 강선이 실제로 시도된 적이 있기는 합니다만, 가공이 어려운데다 딱히 명중률이 향상되거나 총신의 수명이 연장되는 등의 효과는 없었기에 결국 전 세계 모든 총포의 강선은 등제전도로 만들어지고 있습니다.

강선의 회전 방향은 대부분의 우회전입니다만, 특별한 이유는 없고 딱히 특정 방향이 유리한 것도 아니라고 합니다.

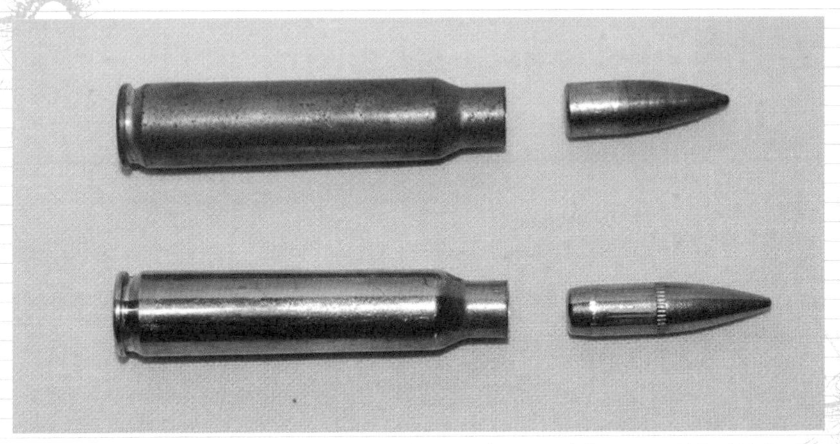

베트남전 때 사용되던 5.56mm 탄약인 M192의 탄두는 중량 3.56g, 길이 19.1mm. 현용 탄약인 M855의 탄두는 중량 4.0g, 길이 23.3mm다. 탄약의 외관은 같지만 M855는 훨씬 긴 탄두를 사용하기에 그만큼 약협 깊숙이 물리도록 만들어진다.

M192 탄약을 사용하는 M16A1의 전도는 305mm당 1회전.

M855 탄약을 사용하는 M16A2의 전도는 178mm당 1회전이다.

5-06 명중률이 높은 총신의 조건

총신은 진동한다

총신은 긴 드릴로 철봉에 구멍을 뚫어 만듭니다. 이렇게 뚫은 구멍은 언뜻 보면 똑바로 통과하고 있는 것처럼 보이지만 아주 미세한 오차가 있습니다. 또한 총신은 그 안에서 화약이 폭발하고 탄환이 강선에 물려 전진하는 구조이기 때문에 내부에서 강한 충격을 받을 수밖에 없으며 이런 충격으로 진동이 발생합니다.

지금은 공작 기술이 발달했지만, 옛날에는 0.5mm나 진동하는 총신도 있었다고 합니다. 그런데 이렇게 큰 진동이 발생해서는 수백 m 떨어진 곳의 10cm 크기 원에 명중시키는 것은 어려운 일이겠지요. 총신이 휘지 않은 총을 선택하면 그만이겠습니다만, 그 휘어짐의 정도라는 것이 측정하기 어려울 정도로 미세한 것입니다.

그래서 결국 진동을 억제하기 위해 **굵은**(두꺼운) **총신을 사용하는 방법**이 나왔습니다. 이 때문에 저격소총이나 경기용 라이플은 비록 무거워서 들고 다니기 힘든 불편을 감수하고서라도 굵고 무거운 총신을 사용합니다. 올바른 사격 자세를 취할 수 있다면 무거운 총이 훨씬 안정적입니다.

무조건 총신이 길다고 명중률이 높아진다는 것도 사실이 아닙니다. 총신이 길면 가늠자와 가늠쇠 사이의 거리가 길어져 조준 오차를 잡아내기 쉬운, 다시 말해 **조금 더 정확하게 조준**할 수 있다는 정도의 장점이 있을 뿐이지요. 그냥 총신이 길 뿐이라면, 총구 끝의 작은 흔들림에도 진동이 커지기에 역효과가 납니다. 라이플 총신의 길이는 대략 50cm 정도면 충분하다고 합니다. **총신의 길이보다는 굵기가 더 중요한 셈**입니다.

물론 무거운 총기는 산속에서 휴대하기 불편합니다. 그래서 굵은 총신에 홈을 파서 가볍게 하는 경우도 있습니다. 이렇게 하면 가는 총신에 보강이 들어가 있는 것과 같은 효과를 얻을 수 있어서 중량 경감과 진동 억제 효과를 동시에 누릴 수 있게 됩니다. 또한 삼각기둥 모양으로 총신을 만든다는 아이디어도 있었지만, 역시 널리 보급되지 못했습니다.

고급 엽총으로 알려진 웨더비 마크 V. 날씬하고 아름다운 라이플이지만 총신이 가늘기 때문에 가격에 비해 명중률은 그리 높지 않았다.

저렴한 가격의 레밍턴 M700 버민트 쪽이 총신이 굵은 만큼 명중률도 우수하다. 당연하게도 무겁다는 문제가 있지만….

5-07 연소 가스를 이용해서 작동시키다

대부분의 자동소총은 가스 이용식으로 작동된다

제4장에서 해설한 바와 같이, 매우 위력이 약한 탄약을 사용하는 총은 블로백 방식을 사용하기도 합니다. 하지만 위력이 약하다고 하는 권총탄조차도 조금만 위력이 높아져도 노리쇠에 잠금기구가 필요하게 됩니다. 그 때문에 MP5와 같은 총의 경우, 롤러로킹 방식(4-09 참조)을 사용하고 있지요. 물론 이런 총은 소수파입니다. 자동권총에 많이 쓰이는 쇼트 리코일 방식은 총신이 움직이기 때문에, 명중률이 생명인 소총에서는 아예 논외로 보고 있습니다. 그래서 대부분의 자동소총은 연소 가스를 이용하고 있습니다. 총신 중간에 작은 구멍을 뚫고 이를 통해 발사약의 연소 가스 일부를 우회시켜 피스톤을 움직이는 것입니다.

피스톤은 **슬라이드**(미국에서는 볼트 캐리어, 우리말로는 노리쇠 뭉치라고 한다)를 작동시키는데, 슬라이드와 노리쇠 사이에는 약간의 간격이 있어서 슬라이드가 어느 정도 움직이기 전까지는 노리쇠가 움직이지 않도록 만들어져 있습니다. 그리고 슬라이드가 볼트 액션 소총처럼 노리쇠를 회전시켜 볼트와 총신(약실)의 잠금을 해제시키는데, 약실을 잠그는 기구로는 M16이나 AK-47에서 볼 수 있는 **회전 노리쇠**(Rotating Bolt) 방식이 많이 쓰이는 것 같습니다만, 일본의 64식이나 벨기에의 FN-FAL, 러시아의 SKS 등 **틸팅 볼트**(Tilting Bolt, 오른쪽 페이지의 일러스트 참고) 방식을 사용하는 소총도 제법 있습니다. 이 틸팅 볼트 방식은 사각 블록 모양의 노리쇠가 리시버에 움푹 파인 홈에 걸려 잠기고 이것을 슬라이드가 후퇴하면서 들어 올려 잠금을 해제하는 방식입니다. 또한 가스압을 이용하는 소총 대부분에는 피스톤이 있지만 M16처럼 피스톤을 거치지 않고 **길쭉한 가스 튜브를 통해 노리쇠 뭉치로 가스를 직접 유도하여 그 압력으로 작동시키는 방식**도 있습니다. 이런 방식을 륭만 시스템(Ljungman system) 또는 가스 직동식(Direct Impingement)이라 부르고 있습니다. 피스톤이 없기 때문에 그만큼 총을 가볍게 만들 수 있고 명중률도 향상되지만, 기관부가 오염되기 쉽다는 단점이 있습니다. 크게 가스 이용식이라고 분류하긴 하지만, 자세히 살펴보면 이 안에서도 다양한 작동 구조가 있습니다.

가스를 이용한 틸팅 볼트식 작동의 예

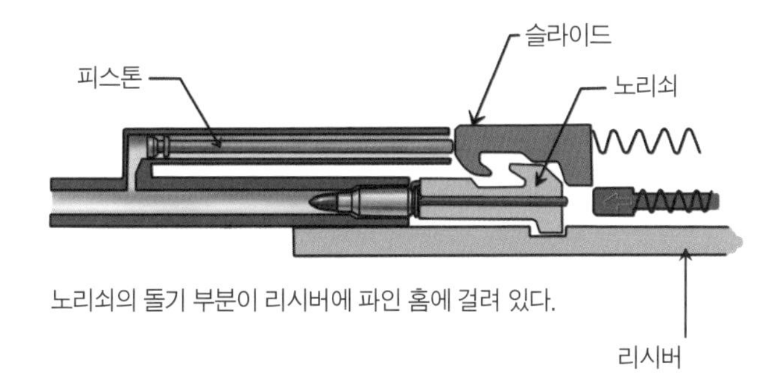

노리쇠의 돌기 부분이 리시버에 파인 홈에 걸려 있다.

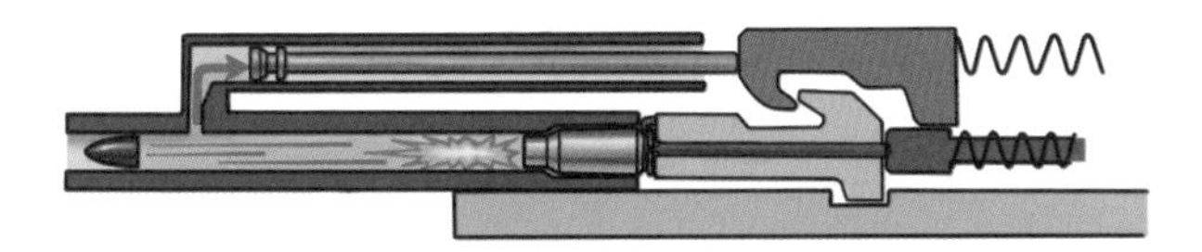

화약 연소 가스가 피스톤을 밀어 슬라이드가 후퇴하기 시작한다.

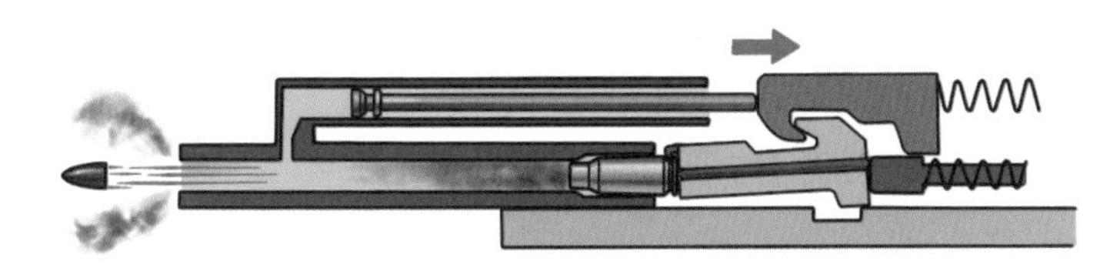

총알이 총신을 벗어날 무렵, 슬라이드가 노리쇠를 들어 올려 잠금을 해제한다.

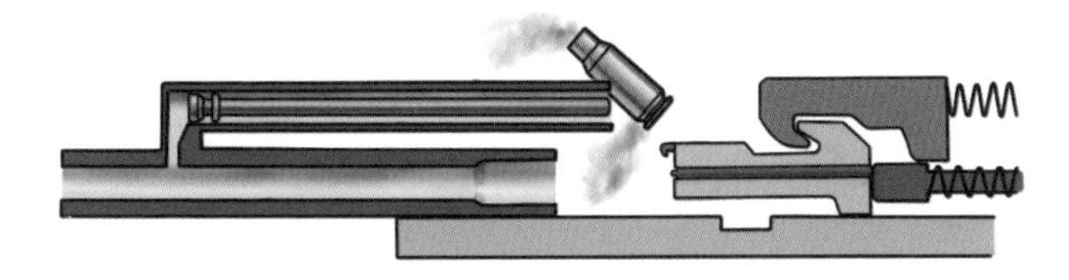

빈 약협이 제거되고 볼트와 슬라이드는 다시 전진하려고 한다.

5-08 경기용 라이플이라고 해도…

결국 군용 소총 수준의 위력이 된다

경기용 라이플은 표적지에 구멍을 뚫으면 되기 때문에 위력이 높지 않아도 괜찮을 것 같습니다만, 역시 일정 거리 이상 떨어진 곳까지 공기저항을 무릅쓰고 정확하게 탄환을 날려야 한다면, **어느 정도 무게가 나가는 탄환을 상당한 고속으로 발사해야 합니다**.

거리 10m에서 치러지는 공기총 경기라면 구경 4.5mm에 무게 0.53g인 탄환을 초당 170m 정도의 속도로 발사하는데, 이러면 인체에 맞을 경우 피부를 뚫고 살에 박히긴 하지만 크게 다칠 정도는 아닙니다.

오른쪽 사진의 ❶은 25m 속사 권총 경기에 사용되는 22 쇼트로, 1.9g의 탄환을 초당 320m 속도로 발사합니다. ❷의 22 롱 라이플은 2.6g의 탄환을 약 0.01g의 화약으로 초당 350m 전후의 속도로 발사하며, 권총 경기는 물론 50m 소총 경기에도 사용됩니다. 이 탄환은 토끼가 맞으면 죽고, **사람이라도 머리나 심장에 맞으면 목숨을 잃게 될 위력**을 지니고 있습니다.

100m 이상 거리에서 치러지는 경기라면 ❸의 222 레밍턴과 ❹의 223 레밍턴, ❺의 22 러시아를 많이 사용합니다만, 6mm 탄을 사용하는 편이 안정적이기 때문에 구경을 6mm로 올려서 ❻의 6mm 223이나 ❼의 6mm PPC, 그리고 6mm PPC보다 미묘하게 약협이 굵은 ❽의 6mm BR이라는 것도 최근에는 많이 사용되고 있습니다. ❾는 308(7.62mm) 구경을 6mm로 줄인 243 윈체스터입니다만, 이쪽은 **경기보다는 수렵용에 더 가까운 탄약**입니다.

300m 정도 거리에서 실시되는 경기에서는 바람의 영향을 가급적 적게 받도록 좀 더 무거운 탄을 선호하게 됩니다 ❿은 구소련 시절에 러시아 선수가 사용한 6.5mm 러시아, ⓫은 6.5mm 아리사카입니다. 이것을 사용하는 경기용 총기가 만들어진 적이 있지만, 널리 보급되지는 않았습니다.

더 탄두가 무거운 ⓬의 308(7.62mm) 윈체스터를 사용하는 선수도 있습니다만, 300m 이내라면 바람을 읽으면서 6mm 클래스의 탄을 사용하는 선수가 더 많은 것 같습니다. 1,000야드 사격에서는 7.62mm 클래스가 아니면 어쩔 도리가 없고, 308 윈체스터도 사용되고 있지만, 그보다는 ⑬의 300 윈체스터 매그넘 쪽이 유리한 모양입니다.

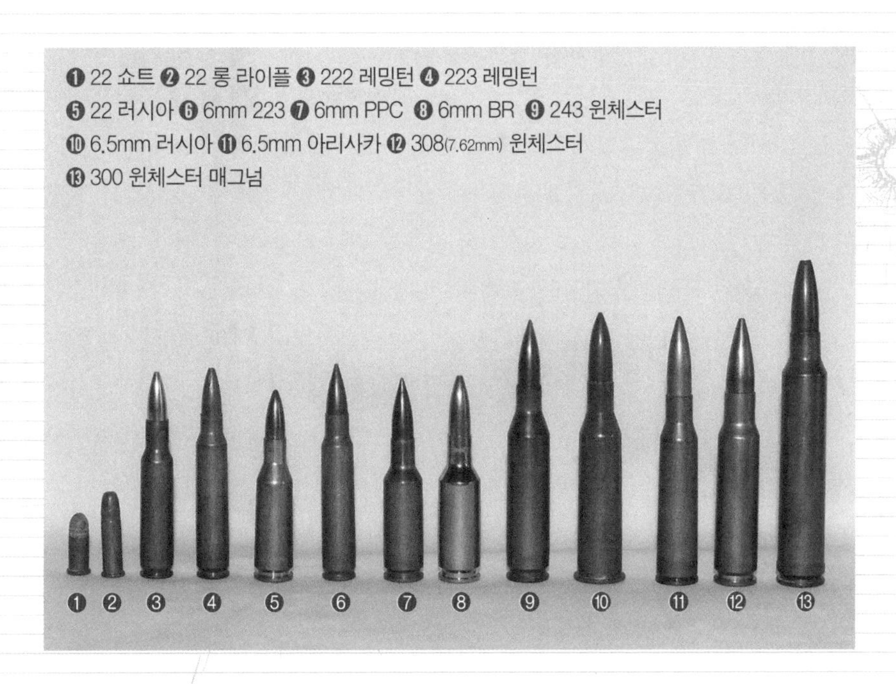

경기용 소총. 사진의 제품은 독일 안슈츠(ANSCHÜTZ)사의 M1907(22구경)이다.

5-09 엽총
군용 소총과 어떻게 다를까?

제2차 세계대전 때까지의 볼트 액션 군용 소총과 사냥용 볼트 액션 총은 실질적으로 같다고 할 수 있습니다. 오른쪽 페이지의 그림 a는 군용 소총인 마우저 Kar98k, 그림 b는 그것을 엽총으로 개조한 것입니다. 왜 군용 소총과 엽총이 이렇게 다른 모양을 하고 있는가 하면, 군용총은 **백병전**까지 상정하고 있기 때문입니다. 그래서 총신을 잡기 쉽도록 **목제 핸드 가드**가 총신 위에도 붙어 있는 것이죠. 엽총은 그럴 필요가 없기에 총신 위에는 핸드 가드가 없습니다. 그립의 형상도 사격 시의 자세 용이성을 중시하여 커브를 그리고 있습니다.

현대의 군용 소총은 전자동 사격의 반동으로 총구가 튀어 오르지 않도록 그림 c와 같이 **직선형 총상**이 주류입니다만, 엽총으로는 전자동 사격을 할 일은 없기 때문에 곡선형 총상이 사용됩니다(그림 d). 사냥감에 전자동 사격을 가해서 다진 고기처럼 만든다고 해서 칭찬받을 일은 아니며, 유탄으로 말미암은 사고 위험성까지 증가합니다. 역시 **수렵은 1발 필중**을 노리는 것이 기본입니다.

1발 필중이야말로 엽사의 자랑이라고 생각하면 단발이라도 괜찮겠지만, 그래도 역시 2발 정도는…이라고 생각한다면 중절식 **더블 배럴 라이플**도 있습니다(그림 e). 전투용으로는 이런 중절식 라이플은 논외의 물건으로 봐야겠지만, 수렵용으로는 뛰어난 면도 있습니다. 가장 엽총다운 총이라고 할 수 있지만, 장인이 만드는 고급품이기 때문에 돈 많은 엽사들의 총이라는 이미지가 강합니다.

제2차 세계대전 무렵까지의 소총에 사용되었던 30-06이나 7.92mm 마우저 같은 탄은 대형 사슴이나 반달가슴곰 정도까지를 사냥하기에 적합하지만, 불곰이나 엘크 정도가 되면 더 강력한 탄을 찾고 싶어지게 됩니다. 마우저 98의 기관부는 매우 튼튼하기 때문에 **총신을 교체하고 강력한 매그넘 라이플로 개조되기도 했습니다.**

돌격소총용 5.56mm탄 등은 꽃사슴 정도 크기의 비교적 작은 사냥감에 적합하며, 대형 사슴이라면 정확하게 목을 노릴 필요가 있고, 곰을 상대하는 것은 아예 논외입니다.

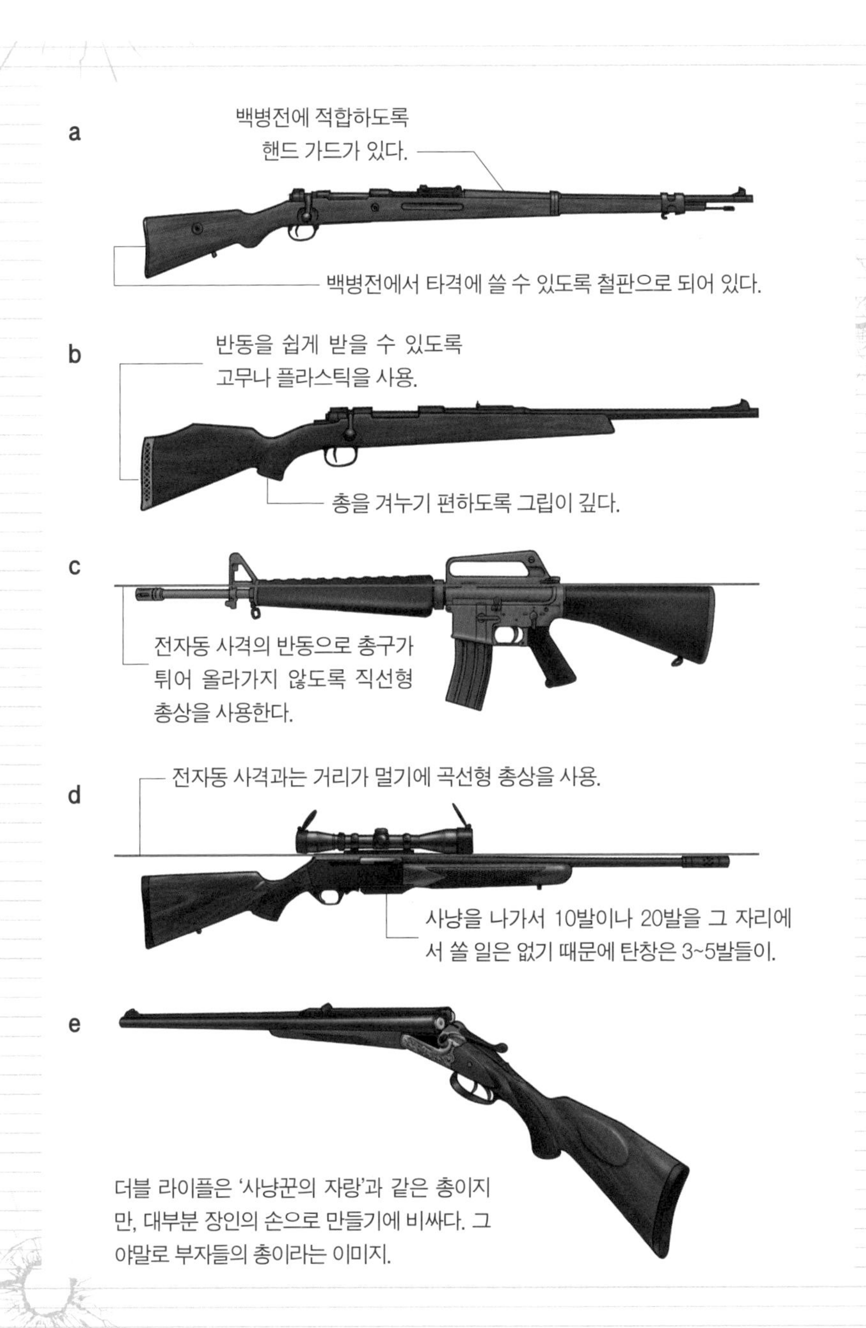
a
백병전에 적합하도록
핸드 가드가 있다.
백병전에서 타격에 쓸 수 있도록 철판으로 되어 있다.
b
반동을 쉽게 받을 수 있도록
고무나 플라스틱을 사용.
총을 겨누기 편하도록 그립이 깊다.
c
전자동 사격의 반동으로 총구가
튀어 올라가지 않도록 직선형
총상을 사용한다.
d
전자동 사격과는 거리가 멀기에 곡선형 총상을 사용.
사냥을 나가서 10발이나 20발을 그 자리에
서 쏠 일은 없기 때문에 탄창은 3~5발들이.
e
더블 라이플은 '사냥꾼의 자랑'과 같은 총이지
만, 대부분 장인의 손으로 만들기에 비싸다. 그
야말로 부자들의 총이라는 이미지.

5-10 더블 라이플과 컴비네이션 건

부자들의 고급총

산탄총 중에는 총신이 2개 달린 총을 흔히 볼 수 있습니다만, 소총 중에도 그런 것이 전무하지는 않습니다. 이렇게 총신 2개가 달린 소총을 **더블 라이플**이라고 합니다. 더블 라이플은 구조가 간단하여 장인이 수작업으로 만든 부분이 많고, 산탄총이라도 자동소총보다 더블 배럴이 더 비쌉니다. 라이플쯤 되면 가격이 고급차와 맞먹는 수준입니다.

하지만 **명중률만 놓고 따진다면 AK 47 이하**입니다. 고작 2발밖에 쏘지 못하는 데다 명중률도 떨어지는 총에 고급차값에 맞먹을 정도의 거금을 들이는가 하면, 그 **2발에 한해서는 절대적인 신뢰성**이 있기 때문입니다.

볼트 액션은 두 번째 탄을 쏘는 데 시간이 걸리고(그렇다고 해도 불과 몇 초입니다만), 자동총은 작동 불량이 일어날 가능성도 있습니다. 게다가 이런 총을 사용하는 사람은 부유한 이들로, 아예 같은 총을 한 자루 더 준비해서 갖고 다니기 때문에 실제로는 4발을 쏠 수 있습니다. 명중률이 나쁘다고 해도 맹수와 근거리에서 대결하는 것을 멋이라고 하는 생각도 있어 먼 거리에서는 쏘지 않습니다. 뭐, 부와 지위의 상징으로 구매하는 총이니 말이죠….

하나의 총에 산탄총의 총신과 라이플 총신이 모두 붙어 있는 총을 **컴비네이션 건**이라고 합니다. **수평 쌍대인 산탄 총신 아래에 라이플 총신까지 3개의 총신을 사용하는 것이 주류**입니다. 이 역시 몸값이 비싼 장인들이 실력을 발휘하는 제품으로, 총포상에서는 쉽게 볼 수 없습니다. 그런데 이런 부자들이나 쓸 법한 엽총이 **군용기 조종사의 생존용 총기로 다수 지급되었던 예**가 있습니다. 제2차 세계대전 당시, 북아프리카 전선의 독일군 항공기에는 불시착했을 때를 대비한 생존용으로 자우어 운트 존(Sauer & Sohn)사의 M30 루프트바페 드릴링(M30 Luftwaffe Drilling)이 배치되었습니다. 물론 장인이 만든 고급 총이기에 2,456자루밖에는 생산되지 않았지만, 그렇다고 해도 이런 고가의 총이 군의 장비로 납품될 수 있었던 것은 사냥을 좋아하던 괴링 원수의 취미가 반영된 결과가 아니었을까 생각됩니다.

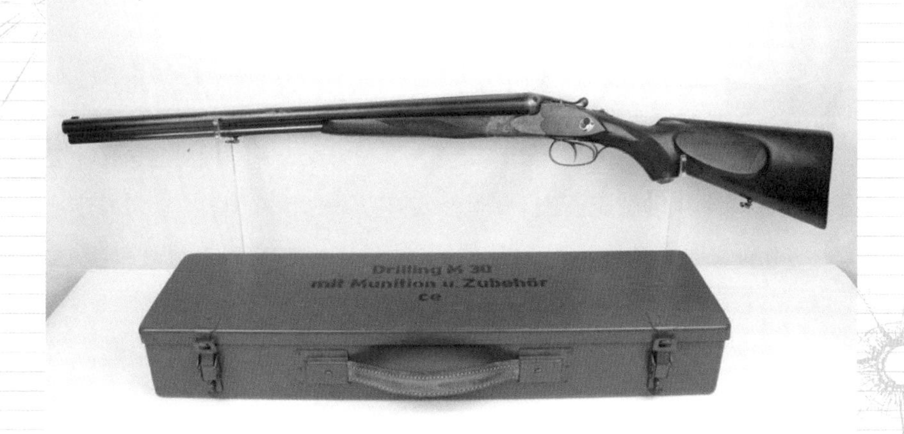

제2차 세계대전 중, 독일 공군에 배치된 드릴링. 12번 게이지 산탄 총신 2개 아래에 9.3mm 라이플 총신이 붙어 있다. 전장 1,100mm, 중량 3.4kg. 드릴링이란 독일어로 '3중'이라는 뜻이다.

사진: AdTerrorem 8492

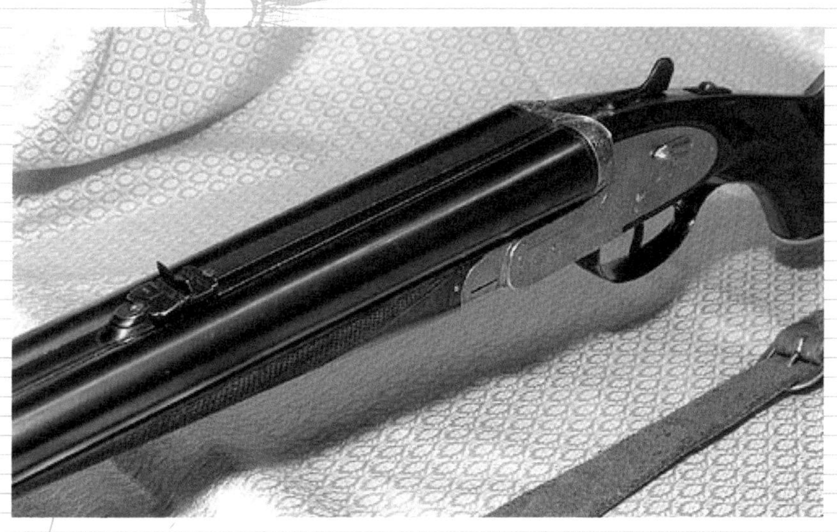

더블 라이플과 비슷하게 패러독스 총신(산탄총이지만 총구 부근에 짧게 강선이 새겨진 것)이 달린 홀랜드 앤 홀랜드의 외관. 수평 쌍대식 산탄총의 일종이지만, 일반적인 산탄총에는 없는 가늠자도가 달려 있다.

사진 제공: 슈팅 스포츠클럽

5-11 저격소총

대인용 버민트 라이플

저격소총이라고 해도 제2차 세계대전까지는 **보병용 소총 중에서 명중률이 높은 것을 추려내어 망원 조준경을 부착한 것**에 불과한 것이었습니다. 하지만 베트남전쟁 무렵부터 수렵용 볼트 액션 소총이 저격소총으로 사용되기 시작했습니다. 그리고 이들 소총은 민간용 **버민트 라이플**에 사용되던 기술을 적용하여 진화해나갔습니다. **버민트**(Varmint)라고 하는 것은 여우나 굴토끼, 프레리독과 같은 소형 야생동물을 말합니다. 그리고 이런 동물들이 구멍에서 나왔을 때 이를 저격하는 것이 바로 버민트 라이플 또는 버민터라 불리는 총기이지요. 작은 표적도 명중시킬 정밀도를 요하는 총기입니다. 미국의 저격소총은 이러한 버민트 라이플을 베이스로 만들어졌습니다. 반면에 유럽의 경우에는 경기용 라이플을 기반으로 한 저격소총이 개발되었습니다.

저격소총은 대개 **볼트 액션**입니다. 자동소총 베이스인 저격소총도 없지는 않습니다만, 같은 무게나 같은 가격으로 만든다면 자동소총보다 볼트 액션이 좀 더 정확한 총을 만들 수 있기 때문입니다. 저격소총은 그야말로 **1발 필중**을 요하기 때문에 무리하게 돈을 들여 자동 저격총을 만들 필요는 없는 것입니다. 그러나 비슷한 범주의 저격소총이라고 해도 지정사수소총 같은 것은 자동소총이어야만 합니다.

저격소총에 사용하는 탄약으로 넘어가보면, 800m 정도까지는 기존의 보병 소총탄, 예를 들어 7.62×51mm로도 충분했습니다. 800m 이하 거리의 저격이라면 수렵용인 270 윈체스터 정도가 이상적입니다만, 긴급 상황에서는 기관총용 탄약이라도 받아서 쓸 수 있도록 특수한 구경의 탄약 사용을 피한 것입니다. **2,000m 떨어진 거리에서도 맞힐 수만 있다면 7.62mm×51mm NATO탄도 충분한 살상력**을 발휘합니다만, 정확도에 문제가 있기 때문에 1,000m가 넘는 거리의 표적에도 쏠 수 있도록 300 윈체스터 매그넘이나 338 라푸아 등의 강력한 탄약도 사용되고 있습니다.

레밍턴 M700(위), 윈체스터 M70 프레(pre) 64(아래). 베트남전쟁 당시에는 이러한 목제 스톡을 사용하는 엽총을 그대로 저격소총으로 사용하곤 했다.

M24 저격소총의 기관부는 위 사진의 레밍턴 M700 거의 그대로이다. 총신의 외형이 좀 더 굵어지고(진동을 억제하기 위해) 스톡을 나무 대신 플라스틱(나무는 습도에 따라 변형될 우려가 있다)으로 바꾸고 신축식으로 개량한 다음, 양각대를 부착했을 뿐이다. 그러나 이러한 개량은 민간용 버민트 라이플의 진화가 그대로 저격소총에 도입된 것이기에 저격소총은 '대인용 버민트 라이플'이라고도 할 수 있다.

사진: 미 해병대

5-12 대전차 소총과 대물 저격소총

양자는 같은 뿌리에서 기원했다

제1차 세계대전 이후, 전차의 장갑을 꿰뚫기 위해 13mm 정도 **구경의 탄약을 사용하는 대전차 소총**이 만들어졌습니다. 예를 들어, 영국에서는 구경 13.9mm의 보이스 대전차 소총(Boys Anti-Tank Rifle), 소련에서는 14.5mm의 PTRD 1941 등이 대표적 예였죠. 하지만 이러한 대전차 라이플은 제2차 세계대전 초기의 전차 정도까지만 상대할 수 있었기에 점차 사라져갔습니다.

그런데 한국전쟁 당시, **멀리 떨어진 산 위에서 미군 진지로 대전차 소총을 쏘는 식의 야비한 총격**이 벌어졌습니다. 사람에게 명중하는 일은 좀처럼 없었지만, 항상 참호 안에 머무르도록 행동을 제약하게 된 것이죠. 이러한 경험은 3km 밖의 표적을 쏠 수 있는 대구경 원거리 저격총을 만들자는 구상으로 이어졌습니다.

이에 따라 1960년대에 보이스 대전차 소총의 기관부에 12.7mm 중기관총용 총신을 결합한 장거리 저격총을 취미 삼아 만드는 사람이 미국에서 나온다거나, 베트남전쟁 중에 12.7mm 중기관총에 망원조준경을 부착하여 2km 정도 떨어진 적병을 저격하는 데 성공하는 등 대구경 저격총에 대한 관심이 점차 높아져갔습니다. 하지만 한동안은 그저 일부 마니아들이 세상에 오직 한 자루밖에 없는 자신만의 총을 만들고 있다는 느낌이었습니다.

그런데 1986년에 미국의 로니 바렛(Ronnie Barrett, 1954~)이라는 사람이 12.7mm 저격소총의 제조 및 판매를 시작했고 미군이 이 총을 채택해 아프가니스탄에서 사용하기 시작하면서 이 총에 주목하는 나라가 점점 늘어나 지금은 여러 업체에서 다양한 12.7mm 소총이 만들어지고 있습니다.

이러한 라이플은 대물 저격소총(Anti-Materiel [Sniper] Rifle)이라고 불리고 있습니다만, 실제로는 **원거리 대인 저격에 사용되는 경우**도 많아 아프가니스탄이나 중동, 최근에는 우크라이나에서도 이러한 총을 이용하여 2km가 넘는 원거리 대인 저격의 성공 사례가 몇 건 보고되고 있습니다.

보이스 대전차 소총. 미국에서는 1960년대에 이 총의 기관부를 이용하여 12.7mm 소총을 만드는 사람이 나타났다. 사진: 위키백과

바렛 M82. 아프가니스탄에서는 2,815m 거리에서의 저격에 성공하기도 했다. 사진: 미 육군

COLUMN-05

라이플 사격은 여성에게 더 적합하다?

사격은 올림픽과 인터하이(전국체전과 비슷한 일본의 고교 전국 대회) 정식 종목입니다. 이 때문에 일본의 경우, 사격부가 개설된 대학이나 고등학교가 있어 많은 학생들이 사격을 하고 있습니다. 다만 일본 법률에 따르면 20세 미만의 사람은 화약을 사용하는 총을 취급할 수 없기에 고교 사격부에서는 구경 4.5mm 공기소총을 사용하고 있습니다. 공기소총 경기의 사거리는 10m, 표적의 직경은 45mm입니다만, 중심부의 10점 표적은 직경이 0.5mm에 불과합니다. 탄환 직경이 4.5mm나 되기 때문에 명중한 총알의 직경 안에 이 10점짜리 표적이 들어 있으면(완전히는 아니더라도 10점 표적에 조금이라도 들어갔다면) 10점을 득점한 것으로 간주됩니다. 그리고 인터하이와 같은 전국 대회에 출전하는 선수쯤 되면 탄환 대부분을 10점에 명중시킬 수 있을 정도입니다.

라이플 사격은 총을 겨누고 좌선을 하는 듯한 정신 수양으로, 인내심과 침착성을 기를 수 있습니다.

그런 스포츠이기 때문에 의외로 여성에게 적합하고, 많은 여성 선수가 남성 선수보다 좋은 성적을 올리고 있기도 합니다.

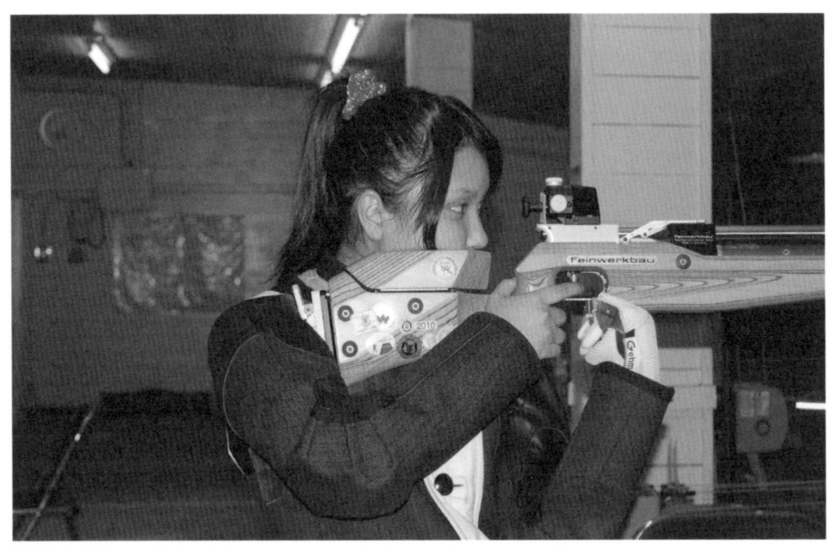

어느 고교 사격부의 여자 선수. 의외로 사격은 여성들과 잘 어울리는 면이 있다.

제 6 장

기관총

중기관총과 경기관총은 어떻게 다를까? 기관총의 급탄 방식에는 어떤 것이 있을까? 연속으로 사격하면 총신이 뜨거워지는 데다 이를 무시하고 계속 쏘면 총이 망가지는데, 기관총은 어떤 방법으로 총신을 식히는 것일까?…라고 하는 기관총의 기초 지식에 대하여 알아보도록 합니다.

6-01 중기관총과 경기관총

기관총도 10kg 넘게 나간다

제1차 세계대전 당시의 기관총은 매우 크고 무거웠는데, 러시아군이 사용한 맥심 M1910이 65.77kg, 독일군의 사용한 맥심 MG08이 66.4kg, 일본의 92식 중기관총은 55.5kg이나 나갔기에 이런 것을 들고 보병의 진격을 따라가는 것은 거의 불가능한 일입니다(그럼에도 '기관총 앞으로'라고 외쳐보기는 합니다만...).

이 때문에 제1차 세계대전이 일어날 무렵, **경기관총**(light machine gun)이 만들어졌습니다. 육중한 삼각대(혹은 바퀴 달린 총가)에 거치된 **중기관총**과 달리 덩치를 키운 소총처럼 생겼고 총신에는 양각대가 달려 있었습니다. 물론 '경(輕, light)'이라는 말이 붙긴 했어도 일본의 99식 경기관총이 10kg, 영국의 브렌(Bren) 경기관총이 10.15kg, 러시아의 DPM 경기관총은 12.2kg, 마지막으로 미국의 브라우닝 M1919A6 경기관총은 14.7kg이나 나갔습니다. 어째서인가 하면, **최소한 이 정도의 무게는 돼야 반동을 제어하여 표적에 탄을 명중시킬 수 있기 때문**입니다.

중기관총과 경기관총, 소총이 모두 같은 탄약을 사용했지만 중기관총은 1,000m나 떨어진 적병도 명중시킬 수 있었습니다. 경기관총은 사수의 실력에도 좌우되지만, 대체로 300m 밖에서 명중시킬 정도는 됩니다. 소총도 300m 거리의 표적을 맞힐 수 있을 정도로 정확하기는 합니다만, 1발씩 1발을 겨냥해서 맞히는 것이며 같은 거리에서 전자동으로 사격해서는 거의 맞힐 수 없습니다. 이러한 관점에서 봤을 때, 중기관총의 원거리 사격 성능은 매우 우수한 것으로, 일본의 92식 중기관총은 1,000m 거리의 직경 60cm인 원형 표적도 맞힐 수 있었습니다.

제2차 세계대전에서 독일군은 MG34, MG42 등과 같은 세계 최초의 **다목적 기관총**(General Purpose Machine Gun, GPMG)을 사용했습니다. 기본적으로는 경기관총이지만, 중기관총처럼 삼각대에 거치해서 사용할 수도 있도록 만들어졌습니다. 그리고 제2차 세계대전 이후에는 세계 각국이 이를 참고해서 만든 다목적 기관총을 사용하게 되었습니다. 신속함이 중시되는 현대의 전장에서 명중률이 높다는 장점 하나만으로는 옛날식 중기관총을 선호하지 않게 되면서 현대에는 기관총이라고 하면 바로 범용 기관총을 의미하게 되었습니다.

구 일본군이 사용한 92식 중기관총.

현재 중국군이 사용하고 있는 67식 다목적 기관총. 삼각대에 거치하여 중기관총처럼, 삼각대에서 내려 경기관총처럼 사용할 수도 있다.

6-02 분대 기관총과 중대 기관총

기관총도 소구경 고속탄으로…

제1차 세계대전 무렵 기관총은 무게가 수십 kg이나 돼서 가벼운 장비만 걸친 보병의 진격을 따라갈 수 없었습니다. 이 때문에 보병 소대와는 별개로 기관총반을 편제하여 운용했습니다. 10명 내외의 보병을 하나로 묶은 팀을 **보병 분대**라고 하는데, 이후 **경기관총**이 보급되면서 경기관총을 보병 분대에 한 자루씩 지급하고 **분대 기관총**이라고 부르게 되었습니다.

기관총은 중기관총이든 경기관총이든 보병 소총과 같은 탄약을 사용합니다. 공용으로 쓰는 편이 보급에 유리하기 때문입니다. 그런데 제2차 세계대전이 끝나고 각국의 보병은 돌격소총을 쓰게 되었습니다. 이에 따라 기존 보병총의 절반 정도 위력의 탄약을 사용하게 되었는데, 한 가지 문제가 발생했습니다. 일반 보병들과 함께 행동하기 위해서는 돌격소총과 같은 탄약을 사용하는 분대 기관총이 필요하게 된 것입니다. 이에 세계 각국은 **돌격소총과 탄약을 공유하는 소형 경량 기관총을 개발**하게 되었습니다. 유럽과 미군의 경우, 벨기에에서 설계된 5.56mm 기관총 FN 미니미, 러시아는 5.45mm RPK 74, 중국군의 기관총으로는 5.8mm 81식 분대 기관총과 95식 분대 기관총이 유명합니다.

하지만 제2차 세계대전 중에 사용된 탄약의 절반 위력이라는 것이 돌격소총에 쓰기는 좋았지만 아무리 현대전이라 해도 1,000~2,000m 거리에서 벌어지는 교전에도 대응해야 하는 기관총용으로는 부적합할 수밖에 없었습니다.

이 때문에 각국은 모두 기존의 7.62mm급 기관총을 중대 기관총으로 남겨두게 되었습니다. 그리고 옛날식 중기관총처럼 기관총 소대나 **기관총반**을 조직해 원거리에서 보병을 지원하도록 했습니다. 참고로 미군의 경우, 이러한 중대 기관총을 진짜 기관총으로 취급하고 있으며, 분대 기관총은 '기관총'이 아닌 **분대 지원화기**라는 이름으로 부르고 있습니다. 그리고 현재의 미군 편성에서 7.62 mm 기관총은 소대에 배치되어 있습니다.

벨기에 국영 총기업체인 FN 에르스탈에서 개발한 5.56mm 기관총 미니미.

중국군의 81식 분대 기관총.

6-03 대구경 기관총

왠지 기관포라고 부르고 싶어진다고 할까…

전쟁영화를 보면 지프에 올린 커다란 기관총이 자주 등장하는 것을 볼 수 있습니다. 지프뿐 아니라 전차나 장갑차 위에 거치한 모습도 자주 목격되는 이 기관총은 **12.7mm 중기관총**입니다. 탄약 1발의 무게가 117g이고 무게 46g인 탄환을 15.55g의 화약을 사용하여 초당 895m라는 속도로 발사하는데 **7.62mm급 기관총탄의 5배, 5.56mm 기관총의 10배나 되는 위력**을 자랑합니다. 여기서 발사된 탄환은 약 6km의 거리를 날아갑니다.

7.62mm 총알조차 2,000m 날아간 뒤에도 아직 살상력이 남아 있을 정도로 강한 위력을 지니고 있는데, 이런 무시무시한 위력의 기관총은 무엇을 표적으로 하는가 하면, 바로 적의 차량이나 헬리콥터입니다. **100m 거리에서 두께 25mm, 500m에서 18mm 철판을 관통**할 정도의 위력이 있어서 어설픈 방어력의 장갑차는 벌집이 되고 말 것입니다

항공기를 표적으로 발사되기도 하지만, 아무리 제2차 세계대전 무렵의 비행기라도 1,000발을 쏴서 겨우 1발 정도 맞히는 것이 고작이었기에 이런 종류의 기관총으로 비행기를 쏴서 떨어뜨리려면 평균 1만 발 정도가 필요했습니다.

일본 자위대도 대량으로 이 12.7mm 기관총을 보유하고 있습니다. 경기관총을 사용하지 않는 보급대나 수송대, 정비대에도 이 12.7mm 기관총이 다 있는 점에서 봤을 때 어느 부대에나 다 배치되어 있다는 생각이 듭니다.

러시아에도 12.7mm탄을 사용하는 기관총이 있습니다. 구경은 미국의 것과 같지만, 러시아군의 탄약은 좀 더 긴 약협을 사용합니다. 탄약 1발 무게가 140g이고 51g짜리 탄환을 17.56g의 화약을 사용해서 초당 825m의 속도로 날아가기에 미국 탄보다 조금 더 강력하다 할 수 있습니다.

이 탄약은 중국제 기관총에도 사용되고 있습니다.

러시아나 중국의 경우, 훨씬 구경이 큰 **14.5mm의 기관총**도 운용하고 있습니다. 실탄 1발의 무게가 200g이고 63g짜리 탄환을 28.84g의 화약을 사용하여 초

당 995m의 속도로 발사하는 매우 강력한 것입니다. 구경이 14.5mm라서 일단 '총'이라고 부르고는 있습니다만, 이쯤 되면 **기관포**라 주장해도 믿을 법한 느낌의 외관을 하고 있습니다.

미군이나 자위대 모두가 사용하고 있는 12.7mm 중기관총.

러시아군의 12.7mm 기관총.

6-04 기관총 급탄 방식

탄띠에도 여러 종류가 있다

대부분의 기관총은 **벨트 급탄 방식**을 사용합니다. 이 벨트를 **탄대**(彈帶), 영어로는 **피드 벨트**(feed belt)라고 합니다. 초창기의 탄대는 천으로 만들었지만, 이윽고 금속 벨트가 출현하면서 현재는 천 벨트를 거의 볼 수 없습니다. 금속 벨트에도 여러 가지 타입이 있습니다.

오른쪽 페이지의 ❶은 제2차 세계대전 무렵에 미군이 사용하던 기관총, 대전 후의 것으로는 일본 자위대의 62식 기관총에서 볼 수 있던 방식으로, **링크**라고 불리는 금속 고리를 탄약과 연달아 조합하는 식으로 벨트를 만들게 됩니다. 그래서 별도의 벨트만 따로 존재하지는 않습니다. 발사된 뒤에는 각각 1개의 링크가 되어 총 밖으로 배출됩니다. 그러나 이런 **O형 링크**는 일단 탄약을 뒤로 뽑았다가 살짝 빗겨 약실에 밀어 넣는 동작이 필요합니다.

이와 달리 ❷나 ❸ 같은 **C형 링크는 탄약**이 링크에 절반 조금 더 되는 정도만 물려 있을 뿐입니다. 이 방식이라면 살짝 뒤로 뺄 필요 없이 곧바로 약실로 보낼 수 있습니다. 당연한 얘기겠지만 그만큼 **총의 구조도 단순**하게 만들 수 있게 됩니다.

❸은 지금도 독일이나 러시아제 경기관총에 사용되고 있는 탄대로, 발사 후에도 뿔뿔이 흩어지지 않고 연결된 채로 배출됩니다. 이러면 이동할 때 좀 거추장스럽습니다만, 기관총이라는 것은 기본적으로 이동할 때는 탄대를 제거해야 하는 것입니다(실제 전장에서는 사용하기 너무 불편하다며 불만을 토하는 하는 병사가 많습니다만...).

분리식이 아니라 구식인 것처럼 보입니다만, 분리식의 링크가 종종 잘 배출되지 않고 걸리는 일이 있는 것을 생각하면, 분리식이 아닌 것도 신뢰성을 높이는 데 좋은 방식이 아닌가 생각됩니다.

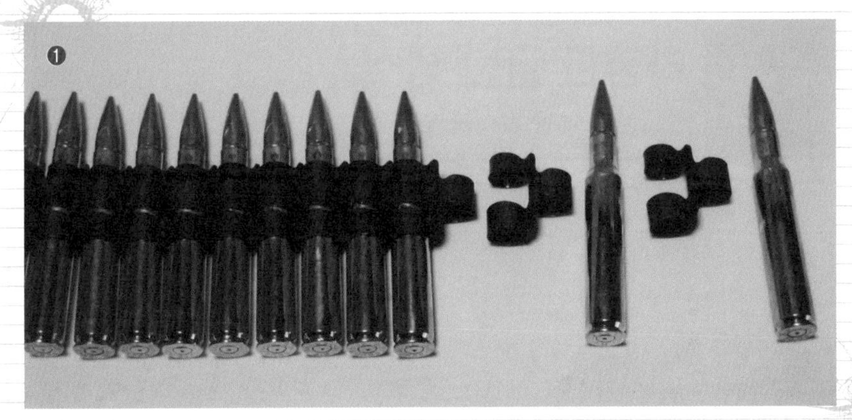

제2차 세계대전 중에 미군에서 사용된 ○형의 링크. 탄약을 뒤로 빼낼 필요가 있다.

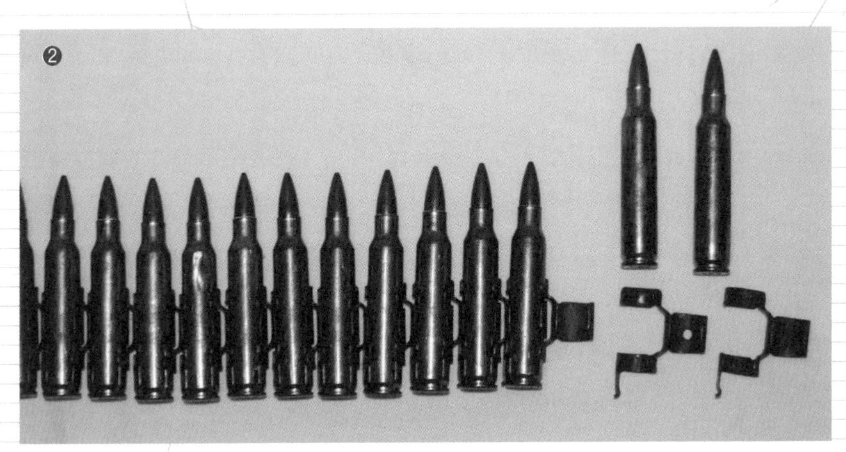

현대의 C형 링크. 그냥 앞으로 밀어내기만 하면 된다.

독일이나 러시아에서 사용되는 비분리식 벨트.

6-05 다양한 급탄 방식

신뢰성이 높은 방식도 있지만…

기관총의 급탄 방식으로는 **벨트 급탄 방식**이 가장 널리 보급되어 있습니다. 수백 발의 탄환을 오작동 없이 계속 쏠 수 있다는 점에서는 벨트 급탄이 최고입니다. 하지만 수백 발이나 되는 탄약을 끊임없이 계속 쏠 일은 의외로 드물고, 벨트는 이동할 때 거추장스러운 데다, 때때로 급탄 도중에 탄 걸림이 발생하기도 하기에 진짜 몇백 발씩 쏠 수는 있는 것인가 반문하고 싶어질 때도 있습니다.

아무리 평소의 훈련 중에 문제없이 작동했다 하더라도, 실제 전장에서는 심한 모래 먼지가 날리거나, 눈이 내리고, 병사는 진흙탕을 뒹굴어야 하는 일도 자주 있습니다. 그리고 이때 모래나 눈, 진흙이 엉겨 붙은 벨트가 기관총 내부로 들어가면 작동 불량이 발생합니다.

그래서 신뢰성이라는 측면을 고려하여 제2차 세계대전 무렵까지는 일본의 92식 중기관총처럼 **클립 급탄 방식**도 꽤 많이 쓰였습니다. 또한 경기관총 중에는 소총과 같은 상자형 탄창을 사용하는 것도 많이 있었습니다. 지금도 러시아의 RPK 분대 기관총 같은 총기에는 상자형 탄창이 사용되는데, 역시나 단순한 것이 최고이긴 합니다. 하지만 고작 30발이나 40발들이 상자형 탄창은 기관총에 쓰기에는 좀 부족한 감이 있습니다.

한편 지금도 중국군은 **드럼 탄창**이 달린 경기관총을 사용하고 있습니다. 75발이나 들어가고, 눈이나 진흙으로부터도 총알을 보호해줄 수 있습니다. 하지만 드럼 탄창은 부피가 크다는 단점이 있기에 예비 탄창을 여러 개씩 휴대하기 어렵습니다. 이럴 때는 역시 탄약통에 넣거나 몸에 감거나 해서 지나치게 부피가 커지는 일 없이 많은 탄약을 운반할 수 있는 벨트식이 편리합니다. 일본 자위대가 사용하고 있는 미니미 기관총은 벨트뿐만 아니라 소총용 탄창으로도 급탄할 수 있어서 구조가 다소 복잡하기는 해도 이것도 좋은 아이디어라고 필자는 긍정적으로 평가했지만, 독일 연방군 등에서는 이와는 반대로 쓸데없는 기능이라 생각하고 있는 것 같습니다.

상자형 탄창을 사용하는 구 일본군의 99식 경기관총. 제2차 세계대전 무렵의 경기관총은 세계적으로 상자형 탄창을 사용하는 것이 많았다.

75발들이 드럼 탄창이 부착된 중국군의 81식 분대 기관총.

6-06 수랭식과 공랭식, 총신 교환식

여러 가지 방법으로 총신을 냉각시킨다

총신은 내부에서 화약이 연속으로 폭발하고 있는 곳이기 때문에 계속 열이 가해집니다. 그래서 수십 발을 연달아 발사하다 보면 손으로 만질 수 없을 정도로 뜨거워지기도 합니다. 당장 500발씩이나 연속 사격하면 총신은 붉게 달아오르고 철이 다소 부드러워지기도 합니다. 이렇게 부드러워진 총신에 총알을 통과시키면 총신이 부풀어 오르면서 마모되기 때문에 총신을 다시 식혀줄 필요가 있습니다.

제1차 세계대전 무렵의 기관총 대부분은 **수랭식**으로, 총신의 바깥쪽을 물이 담긴 통으로 둘러싸고 있었습니다. 연사를 실시하다 보면 점점 물이 증발하기 때문에 사막처럼 병사들의 식수가 귀한 곳에서는 기관총을 식힐 물을 확보하기 어려웠습니다. 아예 총 옆에 라디에이터를 두고 냉각수를 순환시키는 방식도 있었으나, 이래서는 안 그래도 무거워 이동이 어려운 기관총을 더 무겁게 만드는 문제가 있었고, 겨울에는 물이 얼지 않도록 주의해야 했습니다.

그래서 프랑스의 호치키스 기관총이나 그 구조를 이어받은 일본의 기관총은 **공랭식**으로, 총신의 **바깥쪽에 냉각 핀**이 달려 있었습니다. 이들 기관총은 수랭식처럼 냉각 효율이 좋지는 못했지만 물 걱정을 할 필요가 없었고, 총을 가볍게 만들 수 있었습니다. 구 일본군의 3년식 기관총이나 92식 기관총은 전자동 사격이 되는 저격소총이라고 할 수 있을 정도로 명중률이 좋았기 때문에 3~5발씩으로 끊어 쏴서 1,000m 정도 떨어진 적을 확실하게 해치울 수 있었습니다.

현대에는 기민한 움직임을 중시하기에 무거운 수랭식 기관총은 거의 사용하지 않게 되었습니다. 그 대신 **총신 교환식 기관총**이 일반적이지요. 예비 총신을 갖고 다니다가 200~250발 정도 사격하면 예비 총신으로 교환하는 것입니다. 이렇게 총신을 교환할 때 조심하지 않으면 화상을 입을 수 있습니다. 기관총 사수였던 사람의 수기 등을 읽어보면 화상을 입은 이야기가 자주 나옵니다. 이런 이유로 기관총 사수에게 **내열 장갑**은 필수품이라 할 수 있습니다.

지금은 잘 사용하지 않는 미국제 수랭식 기관총.

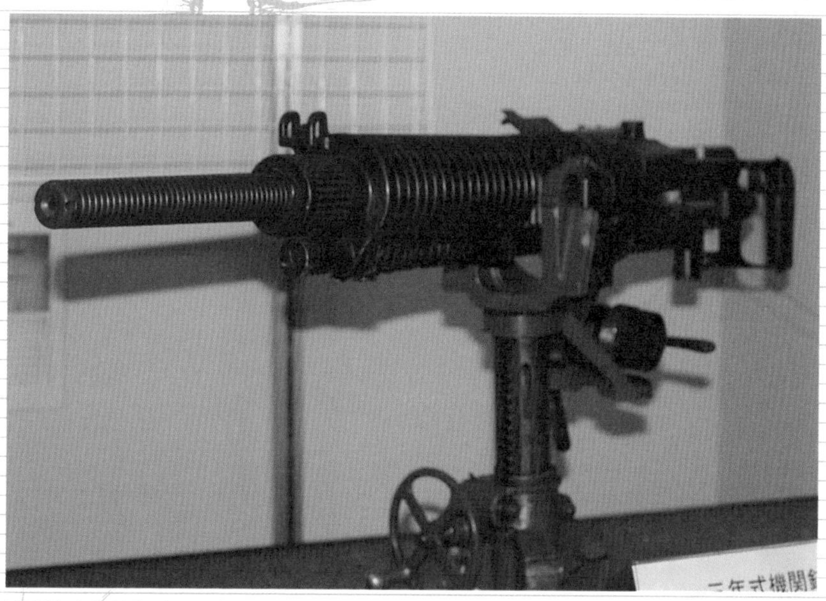

공랭식이었던 구 일본군의 3년식 기관총. 6.5mm 구경인 이 기관총을 7.7mm로 확대한 것이 바로 92식 기관총이다. 구 일본군은 공랭식 기관총을 선호했다.

COLUMN-06

쿡 오프(cook off)

총을 쏘면 총신이 뜨겁게 달궈집니다. 수백 발씩 탄환을 발사하는 기관총은 달아오른 총신의 온도가 수백 도에 이르곤 합니다.

"기관총 앞으로~!"

방아쇠에서 손가락을 떼고, 총을 들어 달려나갑니다.

수백 도로 달아오른 총신(약실) 안에 있는 탄약은 어떻게 될까요?

방아쇠를 당기지 않았는데도 약실에 축적된 열로 화약이 발화하여 탄이 발사되는 현상을 쿡 오프(Cook off)라고 합니다.

네, 그렇습니다. 진짜로 그런 일이 종종 일어나곤 하지요.

그래서 현대 기관총의 대부분은 방아쇠를 당겼을 때 비로소 노리쇠가 전진하여 약실에 탄을 밀어 넣는 구조로 되어 있습니다. 이렇게 하면 약실에 탄알이 들어 있지 않기에 축적된 열에 자연 발화되는 일은 일어날 수 없습니다.

그러나 중국군이 사용하고 있는 81식 분대 기관총(아래 사진)이나 러시아의 RPK 기관총처럼 소총과 비슷하게 약실에 탄이 장전되는 방식의 기관총도 있는데, 이런 기관총은 쿡 오프 현상이 발생할 위험이 높다고 할 수 있습니다.

전쟁터에서는 총신이 달아오른 기관총을 들고 돌격하는 일도 있다.

제 7 장

탄도

탄환은 총신에서 어떻게 가속돼갈까? 어떤 총기에서 탄환이 어느 정도의 속도로 발사된 것일까? 공기저항으로는 얼마나 속도가 떨어지고, 중력에 의해 총알은 어떻게 낙하하게 되는 것인가? 탄환은 회전에 의해 횡방향으로 흐르기도 합니다. 제7장에서는 탄도의 기초에 대하여 배워보도록 합시다.

7-01 총신과 압력(강압)

1cm²당 가해지는 압력은 어느 정도인가?

총신 내부에서 화약이 연소되면 그 **압력**으로 총알을 밀어냅니다. 그렇다면 총신 내부 압력(강압, 腔壓)은 얼마나 될까요? 물론 **이 압력은 어떤 탄환에 어떤 화약을 얼마나 사용하는가**에 따라 달라집니다. 화약의 양이 일정하다면 무거운 탄환을 발사할 때 압력이 더 높아지겠지요. 화약의 양과 탄환의 무게가 같더라도 화약의 연소 속도가 빠른 쪽의 압력이 더 높습니다. 탄환의 무게는 같아도 구경이 다른, 즉 굵고 짧은 탄환과 가늘고 긴 탄환 중에서는 가늘고 긴 탄환 쪽이 더 높은 압력을 받습니다.

압력의 단위는 현재, 정식으로는 파스칼(pa)을 사용하도록 되어 있지만, 총기 관련으로는 미국에서 생산되어 들어오는 정보가 가장 많기에 압력의 단위로 1평방인치당 몇 파운드의 힘이 걸려 있는가를 의미하는 프사이(psi, pounds per square inch)가 가장 많이 쓰이고 있습니다. 물론 당연한 이야기겠지만 독자 여러분들 대다수에게는 좀 생소한 단위일 것입니다.

필자는 'kgf/cm²'으로 배우면서 자란 세대이고, 독자 여러분들도 'Mpa'나 'psi' 같은 것보다는 '1cm²당 ○○kg의 압력이 작용한다'는 식으로 설명하는 것이 이해하기 쉬울 것이기에 본서에서는 **'kgf/cm²'**로 표기하고자 합니다. 이를 대략 정리하자면 다음과 같습니다.

1Mpa=10.197kgf/cm²=145.04psi

1kgf/cm²=14.2233psi=0.098066Mpa

1psi=0.070307kgf/cm²=6,895pa

오른쪽 페이지의 표에는 대표적인 탄약의 **최대 강압**을 표기했습니다. 탄약에서 발생하는 압력은 이렇게나 굉장한 것입니다.

각종 탄약의 발사약량, 탄두중량, 최대 강압

탄약명	발사약량(g)	탄두중량(g)	최대 강압(kgf/cm²)
12게이지 산탄	1.91	38.98	713
45 ACP	0.32	14.91	1,160
38 스페셜	0.26	10.28	1,310
30 카빈	0.94	7.13	2,672
308 윈체스터	3.11	9.72	3,514
30-60	3.24	9.72	3,657
Cal.50 기관총탄	15.55	45.94	3,870

기본적으로 발사약의 양이 많을수록 최대 강압도 올라간다.

강압 측정장치의 일례

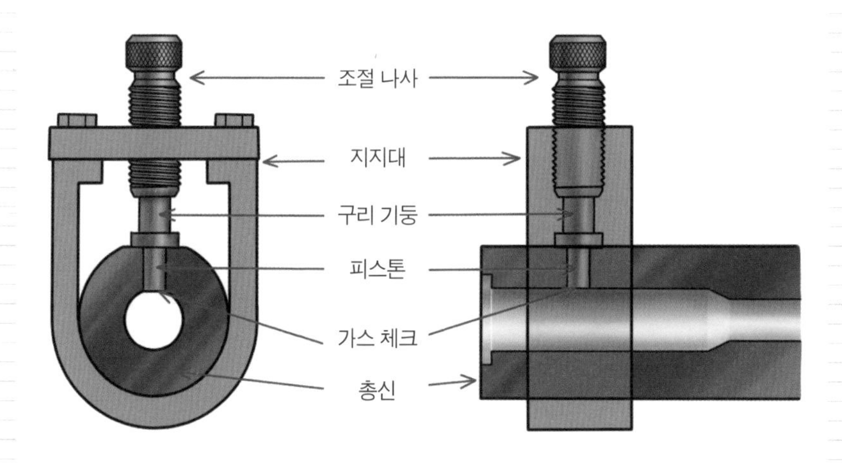

강압 측정장치는 시판품이 따로 있는 것이 아니라, 이것을 필요로 하는 총기 메이커나 탄약 제작사에서 직접 만들어서 사용한다. 이 그림도 여러 예시 가운데 하나로, 이 밖에도 다양한 모습의 강압 측정장치가 존재한다.

7-02 강압 곡선

탄환이 전진하기 시작하고 수 cm 정도의 위치가 최대 강압

오른쪽 페이지의 그래프는 구경 7.62mm, 9.72g(150그레인)의 탄환을 3g의 발사약을 사용해서 발사했을 때의 **강압 변화**를 나타낸 것입니다. 일반적으로 군에서 사용하는 기관총이나 소총, 대형 사슴이나 곰 사냥에 쓰이는 엽총에서 그려지는 강압 곡선은 거의 비슷하며, 사용하는 총기나 탄약 종류가 달라도 대체로는 이 그래프의 선과 크게 차이가 나지는 않습니다.

화약이 폭발하면 급격하게 압력이 상승하며, **탄환이 3~4cm 정도 전진한 지점에서 강압이 최고치**를 기록합니다. 대략 1cm²당 3.5t 정도의 압력인데, 총신이 파열되지 않고 이 압력을 잘 버텨준다고 생각합니다만, 그 전에 약협의 바닥을 누르고 있는 노리쇠의 로킹 러그부터 부러지지 않고 버텨주는구나 하는 생각이 듭니다. 그러니 아무쪼록 독자 여러분들은 강도가 약한 소재로 사제 총기를 만들거나 하는 일은 꿈도 꾸지 말아주셨으면 합니다.

최고 압력에 도달하기까지 걸리는 시간은 1만분의 1초 정도입니다. 이후, **탄환이 차차 전진하면서 총신 내의 공간이 확장되면서 강압은 급격히 떨어집니다**만, 총구 부근에서도 여전히 1cm²당 400~500kg 정도의 압력이 남아 있습니다.

앞서 설명한 바와 같이 강압의 측정은 총신에 횡방향으로 구멍을 뚫고 거기에 피스톤과 구리 기둥을 삽입한 다음, 피스톤이 구리 기둥을 얼마나 짓눌렀는지를 확인하는 방법으로 진행됩니다. 따라서 총신 10개 부분에서 측정하려면 10자루의 총신에 각각 구멍을 뚫어야 합니다. 최근에는 구리 기둥 대신에 압전 소자를 사용하는 방법이 보급되고 있다고도 합니다.

그렇기 때문에 세계 곳곳에서 다양한 총기와 탄약이 생산되고 있지만, 대개는 강압 측정을 할 때 약실 부근에서 압력이 최대가 된다고 할 수 있는 한곳의 강압만 측정하면 그만입니다. 사실, 이번에 해설한 것처럼 총신의 어느 위치에 얼마만큼의 압력이 걸리는가를 확인한 데이터는 극히 드뭅니다.

총강 내에서의 압력(강압)**의 변화**

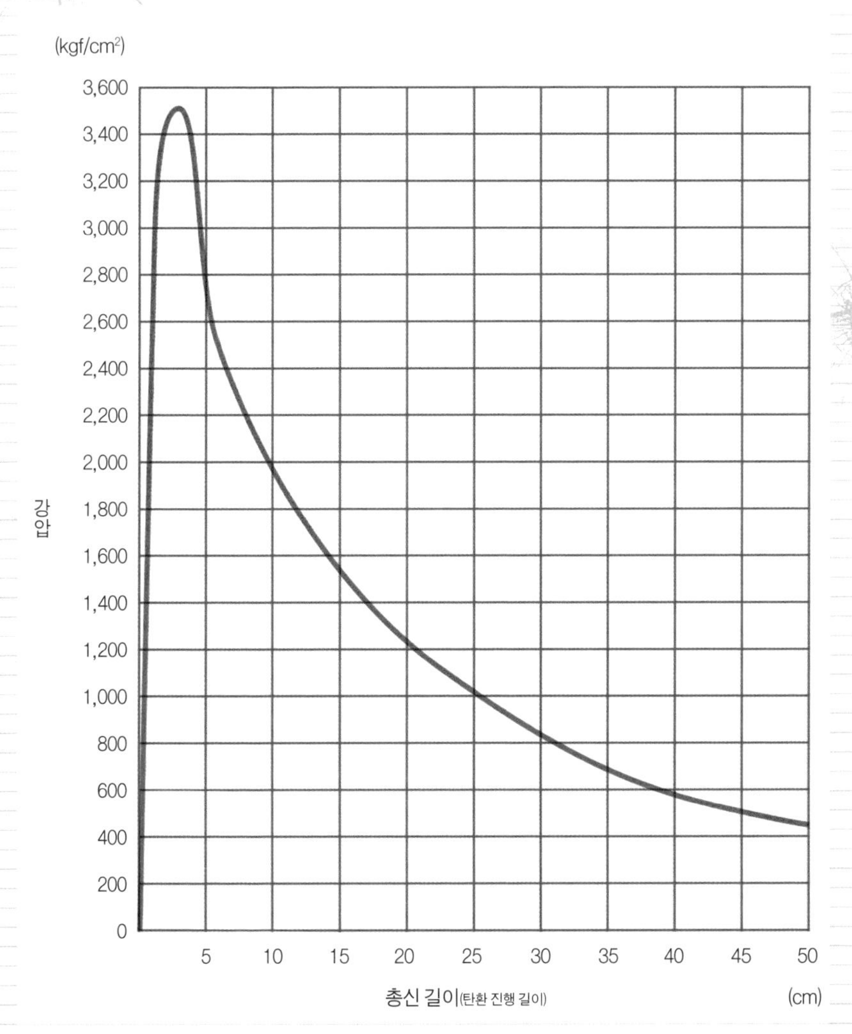

강압은 탄환이 3~4cm 전진한 지점에서 최고치를 나타내고 있다.

7-03 탄환의 초속(初速)

각 총기에는 어떤 탄약이 사용되며 어느 정도의 속도를 내는가

오른쪽 페이지의 표는 비교적 널리 알려진 여러 총기들과 여기에 사용되는 탄약에서 어느 정도의 **초속**(初速, 탄환이 총구에서 사출된 직후의 속도)으로 탄환이 발사되는지 정리한 것입니다. 이 표를 보면 1m/s 단위의 세세한 수치가 적혀 있습니다만, 실제 탄환의 속도는 개체마다 수 m/s 정도의 오차가 있습니다. 또한 측정 당시의 기온에 따라서도 수 m/s 정도의 오차는 발생하기에 실제로 10m/s 전후의 차이가 발생하는 것은 흔한 일입니다.

물론 특정 총기에 오직 한 종류의 탄약만 사용된다고는 할 수 없습니다. 아니, 오히려 여러 종류가 있는 것이 일반적입니다. 특히 레밍턴 M700처럼 널리 판매된 총기의 경우, 다양한 종류와 형태의 탄약을 사용하는 모델이 제작되기도 합니다.

M700에 사용되고 있는 탄약의 종류가 몇 종류인지는 아마 레밍턴사의 영업 담당자조차도 자료를 보지 않고서는 정확히 알지 못할 것입니다.

또한 각 탄약에 사용되는 **발사약의 양과 탄두중량도 다양**합니다. 예를 들어 20세기 초부터 중반 이후까지 미국의 소총이나 기관총에 사용된 30-06의 경우, 수렵용으로도 널리 사용되고 있는데, 군용 보통탄은 탄두 무게가 150그레인(9.72g)으로 정해져 있지만, 수렵용이라면 여러 업체에서 다양한 중량의 탄두를 물린 탄약을 판매하고 있습니다.

탄두중량이 다르면 발사약의 양도 달라지지만, **탄두중량이 같더라도 제조사에 따라 발사약의 양이 미묘하게 달라지기도** 합니다.

또한 규정된 속도를 내기 위해 제조된 화약의 질에 따라서도 약협에 넣는 화약의 양을 미세하게 조정합니다. 따라서 독자 여러분이 수중에 있는 탄약을 분해했을 때, 이 책에 기재된 표와 수치가 미묘하게 다르다고 하는 일도 얼마든지 있을 수 있습니다.

각종 총기와 탄약의 초속

총기 상품명	탄약명	총신 길이 (mm)	발사약량 (g)	탄두중량 (g)	초속 (m/s)
발터 PPK	380 APC	83	0.23	7.45	280
토카레프 M1930	7.62mm 토카레프	115	0.5	5.64	420
난부 14년식	8mm 난부	117	0.32	6.61	340
베레타 M92	9mm 루거	125	0.42	7.45	390
루거 시큐리티 식스	380 스페셜	152	0.53	8.1	285
콜트 M1911	45 ACP	128	0.32	14.91	262
콜트 피스 메이커	45 롱 콜트	138	0.48	14.58	252
루거 M77	243 윈체스터	559	2.78	5.51	956
M16A1	223 레밍턴	533	1.62	3.56	990
M1 카빈	30 US 카빈	457	0.94	7.13	607
M1 가랜드 라이플	30-06	600	3.24	9.72	853
38식 보병총	6.5mm 아리사카	797	2.14	9.01	762
38식 기병총	6.5mm 아리사카	487	2.14	9.01	708
99식 단소총	99식 7.7mm	655	2.79	11.79	730
92식 중기관총	92식 7.7mm	726	2.86	12.96	731
마우저 kar98k	8mm 마우저	600	3.05	12.83	780
마우저 G98	8mm 마우저	740	3.05	12.83	850
리 엔필드 NO1.MK.III	303 브리티시	640	2.43	11.28	745
윈체스터 M70	300 윈체스터 매그넘	609	4.53	11.66	896
윈체스터 M70	338 윈체스터 매그넘	609	4.34	16.2	792
윈체스터 M70	270 윈체스터	609	3.56	8.42	994
레밍턴 M700	30-06	559	3.56	11.66	818

38식 기병총은 38식 보병총의 총신을 310mm 짧게 줄인 것인데 이 때문에 같은 탄을 써도 초속이 54m/s 느려졌다. 마우저 Kar98k는 마우저 G98보다 총신 길이를 140mm 줄인 총이며 이 때문에 같은 탄을 사용함에도 초속이 70m/s 낮아졌다. 마찬가지로 같은 윈체스터 M70이라도 가벼운 11.66g의 탄두를 사용하는 쪽(300)이 초속이 더 빠르고, 16.2g의 무거운 탄두 쪽(338)은 느리다. 또한 무거운 탄두를 사용할 경우, 강내 압력이 올라가므로 화약의 양을 다소 줄이는 편이다.

7-04 총신 길이와 탄환의 속도

총신이 길면 탄속은 올라가지만…

탄환은 화약의 연소 가스 압력으로 총신 속에서 가속을 받으며 나아갑니다. 다만, 총구를 벗어난 뒤에는 가스의 힘이 작용하지 않기 때문에 더 이상 속도가 올라가지 않습니다(엄밀히 얘기하면 총구에서 1m 남짓 떨어진 곳까지는 탄환 뒤에서 폭풍이 불어 수 m/s 정도 속도가 올라가기는 합니다).

총신이 길수록 화약 연소 가스가 탄환을 오래 밀어줄 수 있기 때문에 속도는 올라갑니다. 하지만 7-02의 그래프에서 알 수 있듯, 그 압력은 상당히 급격하게 저하됩니다. 게다가 탄환이 총신을 통과할 때 발생하는 마찰저항도 매우 크기 때문에 그 마찰을 이겨내고 가속시킬 수 있을 정도의 압력을 유지하지 못하게 되면 그 이상 탄환의 속도는 올라가지 않습니다. 탄약의 종류에 따라 다르긴 하지만 이러한 한계점이 되는 지점이 있는데, 탄약의 종류에 따라 다르지만 대략 70~80cm 내외로 보고 있습니다. 예를 들어 22 림파이어처럼 작고 화약량이 극단적으로 적은 탄약이라면 25cm 정도, 9mm 루거 탄이 약 43cm 정도, 5.56mm NATO탄은 50cm 정도로, **작은 탄일수록 그 지점이 가까운 곳에 형성되는 경향**을 보이고 있습니다. 이 때문에 대부분의 총신은 그렇게 길게 만들어지지 않습니다.

오른쪽 페이지의 그래프는 구경 7.62mm, 질량 9.72g(150그레인)의 탄두를 3g의 화약으로 발사했을 때의 가속 상태를 나타내는 것입니다. 총신의 길이는 50cm밖에 되지 않습니다만(실제로는 55cm 정도 되지만, 여기서는 총신의 길이는 약협의 바닥이 아니라 탄환의 바닥 위치에서 측정한 것입니다), 그래프의 곡선을 보면 **총신 길이를 70cm까지 늘려도 딱히 속도가 더 올라가지 않는다**는 것을 알 수 있습니다

그러나 수렵용 매그넘을 사용하는 엽총, 예를 들어 그래프와 동일한 7.62mm 구경이라도 11.66g(180그레인)의 탄두를 4.5g의 화약으로 발사할 경우, 그 에너지를 충분히 활용하려면 위해서는 총신 길이가 적어도 60cm 정도는 되어야 할 것입니다.

총강 내 탄환의 가속

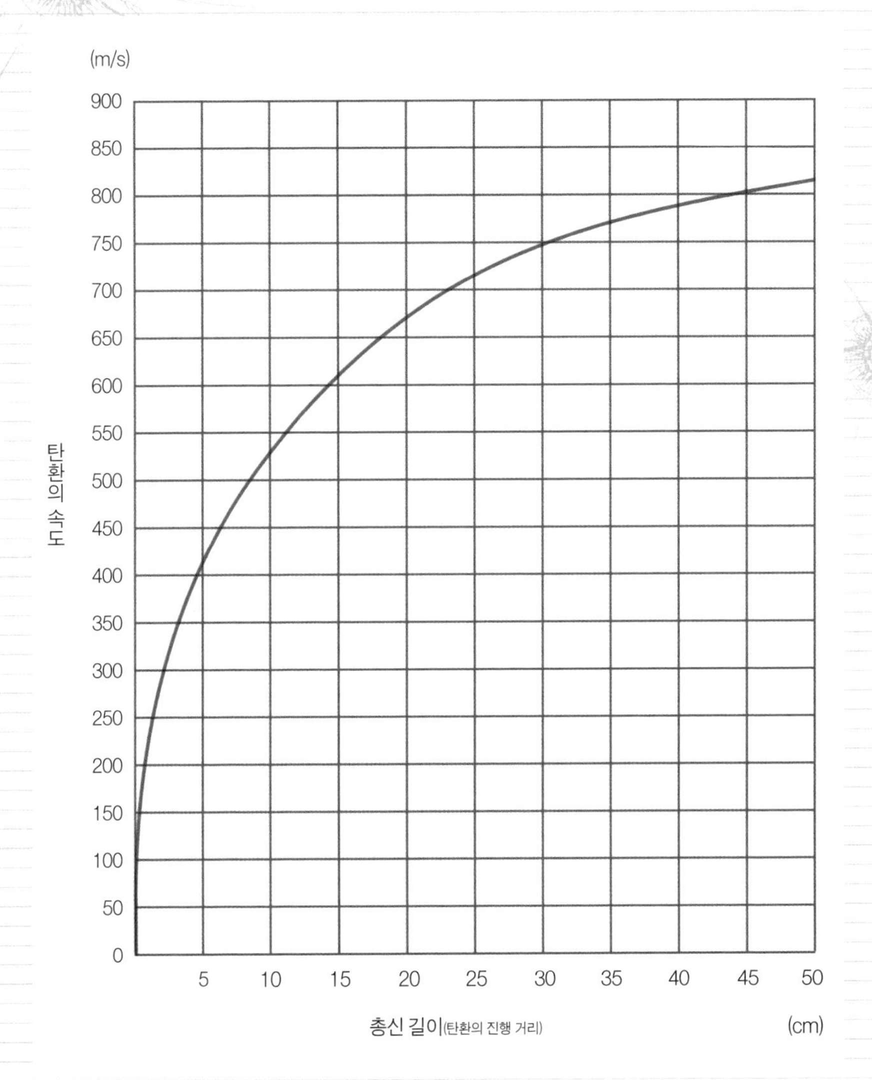

탄환의 가속도는 총구에 도달할 때까지 급격히 떨어진다.

7-05 강외 탄도

탄환은 옆으로도 흐른다

탄환의 총신 내 움직임을 **강내 탄도**(腔內彈道), 탄환이 총구를 떠난 후의 움직임을 **강외 탄도**(腔外彈道)라고 합니다. 이후, 목표를 명중하여 내부로 파고들 때의 움직임을 **종말 탄도**라고 하는데, 여기서는 강외 탄도에 대해 설명하고자 합니다. 탄환은 총구를 벗어나는 순간부터 **공기저항**으로 점점 속도가 떨어집니다. 초속(初速) 800m/s로 발사되었다고 해도, 1초 만에 800m 앞 표적에 도달하는 것은 아닙니다. 실제로는 약 1.6초 정도 걸립니다.

또한 아무리 고속으로 발사된 탄환이라도 지구의 중력가속도인 9.8m/s²로 낙하하게 됩니다.그래서 멀리까지 탄환을 날려 보내기 위해서는 **위쪽으로 어느 정도 각도를 주어 발사**해야 합니다. 그렇게 하면 탄환이 공중에 머무르는 시간이 길어지는데, 이것은 공기의 저항을 받는 시간도 점점 길어진다는 의미이기도 하기에 목표까지 도달하는 데 좀 더 긴 시간이 걸립니다.

탄환은 엄청난 속도로 날아가지만, 그래도 2km나 떨어진 곳의 표적을 기관총으로 쏴보면 탄환이라는 것이 생각보다는 느리다고 느끼게 되기도 합니다.

탄환이 중력에 이끌려 낙하한다고 하는 것은 그 아래로 **풍압**이 가해진다는 의미이기도 합니다. 그런데 강선의 영향으로 탄환은 회전하고 있습니다. 이러한 회전체에 힘을 가하면 그 힘은 90도로 어긋나게 작용하기에 탄환은 옆으로 밀리는 듯한 움직임을 보이는데, 이것을 **편류**(偏流, drift)라고 합니다.

7.62mm 탄약의 경우, 1,000m 거리라면 60cm 정도나 오른쪽으로 어긋나기 때문에 저격수나 기관총 사수는 원거리 사격을 실시할 때 이러한 편류까지도 계산에 넣어야 합니다.

오른쪽 페이지의 표는 구경 7.62mm, 질량 9.72g(150그레인)의 탄환을 초속 824m/s로 발사할 경우를 기준으로, 각 거리까지 도달하는 데 얼마만큼의 시간이 걸리며 포물선의 높이는 얼마나 되는지, 그리고 편류로 얼마나 옆으로 흐르는지에 대하여 정리한 것입니다.

사거리에 따른 7.62mm탄의 비행시간과 최대 탄도고, 우(右)편류의 차이

사거리(m)	비행시간(초)	최대 탄도고(m)	우편류(m)
180	0.24	0.05	–
360	0.56	0.25	–
550	0.96	1	0.1
730	1.44	2	0.3
910	2.01	5	0.5
1,100	2.69	8	1.1
1,280	3.45	15	1.3
1,460	4.31	23	1.5
1,650	5.25	33	3.3
1,830	6.31	50	5.5
2,000	7.57	71	8.0
2,190	9.11	100	10.9
2,380	11.03	153	16.7
2,560	13.60	238	25.6
2,740	17.50	400	41.1

기온 15℃, 1기압에서의 결과. 기온이 높으면 공기 밀도가 낮아져 공기저항도 낮아지므로 목표에 도달하기까지의 시간이 다소 단축된다(이뿐만 아니라 기온이 높으면 화약의 연소 속도가 빨라지기에 초속도 다소 올라간다). 또한 해발고도가 높아 공기의 밀도가 낮은 경우에도 같은 현상이 나타난다. 반대로 습도가 높아지면 공기저항이 커져 목표에 도달하기까지 걸리는 시간이 늘어나며, 당연한 일이겠지만 발생되는 편류의 크고 작음에도 영향을 준다.

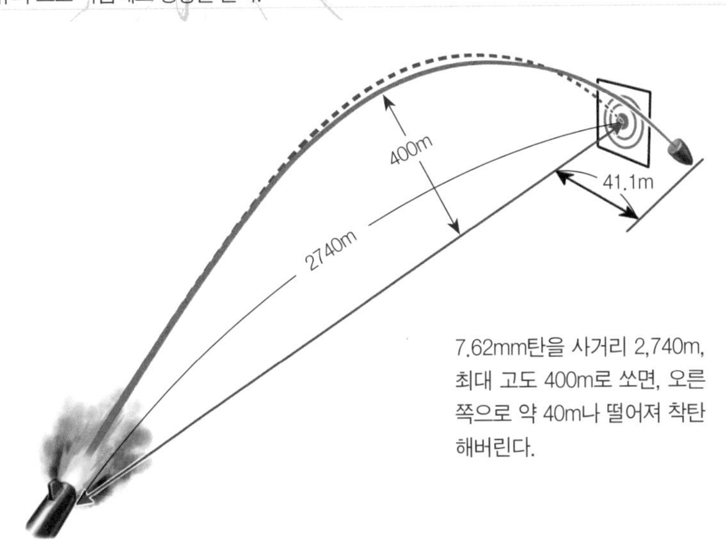

7.62mm탄을 사거리 2,740m, 최대 고도 400m로 쏘면, 오른쪽으로 약 40m나 떨어져 착탄해버린다.

7-06 탄환의 운동에너지

동물을 쓰러뜨리기 위해서는 어느 정도의 위력이 필요할까?

여우 정도의 동물을 쓰러뜨리려면 위력이 약한 작은 총탄으로 충분하고, 곰을 쓰러뜨리려면 훨씬 강력한 총탄이 필요하다는 것은 말할 것도 없습니다. 그렇다면 구체적으로 여러 종류의 동물을 사냥하기 위해서는 각각 어느 정도의 운동에너지를 지닌 탄약을 사용해야 할까요?

동물의 생명력은 개체에 따라 천차만별입니다. 예를 들어 이 책에서 여러 차례에 걸쳐 다루고 있는 30-06탄에 6발이나 맞고 간신히 곰을 잡은 경우가 있는가 하면, 그 3분의 1 정도 위력밖에 없는 카빈탄 1발로 곰을 죽인 예도 있습니다. 또한 아무리 코끼리라도 미간에 정확하게 쏘면 1발의 7.62mm탄으로 쓰러뜨릴 수 있습니다. 인간의 경우에도 22 림파이어에서 발사된 작은 탄환을 심장에 1발 맞고 즉사한 사람이 있는가 하면, 러시아의 괴승 라스푸틴(Grigori Rasputin, 1869~1916)처럼 7.62mm 나강 권총탄을 5발이나 맞고도 죽지 않아 결국 강물에 던져 익사시켜야 했다는 기록이 남아 있는 사람도 있습니다. 총에서 쏜 탄환에 맞았어도 그것이 원인이 되어 죽게 될지 어떨지는 맞은 부위가 어디인가 하는 문제에 더해, 해당 개체가 지닌 생명력까지 천차만별입니다.

하지만 필자는 지금까지 수없이 많은 동물들이 총에 맞고 쓰러진 예를 보아왔습니다. 이 경험으로부터 평균…이라 할 수 있는 대략적 기준으로, 동물의 체중에 '킬로그램포스 미터(kgf·m)'를 붙인 운동에너지가 그 동물을 쓰러뜨리는 데 필요한 표준 에너지라고 생각하고 있습니다.

즉 **체중 100kg인 동물을 쓰러뜨리려면 100kgf·m의 운동에너지를 지닌 탄환을 쏘라는 말**이 되는 것이죠. 현재의 물리학에서는 운동에너지를 '줄(J)'이라는 단위로 표기하도록 되어 있기 때문에 젊은 사람들은 이 줄 단위로 공부했다고 생각합니다만, 필자 같은 사람들은 kgf·m로 공부한 세대이기도 하고, 각 동물의 체중과 같은 수치라고 하는 비교적 알기 쉬운 계산법이기에 kgf·m를 사용하도록 하겠습니다.

운동에너지(kgf·m)의 계산식은 다음과 같습니다.

$$\text{운동에너지}_{(kgf \cdot m)} = \frac{\text{탄환의 질량} \times \text{속도}^2}{2 \times 9.8}$$

예를 들어 9.72g(150그레인)의 탄환을 초속 800m/s의 속도로 발사했을 때의 운동에너지는 '0.00972×800×800÷(2×9.8)≒317kgf·m'이 됩니다. 즉 이 탄환은 몸무게 300kg의 곰을 쓰러뜨릴 수 있는 것입니다. 다만 이는 그 운동에너지를 해당 동물의 체내에 100% 전달했다, 다시 말해 탄환이 표적을 관통하기 직전 시점에 운동에너지를 잃고 멈춘(이를 위해서는 탄두가 체내에서 효과적으로 변형될 필요가 있다) 경우라는 것입니다.

또한 사냥꾼의 존재를 깨닫지 못한 사냥감에게 기습적인 일격을 먹인 것과 같은 경우로, 체중 300kg의 곰이 헌터를 향해 돌진해왔을 때 같은 위력의 탄환 한 방으로 곰을 쓰러뜨릴 수 있겠는가 하면 대부분의 엽사들은 고개를 저을 것입니다.

그래서 곰이 출몰하는 지역으로 수렵을 나갈 경우에는 이보다 좀 더 위력이 강한 총을 가져가려는 경향이 있습니다.

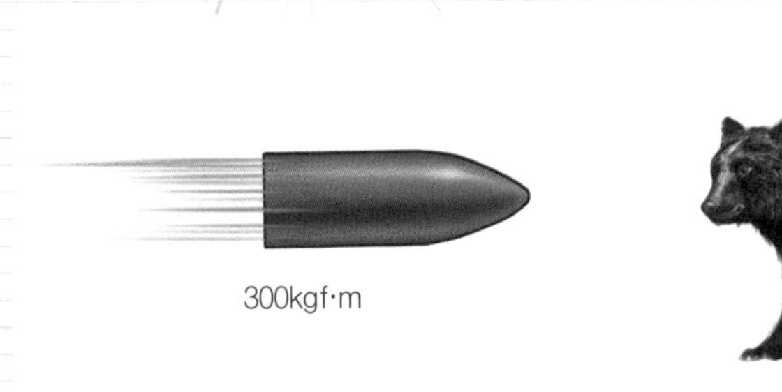

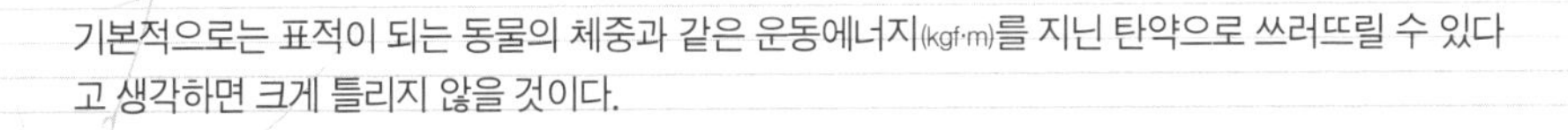
기본적으로는 표적이 되는 동물의 체중과 같은 운동에너지(kgf·m)를 지닌 탄약으로 쓰러뜨릴 수 있다고 생각하면 크게 틀리지 않을 것이다.

7-07 탄환의 속도와 사거리

공기저항 때문에 45°에서 최대 사거리가 나오지는 않는다

총알은 공기저항이 없다고 가정하면 45° 각도로 발사했을 때 가장 멀리 날아갑니다. 권총탄도 수십 km는 날아갈 수 있겠지만, 하지만 공기의 저항이 있기 때문에 탄의 종류에 따라 다르지만 대체로 15~25° 정도 각도에서 가장 멀리 날아가게 됩니다. 해당 탄환이 도달할 수 있는 가장 먼 거리를 **최대 사거리** 혹은 **최대 도달거리**라고 부르고 있습니다.

속도가 빠른 탄환일수록 멀리 날아갑니다만, **같은 속도로 발사되더라도 무거운 탄환일수록 공기저항을 이겨내고 멀리** 날아갑니다. 물론 탄환의 형태도 중요한 요소로, 무겁지만 굵고 짧은 탄환은 공기저항의 영향을 받기 쉽고, 반대로 **가늘고 긴 유선형 탄환일수록 원거리 사격에 유리함**은 말할 것도 없습니다.

하지만 사거리는 탄환의 형태와 중량, 속도 등에 따라 천차만별이기 때문에 다른 탄환보다 조금 가볍지만 초속이 약간 느린 탄환이 공기저항을 적게 받는 형태를 한 덕분에 결국 좀 더 멀리 날아가거나, 같은 구경임에도 조금 무겁고 초속이 약간 느린 탄환이 중량으로 공기의 저항을 이겨내 더 멀리까지 날아가는 경우를 종종 볼 수 있습니다. 그래서 조류용 산탄처럼 극단적으로 가벼운 탄환을 제외한 일반적인 권총탄이나 소총탄은 그 최대 사거리, 즉 수 km 떨어진 위치의 인간에게도 치명상을 입힐 수 있을 만큼의 운동에너지를 지니고 있습니다.

각종 탄환의 초속과 최대 사거리를 오른쪽 페이지와 같이 표로 정리해보았습니다.

이쪽도 기온 15℃, 1기압을 기준으로 하며, 기온이 높을 때나 기압이 낮을 때는 사거리가 약간 늘어날 수 있습니다. 반대로 기온이 낮아지면 사거리도 짧아집니다. 따라서 오른쪽 표에 적힌 최대 사거리의 마지막 자릿수는 실질적으로 아무런 의미가 없다 할 수 있습니다.

각종 탄약의 최대 사거리

탄약 명칭	탄두중량(g)	초속(m/s)	최대 사거리(m)
22 롱 라이플	2.6	380	1,370
223 레밍턴	3.6	981	3,515
243 윈체스터	6.5	897	3,636
243 윈체스터	5.18	1,060	3,150
M1 카빈	7.2	597	1,980
270 윈체스터	8.4	951	3,600
30-30 윈체스터	10.9	666	3,333
30-06 플랫 베이스	11.66	818	3,780
30-06 보트 테일	11.66	818	5,151
338 윈체스터	16.2	818	4,194
458 윈체스터	32.4	644	4,050
12.7mm 중기관총	46.5	861	6,547
380 APC	6.1	294	980
38 스페셜 와드 커터	9.6	233	1,515
38 스페셜+P	10.2	269	1,939
9mm 루거	8.3	339	1,727
357 매그넘	10.2	374	2,151
45 ACP	14.9	259	1,333
44 매그넘	15.5	421	2,272

이 표의 30-06은 동일한 중량인 11.66g(180그레인) 탄환을 같은 속도로 발사했으나, 플랫 베이스보다 보트 테일 탄이 공기저항을 훨씬 적게 받기 때문에 멀리까지 날아갔다는 것을 알 수 있다. 탄환의 형상이 사거리에 영향을 주는 알기 쉬운 예다. 또 243 윈체스터의 5.18g 탄환은 가볍기에 6.5g 탄환보다 고속으로 발사됐지만, 공기저항으로 속도가 떨어져 최대 사거리는 6.5g 탄환보다 오히려 짧아졌다.

7-08 탄도와 가늠자

군용 소총의 가늠자에는 눈금이 있다

일반적으로 총구 부근을 살펴보면 **가늠쇠**(front sight, 프런트 사이트), 그리고 눈에 가까운 쪽에는 **가늠자**(rear sight, 리어 사이트)가 있습니다. 가늠자와 가늠쇠, 목표를 일직선으로 맞추는 것이 조준의 기본이라는 것은 독자 여러분도 잘 알고 계실 것입니다.

그런데 총신은 가늠자나 가늠쇠보다 아래에 붙어 있습니다. 게다가 아무리 고속으로 발사해도 탄환은 중력에 의해 1초 후에 4.9m, 2초 후에는 19.6m나 낙하합니다. 그럼에도 탄환이 어떻게 표적에 명중하는가 하면, **총신이 약간 위를 향한 상태로 발사**되기 때문입니다.

총알은 오른쪽 페이지 그림처럼 약간 위로 발사되어 총구에서 20~30m 정도의 거리에서 조준선까지 올라가고, 좀 더 날아가면 조준선보다 수십 cm 더 위로 상승합니다. 그 후 낙하하면서 다시 수백 m를 날아가고, 다시 조준선 높이까지 떨어집니다. 즉 표적의 중심을 통과하는 것은 역시 이 두 지점입니다. 그 외의 거리에서 쏘면, 목표의 위나 아래에 착탄할 것입니다.

멀리 떨어진 곳에 있는 표적을 명중시키고 싶다면 총신이 그만큼 더 위로 향하도록 필요가 있습니다. 총신이 위를 향하도록 하려면, 가늠자의 높이를 올려주면 됩니다. 군용 소총이나 기관총의 경우, 거리에 따라 가늠자의 높이를 조절할 수 있도록 눈금이 달려 있는 것을 볼 수 있습니다. 목표까지의 거리가 300m라면 '3', 400m면 '4'라고 숫자가 새겨진 위치로 가늠자를 맞춰 조준하는 것입니다.

그런데 목표까지 300m인 줄 알고 쐈는데 사실 400m였다면 총알은 좀 더 앞에 떨어질 것이고, 실제로는 200m였을 경우라면 총알은 위로 넘어가버립니다. 그래서 병사나 엽사는 **목표까지의 거리를 감으로 측정하는 능력**이 필요합니다.

탄도는 포물선을 그린다

탄도는 포물선이다. 그 때문에 어느 거리에서 명중하도록 설정하고, 표적이 그보다 가까우면 위로, 멀면 아래에 착탄하게 된다.

38식 기병총의 가늠자. 2,000m 거리까지 설정할 수 있도록 눈금이 새겨져 있다.

89식 소총의 가늠자. 왼쪽 다이얼을 돌리면 가늠자가 상하로 움직이는데, 표적이 멀리 있을수록 위로 올린다. 89식의 경우는 500m까지 조절 가능하다. 좌우 방향은 오른쪽 다이얼로 조작하며, 안테나 표시처럼 생긴 것은 좌우로 얼마나 움직였는지 알 수 있도록 하는 눈금이다.

7-09 수중 탄도 ❶

물속에서 총을 쏘면 어떻게 될까?

화승총의 시대와 달리 현대의 금속 카트리지는 완전한 수밀 구조로 만들어져 있어서 며칠 동안 물속에 잠겨 있었다 해도 발사할 수 있습니다. **수중에서 총에 탄약을 장전하여 발사**하는 것도 가능합니다. 물론 일부 총기의 경우, 물의 저항이 격침의 움직임을 둔화시켜 뇌관에 대한 타격력이 부족해질 수도 있지만 말이죠.

그러나 총신 안에 물이 들어 있기 때문에 **총신 안의 물 무게만큼 무거운 탄환을 발사하는 것**과 같습니다. 즉, 이상 강압이 발생하는 것입니다.

실험해보니 권총에서는 특별히 위험한 일이 일어나지는 않았지만, 볼트 액션 라이플에서는 약협의 바닥이 빠지기 직전인 상태가 된 것이 있었습니다. 물론 그럼에도 총이 파손되는 일은 없었습니다. 하지만 약협의 상태에서 미루어봤을 때, 모든 소총이 다 안전하다고는 말할 수 없을 것입니다.

수중에서 발사된 탄환은 어디까지 날아갈까요? 물의 밀도는 공기의 약 8,000배이니 총알이 날아가는 거리도 공기 중의 8000분의 1인가 하면, 대략 그렇게 되지 않을까 생각할 수도 있지만, 실험을 해보면 꼭 그렇게 되지만은 않았습니다.

공기 중이라면 권총탄보다 소총탄이 더 멀리 날아갑니다만, 수중에서 실험해보면 **라이플탄은 2m 정도 나아간 뒤 수영장 바닥에 가라앉은 반면, 권총탄은 6m 정도까지 나아갔다는 예**도 있습니다.

수중에서 권총용 45 ACP탄을 두께 19mm의 송판에 쏘는 실험이 있었습니다만, 50cm의 거리에서 1장을 관통하고, 2장째에 움푹 들어간 자국을 남겼으며, 1m 거리에서는 튕겨져 나오는 것을 볼 수 있었습니다. 소총탄인 30-06은 40cm의 거리에서 송판을 7장 관통했다고 합니다.

수중에서의 발사 실험은 실험 사례 자체가 워낙 적기 때문에 체계적으로 설명을 드릴 수 없는 것이 참으로 유감입니다.

이렇게 짙은 흙탕물에 잠긴 후에도 대부분의 권총은 발사 가능하지만 소총, 그중에서도 AR 계열 소총은 매우 불안하다. 사진: 미 해병대

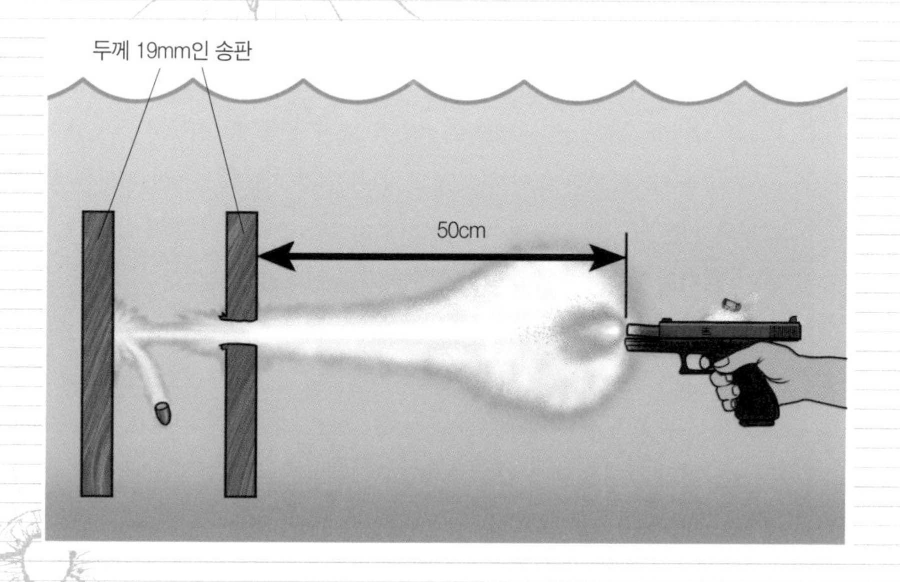

7-10 수중 탄도 ❷

수면에 쏜 총탄은 어떻게 될까?

공기 중(즉 육상이나 배 위 등)에서 수면을 향해 총을 쏘면 어떻게 될까요? 입사각이 얕다면 수면에 착탄한 탄환은 수면에서 **물수제비**(그렇다고 해도 몇 cm는 물속으로 들어갔다가 나온다)를 **튕기듯 하는 모습으로 상당히 멀리** 날아갑니다. 그래서 건너편에 있던 사람이 진짜로 총알에 맞아 죽거나 다친 사고 사례가 있을 정도입니다. 반대로 입사각이 깊으면 이번에는 급격하게 가라앉습니다. 어쨌든 수중에서는 입사각 그대로 탄환이 나아가지 않습니다.

입사각이 얼마나 얕게 들어가야 물수제비를 튕길지는 탄환의 모양에 따라 달라지지만 대체로 **15°보다 얕은 각도에서라면 이런 현상**을 볼 수 있습니다. 그러니까 물 위에 있다가 육지나 배 위에서 총격을 받더라도 거리가 있고, 약 15℃보다 얕은 각도로 탄환이 날아오고, 수십 cm 이상 물에 잠수할 수 있다면 탄환에 맞지는 않을 것입니다.

그럼 더 깊은 각도로 들어가면 어떻게 될까요?

이것은 미군이 한 실험인데, 두께 25mm의 송판을 물속에 두고(이 두께의 송판 관통 여부가 치명적인 상해를 입히느냐의 기준이 된다), 12.7mm 기관총탄을 수직으로 쐈을 때, 관통하는 깊이는 1m에서 1.5m였으며, 45°나 60°로 쏘면 30cm 정도였습니다. 그리고 7.62mm 소총탄은 수직으로 쏘았을 경우는 약 30cm에서 관통했으며, 60cm 깊이에서는 관통한 것이 없었다고 합니다. 이것은 치명적인 상해를 입힐 수 있는 위력을 기준으로 한 것이기 때문에 이보다 조금만 더 깊게 들어간다면 어쨌거나 **총격을 받더라도 1m 이상 잠수하기만 한다면** 목숨만은 건질 수 있다는 얘기가 됩니다(물론 아픈 꼴을 당하기는 하겠지만).

또한 이러한 실험은 군용 보통탄인 FMJ로 실시한 것이기에 소프트 포인트나 할로 포인트라면 탄환이 물에 착탄했을 때의 충격으로 파손되는 경우도 많아 이런 경우라면 안전한 깊이는 더욱 얕아질 것입니다.

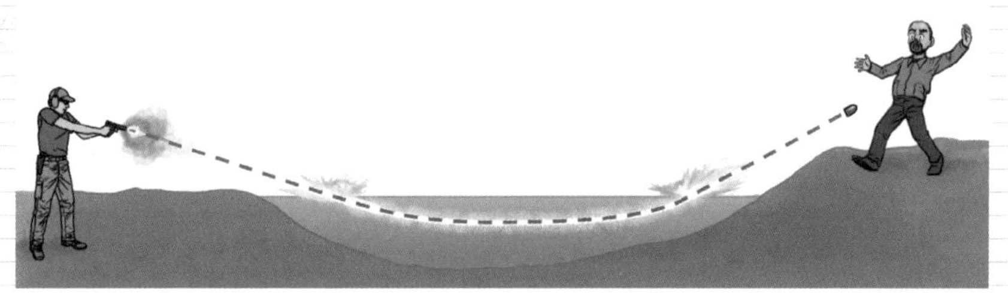

얕은 각도로 수면에 총탄을 쏘면 총알이 튕겨 올라 의외로 위력도 떨어지지 않은 채 멀리까지 날아갈 수 있다.

수중에 있는 사람들에게 탄환이 심각한 피해를 줄 수 있는 수심

탄약 명칭	탄두	수심(cm)
22 롱 라이플	납, 라운드 노즈	40
380 ACP	풀 메탈 재킷	67
38 스페셜	납, 라운드 노즈	50
9mm 루거	풀 메탈 재킷	87
357 매그넘	풀 메탈 재킷	60
41 매그넘	소프트 포인트	65
44 매그넘	할로 포인트	65
30-06 소총탄	풀 메탈 재킷	75
12.7mm 기관총탄	풀 메탈 재킷	120

위 실험에서는 사람 대신 두께 25mm의 송판을 사용했으며, 절반 이상 파고 들어간 상태를 중상을 입힐 수 있는 위력의 기준으로 판단했다.

7-11 수직으로 발사된 탄환은 어떻게 될까?

그래도 역시 위험하다

중동 등지에서는 축포를 쏘듯 하늘을 향해 총을 난사하는 모습을 자주 볼 수 있습니다. 상당히 큰 각도로 허공을 향해 발사되고 있다고는 하지만 **떨어진 탄환은 여전히 살상력을 가지고 있기에 실제로 가끔 사망자**가 나오고 있습니다. 옛날에는 서양에서도 비슷한 짓을 하는 이들이 있었기에 총 대신 파티 크래커라는 불꽃놀이 폭죽이 대신 사용되고 있습니다.

그렇다면 90°, 완전히 수직으로 발사된 탄환은 어떻게 되는 것일까요?

30-06의 180그레인 탄두(현재의 7.62mm NATO탄보다 약간 사거리가 길고 강력함)를 사용한 실험 사례가 있습니다. 초속 823m/s 속도로 발사된 탄환은 21초 걸려 고도 3,048m까지 도달했습니다(만약 공기저항이 없다면 32km 고도까지 올라갔을 것입니다).

바로 위를 향해 발사된 탄환은 그대로 엉덩이를 아래로 하여 떨어질 터입니다만, 모종의 원인으로 머리를 아래로 하고 떨어지는 것이나 옆면을 아래로 한 채 낙하하는 것도 있습니다. 머리를 아래로 하고 떨어지는 것이 가장 위험한데, 발사 53초 후에 약 초속 140m/s의 속도로 떨어집니다. 이 에너지는 구 일본군이 사용한 26년식 권총탄이 지닌 에너지의 90% 가까이 되는 것이며, **병사가 전투를 계속할 수 없게 될 정도의 상처를 입힌다고 여겨지는 에너지의 값과 거의 같은** 수치입니다.

엉덩이를 아래로 하고 떨어지는 경우라면 발사 58초 후 초속 98.5m/s의 속도로, 옆으로 쓰러진 채 떨어지는 탄환이라면 발사 81초 후 초속 54.9m/s의 속도로 떨어집니다. 어쨌든 이 정도 속도로 낙하하는 11.7g짜리 납덩어리가 인체와 충돌한다면 죽지는 않더라도 다치지 않고 무사하기를 기대하는 것은 어려울 것입니다.

예로부터 항공기를 향해 대공 사격을 실시하는 일은 자주 있었고, 최근에는 소총이나 기관총으로 드론에 사격하는 일도 늘고 있는데 **낙하하는 탄환의 위험성을 잘 인식해둘 필요**가 있겠습니다.

낙하해온 소총탄은 이 26년식 권총탄 수준의 살상력을 지니고 있다.

사진: Naval History & Heritage Command

COLUMN-07

최근 12.7mm 저격소총이 유행하는 이유는?

최근 12.7mm **중기관총 탄을 사용하는 무시무시한 위력의 저격소총**이 각국에서 유행하고 있습니다. 탄환의 무게나 화약량 모두가 7.62mm 탄의 5배, 5.56mm 탄의 10배나 되는 강력한 탄약으로, 아무리 먼 거리의 표적을 쏴야 한다고 해서 이렇게까지 강력한 탄약을 쓸 필요가 있을까? 하는 의문이 들 것 같습니다. 그러나 역시 **공기저항을 이겨내고 원거리의 표적을 정확하게 사격하려면 크고 강력한 탄약이 유리**합니다.

예를 들어 탄환이 2,000m 앞의 목표에 도달하려면 7.62mm 탄의 경우 7.57초나 걸리며, 탄도 포물선의 정점인 최대 탄도고(Maximum Altitude)도 71m나 됩니다. 게다가 횡방향으로 8m나 밀려나가게 됩니다. 하지만 12.7mm 탄이라면 4.35초밖에 걸리지 않으며, 최대 탄도고는 25m, 옆으로 흘러가는 거리도 1.4m밖에 되지 않습니다. 원거리 저격에 대구경탄을 사용하는 것은 그것이 지닌 파괴력보다는 탄환의 무게에 의지하여 공기저항을 이겨내서 평평한 탄도를 얻는다는 점에 있습니다. 무거운 탄환은 옆바람의 영향도 적게 받기 때문에 유리합니다. 7.62mm 탄에서는 초속 1m 정도의 산들바람이라고 할 수 있는 옆바람만 불어도 1,000m 거리에서 70cm 이상 흐르게 됩니다만, 12.7mm 탄이라면 **그 정도의 바람은 무시할 수 있습니다.** 하지만 12.7mm 탄의 맹렬한 반동을 지탱하기 위해서는 그 실용성에 의문이 들 정도로 총이 크고 무거워집니다. 따라서 좀 더 작은 탄을 쓸 수는 없을까 하고 338 라푸아 매그넘(16.2g짜리 총알을 초속 900m/s 속도로 발사)과 같은 중간 크기의 탄을 실전에 투입해 시험하고 있습니다.

바렛 파이어암즈에서 개발한 바렛 M82. 12.7mm 탄을 사용한다. 경장갑차량이나 장거리 저격용으로 사용되고 있다.

제 8 장

산탄총

산탄총의 구경 표기법은 mm도 인치도 아닙니다. 산탄 약협 안에는 얼마나 큰 산탄 알갱이가 몇 알이나 담겨 있는지, 산탄은 거리에 따라 얼마나 퍼지는지, 그리고 공기저항으로 얼마나 속도가 떨어지는지 등의 의문과 함께 산탄총의 기초 지식에 대해 알아보도록 합시다.

8-01 산탄 장탄의 구조

산탄용 실탄은 산탄 장탄이라고 한다

소총이나 권총의 탄약은 카트리지라고도 합니다. 산탄총의 경우에도 실포나 카트리지라고 부르는 것이 틀린 표현은 아니지만, 그보다는 **셸**(shell)이나 **산탄 장탄**이라고 불리는 것이 일반적입니다. 산탄 장탄은 오른쪽 페이지의 그림과 같은 구조를 하고 있습니다. 약협은 종이나 플라스틱으로 만들어지는데, 흑색화약을 사용하던 예전에는 황동으로 만든 약협도 있었지만 현재는 생산되지 않습니다. 뇌관은 소총이나 권총용 탄약의 것과는 치수나 모양 모두 다릅니다.

와드(wad)는 산탄이 발사약과 섞이지 않도록 하는 칸막이로, 산탄을 밀어내는 피스톤의 역할도 맡고 있습니다. 옛날에는 소나 다른 짐승의 털을 밀랍으로 굳힌 것을 사용했지만, 지금은 볼 수 없습니다. 종이를 압축해서 만든 와드도 있지만, 현재는 거의 폴리에틸렌으로 만들어지며, 산탄과 총신이 직접 부딪치지 않도록 하는 **샷 컵**(shot cup)과 일체화된 것이 대부분입니다.

산탄 장탄의 앞면은 산탄이 쏟아지지 않도록 마개로 덮여 있습니다. 옛날에는 **롤 크림프**(roll crimp)라고 해서 종이 뚜껑을 덮고 약협의 입구 부분을 안쪽으로 둥글게 접어 넣었지만, 현대의 장탄은 스타 크림프(star crimp)라고 해서 별 모양으로 접어 넣는 방식으로 제작됩니다. 롤 크림프보다 스타 크림프 쪽이 접힌 부분이 길기 때문에 발사 전에는 같은 길이의 장탄이었지만 발사되어 입구가 열린 약협을 비교해보면 스타 크림프 방식의 약협이 더 길다는 것을 알 수 있습니다.

약협 바닥을 감싸고 있는 금속 부분은 **론델**(rondelle) 또는 **브라스 헤드**(brass head)라고 합니다. 쌍열식 산탄총에 사용하는 경우는 굳이 필요 없기에 론델로 보강하지 않은 것도 있습니다만, 자동 또는 슬라이드 액션 방식의 총기에서 사용할 경우, 발사 후 약실에서 추출될 때 강한 힘을 받게 되므로 보강이 필요합니다.

산탄 장탄의 구조

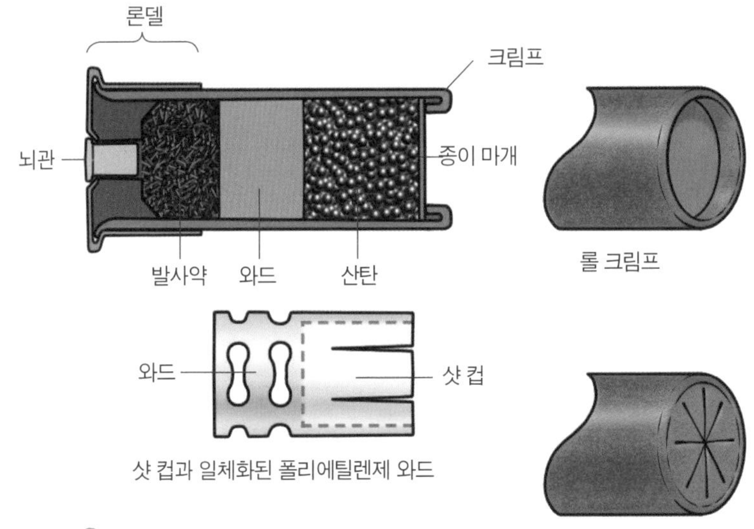

샷 컵과 일체화된 폴리에틸렌제 와드

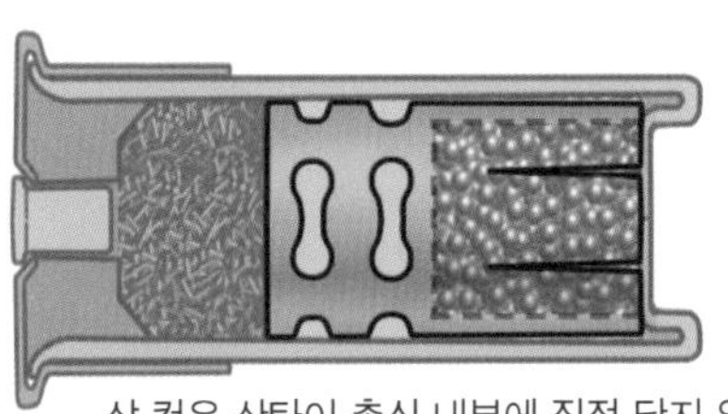

샷 컵은 산탄이 총신 내부에 직접 닿지 않게 해준다.

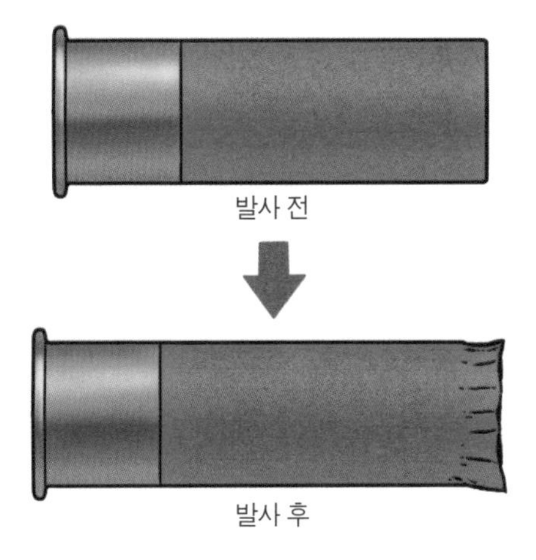

8-02 산탄총의 구경 표기법

게이지란 무엇을 의미하는가?

산탄총의 구경은 보통 **게이지**(gauge)라는 단위로 표기하며, 여기에 따라 12게이지나 20게이지라는 식으로 부르게 됩니다.

12게이지라는 것은 '12분의 1파운드짜리 납 구슬 크기와 같은 구경', 20게이지라는 것은 '20분의 1파운드짜리 납 구슬과 같은 크기의 구경'이라는 뜻입니다. 1파운드는 453.6g으로, 1파운드 구슬의 직경은 37mm입니다. 대전차포와 같은 소구경 화포를 보면 각기 다른 국가에서 개발되었음에도 37mm 구경으로 만들어진 포를 흔히 찾아볼 수 있는데, 이것이 바로 1파운드포라고 하는 것입니다.

조금 특이하게 표기되는 구경으로는 410**보어**(bore)라는 것이 있습니다. 이쪽은 납 구슬의 크기를 나타내는 것이 아니라 일반적 총기에도 사용되는 인치법 기반이며, 문자 그대로 410구경(10.8mm)을 나타냅니다(게이지로 환산했을 경우에는 36게이지에 해당합니다). 그 밖에도 9mm라거나 7.6mm, 0.22인치라는 것도 있습니다만, 실제로는 거의 존재하지 않는다고 봐도 좋을 특수한 탄약입니다.

일반적으로 가장 많이 보급된 것은 12게이지인데, 아무래도 **구경이 큰 쪽이 많은 양의 산탄을 넣을 수 있어 유리**하기 때문입니다. 이보다 구경이 커지면 반동이 너무 강해지고, 총기의 크기 문제도 있어 다루기 어려워집니다. 또한 많은 나라에서 12게이지보다 큰 산탄총을 금지하고 있지만, 미국의 일부 주에서는 10게이지까지 허용하고 있다고 합니다. 다음으로 많은 것은 20게이지입니다. 여성들도 다루기 쉬운 사이즈입니다. 그다음으로 많은 것은 410보어로, 12게이지에 비하면 산탄의 양도 절반이 되지만, 아담한 크기에 가벼운 총으로 만들 수 있습니다. 미국에서는 28게이지라는 것도 드물게 보이지만, 다른 나라에서는 거의 찾아볼 수 없습니다. 그리고 16게이지라는 것도 있는데, 이쪽은 옛날식 고급 산탄총으로 좀 남아 있을 뿐이라 매우 드물고, 장탄도 예약을 해둬야 간신히 구할 수 있을 정도라고 합니다. 이 외의 구경은 서류상 그 규격이 존재한다는 것일 뿐, 총포상을 수백 군데나 돌더라도 실물을 볼 일은 거의 없을 것입니다.

산탄총의 구경 규격

규격(게이지 외)	구경 크기			
	종이 약협용 총		황동 약협용 총	
	최대치(mm)	최소치(mm)	최대치(mm)	최소치(mm)
4게이지	23.75	23.35	—	—
8게이지	21.20	20.80	—	—
10게이지	19.70	19.30	19.7	19.5
12게이지	18.60	18.40	18.5	18.3
16게이지	17.20	16.80	16.7	16.5
20게이지	16.00	15.60	15.6	15.4
24게이지	15.10	14.70	14.5	14.3
28게이지	14.40	14.00	13.5	13.3
30게이지	—	—	12.5	12.3
36게이지	—	—	11.5	11.3
40게이지	—	—	10.4	10.2
410보어	10.60	10.40	—	—
7.6mm	—	—	7.5	7.3

구경이 클수록 산탄을 많이 넣을 수 있어 유리하다.

미국의 벅 샷 규격

명칭	직경(인치)	직경(mm)	1파운드(453.6g)당 산탄 개수
00	0.33	8.38	130
0	0.32	8.12	145
1	0.30	7.62	175
3	0.25	6.35	300
4	0.24	6.09	340

미국의 버드 샷 규격

명칭	직경(인치)	직경(mm)	1온스(28.35g)당 산탄 개수
BB	0.18	4.57	50
2게이지	0.15	3.81	90
4게이지	0.13	3.30	135
5게이지	0.12	3.05	170
6게이지	0.11	2.79	225
8게이지	0.09	2.29	410
9게이지	0.08	2.03	585
12게이지	0.05	1.27	2,385

미국의 산탄 규격은 벅 샷(buck shot, 사슴 등 중형 동물용)과 버드 샷(bird shot, 새나 소형 동물용)으로 나뉜다. 같은 구경의 총에 장전되는 산탄 개수는 알갱이가 작은 산탄일수록 많아진다. 예를 들어 버드 샷으로 약협 안에 1온스(28.35g)의 산탄을 채운다면, 작은 알갱이 9호(9게이지)는 585알이나 넣을 수 있지만, 큰 알갱이 2호(2게이지)는 90알이 고작이다.

8-03 산탄의 재질과 치수 및 중량

1.25mm에서 8.75mm까지

당연하지만 산탄의 재질은 **납**입니다. 하지만 순수한 납은 너무 부드럽고 변형되기 쉽기에 3% 전후의 안티몬을 넣어 경화시킨 것이 많은데, 이를 **칠드 샷**(chilled shot)이라고 합니다. 반면에 거의 순수한 납으로 만든 것은 **소프트 샷**(soft shot)이라고 합니다. 그리고 여기에 니켈이나 구리 도금을 한 것도 있습니다. 참고로 최근에는 납으로 발생하는 환경오염을 막기 위해 철제 산탄을 사용하는 일도 늘고 있습니다.

산탄은 다양한 크기의 것이 만들어져 있습니다. 규격은 나라마다 미묘하게 다릅니다. 그래서 앞 페이지에 미국의 산탄 규격을, 그리고 오른쪽 페이지에는 일본의 규격을 표로 정리해보았습니다. 미국의 산탄 규격은 **벅 샷**과 **버드 샷**으로 나뉘어 있습니다(일본에서도 엽사들 사이에서는 이 구별과 호칭법이 사용되고 있습니다).

표에는 없지만, 클레이 사격용 **트랩 장탄**에는 '7호 반'이라는 것이 사용되는데, 산탄 1알의 중량은 0.0785g입니다. 미국의 No.7 1/2은 직경 0.95인치(2.41mm)로, 1온스(28.35g)당 350알이며, 1알의 무게는 0.081g입니다. 다만 실제 제품의 경우 0.1mm 정도의 오차는 흔한 일이고, 개중에는 상당한 변형이 발생한 것도 포함되어 있습니다.

영국에서는 1온스당 알갱이 개수로 산탄의 호수를 정하고 있고, 1온스당 100알짜리를 1호, 270알짜리를 6호, 850알짜리를 10호라고 부르고 있습니다. 영국식 규격의 각 호 치수는 일본의 동일 호수보다 약간 작은데, 예를 들어 3호가 3.25mm, 4호가 3.05mm, 5호가 2.9mm, 6호가 2.9mm 정도입니다.

이렇게 나라마다 규격이 다르기 때문에 영국의 4호는 미국의 5호 정도이고, 미국의 4호는 이탈리아의 3호 정도…라는 식의 차이가 납니다.

일본의 산탄 규격

호수	직경(mm)	산탄 1알의 무게(g)	32g의 알갱이 개수	사격(수렵) 대상
X	8.75	3.750	8	사슴, 멧돼지
SSSG	7.75	2.600	12	
SSG	7.00	1.960	16	
SG	6.50	1.490	21	
AAA	6.00	1.280	25	원거리에서 여우, 너구리, 기러기
AA	5.50	0.950	32	
A	5.00	0.750	42	
BBB	4.75	0.590	54	
BB	4.50	0.520	61	여우, 너구리, 기러기
B	4.25	0.460	69	
1	4.00	0.370	87	원거리에서 기러기, 오리
2	3.75	0.320	100	
3	3.50	0.250	128	원거리에서 오리, 산토끼, 꿩, 산새
4	3.25	0.200	160	
5	3.00	0.150	215	까마귀, 꿩, 토끼
6	2.75	0.110	291	
7	2.50	0.090	357	근거리에서 토끼
8	2.25	0.070	457	
9	2.00	0.050	640	메추라기도요, 메추리, 다람쥐
10	1.75	0.030	1,067	
11	1.50	0.021	1,526	찌르레기, 직박구리, 참새
12	1.25	0.013	2,692	

1알의 무게가 줄면(알이 작아지면), 32g당 산탄 개수는 늘어난다.

산탄 장탄의 산탄량과 발사약량

단위: g

구경	경장탄		표준 장탄		강장탄		매그넘 장탄	
	산탄량	발사약량	산탄량	발사약량	산탄량	발사약량	산탄량	발사약량
10게이지	39	2.0	46	2.3	53	2.6	57	2.8
12게이지	28	1.4	32	1.6	40	2.0	52	2.1
16게이지	27	1.3	30	1.5	—	—	—	—
20게이지	24	1.2	24	1.2	32	1.6	35	1.8
28게이지	—	—	20	1.0	—	—	—	—
410보어	10	0.5	14	0.7	21	1.1	21	1.1

이 표는 가장 대표적인 예로, 제조사에 따라 장탄 종류에 따라 미묘한 차이가 있다.

8-04 산탄 약협의 길이

짧은 약실에 약협이 긴 장탄을 장전할 수 있을까?

소총이나 권총용 탄피는 같은 구경 내에서도 다양한 치수와 형상을 한 것이 있어 복잡하지만, 산탄 탄피는 극히 단순합니다. **종이 약협, 플라스틱 약협은 모두 림이 달린 스트레이트 및 림드형**이며, 4게이지와 길이가 다른 것이 몇 종 있을 뿐입니다.

4게이지와 8게이지 약협은 길이 $3\frac{1}{4}$인치(82.5mm)뿐입니다.

10게이지 약협은 옛날에는 $2\frac{1}{2}$인치(65mm)뿐이었지만 지금의 미국에는 $3\frac{1}{2}$인치(89mm)와 $2\frac{7}{8}$인치(73mm)가 있습니다.

16게이지와 24게이지는 65mm뿐입니다. 옛날에 정해진 규격 그대로 오랫동안 신제품이 만들어지지 않았기 때문입니다. 다른 구경에서도 65mm라는 것은 오래된 규격으로 현재 거의 볼 수 없습니다.

현재의 산탄 약협은 12게이지와 20게이지, 28게이지, 410보어까지 모두 $2\frac{3}{4}$인치(70mm)가 주류로, 경장탄도 중장탄도 같은 약협을 사용하며, 와드 두께가 조금씩 달라질 뿐입니다. 이들보다 긴 것으로는 매그넘 장탄이 있습니다. 12게이지에는 70mm 외에 3인치(76mm), $3\frac{1}{2}$인치(89mm)가 있습니다. 20게이지와 410보어에는 70mm와 76mm가 있지만 28게이지는 70mm뿐입니다.

또한 총에 따라 사용 가능한 탄피 길이가 다르므로 주의가 필요합니다. 예를 들어 약실이 긴 총에 짧은 약협을 사용하는 것에는 문제가 없지만, **약실이 짧은 총에 약협이 긴 장탄을 사용하면 위험**합니다. 산탄 약협의 길이는 크림프(안쪽으로 말아 넣음) 전의 길이로 표기되어 있기 때문입니다. 12게이지처럼 3인치(76mm)로 표시된 약협은 크림프해서 장탄으로 만들면 길이가 65mm이므로, 약실 길이 70mm인 총에 무리 없이 장전할 수 있습니다. 하지만 총을 발사할 때 크림프가 열릴 공간이 부족합니다. 물론 한 발 정도로 총이 파손될 만큼의 압력이 발생하는 것은 아니지만, 얼마 지나지 않아 이상이 발생할 것입니다. 각 총기의 약실 길이는 총신에 각인되어 있기 때문에 꼼꼼히 확인해야 합니다.

약실 길이가 짧은 총에 약협이 긴 장탄을 사용하면…

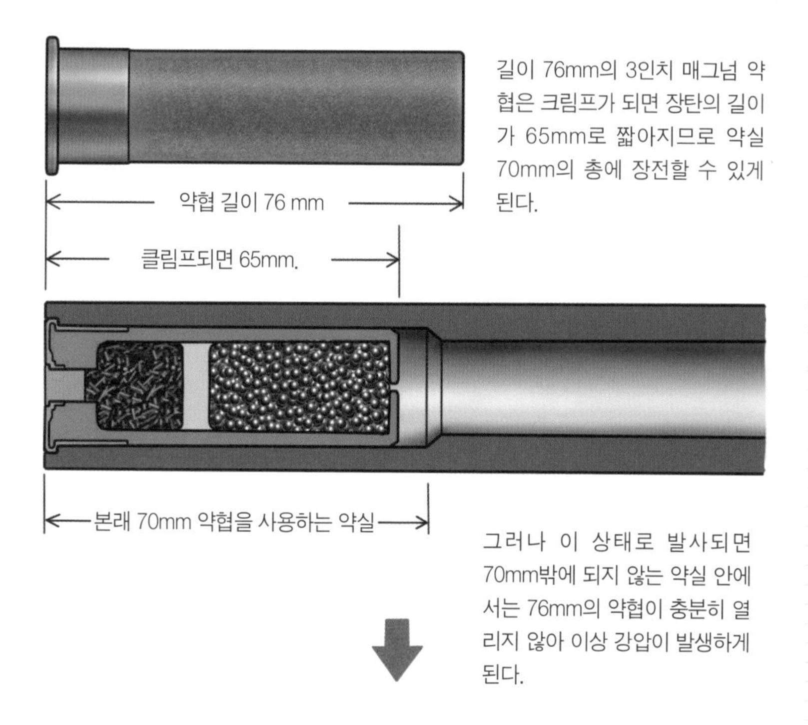

길이 76mm의 3인치 매그넘 약협은 크림프가 되면 장탄의 길이가 65mm로 짧아지므로 약실 70mm의 총에 장전할 수 있게 된다.

그러나 이 상태로 발사되면 70mm밖에 되지 않는 약실 안에서는 76mm의 약협이 충분히 열리지 않아 이상 강압이 발생하게 된다.

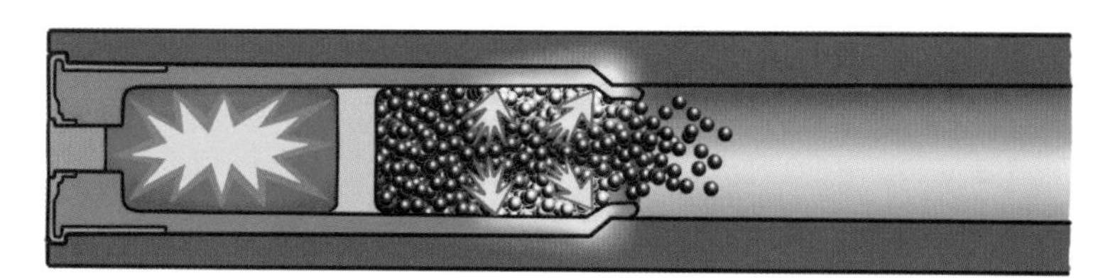

8-05 초크와 패턴

산탄총의 총구는 좁혀져 있다

산탄총의 총신은 대개 총구 부분이 수 cm 정도 좁혀져 있습니다. 예를 들어 12게이지의 구경은 18.6mm입니다만, 총구 부분에서는 17mm로 가늘게 했습니다. 이것을 **초크**(choke)라고 합니다. **초크로 산탄의 산개 패턴을 조절**하는데, 예를 들어 30m에서 1m 정도 크기로 퍼지는 총도 초크를 조이면 40m에서 1m 퍼지도록 할 수 있습니다.

물론 초크로 조여 조절했다 하더라도 모든 알갱이가 고르게 산포되는 것은 아닙니다. 지나치게 조인 경우, 일부 산탄은 오히려 불규칙하게 튀어버립니다. 그래서 초크 강도나 패턴을 나타내는데 산탄의 모든 알갱이를 포함한 직경으로 나타내기가 어려우므로 40야드(약 36m) 거리에서 직경 30인치(76.2cm)의 원 내부에 산탄의 몇 %가 들어가느냐 하는 것으로 나타냅니다.

70% 이상을 **풀 초크**(완전 조임), 65% 이상이 **스리쿼터 초크**(4분의 3 조임), 60% 이상을 **하프 초크**(반 조임), 55% 이상은 **쿼터 초크**(4분의 1 조임), 50% 이상은 **임프루브드 실린더**(improved cylinder, 개량 실린더)라고 하며, 전혀 조이지 않은(거의 40%) 것은 그냥 **실린더**라고 합니다. 실린더는 패턴 중심부의 밀도가 낮아지기 때문에 실질적으로 가장 느슨하게 조절된 것은 임프루브드 실린더입니다. 한편 스키트 초크(skeet choke)라는 것도 있는데, 스키트 사격에는 어떤 초크가 좋은가에 대해 메이커에 따라 생각에 조금씩 차이는 있습니다만, 대개는 거의 초크가 들어가지 않은 실린더를 사용하고 있습니다.

예전에는 초크를 바꾸고 싶으면 총신을 바꾸거나, 건 스미스(gun smith)라 불리는 총기 기술자에게 초크를 바꿔 달아달라고 의뢰하는 것이 일반적이었지만, 최근의 총에서는 처음부터 **나사식으로 교환할 수 있는 초크**를 사용하는 것이 주류를 이루고 있습니다.

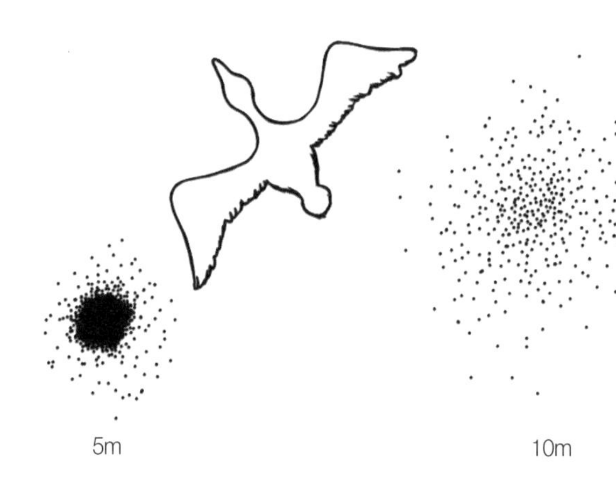

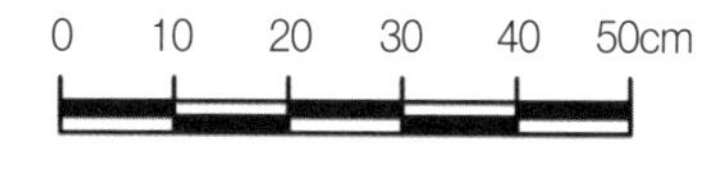

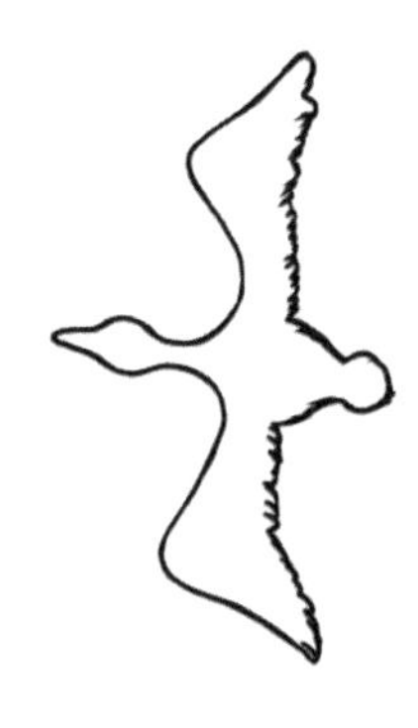

20m

풀 초크 총신으로 사격했을 때
5m, 10m, 20m 거리에서의 산개 패턴.

8-06 산탄의 속도와 사거리

산탄총의 사거리는 한정적이다

산탄총에서 발사되는 산탄의 초속은 탄의 종류나 총신의 길이에 따라 다소 차이가 있지만, 360~400m/s 전후가 대부분입니다.

산탄총은 날고 있는 새를 쏴야 하기 때문에 탄의 속도가 빠른 편이 좋을 것 같습니다만, 작은 산탄은 공기저항으로 의외로 급격하게 속도가 저하됩니다. 따라서 총구에서 나왔을 때의 속도를 아무리 높여도 유효 사거리가 딱히 늘어나지는 않습니다.

속도를 높이기 위해 화약의 양을 늘리면 반동도 늘어나버립니다.

큰 반동도 감수할 수 있다고 한다면 차라리 초속이 좀 느려지더라도 산탄의 양을 늘리는 편이 새를 잡을 확률을 높일 수 있는 길입니다. 초음속으로 산탄을 발사해도 공기저항으로 금세 음속 이하가 되기 때문입니다.

산탄의 최대 도달거리는 초속에 관계없이 입자의 크기로 결정된다는 것은 실험을 통해서도 확인할 수 있습니다. 알갱이가 크면 초속이 낮아도 멀리 날아갑니다. 다음 페이지의 표는 이 수치를 정리한 것입니다. 또한 12게이지 구슬의 최대 도달거리는 약 1,300m, 16게이지가 1,200m, 20게이지는 1,100m이며 410보어가 약 770m 정도입니다.

벅 샷의 X는 520m, SSSG는 480m, SSG가 450m, SG가 425m, AAA가 400m, AA가 380m이며, BB는 340m 정도까지 날아갑니다.

최대 비거리는 총신을 15°에서 25° 정도 위로 기울여 쏜 경우에 얻을 수 있습니다. 진공 상태라면 45°겠지만, 공기저항으로 속도가 떨어져 급격히 낙하하므로 직경이 작은(무게가 가벼운) 산탄일수록 이 각도는 낮아집니다.

또한 버드 샷 산탄이 최대 도달거리 근처에서, 혹은 높은 각도로 쏘아 올려져 떨어질 때는 빗방울이 후두둑 하고 떨어진 것 같은 느낌입니다. 도저히 산탄이 날아왔다고는 느껴지지 않을 정도이지만, 그래도 거기까지 탄환이 도달하는 것은 불법 행위로 간주됩니다.

산탄의 속도와 최대 사거리

크다 ↑ 알갱이의 지름 ↓ 작다

산탄 호수	초속(m/s)	20야드 지점 속도	40야드 지점 속도	60야드 지점 속도	최대 도달거리
2호	400(고속)	316	261	221	330야드 (300m)
	390(중속)	311	256	218	
	370(저속)	295	246	210	
4호	400(고속)	306	247	207	300야드 (275m)
	390(중속)	303	242	204	
	370(저속)	286	235	198	
5호	400(고속)	283	239	200	290야드 (265m)
	390(중속)	294	236	197	
	370(저속)	282	227	315	
6호	400(고속)	294	232	192	270야드 (250m)
	390(중속)	288	227	189	
	370(저속)	276	220	184	
7호반	400(고속)	282	217	176	250야드 (235m)
	390(중속)	276	214	174	
	370(저속)	265	206	169	
8호	400(고속)	278	215	177	240야드 (225m)
	390(중속)	269	210	170	
	370(저속)	260	201	165	
9호	400(고속)	270	212	168	230야드 (210m)
	390(중속)	268	203	162	
	370(저속)	253	193	156	

※ 거리는 야드이지만, 속도는 m/s로 표기했다. 1야드는 약 0.9m.

산탄의 도달거리는 바람의 영향 등으로 10% 정도의 오차가 발생하는데 알갱이가 작을수록 바람의 영향을 받기 쉬워 오차가 더 커진다. 또한 버드 샷 산탄이 최대 사거리에 도달하여 낙하했을 때에는 공기저항으로 에너지를 거의 잃어 사람에게 상해를 입힐 정도의 운동에너지가 남아 있지 않다. 하지만 일본의 법률상 탄환이 도달할 우려가 있는 인가나 사람을 향해 발사하는 것 자체가 위법 행위이다.

8-07 클레이 사격

직경 11cm의 원반을 쏘다

클레이(clay)라는 것은 프리스비(firsbee)처럼 생긴 직경 11cm짜리 원반으로, 산탄에 맞아 깨지기 쉽도록 석회와 피치(pitch, 송진, 수지)로 만들어져 있습니다. 클레이 사격의 1라운드는 클레이 25장을 쏘는 것으로 정해져 있습니다.

클레이 사격에는 **트랩 사격**과 **스키트 사격**이 있습니다. 클레이 사격장은 오른쪽 페이지의 그림처럼 되어 있으며, 각 사대에는 집음 마이크가 있어서 사수가 "풀(full)" 또는 "아!" 라는 구호로 신호(콜)를 주면 클레이가 튀어나옵니다.

트랩 사격은 사대가 5개 1열로 늘어서 있고, 5명의 사수가 왼쪽에서 차례로 콜하여 클레이를 쏘고, 5명이 모두 사격을 종료하면 1명씩 오른쪽으로 이동해(5번 선수는 뒤로 빠져 1번 위치로 갑니다), 다시 왼쪽부터 사격을 개시합니다. 이것을 5회 반복해서 클레이 25장을 쏘게 되며, 클레이는 사수의 전방 15m에서 좌우 45°로 사출되는데, 이것이 어느 방향으로 튀어 나올지는 알 수 없습니다.

스키트 사격은 반원형으로 사대가 배치되어 있는데, 여기서는 사수가 각 사대에 배치되는 것이 아니라 전원이 1번을 다 쏘면 2번으로 이동하는 방식입니다. 트랩 사격에서는 도망치는 클레이를 쏘는 방식이지만 스키트 사격에서는 좀 더 다양한 각도로 클레이가 날아옵니다.

트랩 사격은 거리가 멀기 때문에 보통은 풀 초크를 사용하며(사람에 따라서는 풀 초크가 아닌 사람도 있습니다), 산탄은 7호반을 사용합니다. 스키트 사격은 거리가 가깝기 때문에 느슨한 쿼터 초크를 사용하며 산탄은 9호를 씁니다. 옛날에는 32g의 표준 장탄이 사용되었지만, 최근의 클레이 장탄은 24g입니다.

트랩 사격

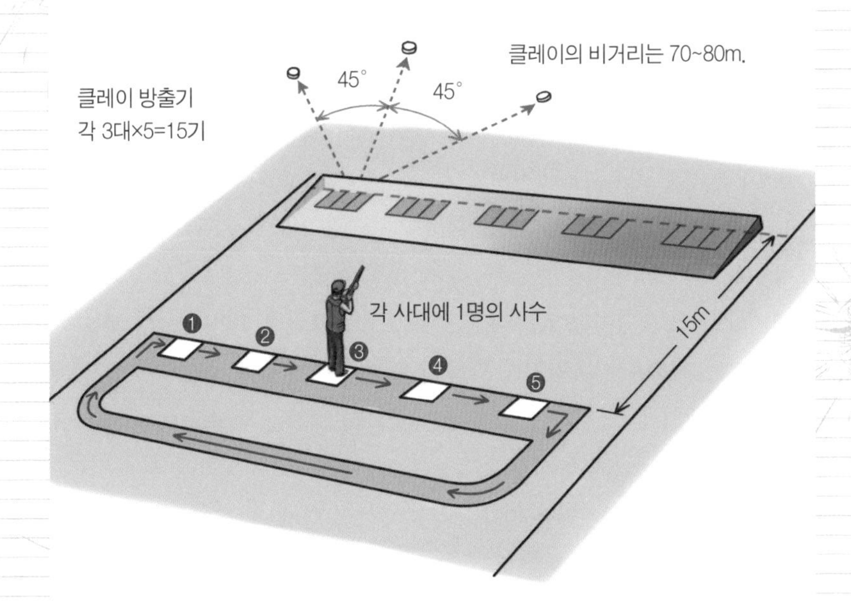
클레이 방출기
각 3대×5=15기
45°
45°
클레이의 비거리는 70~80m.
각 사대에 1명의 사수
15m
1
2
3
4
5

스키트 사격

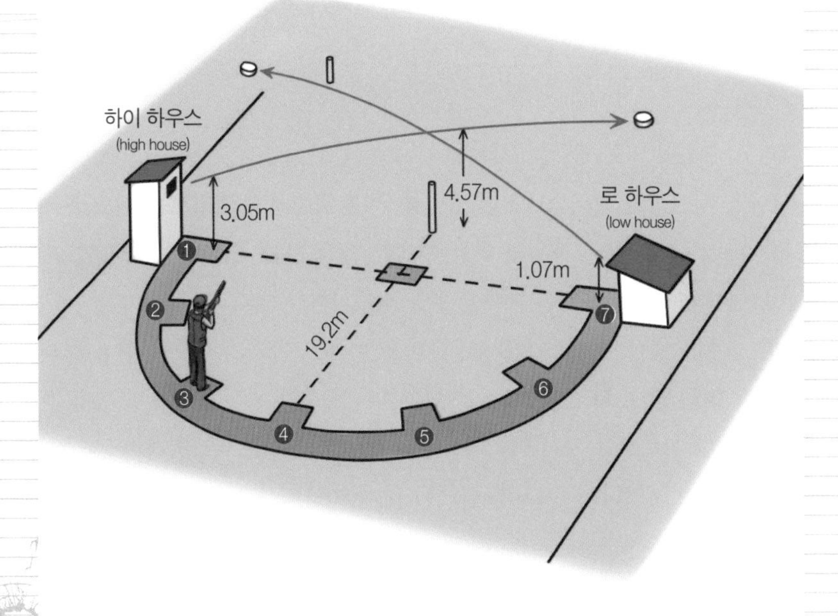
하이 하우스
(high house)
3.05m
4.57m
로 하우스
(low house)
1.07m
19.2m
1
2
3
4
5
6
7

8-08 산탄총의 조준법

산탄총에는 가늠자가 없다

일반적으로 '조준'이라고 하면 소총이나 권총과 같이 가늠자와 가늠쇠를 이용해서 표적을 겨냥한다는 이미지입니다. 하지만 날아다니는 표적을 쏘는 산탄총은 전혀 다른 방식을 사용합니다. 산탄총은 날아가는 표적을 막대기로 가리키는 듯한 느낌으로 총신 전체를 사용해서 겨냥하게 됩니다.

게다가 표적이 움직이고 있기 때문에 목표보다 조금 앞쪽을 겨냥할 필요가 있습니다. 그렇게 목표의 움직임에 맞춰 총을 **휘두르고**(swing), 그 움직임을 멈추지 않은 채 방아쇠를 당깁니다. 초보자는 방아쇠를 당길 때 스윙이 둔해져 표적의 궤적 뒤를 쏘기 쉽습니다.

이 때문에 **산탄총에는 가늠자**(rear sight)가 없습니다. 총신의 선단 끝 부분이 어디인지 알려주는 느낌으로, 작은 가늠자가 있을 뿐입니다. 총신의 시인성을 높이기 위해 산탄총의 총신 위에는 **리브**(rib)라고 불리는 가늘고 긴 판이 붙어 있습니다. 이 리브에는 빛의 반사를 막기 위해 미세한 홈이 있는데, 둥근 총신의 윗면을 보는 것보다 이렇게 하는 편이 목표를 가리키는 막대기로 인식하기 쉽기 때문입니다.

그리고 강선이 있는 총(소총이나 권총)의 조준에서는 상상도 할 수 없지만, 산탄총은 다음 페이지의 일러스트처럼 **총신을 약간 위에서 내려다보는 식으로 겨누게** 됩니다. 소총을 들고 자세를 취할 때에는 몸을 거의 곧게 세운 모습인 반면, 산탄총 사격에서는 구부정한 자세를 취하게 됩니다.

또한 소총은 총을 받치는 왼팔을 총 바로 아래로 가져가지만, 산탄총은 좌우 팔꿈치를 **여덟 팔**(八)**자 모양**으로 열어둡니다. 표적의 움직임에 맞춰 총을 휘두를 때는 팔만 휘두르는 것이 아니라, 총을 겨눈 자세를 흐트러뜨리지 않고 상체 전체를 돌리는 것입니다. 이처럼 클레이 사격은 라이플 사격과는 전혀 다른 영역이라 할 수 있습니다.

산탄총의 조준법

산탄총으로 표적을 노릴 때는 총신이 표적을 향하도록 하고, 총신을 살짝 위에서 내려다보는 자세에서 표적을 총신 위로 본다는 느낌으로 쏜다.

최근의 클레이 사격용 총을 보면 이상할 정도로 리브가 높은 것을 볼 수 있다. 돌격소총과 같은 원리로, 발사 반동으로 총신이 튀어 오르는 것을 막기 위해 조준선을 높이고 총신 축선을 낮추기 위해서이다.

8-09 슬러그와 슬러그용 총신

산탄총으로 곰을 사냥하다

산탄총은 새를 잡기 위해 산탄을 발사하도록 되어 있는데, 만약 새를 사냥하러 산에 갔다가 곰을 만났다고 하면 어떻게 해야 할까요? 곰에게 산탄을 퍼부어도 산탄은 곰의 피부에 불과 수 mm 정도만 박혀 곰의 화를 돋울 뿐일 것입니다. 그래서 산탄총이지만 구경을 거의 꽉 채운 탄환 1개를 사용하는 장탄이 있습니다. 이것을 **슬러그**(slug)라고 부릅니다.

하지만 일반적으로 이 **슬러그의 명중률은 화승총 이하**입니다. 이것은 총신에 강선이 없기 때문만은 아닙니다. 산탄총에는 총구에 초크가 들어가기 때문에 슬러그는 이 초크를 통과할 수 있도록 조금 작게 만들어져 있습니다, 예를 들어 12번 산탄총의 강경은 18.6mm입니다만, 풀 초크가 붙어 있으면 총구 부분은 17.5mm 정도입니다. 슬러그는 여기를 통과할 수 있도록 직경 17mm 정도로 만들어져 있고 당연히 덜컹거립니다. 이래서는 제대로 된 명중률을 기대할 수 없습니다.

그런데 일본의 경우에는 현행 법규상 곰이나 멧돼지를 잡기 위해 강선이 들어간 엽총을 갖고 싶다고 생각해도 산탄총을 계속해서 10년 이상 가지고 있지 않으면 엽총 소지 허가를 받을 수 없습니다.

그래서 산탄총으로도 사슴이나 멧돼지, 곰 등을 사냥할 수 있도록 총강경을 슬러그에 딱 맞게 만든 **슬러그 총신**이 있습니다. 슬러그를 쏘고 싶을 때는 이 총신으로 바꾸거나 혹은 산탄총인데 엽총 같은 모습인 **슬러그 전용 총**도 만들어져 있습니다. 물론 진짜 엽총과 같은 정확도는 기대할 수 없습니다만, 그래도 50m에서 직경 10cm짜리 원에 명중시킬 수는 있습니다. 물론 100m가 넘으면 전혀 명중을 기대할 수 없습니다. 그래서 칼럼-08에서 기술한 바와 같이 새보 슬러그(Sabot Slug)라는 것도 있습니다.

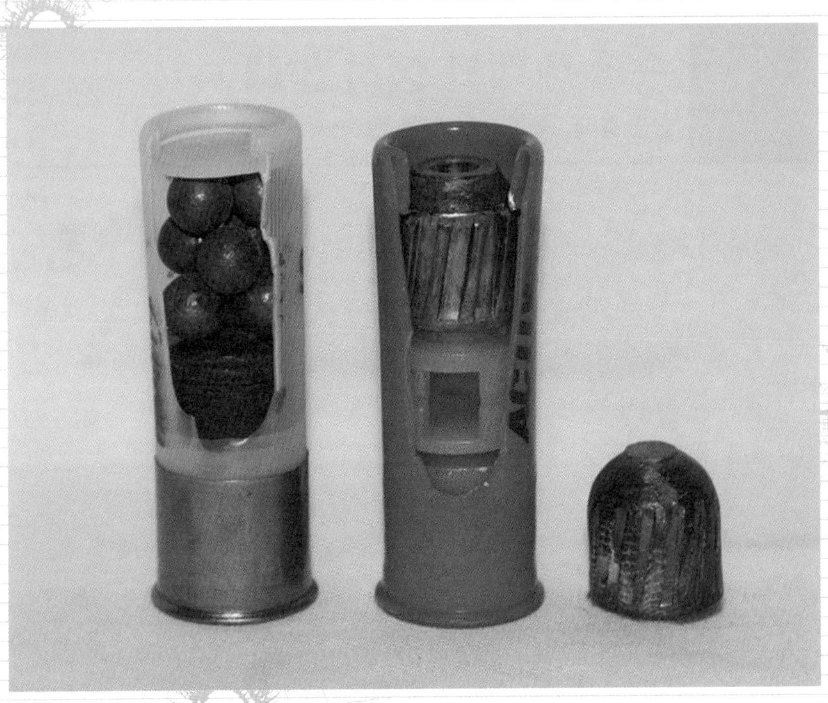

&8.3mm 산탄이 9개 들어 있는 벅 샷 장탄(왼쪽), 슬러그 장탄(가운데), 슬러그 탄두(오른쪽).

이 총은 엽총으로 보이지만 실은 슬러그 전용으로 만들어진 산탄총이다. 일본에서는 강선이 들어간 총기에 대한 규제가 엄격하기 때문에 사슴이나 멧돼지를 쏠 필요가 있는 사람이라도 엽총을 갖기 어려워 편법으로 이런 총이 존재한다. 외관만 본격적인 엽총의 모습을 하고 있을 뿐 결국은 산탄총이다. 물론 그렇다고는 해도 이러한 슬러그 전용 총이라면 100m 이내 거리에서의 승부는 볼 수 있다.

8-10 수평 쌍대와 상하 쌍대

산탄총에 중절식 쌍대를 많이 사용하는 이유는?

소총의 경우에는 볼트 액션이나 자동총이 많은데, 산탄총은 총신이 2개 연결된 **2연발**이 압도적 다수입니다. 물론 역사적으로 보면 총신이 3개, 4개인 것도 있었고, 총을 가로로 꺾는 것 같은 구조의 것도 있었습니다. 하지만 현대에 와서 그런 총기는 박물관에서나 볼 수 있을 정도입니다. 총신이 상하로 늘어선 것을 흔히 **상하 쌍대**(over-under), 가로로 2개 늘어선 것을 **수평 쌍대**(side-by-side)라고 합니다. 수평 쌍대는 야산을 걸을 때 총신을 어깨에 안정적으로 올릴 수 있기에 수렵 활동에 적합하며, 상하 쌍대는 클레이 사격에 더 알맞도록 만들어졌습니다. 클레이 사격을 중시하면 무거워지고 휴대하기도 불편하기 때문에 두 용도에 대응할 수 있도록 가볍게 만들어진 상하 쌍대 산탄총도 있습니다.

자동총에 비해 구조적으로 간단한 2연발총이지만 장인이 수작업으로 만드는 부분이 많아 의외로 자동총보다 가격은 비싼 편입니다. 일본의 경우, 자동총이라면 10여만 엔부터 시작합니다만, 상하 쌍대라면 보급형이라도 30만 엔, 고급형이라면 100만 엔 정도나 합니다. 수평 쌍대는 일반적인 총포상에는 없고, 주문 제작으로 수백만 엔이나 합니다. 하지만 옛날에는 싸구려 수평 쌍대도 있었고, 지금도 개발도상국에서 저렴한 수평 쌍대를 만들고 있습니다.

왜 산탄총에 2연발총이 많은가 하면, 클레이 사격장에서 안전 확인이 쉽기 때문입니다. 사격장에서는 여러 명의 사수가 총을 들고 좁은 장소를 걷습니다. 그때 2연발총 같은 중절식 총이고, **총을 꺾은 상태라면 절대적으로 안전**합니다. 또한 사냥에 사용하는 경우에도 날아다니는 새에게 세 발째를 쏠 시간은 거의 없다는 점도 한몫합니다. 또한 자동총에 비해 **2연발 쪽이 방아쇠를 당길 때 좀 더 부드러운 느낌**이 든다고 합니다. 라이플 사격 경기에 볼트 액션이 사용되는 것과 마찬가지로, 1점 차를 다투는 경우에 방아쇠의 조작성은 대단히 중요한 요소입니다.

● 고급 2연발총은 어디가 고급인 것일까?

값비싼 산탄총은 잘 맞는 총인가요? 확실히 사용자의 체형에 맞게 주문 제작한 총은 잘 맞겠지만, 그것은 싸구려 총을 몸에 맞게 깎거나 퍼티를 입혀서 맞춰도 마찬가지 효과를 볼 수 있습니다. 그럼 100만 엔을 넘는 2연발 산탄총은 어디가 우수한 것일까요? 장식 조각이 고급스러울 뿐인 것일까요?

고급 총은 확실히 사용감이 다릅니다. 총열을 꺾을 때, 개폐 레버를 눌러주면 철커덕 하는 소리가 나지 않습니다. 총신의 무게로 스르륵 하고 열리는 느낌이랄까요. 닫을 때도 둔탁한 쇳소리가 나지 않습니다. **장인의 정밀한 손길** 덕분이지요. 방아쇠를 당기는 감촉도 예술적입니다.

하지만 그래서 사냥감을 잘 잡을 수 있는가, 클레이 명중률이 높은가 하는 것은 별개의 문제입니다. 요컨대 가격이 비싼 총은 그러한 장인의 작품에 대해 돈을 지불할 재력이 있는 이들의 도락 같은 총이라는 것입니다.

고전적인 수평 쌍대식 산탄총.

8-11 자동총과 슬라이드 액션총

비용 대비 효과가 높은 슬라이드 액션총

클레이 사격용이라면 상하 쌍대, 유럽 귀족의 영지 같은 곳에 초대를 받아 사냥을 나가는 것이라면 수평 쌍대일 것입니다. 그러나 '서민적인' 감각으로 가성비를 중시한다면 **자동총**이나 **슬라이드 액션총**입니다. 가격도 저렴하고, 2연발총보다 튼튼합니다.

대부분의 자동총이나 슬라이드 액션총은 **총신 교환식**으로 되어 있습니다. 오늘은 오리를 잡으러 갈 거니까 긴 총신, 오늘은 꿩 사냥이니까 짧은 총신, 오늘은 멧돼지 사냥이니 슬러그 총신…이라는 식으로 자유자재입니다.

탄창은 대개 5발이 들어가도록 되어 있습니다만, 일본에서는 법률상의 제한으로 충전재가 들어 있어 2발밖에 들어가지 않습니다. 즉 약실에 1발, 탄창에 2발까지 해서 총 3발입니다만, 그래도 2연발총보다는 1발이 많습니다.

자동총의 장점은 반동이 부드럽다는 데 있습니다.

2연발총에도 3인치 매그넘을 쏠 수 있는 것이 있습니다만, 어깨가 탈구될 것 같은 강한 반동이 발생합니다. 하지만 자동총이라면 쿠션이 들어간 듯한 반동으로 사격이 편해집니다. 바다나 호수에서 먼 거리의 오리를 사냥할 경우, 3인치 매그넘을 사용할 수 있으면 유리합니다.

슬라이드 액션은 미국에서 인기가 있지만, 일본에서는 소수파입니다. 액션영화에서처럼 슬라이드를 빠르게 왕복시키는 것은 상당한 숙련이 필요할 것이라고 생각해 꺼리는 것 같습니다. 그러나 실은 발사의 반동으로 손잡이가 알아서 움직여주는 듯한 느낌이 있기에, 빈총을 조작하는 것보다 실탄을 쏠 때 훨씬 원활하게 조작할 수 있습니다.

또한 자동총과 차이가 없을 정도로 속사할 수도 있어 필자는 **초보자가 첫 총으로 구매한다면 슬라이드 액션총**을 추천하고 싶습니다. 뭐니 뭐니 해도 슬라이드 액션총은 쉽게 사고가 발생하지 않아 안전성이 높은 총이기 때문입니다.

총신을 교환할 수 있는 산탄총

레밍턴 M1100

레밍턴 M870

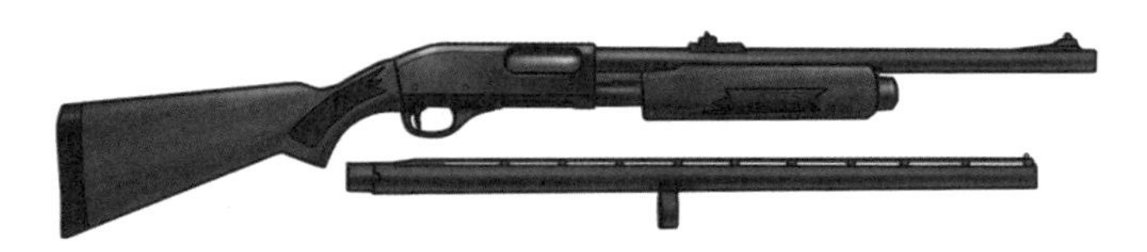

이러한 자동총이나 슬라이드 액션총은 간단히 총신 교환을 할 수 있어 다용도로 사용할 수 있다. 성능 자체는 전용총보다 떨어지지만 이는 우수한 편의성의 반대급부라 할 수 있을 것이다.

베레타 AL391

자동총의 대표적인 예.

이사카 M37

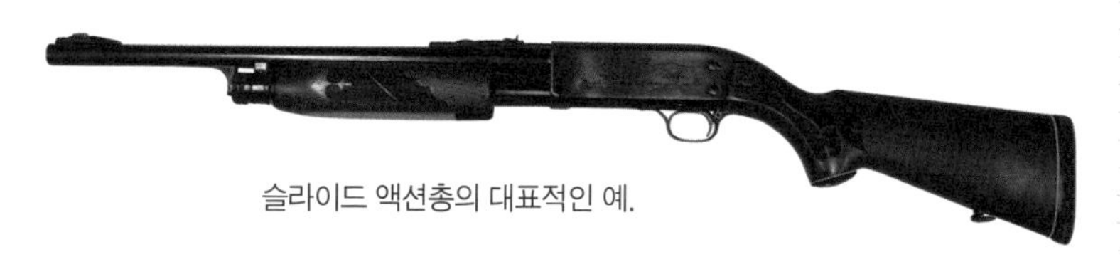

슬라이드 액션총의 대표적인 예.

8-12 사이드록과 박스록

사이드록이 더 고급이라고 하는데…

중절식 총의 기관부 구조에는 **사이드록**과 **박스록**이 있습니다.

사이드록은 화승총이나 수석총의 시대부터 쓰이던 방식으로, 기관부 측면의 사이드 플레이트 안쪽에 격철이나 격철 용수철 등의 부품이 장착되어 있습니다. 이 플레이트를 분리하면 부속품들이 같이 붙어 나오기 때문에 관리가 간단합니다. 플레이트의 면적이 넓기 때문에 조각 장식을 입힐 수 있는 면적이 넓어 고급스러운 느낌을 줄 수 있지만, 강도 면에서는 박스록에 비해 떨어집니다(정상적으로 사용하는 한 딱히 문제를 일으킬 일은 없습니다만).

박스록은 방아쇠 위쪽에 격발 기구를 묶어 넣은 틀이 있기 때문에 이렇게 불립니다. 당연히 사이드 플레이트는 작아집니다.

현대의 중절식 총의 대부분은 박스록이지만, 외형적으로는 사이드록이 훨씬 아름답기 때문에 실은 박스록 방식이면서도 사이드 플레이트의 면적을 크게 잡은 총도 있습니다.

격철이 외부로 나와 있는 것을 **유계두**(有鷄頭)라고 하며, 손가락으로 격철을 일으킵니다. 반대로 격철이 내부에 있어 밖에서 보이지 않는 것을 **무계두**라고 합니다. 현대의 산탄총은 모두 무계두로, 총몸을 꺾어 탄을 장전할 때 격철이 준비 상태로 돌아갑니다. 유계두는 장전한 상태에서 격철이 세워져 있기 때문에 안전성이 높다는 장점이 있습니다만, 격철이 어딘가에 부딪히거나 옷 등에 걸리면 오발을 일으킬 위험이 있고, 일일이 손가락으로 격철을 일으키는 것도 불편하다는 점 때문에 도태되었습니다.

총신이 2개이기에 처음에는 방아쇠도 2개 있었고, 이를 **더블 트리거**라 합니다. 하지만 이후 방아쇠를 1개 두고 안전장치 등을 조작하여 선택 사격이 가능한 **싱글 셀렉티브 트리거**(SST)라는 방식이 등장했고, 현대에는 이것이 주류를 차지하고 있습니다.

사이드록 수평 쌍대 산탄총

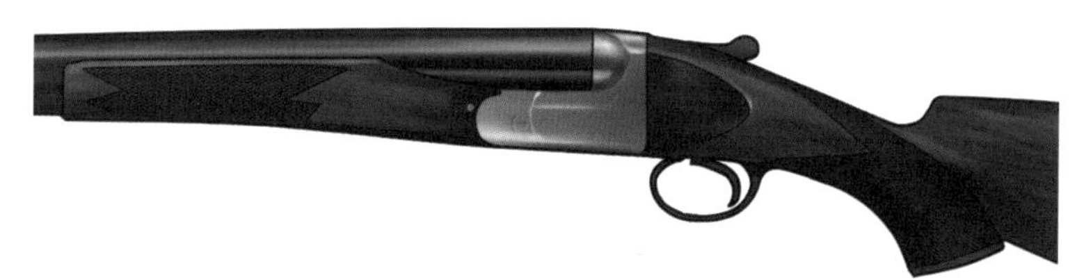

박스록 수평 쌍대 산탄총

격철을 손가락으로 일으킬 수 있는 유계두 방식 수평 쌍대 2연발총이다. 고전적인 스타일이라 개인적으로는 이쪽을 선호하는 편이다.

COLUMN-08

하프 라이플링 총신과 새보 슬러그

앞서 말한 것처럼 산탄총에서도 슬러그 전용 총신을 사용하면 대형 동물도 어떻게든 사냥할 수는 있게 됩니다. 하지만 역시 총알에 회전을 주지 못하면 50m까지는 정확해도 100m 거리가 되면 명중률이 떨어져 상당히 애를 먹을 수밖에 없습니다.

그런데 산탄총이라도 총신 길이의 절반 이하라면 강선이 새겨져 있어도 산탄총으로 인정받을 수 있습니다. 처음부터 산탄총으로 만들어진 것에 강선을 새긴 총신을 부착하는 경우입니다. 이러한 총신을 **하프 라이플링 총신**이라고 하며, **새보 슬러그**(sabot slug)라는 **전용 장탄**을 사용합니다.

이것은 사진처럼 구경에 딱 맞는 플라스틱 이탈피(離脫被)인 새보 안에 한층 작은 슬러그가 들어 있습니다. 이를 발사하면 총구에서 튀어 나오자 마자 사보가 분리되고 구경보다 가는 슬러그만 표적을 향해 날아가는 것입니다. 이것을 사용하면 산탄총으로도 150m 앞의 표적과도 승부를 볼 수 있습니다.

새보 슬러그. 빨간 부분이 이탈피이고, 그 안에 한 둘레 작은 슬러그가 들어 있다.

※ 현재 대한민국에서는 슬러그탄의 해외 수입 및 소유와 판매, 구매가 모두 금지되어 있다.

제 9 장

총상

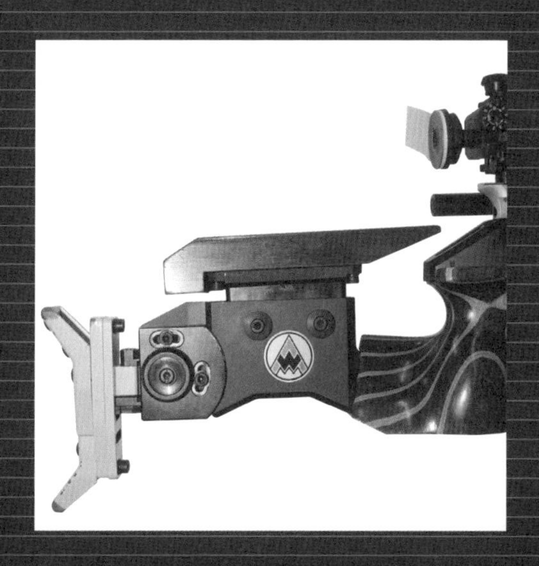

'인마일체(人馬一體)'라는 말이 있듯, 총과 인간 사이에도 일체감이 필요합니다. 그러기 위해서는 사수의 체격이나 사격 방법에 적합하게 총상을 디자인해야 하는 법이죠. 마니아로 불리며 총에 대해 잘 알고 있다고 자부하는 사람 중에도 의외로 모르는 부분이 많은 총상의 비밀에 대해 알아보도록 합시다.

9-01 총상

총상은 원래 맞춤 제작이어야 한다

사람이 손으로 들고 쏘는 총기에는 **총상**(銃床, stock)이라는 부분이 있습니다. 총상은 옛날부터 나무로 만들어져왔습니다. 지금은 플라스틱을 사용하는 총도 많지만, 고급품의 총상은 여전히 나무로 만듭니다. 어째서 나무인가 하면 외형의 아름다움이나 손에 닿은 감촉이 좋다는 점도 있지만 사용자의 체격에 맞게 가공하기 쉽기 때문입니다.

사람은 제각기 체격이나 체형이 다릅니다. 같은 키라도 마른 사람, 뚱뚱한 사람, 팔이 긴 사람, 팔이 짧은 사람, 천차만별이지요. 원래 **총상은 개인에게 맞게 맞춤 제작되어야 하는 것**입니다.

그러나 군대에서는 국가 자산인 총기를 개인에게 맞게 개조할 수 없기 때문에 공장에서 통일된 규격과 사이즈로 만들어진 것을 사용합니다. 또한 가혹한 환경에서 사용되는 경우라면 역시 목재보다는 플라스틱이나 금속 쪽이 잘 버텨주기 때문에 현대의 군용 총기는 대개 대량생산을 하기 쉬운 플라스틱이나 금속으로 제작되고 있습니다.

하지만 필자는 아무리 군용 총기라 해도, **개조**까지는 무리일지언정 개인에게 맞게 **조정** 정도는 할 수 있는 구조로 만들어야 한다고 생각합니다. 몸에 맞는 총은 표적을 정하고 총을 겨누면 눈을 감고 쏴도 대체로 표적 방향으로 탄환이 날아갑니다만, 몸에 맞지 않는 총이라면 탄환이 엉뚱한 곳으로 날아가기 십상이기 때문이지요.

민간용 엽총이나 산탄총은, 사용자의 몸에 맞게 조정해, 세계에 단 1자루뿐인 자신만의 총으로 만들 수 있습니다. 좋은 호두나무로 만든 총상에 아마인(亞麻仁)유를 발라 아름다운 광택이 나면 그 총에 대한 애착이 흘러넘칠 정도입니다. 결혼 기념으로 장차 손자에게 선물할 총의 총상으로 쓸 호두나무를 심는 것도 좀 낭만적이지 않을까요?

총상 각 부분의 명칭

핸드 가드
(hand guard, 민간용 총기에는 없는 것이 많다)
포어 암
(fore arm)
체커링(checkering)
그립(grip)
콤(comb)
칙 피스
(cheek piece)
그립 캡(grip cap)
숄더 스톡
(shoulder stock, 개머리판)
버트 플레이트(butt plate)

9-02 총상의 형태

원피스형과 투피스형

총상은 기본적으로 나무를 깎아서 만든(플라스틱이나 금속인 경우도 있지만) 1개의 블록으로 이루어져 있습니다. 이걸 **원피스형**이라고 합니다.

총상이 총신의 끝부분까지 뻗어 있는 것을 **풀 스톡**(full stock)이라고 합니다. 총신을 보호하는 데 효과적이지만, 긴 목재는 뒤틀리기 쉽고, 이렇게 왜곡이 발생하면 총신에도 응력이 가해지면서 명중률 저하의 원인이 되므로 현대에는 거의 사용하지 않습니다.

총신의 절반 길이까지 뻗어나간 것은 **하프 스톡**(half stock)이라고 합니다. 현대의 라이플에서 흔히 볼 수 있는 유형입니다.

작동부를 사이에 두고 총상이 앞뒤로 나누어져 있는 것은 **투피스형**이라고 합니다. 앞쪽을 **포어 암** 또는 **포어 엔드**라고 하며, 뒤쪽을 **버트 스톡**, 또는 **숄더 스톡**이라고 합니다. 옛날식 소총이나 현대 산탄총이나 사냥용 소총의 대부분은 개머리판의 일부가 그립(Straight Grip Stock)으로 되어 있습니다만, 돌격총 등 현대의 대다수 군용 총기는 개머리판과는 흔히 권총 손잡이라 부르는 독립된 그립(Full-Grip Stock)이 붙어 있는 것이 많아 **쓰리피스형**이라고 합니다.

독립된 그립과 기능적으로 비슷한 것으로는 **썸홀형 스톡**(Thumbhole Grip Stock)이 있습니다. 사격 경기 종목에 따라, 경기 규칙에서 썸홀형 스톡을 인정하는 경우도 있고 인정하지 않는 경우도 있습니다.

또한 러시아의 드라구노프 저격소총처럼 썸홀과 독립 그립형을 합친 것처럼 생긴 개방형 총상도 있습니다. 일본의 경우, 총을 소지할 때 **독립 그립**은 인정되지 않지만, 개방형 총상이라면 법적으로 문제가 없다고 합니다.

다양한 형태의 총상

옛날 총에 많은 풀 스톡 원피스형.
현대의 스포츠 총에 많은 하프 스톡 원피스형.
기관부를 사이에 두고 앞뒤로 나뉜 투피스형.
포어 엔드
숄더 스톡
현대 군용총에 많은 독립 그립을 가진 쓰리피스형.
그립
썸홀을 가진 경기용 소총.
썸홀
개방형 총상이 사용되는 저격소총.
파여 나간 부분

9-03 곡선형 총상과 직선형 총상

곡선형 총상은 반동으로 튀어 오른다?!

일반적으로 개머리판은 뒷부분이 살짝 아래로 향한 모습을 하고 있습니다. 정확한 조준을 위해서는 총신을 가급적 눈높이에 가까운 곳으로 둬야 하고, **개머리판 뒤쪽 끝**(버트 플레이트)을 어깨로 받쳐 지탱해야 하기 때문입니다. 그래서 총상 뒷부분이 아래로 굽어 있어야 하는데, 이 각도를 **벤드**(bend)라고 하고, 벤드가 얕다 혹은 벤드가 깊다고 하여 그 정도를 나타냅니다.

그런데 이러한 **곡선형 총상**은 발사의 반동으로 총구가 튀어 오릅니다. 그러면 기관총이나 거의 비슷한 수준의 연사를 하면 한 발 쏘고 튀어 오른 총신이 아직 제자리로 돌아오지 않는 상태에서 다음 탄이 발사되고, 또 총구가 튀어 올라간 상태에서 탄이 발사되다 보면 연달아 허공을 향해 쏘게 됩니다. 그 대표적인 예가 M14 자동소총이었죠. 단발 사격 시에는 대단히 우수한 소총이었지만, 전자동 사격 시에는 통제 불능이었습니다.

이 때문에 반동으로 총이 튀어 오르는 것을 가능한 한 억제할 수 있도록 총신 위치를 눈높이에서 어깨높이까지 내린 **직선형 총상**이 만들어졌습니다. 러시아의 AK-47은 벤드가 깊어 총구가 심하게 튀어 올랐기에, 그 개량형인 AKM은 벤드를 얕게 하여 튀어 오르는 것을 줄일 수 있도록 개량되었습니다.

직선형 총상으로 디자인하게 되면 눈이 총신보다 상당히 위로 올라가므로 조준기도 그만큼 위로 올려야 합니다. 그 대표적 예가 M16 자동소총인데, 확실히 반동을 제어하겠다는 관점에서는 M16 정도까지 조준선을 높이는 것이 좋습니다만, 군용 총기의 경우 그것은 머리의 위치가 높아지는 것이기도 해서 이번에는 적에게 노출되기 쉬워집니다. 그래서 AKM이나 일본의 89식 소총 등은 그다지 조준선을 높이지 않고, 약간 얼굴을 숙여 눈을 치켜뜬 채로 조준하도록 만들어졌습니다.

곡선형 총상과 직선형 총상의 차이

M14는 곡선형 총상이기에 전자동 사격을 하자 총구가 튀어 올라 통제 불능이 되었다.

AK-47은 벤드가 깊어 사격 시 많이 튀어 오르는 편이었다.

AKM은 벤드를 얕게 하는 쪽으로 개량되었다.

9-04 경기용 라이플의 그립

그립이라고는 하지만 쥘 수가 없다?!

사격 경기용 라이플은 **그립** 전면이 거의 수직이고, 엽총 등에 비해 현저하게 굵어졌습니다. 원래 그립이라는 것은 야구 배트의 그립이든, 오토바이 핸들의 그립과 마찬가지로 사람의 손으로 쥘 수 있도록 너무 두껍지 않게 적당한 굵기로 만들어지는 법입니다. 그런데 사격 경기용 라이플의 그립은 쥐는 것이 아닙니다.

라이플의 정밀 사격에서는 가급적 손 근육에 부담을 주지 않도록 해야 합니다. 그래서 쥐는 것이 아니라 넓은 면적을 가진 그립을 받친 손 전체로 총을 총의 무게만큼의 힘으로 어깨에 끌어당기는 것입니다.

정지된 표적을 노리기 위한 안정성만을 추구한 이러한 유형의 그립은 그립뿐만 아니라 총 전체가 그렇다고 할 수 있겠습니다만, 사격장에서의 경기에 특화된 것으로 수렵이나 전투에는 도저히 사용할 수 없는 것입니다.

순간적으로 나온 목표에 재빨리 총을 겨누는 것은 불가능하고, 휴대하기도 불편한 형태입니다.

그러나 **저격소총 중에는 사격 경기용 라이플에 가까운 형태의 그립을 가진 것이 많이 존재**합니다.

옛날의 저격소총은 제2차 세계대전 때의 소총과 별 차이가 없거나 엽총과 비슷한 모습이었지만, 정확도를 추구하는 개량이 거듭되면서 그립 형태가 점차 경기용 라이플에 가까운 모습으로 변화했습니다. 미 해병대의 **M40 저격소총** 등은 좋은 예일 것입니다. 초기 모델은 엽총 그 자체의 형태였지만, 개량된 M40A3의 그립은 경기용 라이플처럼 수직에 가까운 각도로 변경되었습니다.

개인적으로는 손 크기와 손가락 길이에는 사수마다 개인차가 있으니, 그립은 독립 그립 방식으로 하면서 손 크기에 맞게 교체도 가능하도록 만들고, 방아쇠까지의 거리도 조정할 수 있으면 좋겠다고 생각합니다.

경기용 라이플의 스탠더드형과 썸홀형

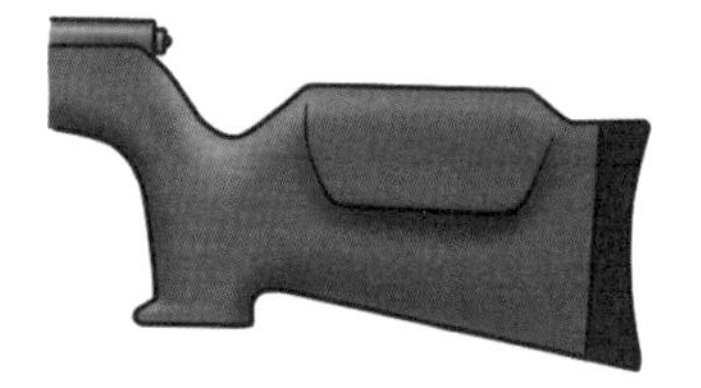

a:경기용 스탠더드형

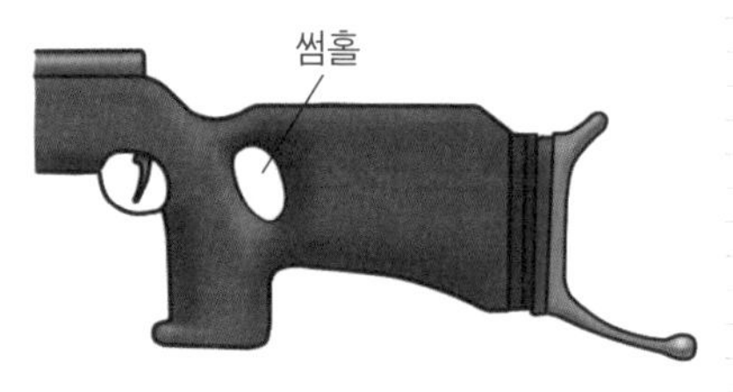

b:경기용 썸홀형

썸홀형 그립을 사용하는 경기용 라이플.

제조 중인 M40 A3. 그립이 마치 사격 경기용 라이플을 연상시키는 모습이다. 사진: 미 해병대

9-05 엽총의 그립

고급 산탄총에 많은 스트레이트 그립

경기용 라이플의 그립과 정반대의 성격을 가진 것이 **스트레이트 그립**(straight grip)입니다. 영국제 수평 쌍대식 산탄총에 많기 때문에 **잉글리시 스톡**(english stock)이라고도 불립니다만, 구식 라이플에서도 볼 수 있습니다. 고풍스러운 수평 쌍대에는 방아쇠가 2개 있습니다. 어느 쪽의 방아쇠를 당기느냐에 따라서 잡는 위치도 조금 달라지는 것이 좋기에, 잡는 위치가 고정되지 않고 융통성이 있는 스트레이트 그립이 선호되는 것입니다.

스트레이트 그립은 낮은 각도로 자세를 취했을 경우의 안정감은 나쁘지만, 영국 귀족의 새 사냥은 **몰이꾼**이 사냥감을 자신 쪽으로 유도해주기 때문에 마주 오는 새들을 비교적 높은 각도로 올려 쏘게 되는 경우가 많습니다. 이러한 상향 사격에는 스트레이트 그립이 의외로 자세를 잡기도 쉽고 휘두르기도 편리합니다. 물론 수평 사격 안정성은 부족하다는 단점도 있습니다.

그래서 대부분의 라이플이나 엽총 등에는 **피스톨 그립**(pistol grip), 혹은 조금 각도가 얕은 **세미 피스톨 그립**(semi pistol grip)이 사용되고 있습니다. 특히 각도가 깊은 것은 **풀 피스톨 그립**(full pistol grip)이라고 불립니다.

산탄총의 경우, 트랩 사격총은 비교적 얕은 각도로 쏘기 때문에 피스톨 그립을 선호하며, 높은 각도로 쏘는 경우가 많은 스키트 사격용은 세미 피스톨 그립을 선호합니다.

독립 그립을 피스톨 그립이라고 부르는 사람이 있습니다만, 이것은 사실 잘못된 것입니다. 100년도 넘는 옛날부터 피스톨 그립이라고 하면 오른쪽 그림과 같은 형태의 그립을 일컬어왔습니다. 독립 그립을 피스톨 그립이라고 부르지 않도록 주의합시다.

피스톨 그립을 사용하는 라이플(위)과 풀 피스톨 그립을 사용하는 라이플(아래).

9-06 캐스트 오프

이 총, 좀 휜 것 같지 않아?

총은 **버트 플레이트**(9-07 참조)를 어깨에 대고 자세를 취하게끔 되어 있습니다. 하지만 조준은 눈으로 하기에 오른쪽 페이지의 그림처럼 몸을 비스듬히 기울인 채 자세를 잡지 않으면 조준을 할 수 없습니다. 그런데 이것만으로는 충분치가 않기에 대부분의 총기에 달린 스톡은 총신의 축선에 대해 살짝 바깥쪽으로 각도가 어긋나 있습니다.

대부분의 총은 오른손잡이용이기 때문에 스톡이 오른쪽으로 약간 휘어져 있고 이것을 **캐스트 오프**(cast off)라 하며, 반대로 왼손잡이용은 스톡이 왼쪽으로 약간 치우쳐 붙어 있으며 이를 **캐스트 온**(cast on)이라고 합니다. 특히 산탄총처럼 신속하게 자세를 취하고 **스냅샷**(snap shot, 속사)을 해야 하는 총에는 빼놓을 수 없는 것으로, 산탄총에는 금방 알아차릴 수 있을 정도로 깊게 캐스트 오프가 붙어 있습니다. 총을 잘 모르는 사람들은 이걸 보고 총이 휘었다고 말하기도 합니다만, 실은 적절하게 각도가 붙은 것입니다.

라이플의 경우 근거리용이 아닌 이상, 캐스트 오프도 그다지 크게 적용되지 않지만, 그래도 대부분의 총은 얼마간의 캐스트 오프가 적용되어 있습니다(물론 M16 등 캐스트 오프가 없는 총도 일부 있습니다만). 경기용 라이플조차도 스틱이 구부러진 것처럼 보이지는 않습니다만, 자세히 보면 버트 플레이트의 중심선은 총신의 축선과 어긋나 있다는 것을 알 수 있습니다.

캐스트 오프가 적용된 총은 발사의 반동이 총의 안쪽(오른쪽에서 버티고 있으면 왼쪽)으로 향합니다. 그러나 반동은 사수의 어깨를 밀기 때문에 총은 오른쪽으로도 밀립니다. 두 힘이 서로 상쇄될지 어떨지는 사수의 체격이나 자세의 차이에 따라 달라지기 때문에 정확하게 뭐라 말할 수는 없습니다.

덧붙여 현대의 돌격소총은 시가전 등에서 오른손잡이의 사수라도 상황에 따라 왼손 사격 자세를 취하기도 하기 때문에 캐스트 오프에 그다지 큰 의미는 없을지도 모릅니다.

캐스트 오프를 하는 이유는?

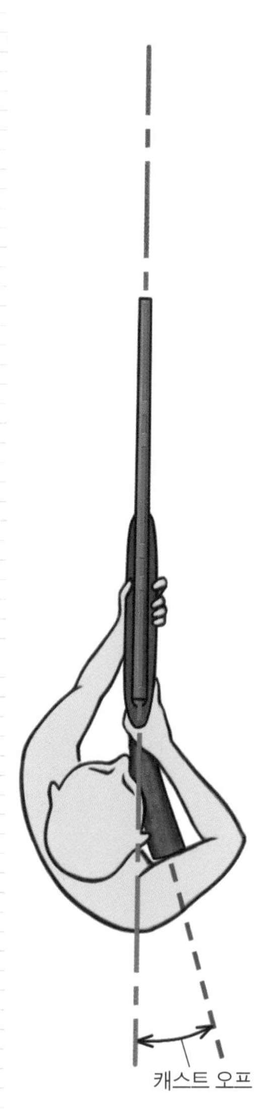

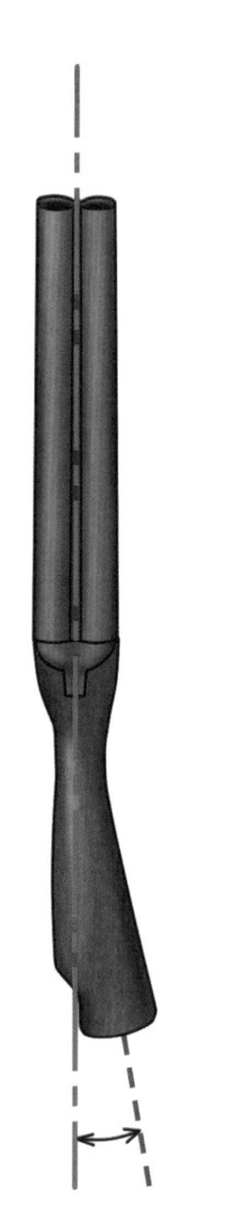

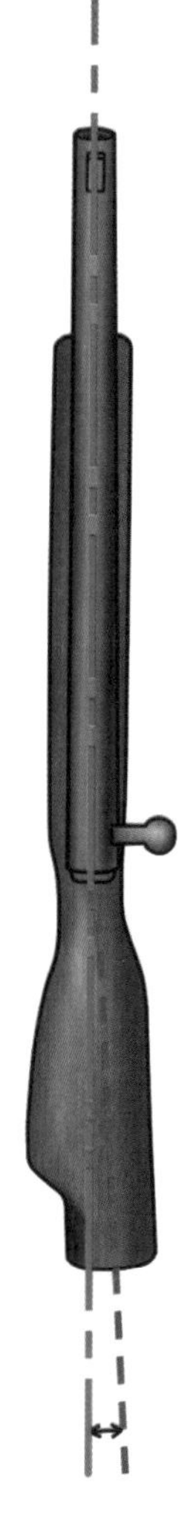

캐스트 오프가 있으면 자세를 잡기 편하다.

산탄총은 캐스트 오프를 크게 넣은 편이다.

경기용 라이플에서도 눈에 띄지는 않지만 미세하게 캐스트 오프가 들어가 있다.

9-07 버트 플레이트

여기로 반동을 받아낸다

총상 끝부분의 어깨에 닿는 면에는 **버트 플레이트**(Butt Plate)라고 불리는 판이 붙어 있습니다. 옛날 보병 소총의 경우, 백병전 상황에서 이 부분으로 적을 가격할 것을 상정해서 철판으로 만들기도 했습니다. 반대로 사냥용 매그넘 라이플 등에서는 두꺼운 고무로 만들어 반동을 흡수하거나, 경기용 라이플에서는 이 부분을 가동식으로 만들어 사격 자세에 따라 조절할 수 있도록 한 것 등 여러 가지가 존재합니다. 이런 버트 플레이트의 상단을 **힐**(heel)이라고 하고, 하단을 **토**(toe)라고 합니다.

여러분의 어깨에서 버트 플레이트가 밀착하게 되는 바로 그 위치에 판을 대보면 알 수 있겠습니다만, 총을 겨눈 자세를 취하면 움푹 들어간 부분이 안쪽으로 기울어지게 됩니다. 따라서 버트 플레이트도 여기에 맞춰 경사지게 만들어두지 않으면 총이 기울게 됩니다. 한두 발 쏘고 말 것이라면 정신만 잘 차리고 있는 것만으로도 총을 똑바로 유지할 수 있습니다만, 열심히 수십 발 이상의 탄을 쏘다 보면 어느새 총이 기울어지게 마련입니다.

대부분의 개머리판에는 캐스트 오프가 적용되어 있기 때문에 그 뒤에 있는 버트 플레이트는 당연히 총의 축선 대비 좌우로 기울어져 있습니다. **버트 플레이트**는 거의 개머리판의 축선에 대해서 직각에 붙어 있습니다만, 여기에 밀착되는 인체는 당연히 기울어져 있기에 인체의 각도는 캐스트 오프의 각도에 직각을 이루고 있다고 단정할 수는 없습니다.

그러나 이 각도가 문제가 되는 경우는 거의 없습니다. 극히 폭이 좁은 데다 약간의 기울기는 근육의 탄력으로 흡수할 수 있기 때문입니다. 하지만 경기용 라이플 등에서는 역시 이 기울기에 주의를 기울이고 있습니다. 독자 여러분도 세상에 오직 한 자루, 자신의 몸에 맞도록 조정한 스톡을 사용하는 총을 만들어보는 것은 어떨까요?

가동식 버트 플레이트

경기용 소총에서 볼 수 있는 가동식 버트 플레이트.

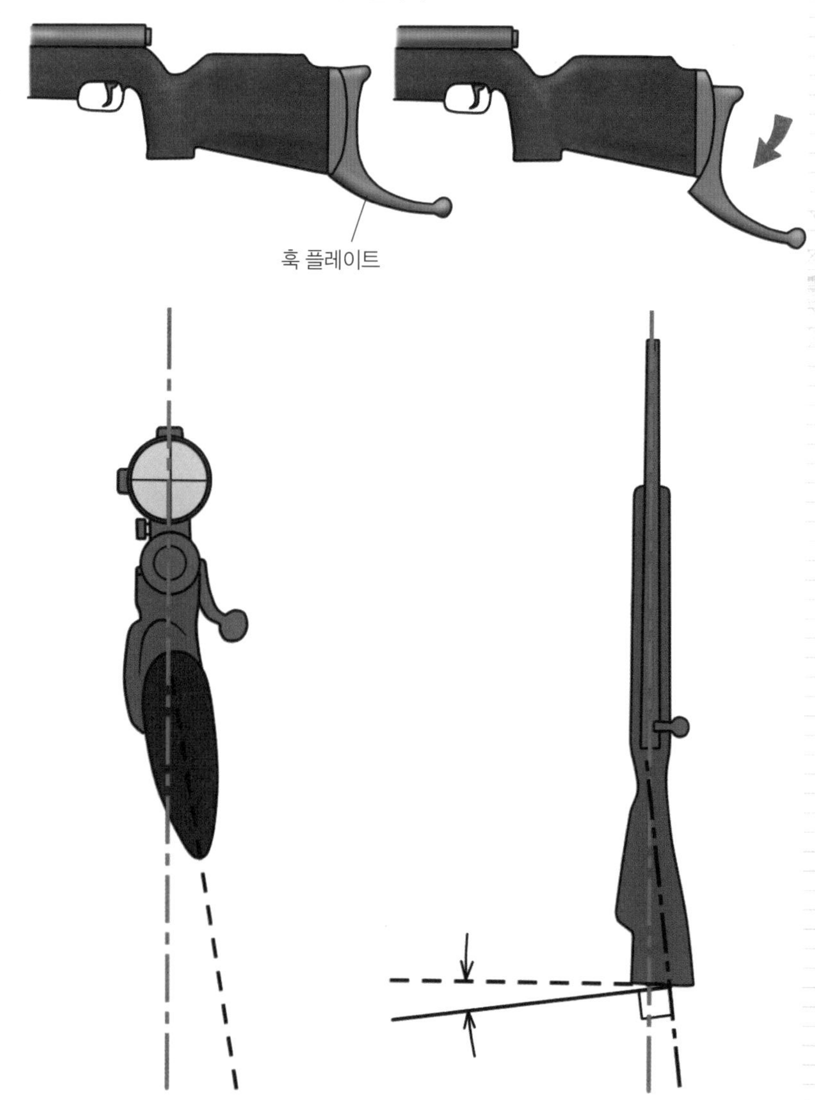

수직선에 대한 버트 플레이트의 기울기.

캐스트 오프에 대한 버트 플레이트의 기울기.

9-08 렌스 오브 풀과 피치 다운

몸에 맞는 스톡 치수란?

방아쇠 전면에서 버트 플레이트 표면까지의 길이를 **렌스 오브 풀**(length of full)이라고 합니다. 총기의 치수가 자신의 체격에 맞는지 판단해야 할 때 가장 중요한 부분인 이 치수가 맞지 않으면 자세를 취하기 불편해집니다. M4 카빈이나 20식 소총이 스톡을 신축식으로 만든 것은 좋은 아이디어라고 할 수 있습니다.

하지만 키가 ○○cm면 렌스 오브 풀은 ○○cm라는 식의 공식은 없습니다. 키가 같아도 마른 사람, 뚱뚱한 사람, 어깨가 넓은 사람, 좁은 사람, 팔이 긴 사람, 짧은 사람, 손이 큰 사람, 작은 사람 등 다양한 체형이 존재하기 때문입니다. 또한 같은 사람이 사용한다고 해도 그립의 형태, 사격 자세에 따라서도 달라집니다.

하지만 대략적인 기준을 잡아본다면, 오른쪽 페이지 그림처럼 팔 관절 안쪽에 버트 플레이트를 댄 상태에서 방아쇠에 손가락을 걸기 편한 길이, 혹은 엄지손가락 관절이 자신의 코 근처에 오는 정도의 길이라면 실용적으로 문제가 없는 적절한 치수라고 할 수 있습니다.

버트 플레이트의 수직선에 대한 기울기를 **피치 다운**(pitch down)이라고 합니다. 피치 다운이 들어가는 이유는 인체의 이 부분이 경사져 있기 때문입니다. 인체 구조의 문제이기에 개인차가 있고, 사격 자세에 따라서도 달라집니다. 산탄총의 스키트 사격처럼 각도를 높게 잡으면 피치 다운은 깊어지고, 트랩 사격처럼 앞으로 기울어진 자세를 취하면 얕아집니다.

일단 엽총이나 트랩 경기용 산탄총으로 4° 전후, 스키트 총으로는 5~6° 정도입니다. 오른쪽 팔꿈치를 드는 자세를 하면 피치 다운은 얕아지고, 목이 긴 사람은 그에 따라 **콤**(9-09 참고)을 높여 벤드를 깊게 만들면 피치 다운도 커집니다.

렌스 오브 풀과 피치 다운이란?

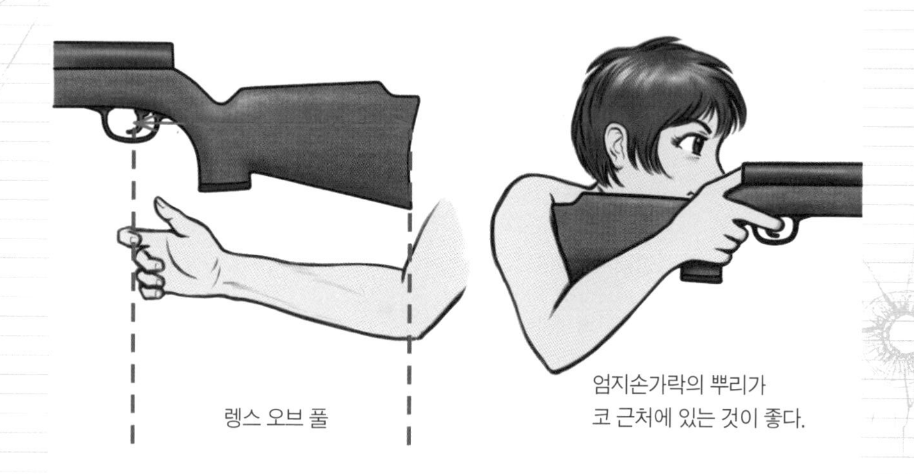

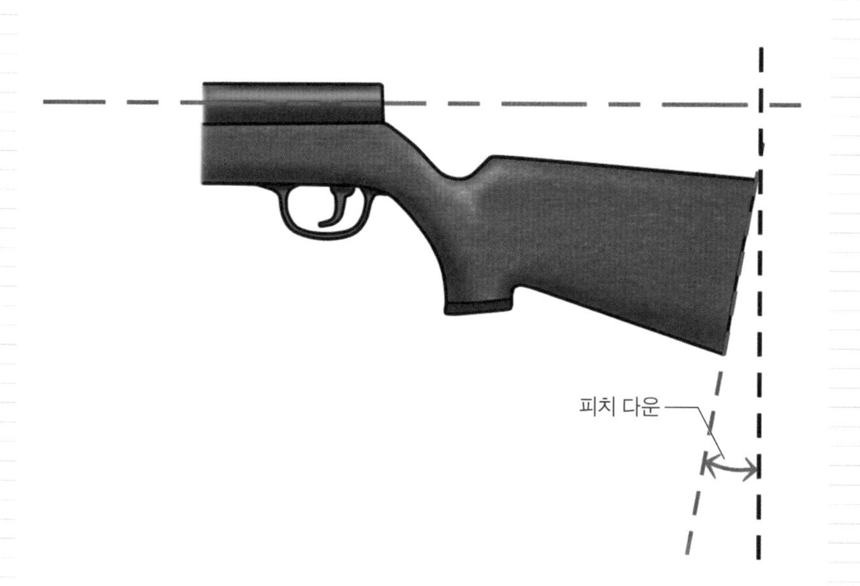

9-09 콤과 칙 피스

이 둘이 맞지 않으면 겨냥하기가 어렵다

총을 겨누었을 때, 스톡 윗면의 광대뼈가 올라가는 부분을 **콤**(comb)이라고 합니다. 총을 겨누었을 때는 콤에 광대뼈를 올려놓기 때문에 콤의 높이로 눈높이가 결정됩니다. 따라서 콤에서 조준선까지의 거리는 광대뼈에서 눈의 중심까지의 거리와 같아야 합니다.

이 높이를 **콤 드롭**(comb drop)이라고 합니다.

망원 조준경이 달린 라이플에서 많이 볼 수 있는 유형으로, 콤이 높게 달린 것을 **몬테 카를로**(monte carlo)라고 합니다. 몬테 카를로는 콤의 선이 앞으로 기울어진 것이 많습니다만, 이것은 콤의 앞부분이 위로 올라가 있으면 반동으로 총이 후퇴할 때 광대뼈를 때릴 우려가 있기 때문입니다. 앞으로 기울게 만들면 그럴 걱정이 없습니다.

뺨에 닿는 부분은 **칙 피스**(cheek piece)라고 합니다. 이것도 망원 조준경이 달린 라이플이나 경기용 라이플에서는 명백하게 부풀어 오른 모습을 보이지만, 그렇지 않은 총도 많이 있습니다. 그와는 반대로, 직선형 총상(9-03 참고)인데 조준선이 낮아 얼굴을 숙여 자세를 취해야 하는 64식 소총이나 89식 소총의 경우에는 움푹 들어가 있을 정도입니다.

총을 겨누었을 때, 콤의 높이가 눈의 상하 위치를 결정하고, 칙 피스의 두께가 눈의 좌우 위치를 결정합니다. 정말로 자신의 몸에 맞는 총으로 만들고자 한다면 이 부분을 깎아내거나 살을 붙여 조정할 필요가 있습니다. 그런데 이 칙 피스를 아예 독립된 부품으로 만든 가동식 칙 피스도 있습니다. 가동식 칙 피스는 명칭 자체는 '칙 피스'가 맞지만, 실질적으로는 가동식 콤의 역할을 수행하기도 합니다.

제2차 세계대전 당시 사용된 M1 라이플의 저격소총 타입은 기관부 바로 위에서 클립 급탄을 하는 구조상 망원 조준경을 왼쪽으로 오프셋해서 달 필요가 있었습니다. 그래서 가죽으로 된 탈착식 칙 피스를 착용하고 있었다고 합니다.

콤과 칙 피스란 무엇인가?

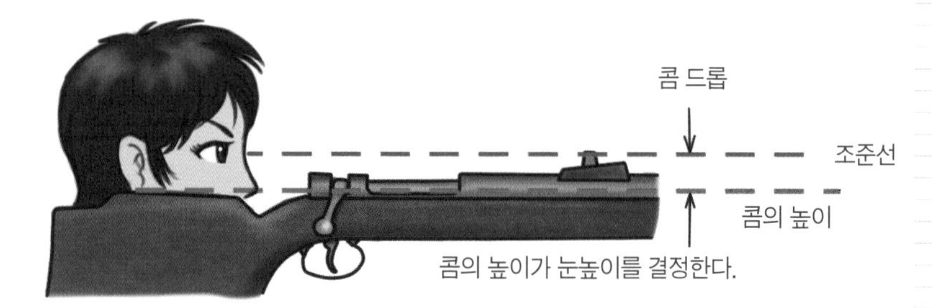

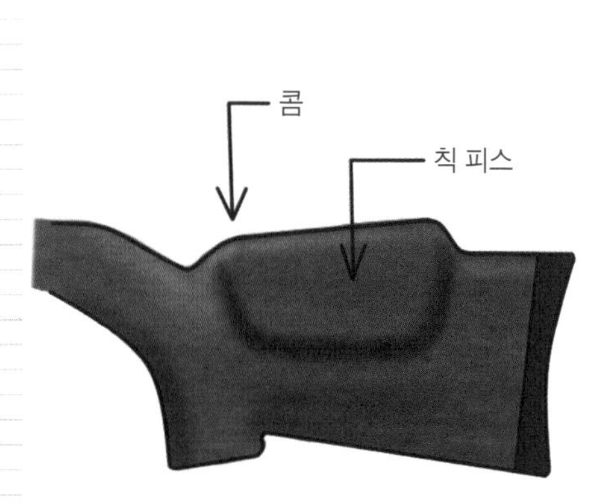

몬테 카를로 칙 피스형 스톡

칙 피스의 두께가 눈의 좌우 위치를 결정한다.

칙 피스는 본래 스톡의 두께를 조정하는 것이지만, 가동식 칙 피스는 가동식 콤 역할을 하기도 한다.

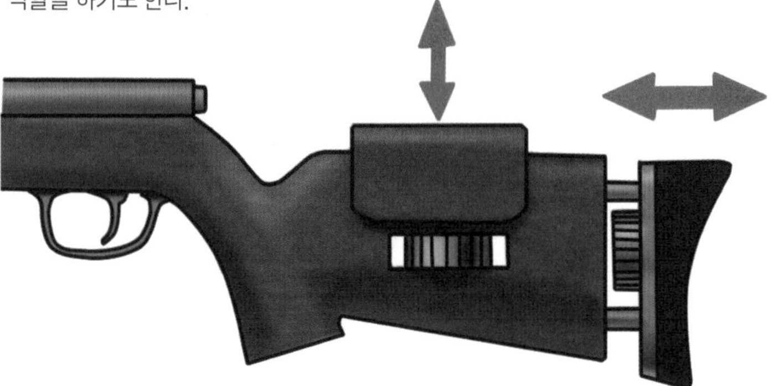

가동식 버트 플레이트로 렝스 오브 풀을 조정한다.

9-10 포어 엔드

얼마나 편하게 쥘 수 있는지가 포인트

총을 겨눈 자세에서 왼손(왼손잡이는 오른손)으로 받쳐 드는 총상 앞부분을 **포어 엔드** 또는 **포어 암**(fore arm)이라고 합니다. 여기도 총의 용도나 사용법, 사수의 체격에 맞출 필요가 있습니다만, 이 포어 엔드도 그립과 마찬가지로 정확한 사격을 위해서는 굵고 안정된 형태가 바람직합니다.

라이플 경기의 경우는 포어 엔드를 잡을 필요가 없고, 가급적 힘을 가하지 않고 '단지 왼손 위에 올려져 있을 뿐'이라고 하는 상태로 하는 것이 바람직하기 때문에, 오히려 쥐기는 어렵고 '올린다' 혹은 '놓는다'라고 하는 느낌의 안정 지향적인 사다리꼴의 단면으로 만들어집니다.

그런데 사냥용 라이플이나 저격소총의 경우, 그냥 그렇게만 만들어져서는 휴대하기 불편하기에 조금 더 가늘고 둥근 형태가 선호됩니다. 산탄총처럼 휘둘러 보기 쉬울 것을 강조한다면 더 가늘어진 것이 좋겠지만, 산탄총이라도 자동총이나 슬라이드 액션총이 되면 여기에 가스 피스톤 기구나 관형 탄창이 내장되기 때문에 가늘게 만드는 데도 한계가 있어 설계자의 실력과 센스가 적나라하게 드러나는 부분이기도 합니다.

오른쪽 페이지의 그림에서 ❶과 같은 단면의 포어 엔드를 사용하는 산탄총은 정말 들기 불편한 모양이지만, ❷와 같은 단면이 되면 굵기는 해도 다루기가 쉬워집니다. 이렇게 윗부분은 가는 대신, 아래쪽이 약간 굵으며 바닥은 평평한 것을 **비버 테일**(beaber tail)이라고 하며, 손으로 편하게 들 수 있고 안정감도 있습니다.

덧붙여 기관단총 등에는 **포어 그립**이 붙어 있는 것도 있습니다. 정밀 사격에는 이러한 곳을 쥐는 것이 그리 좋지 않습니다만, 기관단총처럼 정밀 사격보다는 연사하면서 돌격하는 식의 사용법에 특화되어 있는 총에서는 단단히 잡을 수 있는 형식을 선호하는 것입니다.

포어 엔드의 형상

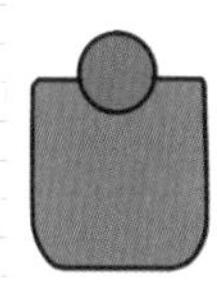
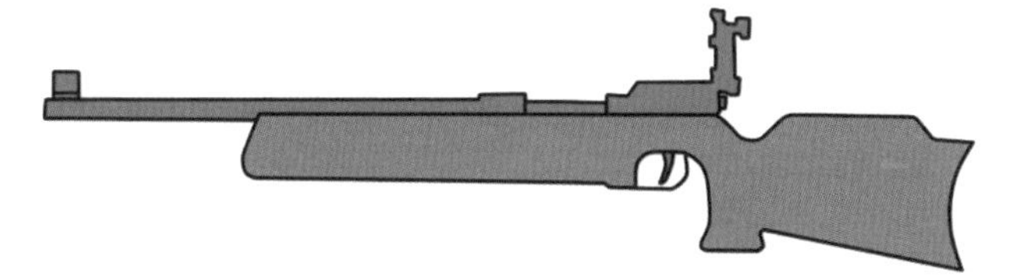

a……안정을 요구하는 경기용 라이플의 포어 엔드는 묵직하고 크다.

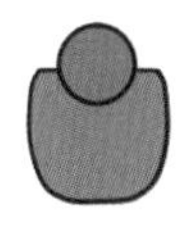
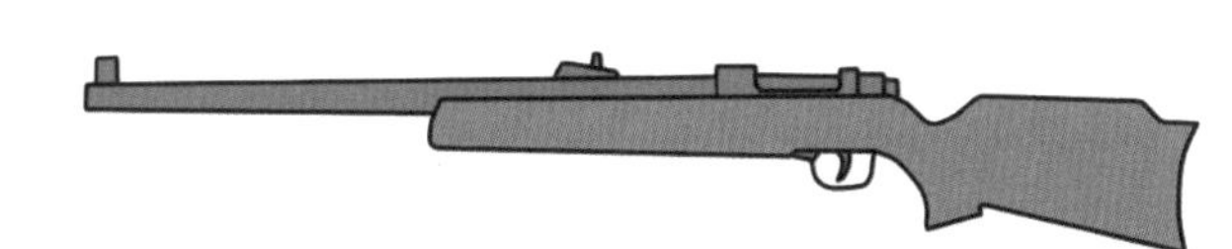

b……안정적인 형태이면서, 약간 작고 둥그스름한 엽총의 포어 엔드.

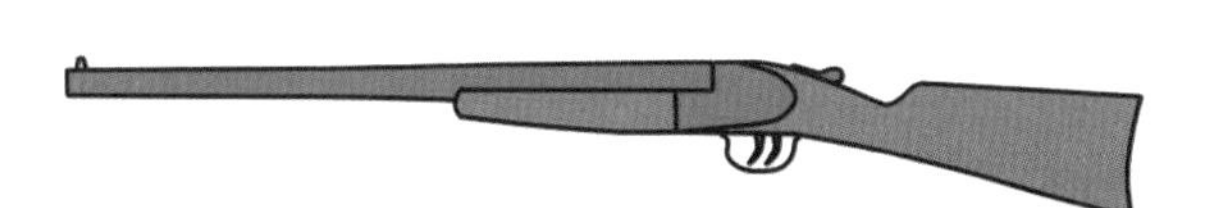

c……휘두르기 쉬움을 중시하는 산탄총의 아담한 포어 엔드.

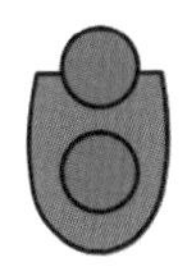
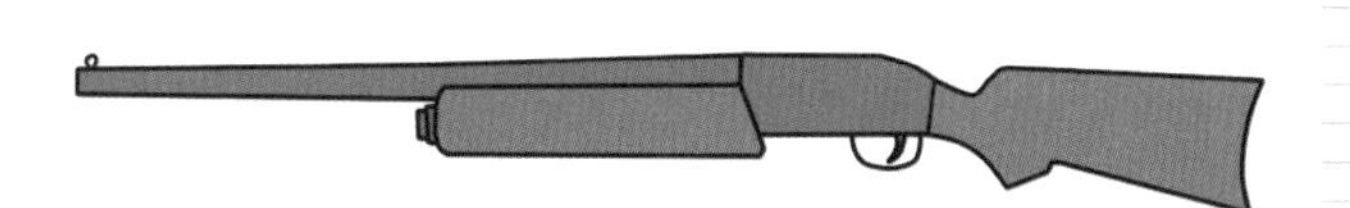

d……산탄총이라도 자동총이나 슬라이드 액션총의
포어 엔드는 크기를 줄이는 데 한계가 있다.

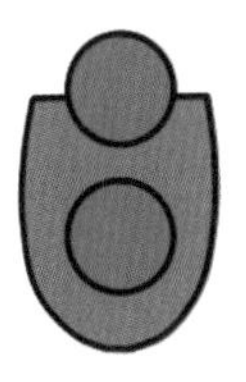

❶……쥐기 불편하다고 일컬어지는
형태의 예.

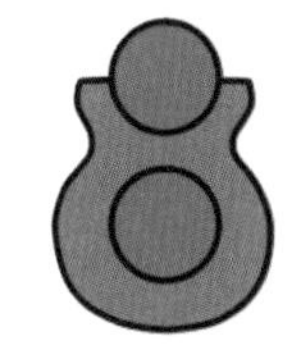

❷……쥐기 편한 포어 엔드의 예. 이런
모양을 비버 테일이라고 한다.

9-11 핸드 가드

핸드 가드가 없는 기관총도 있지만…

총신의 아래쪽에 있는 포어 엔드와 달리 총신을 위에서 덮어주는 부품을 **핸드 가드**(hand guard, 총열 덮개)라고 합니다. 예전부터 스포츠용 총기에는 그다지 사용되지 않았고, 주로 군용 총기 등에서 많이 볼 수 있습니다.

핸드 가드는 총신 보호뿐만 아니라 연속 사격으로 뜨겁게 달아오른 총신에서 손을 보호하거나 백병전 상황에서 적과 격투할 때 총을 다루기 편하도록 하기 위해 만들어졌습니다.

핸드 가드는 스포츠용 총기에 사용했을 때 얻을 수 있는 이점도 몇 가지 있습니다. 우선 총신에서 피어오르는 아지랑이로 조준이 틀어지는 것을 막을 수 있으며, 총신에 빛이 반사되어 위치가 들통 난 탓에 사냥감을 놓치거나 조준이 틀어지는 일을 예방할 수 있습니다. 정밀사격의 경우, 온도 변화에 의한 총신의 왜곡을 방지할 수 있다는 장점도 있습니다.

덧붙여 종래의 목제 총상을 사용하는 총은 총신 위를 덮고 있는 부분을 핸드 가드라고 했지만, 현대의 자동소총 등에 쓰이는 핸드 가드는 포어 엔드 부분까지 일체화된 통 모양의 부품입니다.

양각대 위에 올려두고 사격하는 기관총에는 핸드 가드가 없는 예도 있습니다. 그러나 삼각대 등에 거치한 뒤에 사격하는 중기관총과 달리 경기관총은 경우에 따라 사수가 몸으로 안듯이 들고 사격하기도 합니다.

이때 포어 엔드나 핸드 가드가 없는 기관총은 달아오른 총신 때문에 곤란해집니다. 구 일본군의 99식 경기관총이나 육상자위대의 62식 기관총이 그 나쁜 예로, 기관총 사수는 왼손에 두꺼운 가죽장갑을 끼지만 장갑은 잃어버리기 쉬우므로 핸드 가드를 설치하는 편이 훨씬 제대로 된 설계라고 할 수 있습니다. 하지만 기관총은 총신을 신속하게 교환할 수 있어야 한다는 점도 중요하기에 참으로 어려운 부분이라 하겠습니다.

핸드 가드와 비슷한 것으로 **방열통**(放熱筒)이라는 것도 있습니다. 기관총의 총신을 감싸고 있는 많은 구멍이 뚫린 통입니다. 구멍을 뚫어두면 총신을 냉각하는 공기의 흐름이 좋아지는 것입니다.

핸드 가드와 방열통

9-12 최고의 총상 재료는 월넛

좋은 총은 나무 부분의 가격이 더 비싸기도

예로부터 총상은 **목재**로 만들어져왔습니다. 최고는 월넛, 즉 호두나무이며, 특히 프랑스산 호두나무가 좋다고 알려져왔습니다. 100년도 넘는 옛날 유럽제 소총 중에서 보존 상태가 좋은 것을 보면 당시에는 일반병이 사용하는 소총에까지 이렇게 좋은 호두나무를 사용했구나 싶어 감탄하곤 합니다.

현재 유럽산 월넛은 수십 만, 북미산 월넛도 등급이 낮은 것조차 몇만 엔은 줘야 합니다. 북미산 월넛은 검붉은 색이 진하게 도는 특징이 있는데, 이것도 최근에는 물량이 부족합니다.

월넛은 이미 제1차 세계대전 때부터 물량이 부족하여 너도밤나무나 벚나무가 대용품으로 사용되었습니다. 벚나무는 다소 무거워서 가공하기 어렵고 나뭇결도 아름답지 않습니다. 이 밖에 스키용 재료로 많이 쓰이는 히코리, 등산용 피켈이나 야구 배트에 많이 쓰이는 물푸레나무, 들메나무 등도 좋다고 합니다.

단풍나무는 북쪽 지방에 많아서 북유럽이나 캐나다산 총기에 많이 쓰이고, 미국산 총기에도 상당히 사용되고 있습니다.

총상의 재료는 수령 100년 정도의 나무로, 밑동부터 약 2m 정도 높이까지 나무의 자체 무게로 압축되어 조밀하게 된 부분의 정목(柾目, edge grain)※으로밖에는 얻을 수 없습니다. 게다가 뒤틀림이 없는 재료를 얻으려면 물속에서 4년, 지상에서 6년을 숙성시키고 판재로 가공하여 60~70℃의 건조실에 한 달 이상 두어야 한다고 합니다.

그러나 대량으로 생산해야 하는 군용 총기에다 그런 사치를 부릴 수는 없습니다. 그렇다고 대충 만들었다가는 불량품만 나오게 됩니다. 그 때문에 **합판**이나 **금속**, **플라스틱**을 사용하게 되었습니다.

덧붙여서, 일본에서는 좋은 호두나무를 얻을 수 없었기 때문에 무라타 총은 벚나무, 38식부터는 자국산 가래나무를 사용했습니다만, 광택은 그리 좋지 않았다고 합니다.

※ 목재 판재의 측면을 사용하는 방식. 긴 측면을 결 방향으로 사용한다.

1950년대에 제조된 윈체스터 M70. 미국산 월넛이 사용되었다. 제2차 세계대전 이후, 좋은 월넛은 희소성이 높아졌다.

제2차 세계대전 당시 사용된 러시아의 모신 나강 소총. 산림 자원이 풍부한 러시아에서는 이 무렵까지도 아직도 제법 좋은 목재를 확보할 수 있었던 것으로 보인다.

9-13 합판·플라스틱·금속

양산하기 쉽고 불량도 발생하지 않는 재료

제2차 세계대전 중, 총상에 쓸 재료 수급에 애를 먹었던 독일은 월넛이나 벚나무를 얇게 썬 것을 붙인 합판을 사용했습니다. **총상**의 경우 베니어판처럼 나뭇결을 종횡 교대로 겹치지 않고 같은 방향으로 겹쳤는데, 이렇게 해서 색이 짙은 판과 색이 옅은 판을 번갈아 겹친 것으로 총상의 곡면을 깎으면 지도의 등고선처럼 제법 아름다운 줄무늬를 얻을 수 있습니다.

합판은 AKM이나 AK-74 등 러시아의 군용 총기에 사용되고 있으며, 시판되는 경기용 라이플에서도 볼 수 있습니다. 합판으로 하면 다소 무게가 증가하지만, 고급 월넛 판재보다 너도밤나무 등 저렴한 목재를 사용한 합판이 비나 바람으로 생기는 뒤틀림에 강해 실용적입니다.

하지만 비나 바람 때문에 나타나는 변형에 더 강한 재료라고 한다면 **금속이나 플라스틱이 훨씬 더 튼튼**합니다. 그래서 현재는 금속이나 플라스틱제 총상이 대부분입니다. 금속은 강도가 있기 때문에 목재보다 가볍게 할 수 있지만, 기온이 낮을 때 섣불리 맨손으로 만지면 피부가 달라붙을 수도 있고, 직사광선에 노출되면 손으로 쥘 수 없을 정도로 뜨거워지기도 하므로 목재나 플라스틱으로 감싸야 합니다.

일본 자위대가 5.56mm 기관총 미니미를 도입했을 때, 처음에는 금속을 드러낸 스톡이었지만, 역시 이런 문제가 있어 플라스틱제 스톡을 사용하게 되었습니다. 플라스틱 총상은 목재에 비해 충격을 잘 흡수하지 못합니다. 이 때문에 플라스틱 총상을 사용하는 저격소총으로 그립을 잡는 손에 거의 힘을 주지 않고 부드럽게 방아쇠를 당기면 손이 안쪽에서 튕기는 듯한 느낌이 든다고 합니다. 상당히 사격에 익숙한 사람이 아니면 눈치 채지 못할 정도지만 목재에 비하면 그런 느낌이 강하게 드는 모양입니다. 하지만 이런 문제도 최근에는 상당히 개선되었습니다.

합판(라미네이트)으로 만든 총상. 색의 농도가 각기 다른 판을 서로 겹친 뒤에 깎으면 무늬가 큰 나뭇결처럼 보인다. 사진은 윈체스터 M70.

최근의 엽총은 플라스틱 총상을 사용한 것이 많아졌다. 사진은 레밍턴 M700.

최근의 경기용 총에는 금속 총상이 많아졌다. 사진은 파인베르크바우(Feinwerkbau)※ M602

※ 독일의 공기총 제작사.
한국에서는 일반적으로 화인베르바 또는 파인베르바라고 부르고 있다.

COLUMN-09

총상을 손질하다

옛날 총은 물론 고급 엽총은 지금도 월넛 등 나무로 총상을 만듭니다. 목제 총상은 **오일 마감**이라 하여 **아마인유** 같은 식물성 유지를 스며들게 한 뒤 닦아냅니다. 이 유지는 공기 중의 산소와 결합하여 굳는 성질이 있기 때문에 이를 목재에 발라주면 목재 표면이 플라스틱 같은 광택을 내지만 플라스틱과 달리 잘 미끄러지지 않는 장점이 있습니다.

하지만 아마인유가 자연적으로 굳는 데는 상당한 시간이 걸리기 때문에 사진의 제품은 첨가제를 첨가하여 빨리 굳도록 한 개량품입니다.

목제 총상에도, 지금의 것은 목재가 그다지 좋지 않을 뿐만 아니라 제조에 수고를 들이려 하지 않기 때문에, 니스나 폴리우레탄으로 마감하는 경우가 많습니다.

이런 제품들은 플라스틱 총상과 마찬가지로 중성세제를 스며들게 한 천이나 종이 타올을 사용하여 오염된 부분을 닦아주기만 하면 됩니다.

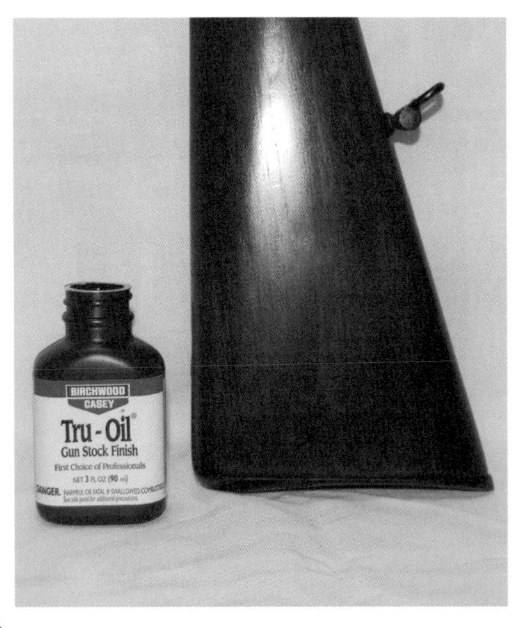

Tru-Oil. 인터넷 쇼핑몰 등에서는 3,000엔 전후의 가격으로 구입할 수 있다.

제 10 장

조준기

기계식 조준기에도 다양한 형태의 것이 있습니다만, 그 이해 득실은 어떨까요? 그리고 망원 조준경은 배율이 클수록 좋을까요? 밀이란 무엇이며, M.O.A란 무엇일까요? 망원 조준경은 어떻게 조정할까요? 제10장에서는 조준기에 대한 지식을 알아보고자 합니다.

10-01 기계식 조준기란?

피프 사이트와 오픈 사이트

기계식 조준기(iron sight)라고 하는 것은 총 앞뒤에 있는 2개의 작은 돌기를 사용하는 조준기로, **가늠쇠**(front sight)와 **가늠자**(rear sight)라고 합니다. 반드시 철로 만들었다고는 할 수 없기에 **메탈릭 사이트**라고도 부릅니다.

가늠자에는 **공형 가늠자**(peep sight)와 **곡형 가늠자**(open sight)가 있고, 가늠쇠에는 **환형 가늠쇠**(ring sight)와 **봉형 가늠쇠**(post sight) 등이 있습니다.

사람의 눈은 원의 중심을 상당히 정확하게 느낄 수 있기 때문에 공형 가늠자와 환형 가늠쇠, 둥근 표적을 일치시켜 3중 동심원을 만들어 겨냥하면 매우 정확한 조준을 할 수 있습니다.

하지만 환형 가늠쇠를 사용하는 방식은, **표적이 검은 동그라미 모양의 표적인 경우에는 유효**하지만, 실전에서는 오히려 표적을 보기 어렵고, 중심을 정확하게 조준하기 어렵다고 합니다. 그래서 **보통은 공형 가늠자와 봉형 가늠쇠의 조합**이 사용되고 있습니다.

덧붙여 경기용 라이플의 가늠자는 매우 세밀하게 조정할 수 있게 되어 있는데, 이것을 **마이크로 사이트**라고 합니다.

공형 가늠자는 정확한 조준을 하기에는 효과적이지만 좁은 구멍을 통해 표적을 보기 때문에 조금 어두우면 표적이 보이지 않는 단점이 있습니다. 밤이 아니더라도 일몰 무렵에는 육안으로는 표적이 보이는데 가늠자를 통해 보면 표적이 보이지 않습니다.

곡형 가늠자에서도 육안으로 간신히 보일 어두운 표적은 조준할 수 없지만, 그래도 공형 가늠자보다는 어둠에 강합니다. 그러나 곡형 가늠자는 정밀한 조준이라는 점에서는 공형 가늠자보다 약간 기능이 떨어집니다.

또한 정확성보다 신속성을 중시하면 곡형 가늠자도 유리하므로 AK-47 등은 곡형 가늠자를 사용합니다.

공형 가늠자와 봉형 가늠쇠의 조합은 현대의 군용 소총에서 많이 찾아볼 수 있다.

경기용 라이플은 공형 가늠자와 환형 가늠쇠와 표적으로 삼중의 동심원을 만들어 겨냥한다.

경기용 소총의 마이크로 사이트.

권총이나 옛날식 군용 총기에 많았던 곡형 가늠자와 봉형 가늠쇠의 조합.

10-02 여러 가지 오픈 사이트

피라미드형 가늠쇠는 의외로 정확하지 않다

옛날의 군용 총이나 권총, 현대에도 AK 등 일부 군용 총기나 엽총에는 곡형 가늠자와 봉형 가늠쇠의 조합이 사용되고 있습니다. 곡형 가늠자와 봉형 가늠쇠의 형태에도 여러 가지가 있습니다.

오른쪽 그림은 **V자 모양의 가늠자와 피라미드 모양의 가늠쇠의 조합**입니다. 38식 보병총 등이 이런 형태였습니다. 뾰족한 가늠쇠는 작은 표적도 정확하게 조준할 수 있을 것 같은 생각이 듭니다만, 사실은 그렇지도 않습니다.

가늠쇠의 상하 위치가 가늠자 위의 선에 일치하는지 여부를 알기 어렵고, 좌우가 정확하게 가늠자의 중심에 있는가의 여부도 알기 어렵습니다. 그러나 38식 보병총의 시대에는 소총으로 2,000m나 떨어진 적병을 노리는 경우도 많았기 때문에 이러한 뾰족한 가늠쇠가 사용되었습니다. a보다도 오히려 b와 같은 **네모난 가늠쇠와의 조합**이 가늠쇠를 가늠자의 계곡 중심에 정확히 맞추기 쉽습니다.

정해진 크기의 표적을 쏘는 것이라면, 이렇게 **가늠쇠의 폭을 표적의 폭과 같게 하면 겨냥**하기도 쉬워지고, 가늠쇠의 좌우에 생기는 공간도 좁은 쪽이 정확하게 노릴 수 있습니다. 그러나 그것은 작은 표적을 노릴 때, 표적이 가늠쇠보다 작아서 도리어 조준하기 어려워집니다. 또한 좌우의 틈새가 좁으면 어두운 곳에서도 노리기 쉽다는 곡형 가늠자의 장점을 살릴 수 없게 됩니다.

d는 엽총 등에서 많이 볼 수 있는데, **피라미드형 가늠쇠의 꼭대기가 원형**으로 되어 있습니다. 이것은 비교적 근거리에서 정확성보다 빠른 대응을 중시한 형태입니다.

e는 d와 비슷하지만 **가늠자의 계곡이 가늠자의 중심에 가늠쇠를 맞추기 쉬운 형태**라고 할 수 있습니다.

a. 피라미드형으로 뾰족한 가늠쇠는 실은 상하 좌우의 미묘한 오차를 알아차리기 어렵다.

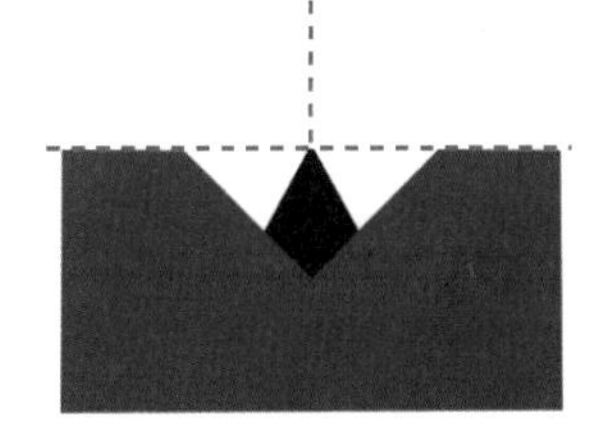

b. 오히려 이런 사각형 조합이 오차를 알아보기 쉽다. 이 그림에서는 가늠쇠가 약간 왼쪽 위로 어긋나 있다.

c. 가늠쇠 폭이 넓은 편이 오차를 검출하기 쉽다. 다만 가늠쇠보다 작은 과녁은 겨냥하기 어렵다.

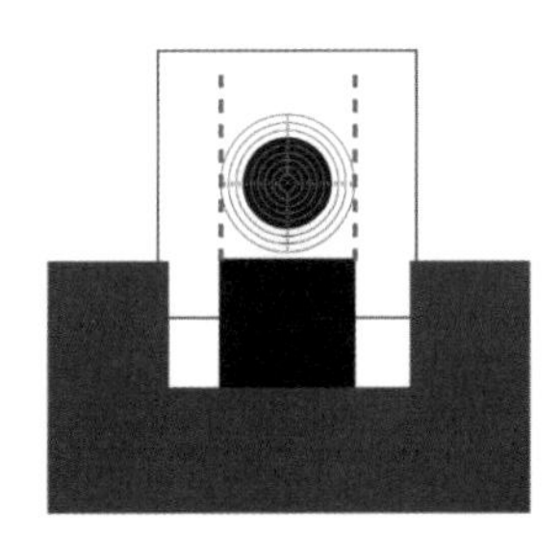

d. 엽총에 많다. 근거리에서 신속하게 겨냥하기 적합하다.

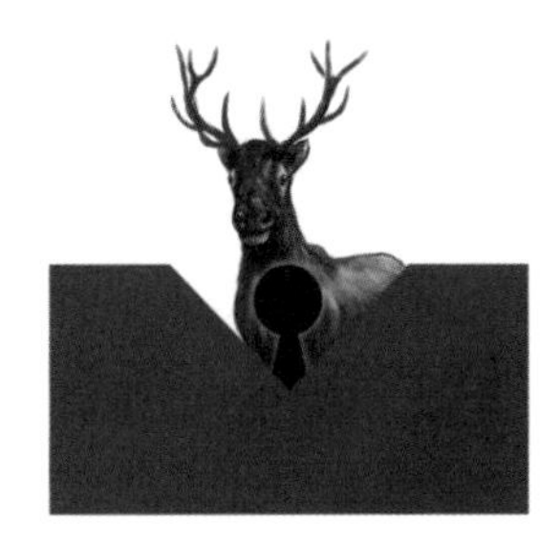

e. 곡형 가늠자가 U자형으로 되어 있으면 가늠자 중심에 가늠쇠를 맞추기 쉽다.

10-03 광학조준기

점차 조준기의 주역으로 떠오르다

기계식 조준기와 달리 망원 조준경이나 도트 사이트, 홀로 사이트처럼 렌즈 등을 사용해 광학적으로 조준하는 장치를 **광학조준기**라고 합니다. 기계식 조준기가 가늠자, 가늠쇠, 표적의 3점을 정확하게 겹치지 않으면 노릴 수 없는 반면 광학조준기는 도트나 레티클(조준기 안에 보이는, 노리기 위한 선)을 목표로 겹치면 됩니다.

망원 조준경에는 배율이 있기 때문에 먼 곳의 목표도 확대해서 겨냥하기 쉽게 해줍니다. 도트 사이트나 홀로 사이트에는 배율이 없습니다만, 빨간색(전부 그렇다고는 할 수 없지만, 대다수는 빨간색) 빛의 점(도트)이나 레티클이 매우 보기 쉽기 때문에 **어두운 장소에서도 재빨리 노릴 수 있다는 이점**이 있습니다.

다만, 원거리에 대한 정확한 조준에는 어려움이 조금 있습니다.

도트 사이트와 홀로 사이트는 매우 비슷하지만, 도트 사이트는 LED를 사용한 빛의 점을 렌즈에 투영하는 것뿐인 반면, 홀로 사이트는 레이저를 사용해 레티클을 투영하고 있습니다. 점을 그저 투영만 하는 도트 사이트에 비해 **레티클이 있는 홀로 사이트 쪽이 레티클의 크기와 목표의 크기의 관계를 통해 목표까지의 거리를 판단하거나, 움직이는 목표에 대해 리드를 취하는 기준**이 되기도 하는 이점이 있습니다.

또한 도트 사이트나 홀로 사이트 모두 도트나 레티클을 목표에 겹치기만 하면 눈의 위치가 어긋나 있어도 조준이 이뤄집니다만, 도트 사이트보다는 홀로 사이트 쪽이 **어긋남을 보정해주는 능력**이 더 뛰어납니다.

하지만 홀로 사이트는 도트 사이트보다 가격이 비싸고 배터리도 빨리 소모됩니다. 또한 도트 사이트 쪽이 홀로 사이트보다 간단한 구조이므로 소형 경량으로 만들 수 있습니다. 이 외에도 목표에 레이저를 조사해 광점이 목표에 일치했을 때 방아쇠를 당기는 것도 있습니다만, 이것도 광학 조준기인가…라고 묻는다면 대답하기 좀 고민스러운 부분이라 하겠습니다.

도트 사이트는 고르기 망설여질 정도로 많은 기종이 있다. 도트 사이트는 원래 도트가 투영되는 것일 뿐이었지만, 홀로 사이트 비슷하게 레티클까지 투영되는 제품도 등장했다. 물론 실제 홀로사이트만큼 선명하지는 않다.

사진: 미 공군

홀로 사이트는 현재 EOTECH사의 몇 종밖에 없다.

사진: 미 해병대

도트 사이트나 홀로 사이트에 배율은 없지만, 오른쪽처럼 뒤에 망원경을 세팅하는 방법도 있다. 이런 망원경을 부스터라고 부른다.

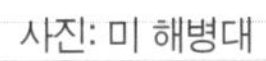

사진: 미 해병대

10-04 레티클은 어떤 것이 가장 좋을까?

망원 조준경의 렌즈에 표시된 보조선

망원 조준경으로 표적을 노리기 위해 렌즈에 새겨놓은 십자선을 **레티클**(reticle)이라고 합니다. 십자로 쳐진 선을 크로스 헤어라고도 하는데, 이것은 옛날에 정말로 머리카락을 붙여 만들었기 때문입니다. 하지만 이후로는 극도로 가는 금속선을 사용하게 되었고, 심지어 유리 표면에 에칭 가공을 하여 새기게 되었습니다. 이에 따라 단순한 십자가 아닌 여러 가지 궁리를 할 수 있게 되었는데, 예를 들면 오른쪽 페이지 아래의 99식 저격총이나 드라구노프 저격소총의 레티클 같은 것도 만들 수 있게 되었습니다.

단순한 십자에도 가는 선과 굵은 선이 있습니다. 가는 쪽이 작은 표적을 정확하게 노릴 수 있지만, 너무 가늘면 조금 어두운 곳을 노릴 경우 선 자체가 보이지 않을 수도 있습니다. 어두운 숲 속에 있는 사냥감은커녕 흐린 날에는 사격장의 표적조차 십자의 중심에 맞는지 안 보이는 경우가 있습니다. 이러한 가느다란 **크로스 헤어**를 **파인 크로스 헤어**라고 합니다.

그래서 **멀티엑스**(multi-x)라고 해서 중심부 바로 앞까지는 굵은 선이고 중심 부근만 가늘게 한 것이 만들어졌습니다. 또한 점점 가늘어지는 **포스트**와 굵은 십자 위쪽만 선이 없고 좌우 선은 중심 앞에서 끊어져 있는 **저먼 포스트**도 있습니다. 저먼 포스트는 수렵에 효과적이라는 평가를 받고 있습니다.

십자선 중심에 점(dot)을 찍은 **크로스 앤드 도트**도 있습니다. 작은 점이지만 상당히 노리기 쉬워집니다. 도트가 아닌 작은 원을 그린 **크로스 앤드 서클**도 있습니다.

또한 어두운 곳에서는 빛이 나게 하면 된다는 발상에서 레티클이 빛나게 하는 것도 있는데, 전지를 사용하는 것과 축광식으로 전지가 필요 없는 것이 있습니다.

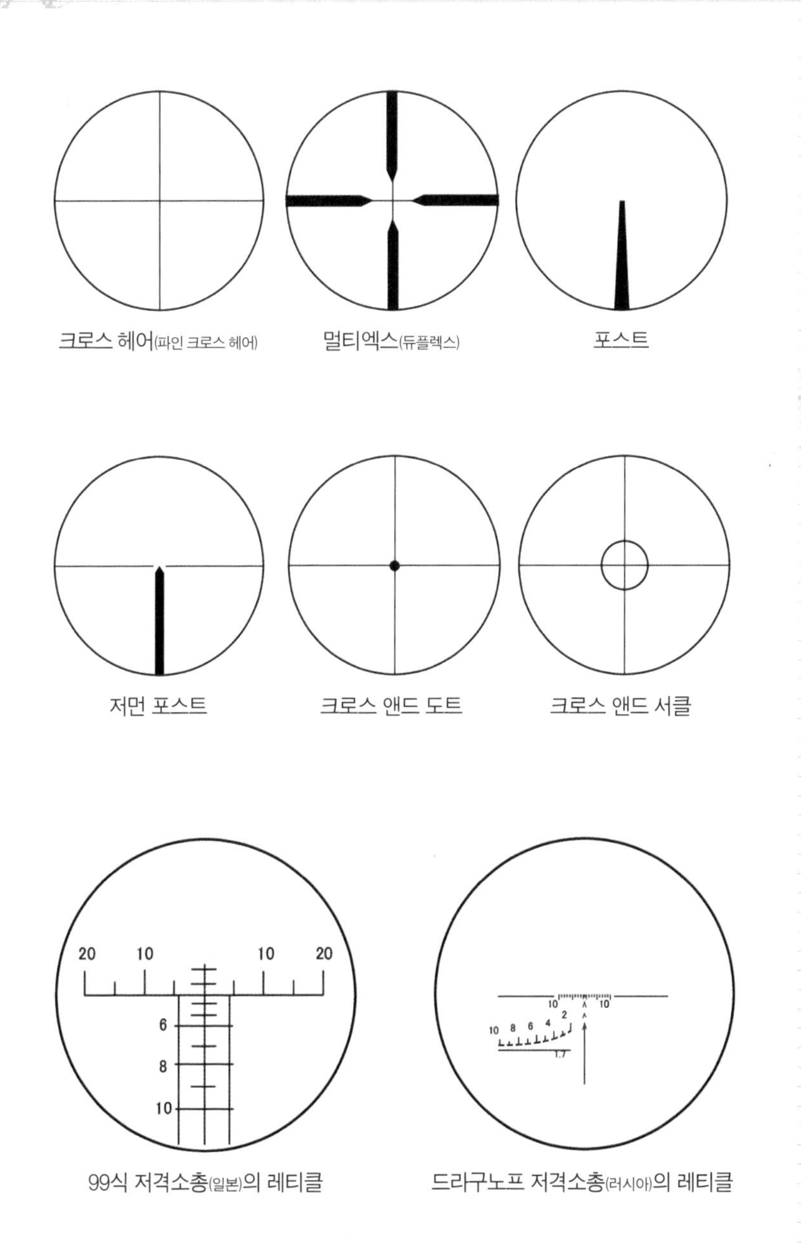

크로스 헤어(파인 크로스 헤어) 멀티엑스(듀플렉스) 포스트

저먼 포스트 크로스 앤드 도트 크로스 앤드 서클

99식 저격소총(일본)의 레티클 드라구노프 저격소총(러시아)의 레티클

가느다란 크로스 헤어(파인 크로스 헤어)는 어두우면 잘 보이지 않아 표적을 십자의 중심에 잡기 어렵다. 이 때문에 여러 가지 개량형이 등장했다.

10-05 MIL과 밀도트란?

거리 판정에 도움이 되는 밀도트가 들어간 레티클

밀(MIL)이라는 것은 군대에서 사용하는 각도의 단위입니다. 일반적으로 원주는 360분의 1로 나눠 1°라고 표기하는데, 이 원주를 6,400분의 1로 분할한 것이 바로 1MIL입니다. 1°는 17. 8MIL, 1MIL은 0. 0573°입니다.

왜 이런 단위를 쓰냐면 1MIL은 **1,000m 떨어진 곳에서 폭 1m짜리를 봤을 때**의 각도이기 때문입니다.

예를 들어 저 멀리 적병이 한 명 서 있다고 합시다. 조준경을 통해서 보니, 어깨너비는 가로 도트(눈금)로 1MIL이었습니다. 어깨너비를 대략 50cm라고 추정했을 때, **50cm짜리가 1MIL로 보인다는 것은 대략 500m 거리**라고 할 수 있는 것입니다.

자신의 총에 장착된 조준경이 300m 정도에서 제로인(zero-in, 특정 거리에서 표적의 중심을 노리고 쏘면 명중하도록 조준기를 조정하는 것)되어 있다고 했을 때, 이 총으로 500m 앞의 표적을 쏘면 탄환은 약 1m 아래로 떨어질 테니 1m 위를 노리도록 할 것입니다. 그렇다면 **망원 조준경의 중심으로부터 세로 도트로 2MIL 아래 도트에 표적을 맞추면 되는 것**이지요.

좀 더 예를 들면 적병의 머리, 즉 정수리에서 턱까지가 세로의 도트로 1MIL보다 약간 튀어나왔다면 적병과의 거리는 약 200m, 1MIL보다 조금 적으면 약 300m, 키가 2MIL이면 약 800~900m일 것입니다. 이것이 MIL 도트 망원 조준경의 사용법입니다.

가로 방향도 중요합니다. 탄도에는 횡편류(옆으로 흐르는 것)도 있습니다. 7.62mm NATO탄은 1,000m에서 60cm 오른쪽으로 편류합니다. 따라서 1,000m 거리의 표적을 쏠 때는 표적의 0.6m 왼쪽을 겨냥하게 됩니다.

덧붙여 미국에서는 거리의 단위에 야드를 사용하기 때문에 1MIL이란 **1,000야드 거리에서 폭이 1야드인 것을 봤을 때의 각도**라고도 정의합니다.

밀(MIL)

100m 떨어진 곳에서 10cm짜리 표적을 보는 각도(100야드 거리에서는 3.6인치짜리 표적).

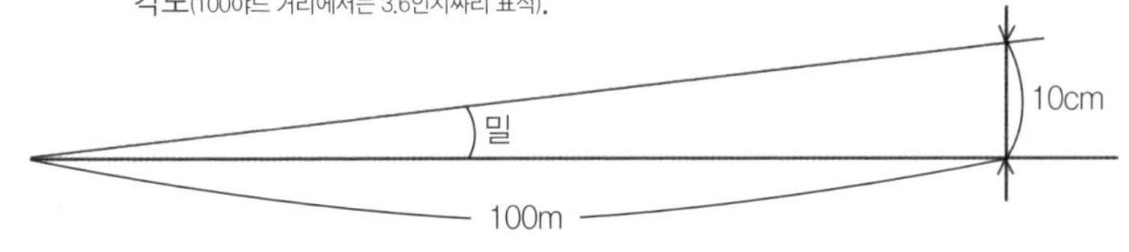

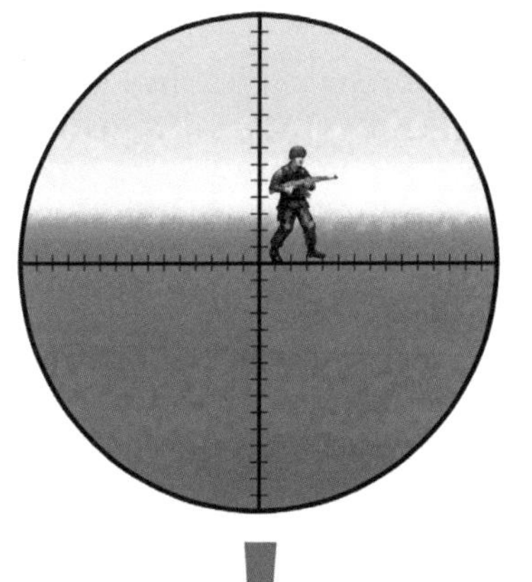

적병의 키를 170~180cm로 판단했다고 하면, 적병은 4MIL보다 조금 낮게 보이므로 거리는 약 500m라고 알 수 있다. 사용 탄약은 7.62mm NATO탄.

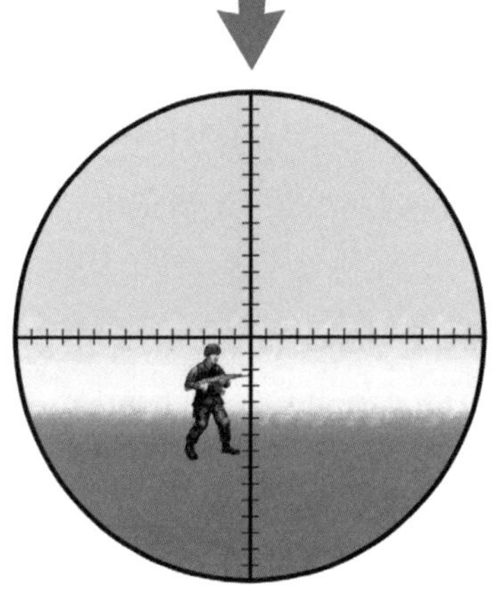

이 망원 조준경은 300m에서 제로인하고 있다. 500m에서 쏘면 1m 가까이 떨어질 것이다. 또 풍속 4m의 바람이 오른쪽에서 왼쪽으로 불고 있다. 이런 경우 거리가 500m라면 바람 때문에 60cm 왼쪽으로 흐르고 오른쪽으로는 7cm 정도 편류가 발생할 것이다. 이 경우 2MIL 위로(사용하는 도트는 2MIL 아래), 1MIL 오른쪽(사용하는 도트는 1MIL 왼쪽)을 노리면 된다.

10-06 M.O.A란?

미니트 오브 앵글=60분의 1°

M.O.A는 미니트 오브 앵글(Minute Of Angle)의 약자로, **1°의 60분의 1에 해당하는 각도**입니다. 이것은 100m 거리에서 29mm 표적을 봤을 때의 폭입니다만, 일단 여기서는 계산하기 편하도록 30mm(3cm)라고 생각합시다.

미국에서는 100야드(91m) 거리에서 1인치(25.4mm) 폭의 표적을 봤을 때의 각도라고 합니다. 정확하게 말하면 1인치가 아니라 1.047인치이기는 한데, 편의상 그냥 1인치로 계산하고 있습니다.

총의 명중 정밀도를 말할 때, 흔히 미국 문헌에서는 '2분의 1 M.O.A의 정밀도'라는 식으로 기술하고 있는 것을 흔히 볼 수 있습니다. 이것은 100야드에서 2분의 1인치(12.7mm)라는 의미입니다.

M.O.A로 눈금을 새긴 망원 조준경도 있습니다. 원래 대부분의 망원 조준경은 조정 노브가 '1클릭에 4분의 1M.O.A'라는 식으로 적당히 M.O.A 단위로 만들어져 있기 때문에, 그렇다면 레티클의 눈금도 M.O.A가 좋지 않겠냐며 이쪽을 선호하는 사람도 제법 있습니다.

적병의 머리가 7~8M.O.A이면 약 100m, 2M.O.A이면 400m, 또 키가 10M.O.A이면 약 600m 거리인 셈입니다. 또한 7.62mm탄의 1,000m에서의 편류는 2M.O.A가 됩니다.

레티클은 망원 조준경의 레티클 눈금으로 거리를 판단하거나 거리에 따라 조준점을 수정하거나 하기 때문에 다양한 아이디어가 반영되고 있습니다.

하지만 너무 복잡하면 본말전도가 되어 도리어 더 불편해지기 마련입니다. 실제 전쟁터나 사냥터 같은 곳에서 사용하고자 한다면 너무 복잡하게 생각하지 않아도 되는 MIL이나 M.O.A의 눈금이 실용적이라 할 수 있습니다. 실제로 대부분의 저격수들은 단순한 밀도트 레티클을 선호합니다.

망원 조준경의 조정 노브에 '1CLICK 1/4 M.O.A'라고 적혀 있다.

미니트 오브 앵글(M.O.A)

100m 거리에서 3cm 크기의 물건을 보는 각도(100야드 거리에서 1인치).

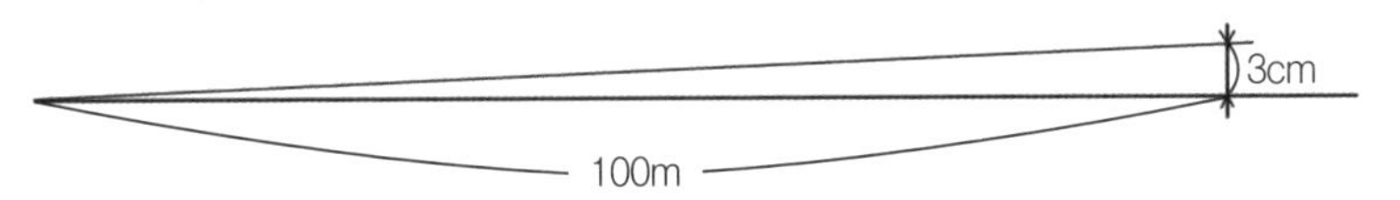

10-07 망원 조준경의 몸통 지름은 2종류가 있다

1인치와 30mm가 있다

망원 조준경의 몸통 직경은 1인치(25.4mm)인 것과 30mm인 것이 있습니다. 망원 조준경은 소형 경량인 것은 아니지만, 가능하면 장거리 저격을 위해서는 몸통 직경이 큰 편이 유리합니다. 그래서 **저격소총 중에는 몸통 지름 30mm인 망원 조준경을 달고 있는 것**이 많습니다.

이것이 무슨 말인가 하면, 원거리 사격을 위해서는 그만큼 총신에 상향각을 주어야 합니다. 즉, 총신에 대해 조준선은 하향 각도가 된다는 얘기죠. 하지만 망원 조준경을 아래로 기울이는 것은 불가능합니다. 따라서 망원 조준경은 오른쪽 페이지 상단의 그림과 같이 이중구조로 되어 있으며, 조정 노브를 움직이면 **이렉터 튜브**(안쪽 튜브)가 움직이게 되어 있습니다. 이것을 통해 상하좌우로 조정 가능한 것입니다.

그런데 만약에 큰 폭으로 노브를 조정해야 할 때, **몸통 직경이 고작 1인치라고 하면, 원하는 만큼 조정할 수 없다는 문제가 발생**하겠지요. 그래서 원거리 저격용으로는 30mm짜리를 쓰는 것입니다. 아예 처음부터 망원 조준경을 약간 하향 각도로 붙일 수 있도록 경사진 마운트를 사용하는 방법도 있습니다. 그렇다면 1인치짜리라도 조정에 문제가 없으며, 1인치 쪽이 훨씬 가볍다는 이점도 있습니다. 그렇다고는 해도 30mm 쪽이 굵은 만큼 역시 좀 더 튼튼하다고 할 수 있겠지요.

또한 옛날에는 망원 조준경 내부에 조정 기능이 없어서 마운트에서 조정하던 것도 있었습니다만, 그러한 기구는 발사의 진동으로 조정이 틀어지기 쉬웠기에 어느새 도태되고 말았습니다. 또한 옛날 모델 중에는 이렉터 튜브 없이 직접 렌즈를 움직이는 것도 있었습니다. 직접 렌즈를 움직이는 방식이라면, 망원 조준경을 들여다보았을 때 레티클 중심이 시야의 중심에 없는 일이 일어날 수도 있습니다.

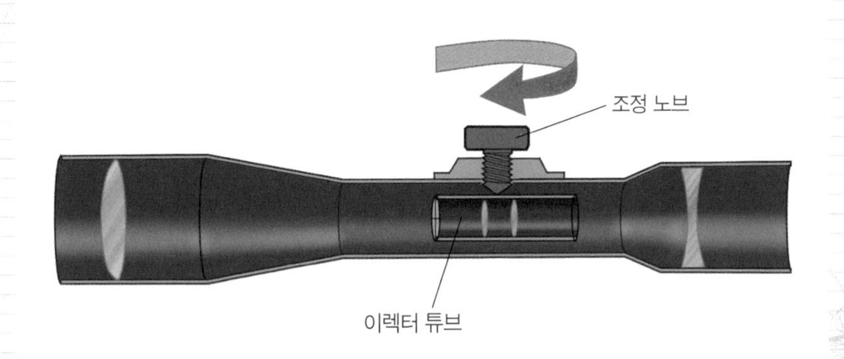

망원 조준경은 이중구조로 되어 있고, 조정 노브를 돌려 안쪽의 이렉터 튜브를 기울이는 방식으로 조정한다. 그래서 지름 1인치(25.4mm)짜리보다는 30mm짜리가 훨씬 조정 범위가 넓다.

위는 몸통 직경 30mm짜리 조준경과 그 마운트 링. 아래는 1인치(25.4mm)짜리 조준경과 그 마운트 링.

10-08 패럴렉스와 포커스

초점이 맞지 않으면 조준에 오차가 발생한다

패럴렉스(parallex, 시차)란, 일안 리플렉스(Single Lens Reflex)가 아닌 카메라의 파인더와 렌즈의 어긋남을 말합니다. 분명히 파인더를 들여다보면서 피사체인 얼굴을 외곽 틀에 딱 맞춰 촬영했다고 생각했는데, 사진을 현상하고 보니 피사체 가장자리가 잘려 있더라고 하는 그런 것이지요.

마찬가지로 총신의 축선과 '망원 조준경의 광축'의 어긋남도 패럴렉스라 하는데, 망원 조준경만을 단독으로 놓고 말하는 패럴렉스라고 하는 것은 역시 좀 다른 이야기입니다.

망원 조준경을 들여다보고, 표적이 선명하게 보이기 때문에 포커스가 맞았을 것이라고 방심해서는 안 됩니다. 표적의 중심에 레티클의 중심을 정확하게 맞춘 상태에서 총을 고정하고 눈만 살짝 틀어봅시다. 제대로 초점이 맞지 않으면 표적의 중심이 레티클의 중심에서 어긋나 보이게 될 것입니다.

이것이 바로 망원 조준경에서 말하는 패럴렉스입니다.

패럴렉스가 있는 상태에서는 아무리 정확하게 레티클을 표적에 맞추고 있다고 해도 조준이 정확하게 이루어진 것이 아니기 때문에 **패럴렉스가 없도록 초점을 조정**해야 합니다.

고정 배율 조준경이라면 포커스 조정 링이 접안렌즈 쪽에 붙어 있습니다. 이것을 **리어 포커스**라고 합니다.

가변 배율의 망원 조준경이라면 접안렌즈 쪽에 배율을 바꾸는 링이 있으므로, 포커스 조정용 링은 대물렌즈 쪽에 있습니다. 이것을 **프런트 포커스**라고 합니다. 하지만 이것은 상당히 앞쪽까지 손을 뻗어(자세가 크게 무너질 수밖에 없다) 포커스 조정용 링을 돌려야 합니다. 그래서 최근에는 망원 조준경 한가운데 측면의 상하좌우 조정 노브 근처에 포커스 조정용 링을 설치한 망원 조준경이 많이 늘었습니다. 이런 방식을 **사이드 포커스**라고 합니다.

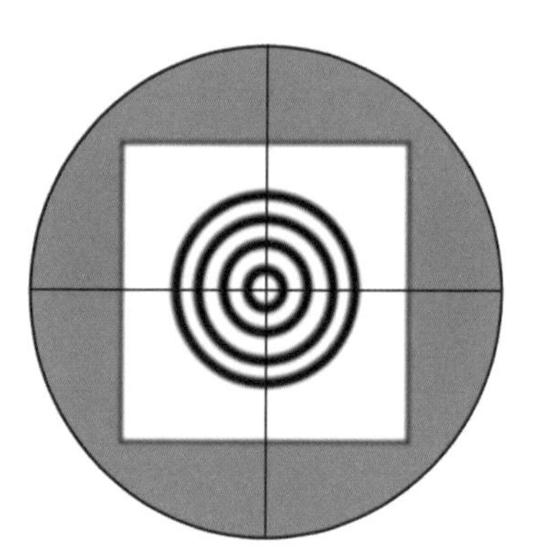

정확히 노렸다고 생각해도, 포커스가 맞지 않으면…

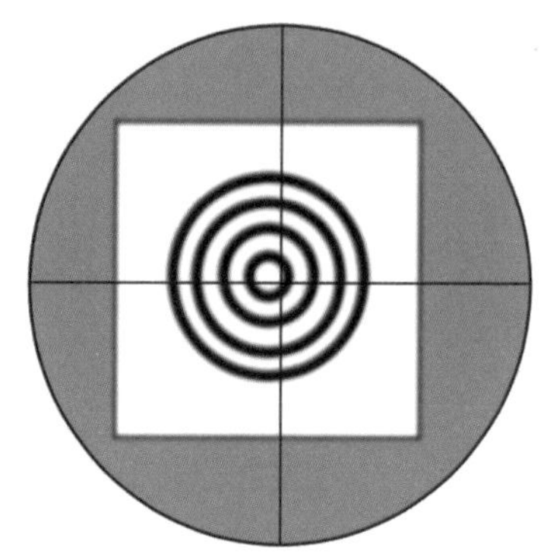

눈의 위치가 미묘하게 어긋났을 뿐인데, 표적까지 어긋나게 보인다.

10-09 야간투시경

액티브 방식과 패시브 방식

어둠 속에서도 적의 모습을 볼 수 있는 조준경이 있으면 유리합니다. 제2차 세계대전 말, 독일에서는 육안으로는 보이지 않는 적외선 투광기를 사용하는 야간투시경을 개발했습니다. 대전이 끝난 후 미군에서도 이를 본떠 야간투시경을 만들었으며, 한국전쟁에도 이를 투입한 바가 있습니다. 이처럼 적외선 등의 빛을 상대를 향해 비추는 방식을 **액티브 방식**이라고 합니다.

그러나 액티브 방식은 비가시광이라고는 하지만 이쪽에서 빛을 내고 있기 때문에 적에게 수상기가 있으면 가시광선을 내보내는 것과 같아서 적에게 발견되어버립니다.

이 때문에 이쪽에서는 빛을 내지 않고, 상대 측에서 나오는 빛만을 감지하는 **패시브 방식**이 개발되었습니다.

베트남전 후반부터 **광증폭식 야간투시경**이 사용되기 시작했습니다. 이것은 **별빛 등과 같이 아주 미약한 광원이라도 있으면 그 빛을 수만 배로 증폭**하는 것입니다.

무엇보다 밤에는 목표물에 반사되는 빛의 양 자체가 적기 때문에, 그것을 증폭해도 해상도가 낮고 흐릿한 화상이 되는 것은 어쩔 수 없습니다. 그래서 몸에 풀잎 등을 묻혀 위장하면 적을 기만할 수 있습니다.

20세기 말이 되면서 **열상감지장치**가 등장했습니다. 체온과 같이 상대 측이 발산하는 열을 영상화한 것으로 **걸프전에서 활약**했습니다. 사람이나 동물의 체온뿐만 아니라 자동차 엔진의 열, 낮이라면 태양의 열로 데워진 차량 등의 장비가 초목의 잎으로 위장하고 있어도 포착할 수 있습니다.

처음에는 크고 무거운 데다 비싸서 전차나 헬리콥터에는 탑재할 수 있어도 총에 다는 것은 무리였지만, 21세기에 이르러 급속히 경량화가 진행되었고, 가격도 점차 저렴해졌습니다. 무엇보다 최근에는 열상감지장치에 대항하고자 열선을 차단하는 위장 시트도 개발되고 있습니다.

베트남전쟁 무렵의 광증폭식 야간투시경인 스타라이트 스코프. 크고 무거웠지만 점차 소형 경량화가 진행되었다.

사진: 미 국방부

열상감지장치는 체온을 이미지로 포착할 수 있다. 사진은 미군의 열상조준기인 FWS-1의 화상을 열영상 통합형 야시경인 ENVG-B에 투영한 것이다.

사진: 미 육군

10-10 탄도를 계산하는 최첨단 조준경

기계가 조준점까지 정해준다

탄환은 중력에 의해 낙하합니다. 목표와의 거리가 멀수록 탄환의 낙하량을 계산해서 목표 위를 노려야 합니다. 또, 총탄은 바람에도 밀려나가므로 그 수정도 필요합니다. 일반 병사와는 상관없는 수준의 이야기이지만, 탄환은 회전하고 있기 때문에 옆으로 흐르게 되는 편류(1,000m에서 60cm 정도)도 감안해야 합니다. 저격수들은 목표까지의 거리를 감으로 판단하고 탄환의 낙하량, 옆바람의 세기 등을 감안해 **목표 위의 아무것도 없는 공간을 겨냥해 방아쇠를 당기는 어려운 일**을 했습니다.

이윽고 레이저 거리 측정기가 목표까지의 거리를 정확하게 측정해주는 시대가 왔지만, 해당 거리에서 목표의 얼마나 위 그리고 얼마나 옆을 노릴지는 여전히 종이로 된 데이터 북을 보고 판단하고 있었습니다.

21세기가 되면서부터는 스마트폰에서 사용할 수 있는 탄도 계산 애플리케이션이 등장했습니다. 그 결과 **20세기에는 불가능하다고 여겨졌던 장거리 저격 기록**까지 세울 수 있게 되었습니다. 그래도 목표 위의 조금 옆 공간을 노려야 했지요.

그런데 최근에는 아예 **망원 조준경에 레이저 거리 측정기와 탄도 계산 컴퓨터를 통합한 것이 등장**하기 시작했습니다. 목표를 노리고 레이저를 조사하면, 망원 조준경의 화상 안에 '이 점에 목표를 맞추고 쏘라'는 의미로 도트가 표시됩니다.

게다가 최근에는 이스라엘의 **SMASH 망원 조준경**처럼 드론과 같은 **비행 목표까지 노릴 수 있는 망원 조준경**도 등장했습니다. 비행 목표에 대한 사격은 거리에 따라 탄이 낙하할 뿐만 아니라 목표에 탄이 도달할 때까지의 시간과 목표의 속도에 따라 목표 앞을 노려야 하는 등 매우 어려운 사격이었지만, 이 조준기는 그것을 망원 조준경 내부에서 계산하여 조준점을 표시해줍니다.

미군이 시험 중인 탄도 계산 조준경. 사진: 미 육군

이스라엘제 SMASH 망원 조준경. 날아다니는 드론을 사격하는 테스트까지 실시되었다고 한다. 사진: 미 해병대

COLUMN-10

감적 스코프

사격장에서 종이 표적에 뚫린 탄흔은 육안으로는 잘 보이지 않습니다. 총에 붙어 있는 조준용 망원 조준경이라도 고급품이라면 100m 정도까지는 탄흔을 볼 수 있지만, 그 이상의 거리가 되면 조금 더 해상도가 높고 배율이 큰 망원경이 필요한 법이죠. 이 망원경은 **감적 스코프**나 **스포팅 스코프** 등의 명칭으로 불리고 있습니다만, 실은 망원경입니다. 흔히 조류 관찰 등에 사용되는 바로 그 망원경이죠.

이것은 저격팀의 관측수(spotter)용으로도 사용되고 있습니다. 배율의 높은 데다 선명하게 볼 수 있는 렌즈의 이점을 활용하여 표적의 발견이나 감시에 이용하지만, **가장 중요한 임무는 착탄 순간의 확인**입니다. 발사 순간, 총은 반동으로 튀어 오르기 때문에 저격수 본인은 명중하는 순간을 보기 어렵습니다. 그래서 **감적수가 명중했는지 아닌지의 결과를 확인**하는 것입니다.

현대 전장에서의 저격에서는 표적에 맞았는지를 감적수가 확인한다. 사진: 미 공군

제 11 장

세계의 탄약

총기에 사용하는 탄약에 대해, 전 세계의 모든 탄약을 마이너한 것까지 기술하면 두꺼운 책 한 권 분량은 족히 되고도 남을 것입니다. 제11장에서는 총에 대해 이야기하고 싶다면 이 정도는 꼭 알고 있어야 할, 여러 중요 탄약에 대해 알아보고자 합니다.

11-01 22구경 림 파이어

올림픽부터 플링킹까지

22구경 림 파이어 탄약 중에서 가장 많이 보급되어 있는 것이 바로 **22 롱 라이플**입니다. 이름은 롱 라이플입니다만, 실제로는 아주 작은 탄환입니다. '작아서 값이 싸다', '소리도 작기 때문에 부담 없이 쏠 수 있다'고 해서 올림픽 50m 라이플 경기, 권총 경기, 플링킹(plinking)이라 하여 빈 깡통이나 수박 등을 표적 삼아 쏘는 놀이 등에도 사용되고 있습니다. 토끼나 여우 정도의 소형 동물을 쏘기에도 적합하기 때문에 세계에서 가장 많이 생산되고 소비되는 탄환일 것입니다. 물론 머리나 심장에 맞으면 사람도 죽일 수 있는 위력이 있고, 실제로도 **미국에서 가장 많이 사람을 죽이는 건 9mm나 45 ACP가 아니라 22구경 림 파이어**라고 합니다. 그만큼 많이 보급되어 있다는 얘기지요.

약협이 짧은 **22 쇼트**는 올림픽에서 5개의 표적을 재빠르게 쏘아 맞히는 속사 권총 경기 전용으로 사용되고 있습니다. 위력이 너무 약하기 때문에 실전에 사용하는 사람은 없지만, 그래도 화약을 사용하여 탄알을 날리는 것이기 때문에 맞으면 역시 크게 다칠 수 있습니다.

쇼트와 롱 라이플 사이에는 롱이 있었습니다만, 어중간한 위력 탓인지 최근에는 찾아보기 힘든 탄약입니다. 롱 라이플보다 강한 것으로는 22 윈체스터 매그넘 림 파이어나 구경을 0.17로 좁힌 보틀넥 스타일의 호나디(hornady) 매그넘 림 파이어도 있습니다. 대인 전투에 사용해도 큰 무리가 없을 위력을 지녔으며, 이 탄환을 사용하는 권총으로는 AMT 오토매그Ⅱ와 루거 LCR 등이 있습니다. 22 림 파이어에는 그 밖에도 몇 가지 종류가 만들어진 적이 있습니다만, 별로 보급되지 않고 사라졌습니다.

22 림 파이어 권총에서 필자가 가장 좋아하는 것은 루거 Mk II입니다. 기가 막힐 정도로 명중률이 높은 총이지요.

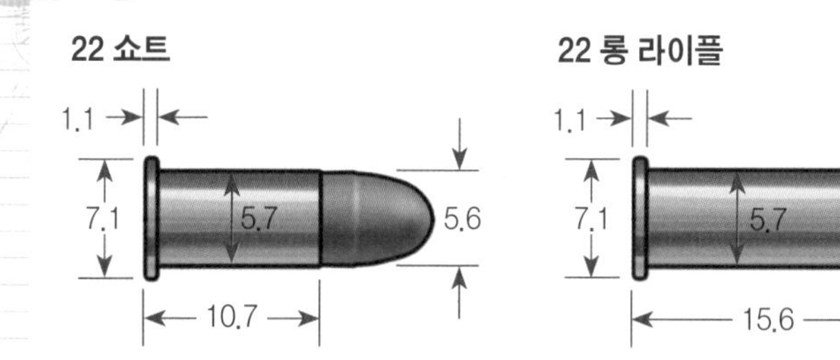

22 윈체스터 매그넘 림 파이어

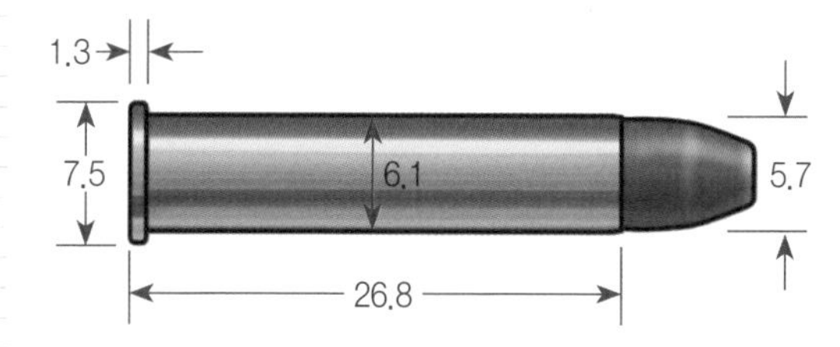

17 호나디 매그넘 림 파이어

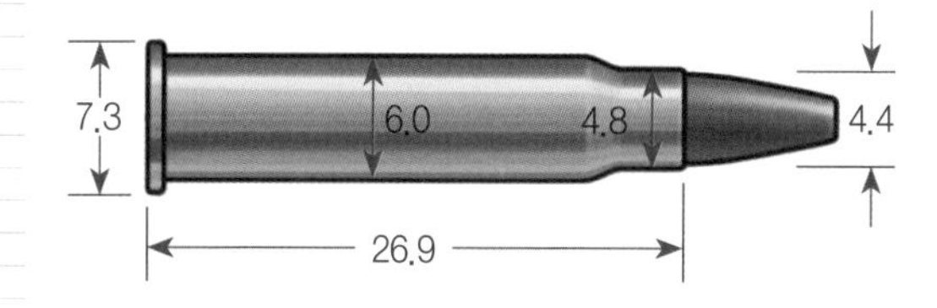

단위: mm

각 거리(야드)에서의 탄속(m/s)

	초속	50야드	100야드	150야드
22 롱 라이플	363	325	300	281
22 윈체스터 매그넘 림 파이어	463	408	363	329
17 호나디 매그넘 림 파이어	766	665	571	487

제로인※을 50야드 거리로 잡았을 때, 각 거리(야드)에서의 낙하량(cm)

	50야드	100야드	150야드
22 롱 라이플	0	15.2	53.1
22 윈체스터 매그넘 림 파이어	0	5.3	32.2
17 호나디 매그넘 림 파이어	0	0.8	7.9

※ 영점 조정(10-05 참조)

11-02 소구경 센터 파이어

방탄조끼를 관통하라!

권총탄은 짧은 총신에서 가속하기 쉽도록 굵고 짧은 형태를 하고 있는 것이 보통이지만, 최근에는 방탄복 관통을 목적으로 개발된 수종의 소구경 고속탄이 출현했습니다. 대표적인 것으로 벨기에의 FN-에르스탈이 1991년에 개발한 **5.7×28**이 있는데, P90 PDW나 FN 파이브-세븐 등에 사용되고 있습니다.

한편 그 대항마로서 독일의 H&K에서 개발한 것이, 조금 더 소구경인 **4.6×30**으로, MP7 기관단총에 사용되고 있습니다만, 그 외에는 그다지 널리 보급되지 못했습니다. 마지막으로 중국군이 사용하고 있는 **5.8×21**이 있는데, 92식 권총이나 05식 기관단총에 사용되고 있습니다.

또한 지명도는 낮지만 **22 TCM**이라는 것도 있습니다. 소총용 223 레밍턴의 약협을 짧게 줄여 만든 것으로, 관통력은 뛰어나지만 총구 화염이 너무 큰 것이 단점이라고 알려져 있습니다. 사용 총기로는 콜트 거버먼트의 복사판인 록 아일랜드 1911 등이 있습니다.

방탄조끼를 관통할 위력을 추구한 최근의 흐름과는 별개로 옛날부터 소구경 고속 권총탄이라는 것이 있었는데, 권총탄이라기보다는 소형의 소총탄을 권총으로 전용했다는 느낌이 강합니다.

221 파이어볼은 단발 볼트 액션 권총인 레밍턴 XP-100용으로 개발되었습니다. **22 호넷**은 원래 항공기가 불시착했을 때 사용할 생존장비인 서바이벌 건에 사용되고 있던 소형 라이플 탄약이었지만, 매그넘 리서치사나 타우루스사에서 이 탄약을 사용하는 리볼버를 발매했습니다. **22 레밍턴 제트**는 S&W의 M57 리볼버에 사용되고 있습니다.

이런 종류의 소구경 센터 파이어 권총에서 필자가 좋아하는 것은 5.8mm탄을 사용하는 중국의 92식 권총이었습니다. 그립감이 최고였어요.

5.7×28

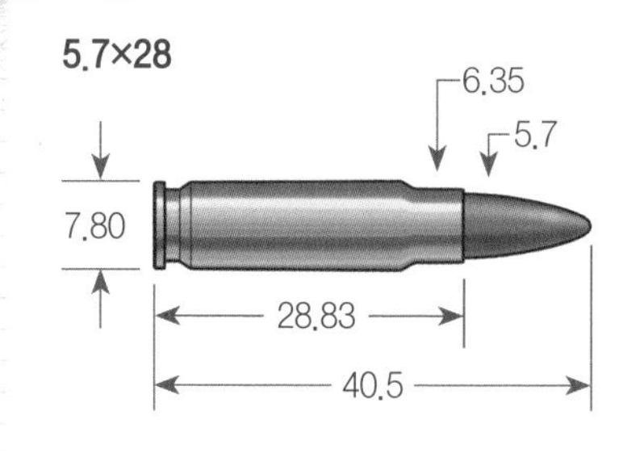

4.6×30

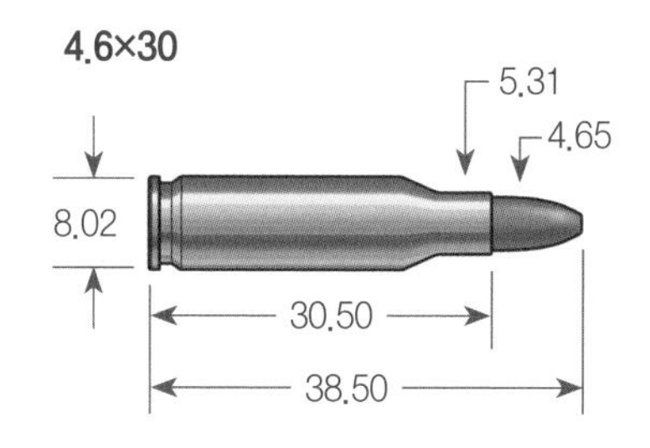

5.8×21

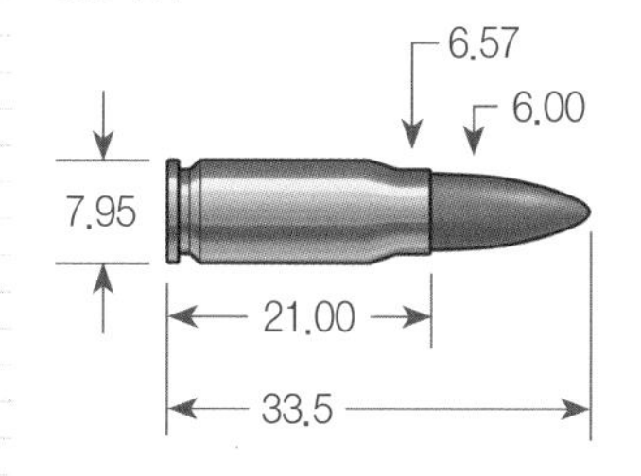

22 TCM

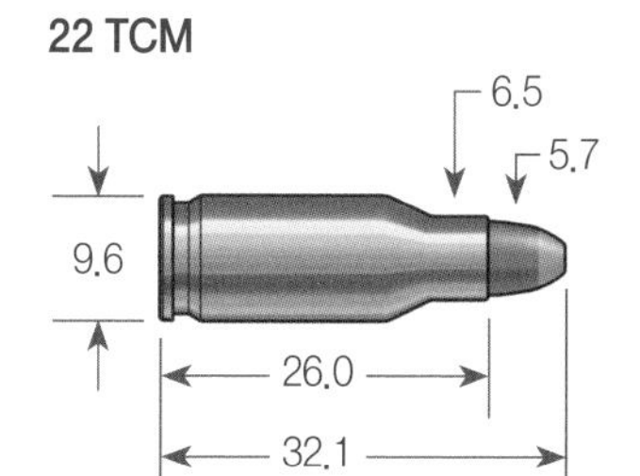

221 파이어볼

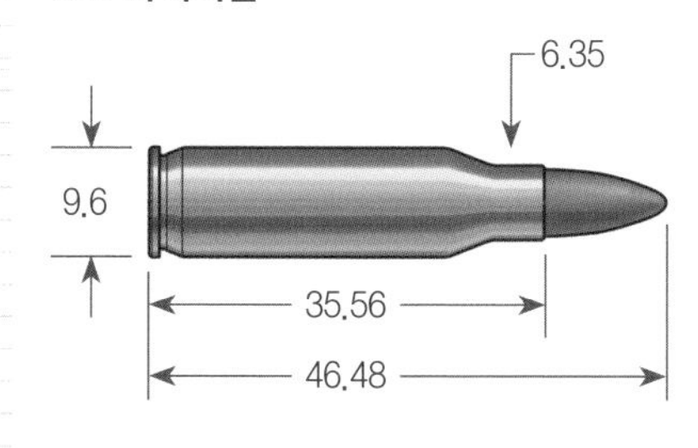

22 레밍턴 제트

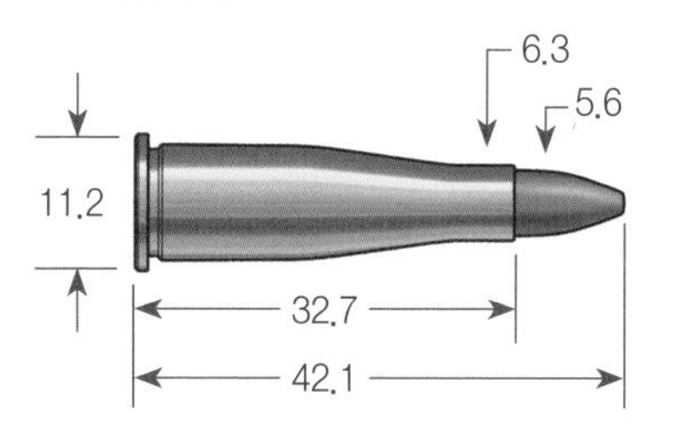

단위 : mm

탄약명	탄두중량(gr)※	초속(ft/s)	운동에너지(ft·lbs)
5.7×28	31	2,350	394
4.6×30	25	2,380	311
5.8×21	45	1,574	247
22 TCM	40	1,875	312
221 파이어볼	50	2,813	879
22 레밍턴 제트	40	1,700	258

※ gr은 그레인(50그레인=3.2g)

11-03 버민트용 소구경탄

222 레밍턴, 6mm PPC 등

M16 소총에 사용되고 있는 **223 레밍턴**(5.56×45)과 구경은 같지만 약협이 한 둘레 작은 **222 레밍턴**, 그리고 그 약협을 조금 크게 만든 **222 레밍턴 매그넘**이라는 탄약이 있습니다. 223 레밍턴과 222 레밍턴 매그넘은 이름의 숫자는 다르지만 실은 같은 구경입니다. 222 레밍턴 매그넘은 223보다 약협이 약 2mm 더 길지만 성능은 같은 것입니다.

M16 소총을 개발할 때 222 레밍턴 매그넘을 그대로 써도 됐을 터였습니다만, 그래서는 개발 담당자 월급도 안 나올 거라는 이유에서 딱히 필요도 없는데 223을 만들었다는 얘기가 있습니다. 하지만 223 레밍턴이 이만큼이나 보급되어버렸기 때문에, 이제는 222 레밍턴 매그넘 쪽이 점점 밀려나 사라지는 신세가 되었습니다. AK-47의 7.62×39를 조금 수정하여 구경을 5.56mm로 만든 22 PPC라는 탄약도 존재합니다만, 이것은 러시아 군용으로 따로 개발된 것은 아니고 순수한 경기용 탄약입니다.

이들은 20세기 후반 경기용이나 버민트용으로 많이 사용되었는데, 역시 바람에 약하기 때문에 20세기 말부터 21세기 초에 걸쳐 6mm가 주류를 이루게 되었습니다. 222 레밍턴 매그넘을 6mm로 만든 **6×47**, 223 레밍턴을 6mm로 만든 **6×45** 등이 여기에 해당합니다. 이들 가운데 가장 유명한 것이 **6mm PPC**로, 7.62×39의 약협을 손질해 구경 6mm로 만든 것입니다. 최근에는 308(7.62×51)의 약협을 39mm로 줄여 6mm로 짠 6mm BR이 호평을 받고 있습니다. 6mm는 300m 이내의 경기에서는 매우 좋은 성적을 내고 있습니다. 308의 약협을 그대로 둔 채, 구경만 6mm로 만든 **243 윈체스터**도 경기용이 아닌 버민트용으로는 보급되어 있습니다.

이런 종류의 라이플탄 중에서 필자의 취향은 경기용으로 6mm PPC(이런, 6mm BR을 잊고 있었군요), 수렵용이라면 243 윈체스터입니다.

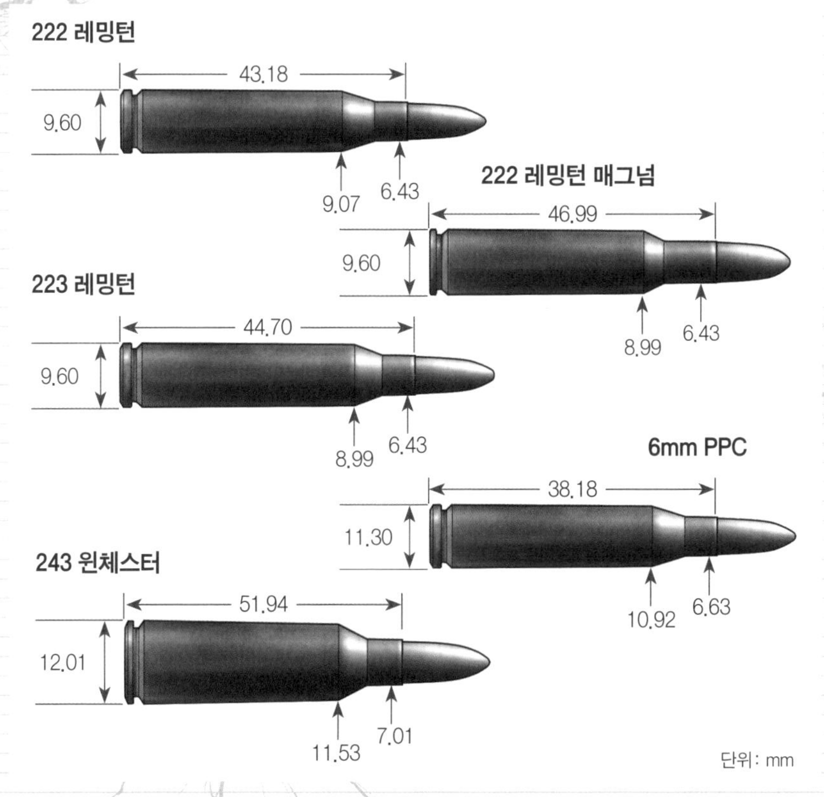

각 거리(야드)에서의 탄속(m/s)

	탄두 중량	화약량	초속	100 야드	200 야드	300 야드	400 야드	500 야드
222 레밍턴	3.24	1.62	951	831	721	620	527	445
223 레밍턴	3.56	1.68	982	865	757	658	566	481
6mm PPC	5.83	1.81	909	821	739	661	558	521
243 윈체스터	5.83	2.80	945	870	798	731	666	605

※ 탄두중량과 화약량은 단위가 g.

제로인을 300야드로 잡았을 때의 상승량과 낙하량(cm)

	100 야드	200 야드	300 야드	400 야드	500 야드
222 레밍턴	13	16	0	-48	-145
223 레밍턴	9	12	0	-30	-87
6mm PPC	10	13	0	-31	-86
243 윈체스터	9	11	0	-26	-71

11-04 25~30구경 클래스

중·소형 권총용, 약간 작은 탄약

25 오토는 센터 파이어식 권총탄으로는 가장 작은 탄약일 겁니다. 센터 파이어인 주제에 22 롱 라이플보다 위력이 약하니 대체 무엇 때문에 존재하는가…라는 느낌인데, FN 포켓 모델 1906, 콜트 M1908 베스트 포켓, 베레타 M1950 등 여러 소형 권총에 사용되고 있습니다.

7.62×17은 중국에서만 사용되는 마이너한 탄약이기 때문에 굳이 여기서 소개할 가치가 없을지도 모릅니다만, 이미 총기 쪽을 소개한 바가 있으므로 탄약에 대해 간단히 소개하자면, 이 탄약은 64식, 77식 권총, 67식 소음 권총 등에 사용되고 있습니다.

32 오토는 존 브라우닝이 개발한 자동권총 탄약 중 하나로 1899년 벨기에 FN이 브라우닝 M1900 자동권총과 함께 생산을 시작했습니다. 32 ACP와 7.65mm 브라우닝 모두 7.65×17이라고도 부릅니다.

7.62×39R은 제정 러시아 시대의 나강 리볼버용 탄약이지만, 군용으로서는 위력이 부족한 느낌이 듭니다. 100년 정도 옛날에 **32 S&W, 32 S&W 롱**이라는 탄약도 있었는데 지금은 거의 찾아볼 수 없습니다.

32 H&R 매그넘은 헐링턴&리처드슨의 리볼버용 탄약으로 1982년에 등장했습니다. H&R 외에도 덴웨슨, S&W, 루거 등이 이 탄약을 사용하는 총을 생산하고 있습니다.

327 페더럴 매그넘은 357 매그넘의 위력을 가진 탄을 좀 더 콤팩트한 리볼버에서 발사하는 것을 목적으로 2008년에 개발한 탄약으로, 루거 GP100 리볼버에 사용됩니다.

이 클래스 탄약 중에 필자가 좋아하는 것은 없지만, 굳이 말하자면 327 페더럴 매그넘을 사용하는 루거 GP100이 아닐까 합니다.

25 오토

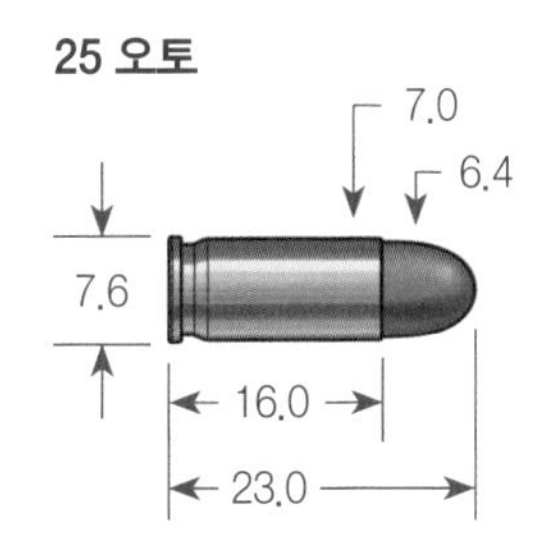

7.62×17

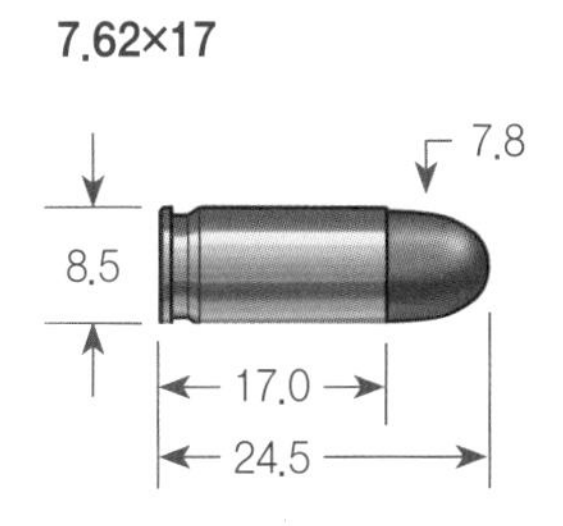

32 오토

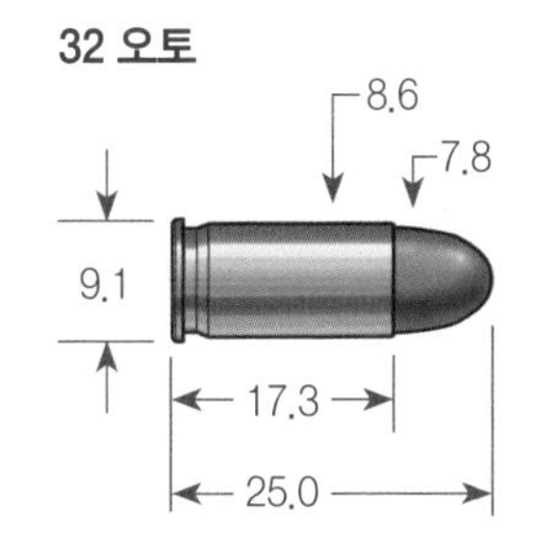

7.62×39R

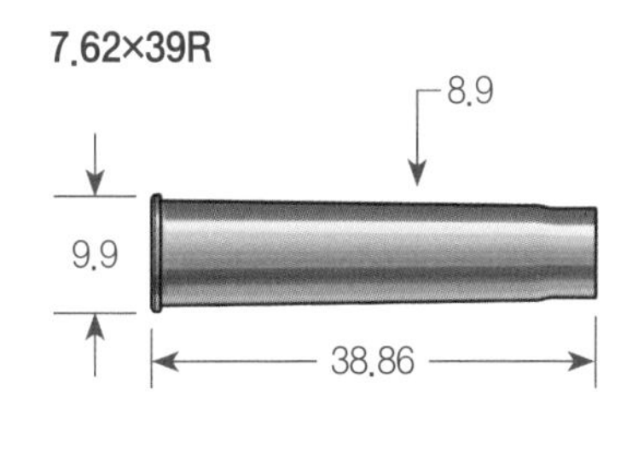

32 H&R 매그넘

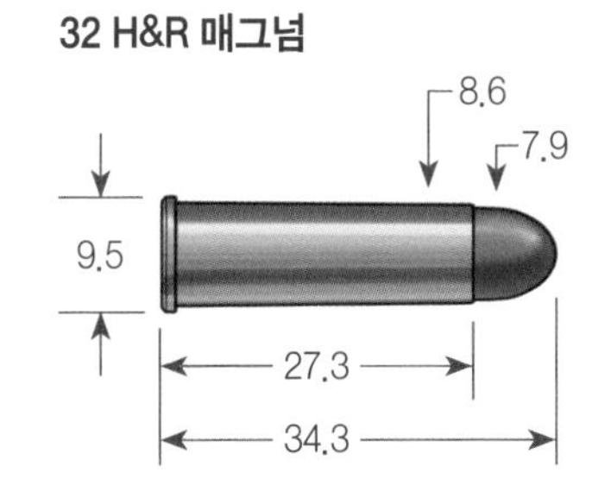

327 페더럴 매그넘

단위 : mm

탄약명	탄두중량(gr)	초속(ft/s)	운동에너지(ft. lbs)
25 오토	35	1,150	103
7.62×17	74	990	161
32 오토	65	925	123
7.62×39R	97	1,070	250
32 H&R 매그넘	90	1,227	301
327 페더럴 매그넘	100	1,874	780

11-05 6.5~7mm 클래스

사슴 사냥이나 대인 중거리 저격에 적합

라이플 탄약은 마이너한 것까지 포함하면 도저히 외울 수 없을 만큼 많은 종류가 있어서 이것들을 총정리한다면 전화번호부처럼 두꺼운 책이 되고 말 것입니다. 이 때문에 이 책에서는 비교적 널리 보급되어 있는 것이나 주목할 만한 것을 다루고 있습니다.

6.5mm라고 하면 일본의 38식 보병총에 사용된 6.5mm 아리사카와 이탈리아의 카르카노 등이 있습니다. 좋은 탄환이었지만 현대에는 생산되지 않고 있습니다. 그래서 널리 보급되어 있는 **308 윈체스터**(7.62mm)의 약협을 이용하여 리메이크라고 할까 구경을 6.5mm로 개조한 것이 바로 **260 레밍턴**입니다.

260 레밍턴은 7.62mm보다 반동이 가벼운데, 1,000m 이내의 저격이라면 평탄한 탄도를 얻을 수 있습니다. 초속은 308 윈체스터보다 약간 느리지만 외형이 날씬하여 공기저항이 적은 탄두는 800m 지점에서 속도와 운동에너지 모두 308 윈체스터를 약간 웃돌고 있습니다. 바로 6.5mm 아리사카의 재림입니다. 비슷한 것으로 308 윈체스터의 약협을 구경 7mm로 조여 만든 **7mm 08**이라는 탄약도 있습니다만, 그다지 보급되지 않은 것 같습니다.

6.5mm는 사슴 사냥에는 적합하지만, 곰과 마주치기라도 한다면 불안합니다. 그래서 사슴을 잡으러 갔다가 곰을 만나도 이것이라면 상대할 수 있다고 할 만큼의 위력이 있고, 또한 1,000m 전후의 저격에도 적합한 것이 **270 윈체스터**입니다. **30-06**의 약협을 구경만 0.27인치(6.9mm)로 좁힌 것인데, 이것이라면 반동이 가벼운데도 발사 시점부터 30-06을 웃도는 속도와 에너지를 가지고 있어 800m 지점에서도 30-06보다 10% 정도 큰 에너지를 지니고 있을 정도입니다.

이 중에서 필자 취향인 탄약은 270 윈체스터입니다.

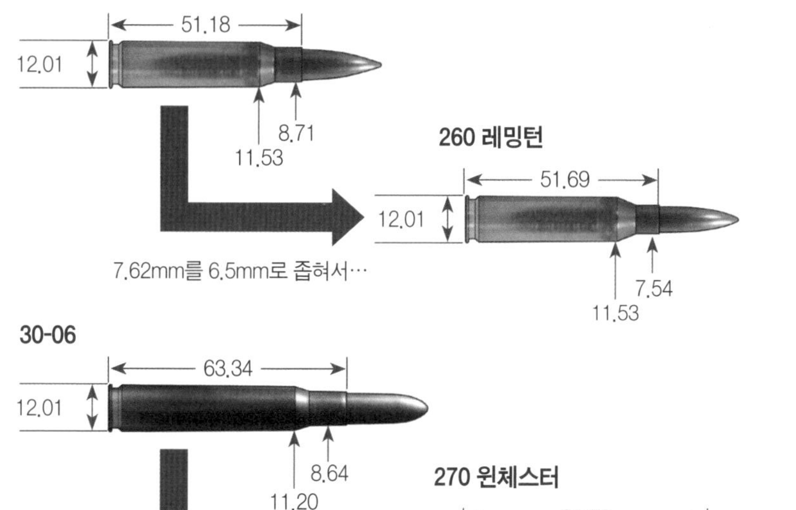

각 거리(야드)에서의 탄속(m/s)

	초속	100 야드	200 야드	300 야드	400 야드	500 야드	600 야드	800 야드
308 윈체스터	855	767	685	608	537	472	415	332
260 레밍턴	833	773	716	662	610	560	513	415
30-06	812	793	709	631	558	491	432	342
270 윈체스터	896	833	772	713	658	604	554	462

제로인을 300야드로 잡았을 때의 탄도 상승량과 낙하량(cm)

	100 야드	200 야드	300 야드	400 야드	500 야드	600 야드	800 야드
308 윈체스터	12	15	0	-37	-102	-204	-563
260 레밍턴	12	14	0	-32	-86	-167	-425
30-06	11	14	0	-34	-95	-189	-522
270 윈체스터	10	12	0	-28	-75	-142	-365

※ 308 윈체스터와 30-06의 탄두는 모두 150그레인(9.72g).
※ 260 레밍턴과 270 윈체스터의 탄두는 모두 140그레인(9.1g).

11-06 7mm 매그넘

270으로는 화약이 충분하지 않다고?

7mm는 인치로 따지면 280이 됩니다. '7mm 뭐시기'라거나 '280 거시기'라고 하는 명칭의 7mm 탄약은 여러 종류가 있습니다만, 270 윈체스터의 그늘에 가려 보급되지 않았다는 인상입니다. 그러나 **7mm 탄을 한 둘레 큰 약협**에 물려 고속으로 날리자는 생각으로 7mm 웨더비 매그넘이 만들어졌습니다. 270 윈체스터의 약협에 들어갈 수 있는 화약량은 3.5g 정도가 한계이지만, 7mm 웨더비 매그넘이라면 4.8g 정도 들어갑니다. 이것으로 160그레인의 탄두를 초속 900m/s의 속도로 발사합니다.

그러나 웨더비의 탄약은 웨더비 라이플 전용이므로 레밍턴에서는 **7mm 레밍턴 매그넘**이라는 것을 만들었습니다. 언뜻 보기에는 같은 약협으로 보일 정도이고 성능도 거의 같지만, '고급 총'이라고 비싸게 들어 있는 7mm 웨더비 매그넘과 같은 성능의 탄환을 합리적인 가격의 레밍턴 소총에서 쏠 수 있는 것입니다.

이러한 20세기의 매그넘 라이플 탄약의 대부분은 벨티드형이었는데, 이것은 무의미한 디자인으로, 21세기에 들어서면 **7mm 레밍턴 울트라 매그넘**이나 **7mm 레밍턴 쇼트 액션 울트라 매그넘**, **7mm 윈체스터 쇼트 매그넘** 등 새로운 탄약이 출현하고 있었기 때문에 과거의 유물이 될 것으로 보입니다. 7mm 레밍턴 쇼트 액션 울트라 매그넘은 오래된 7mm 레밍턴 매그넘과 같은 성능을 굵고 짧은 약협으로 발휘하도록 만든 것으로, 탄도 특성도 똑같습니다. 그리고 같은 양의 화약을 사용하는 경우 굵고 짧은 약협을 사용하는 것이 화약 연소 후 그을음이 남지 않고 명중률도 좀 더 좋다고 합니다.

이 페이지에서 설명한 탄약 중에서 필자가 실제로 사용해본 탄은 없습니다. 정확히 말하자면 "270 정도면 딱히 아쉬울 게 없는데, 굳이?"라고 생각(경제적이기 때문이라는 것이 진심이겠지요)했기 때문입니다.

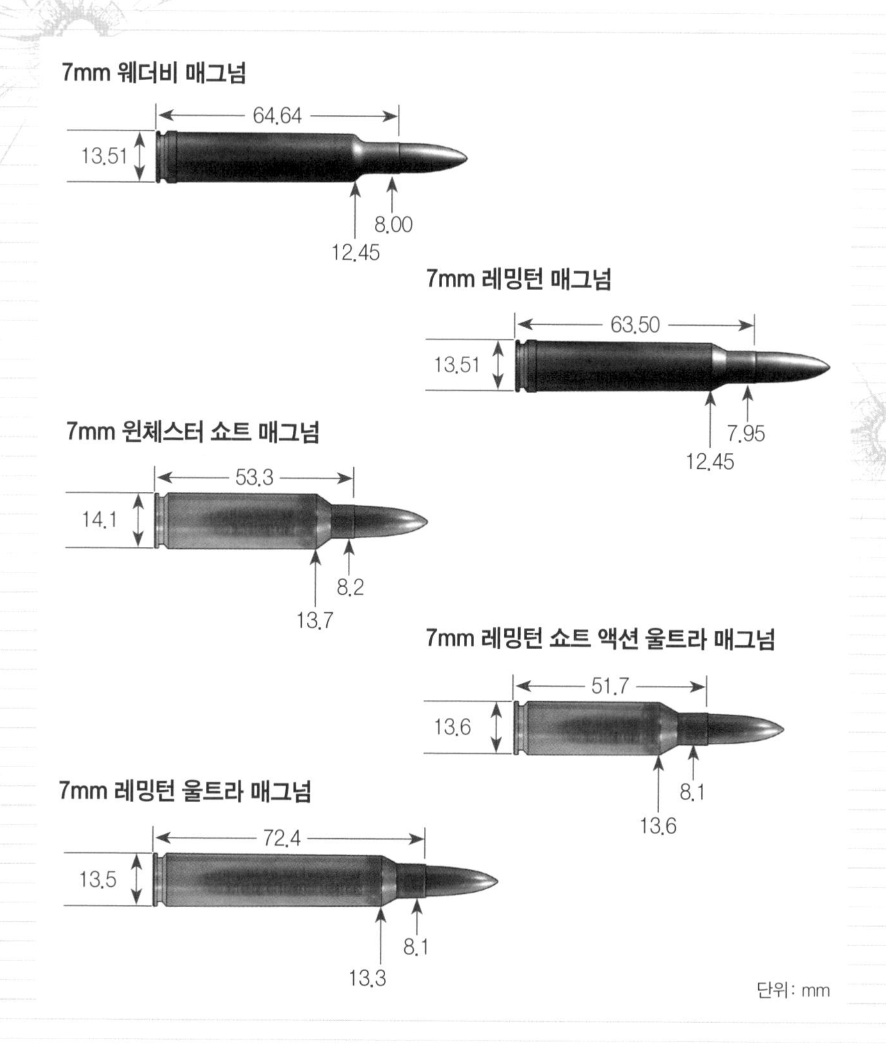

각 거리(야드)에서의 탄속(m/s)

	초속	100 야드	200 야드	300 야드	400 야드	500 야드
7mm 웨더비 매그넘	939	883	828	776	726	708
7mm 레밍턴 매그넘	894	834	777	722	669	618
7mm 윈체스터 쇼트 레밍턴	909	854	800	749	700	652
7mm 레밍턴 울트라 매그넘	970	906	846	788	732	679

※ 탄두중량은 모두 160그레인(10.37g).
※ 7mm 레밍턴 매그넘과 7mm 레밍턴 쇼트 액션 울트라 매그넘의 탄도 수치 데이터는 동일.

11-07 30구경 클래스 소총탄

중거리 저격 및 수렵용으로 사용된다

제2차 세계대전까지 세계 각국은 각기 다른 규격의 소총용 탄약을 사용했습니다. 미국은 **30-06**, 일본은 **6.5mm 아리사카**(훗날 7.7mm 아리사카), 영국은 **303 브리티시**, 이탈리아는 **6.5mm 카르카노**, 독일은 **8mm 마우저**, 러시아는 7**.62mm 모신 나강**(7.62mm×54R)이라는 식으로 말이죠.

제2차 세계대전 이후 냉전시대에 들어서면서 자유 진영 국가들은 미국식 규격, 공산주의 국가들은 소련식으로 규격을 통일해갔고, 군용 소총탄의 종류도 매우 줄었습니다(반대로 수렵이나 경기용 탄의 종류는 크게 늘었습니다). 제2차 세계대전 무렵에 쓰인 탄약 중에서, 지금도 군용으로 현역인 것은 러시아의 7.62mm 모신 나강 정도일 것입니다. 미국의 30-06은 한국전쟁 무렵까지는 현역으로 사용되었지만, 이후 NATO 공통 탄약으로 **308 윈체스터**가 채용되면서 밀려났습니다. 이 308 윈체스터는 30-06의 약협을 12mm 정도 짧게 만든 것으로, 화약의 개량을 통해 같은 위력을 발휘할 수 있도록 만든 것입니다. 미국에서는 군용 탄약 규격이 그대로 수렵용 탄약에 적용되는 경우가 있습니다. 그것은 미국에서는 직접 리로딩 작업을 하는 사람이 매우 많기 때문으로, **미군에서 사용한 후에 비철금속 자원으로 팔려나간 빈 탄피를 이용할 수 있으면 무척 경제적**이기 때문입니다. 그래서 30-06이나 308 윈체스터를 사용하는 엽총이 많이 만들어졌고, 그 결과 수렵용 탄약으로 전 세계에 널리 보급되었습니다.

또한 30-06과 308 윈체스터의 위력이 같다는 것은 '군용 탄약의 경우 그런 사양으로 만들었다'는 얘기로, 수렵용 탄약의 경우 30-06이 약협이 긴 만큼 화약을 많이 넣을 수 있기 때문에 당연히 30-06이 더 강력합니다.

여기서 다룬 탄약 중에서 개인적으로 가장 마음에 드는 것은 역시 일본의 6.5mm 아리사카입니다.

30-06(미국)

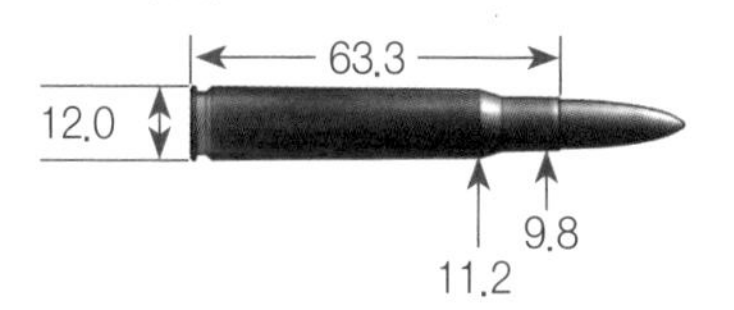

6.5mm 아리사카(일본)

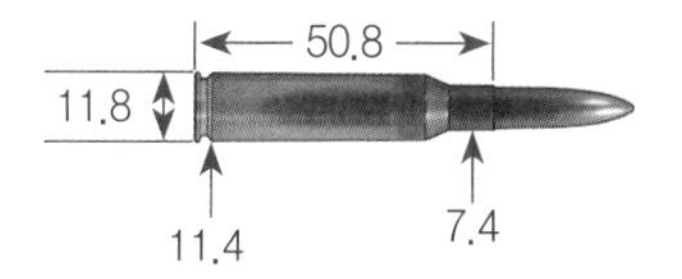

303 브리티시(영국)

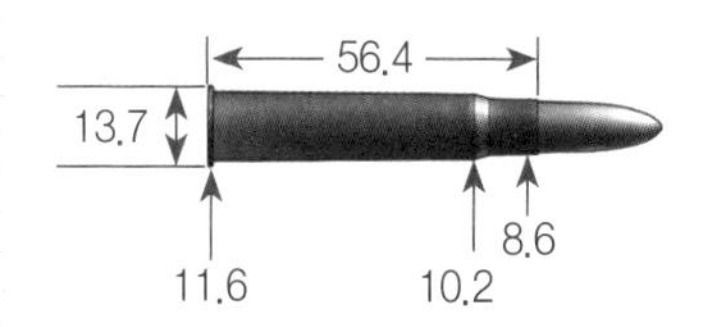

7.7mm 아리사카(일본)

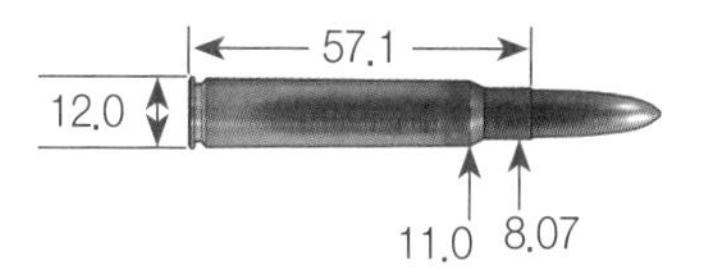

6.5mm 카르카노(이탈리아)

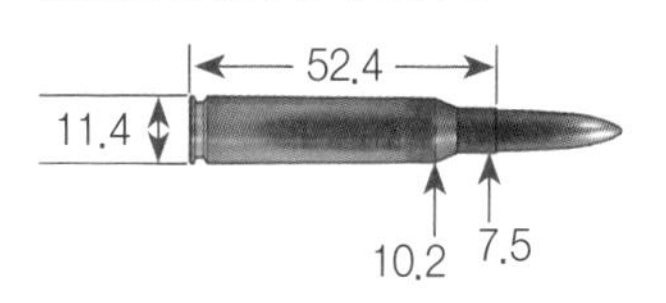

8mm 마우저(독일)

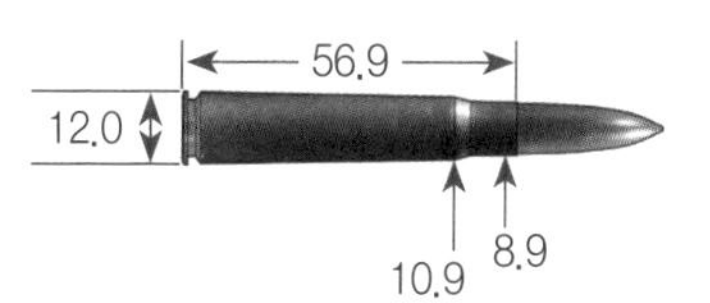

7.62mm 모신 나강(러시아)

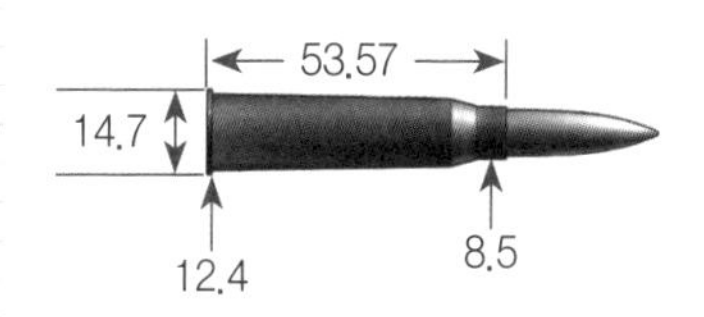

308 원체스터(NATO)

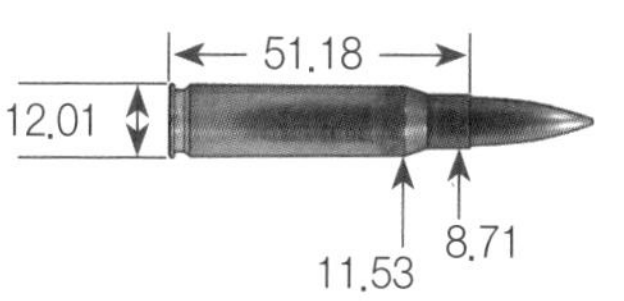

단위: mm

탄두중량, 화약량, 초속차

	탄두중량	화약량	초속
30-06	9.72	3.24	853
6.5mm 아리사카	9.01	2.14	762
7.7mm 아리사카	11.79	2.79	730
303 브리티시	11.28	2.43	745
6.5mm 카르카노	10.50	2.27	700
8mm 마우저	12.83	3.05	780
7.62mm 모신 나강	9.59	3.24	810
308 원체스터	9.72	3.11	838

※ 탄두중량, 화약량의 단위는 g(그램), 초속은 m/s.

11-08 7.62mm 소형 탄약

30 카빈, 30-30 등

근거리에서 멧돼지 같은 동물을 사냥할 경우, 30-06이나 308 윈체스터 등은 위력이 지나치게 강하다는 평가를 받고 있습니다. 그래서 구경이 7.62mm인데 30-06이나 308의 절반 정도의 화약으로 탄환을 발사하는 수렵용 탄약으로 잘 알려진 것이 **30-30**입니다. 오직 레버 액션 라이플 전용으로 만들어졌으며, 자동소총이나 볼트 액션에는 사용되지 않았습니다.

몇몇 탄약 제조업체에서 화약량 2~2.2g, 탄두중량 125그레인, 150그레인, 170그레인, 소프트 포인트나 할로 포인트 등 다양한 탄두를 초속 660~770m/s로 발사하는 것을 종류별로 판매하고 있습니다.

제2차 세계대전 초기에 등장한 **30 M1 카빈**은 권총탄인가 싶을 정도로 작으며, 7.13g의 탄환을 0.94g의 화약으로 초속 600m/s로 발사합니다. 수렵용으로는 할로 포인트나 소프트 포인트도 사용되지만, 그다지 개량이나 개선의 여지가 없는 탄약인 듯하며, 메이커가 달라도 극히 미묘한 차이밖에는 없습니다.

총구 부근에서의 운동에너지는 130kgf·m 정도나 되기 때문에, 방심하고 있는 멧돼지라면 충분히 쓰러뜨릴 수 있는 에너지를 지니고 있지만, 멧돼지 사냥에서는 대개의 경우 개에게 쫓겨 잔뜩 흥분한 멧돼지를 쏘기 때문에 다소 위력이 부족하다는 평가를 받고 있습니다.

AK-47의 탄환인 **7.62mm×39**는 7.91g의 탄환을 1.62g의 화약을 사용해 초속 712m/s로 발사합니다. 미국 루거사가 이를 사용하는 엽총으로 **루거 미니 서티**를 판매하게 되면서 수렵용으로 쓰이게 되었습니다. 200kgf·m 정도의 운동에너지를 지녔기에 멧돼지 사냥에도 적합한 탄일 것입니다.

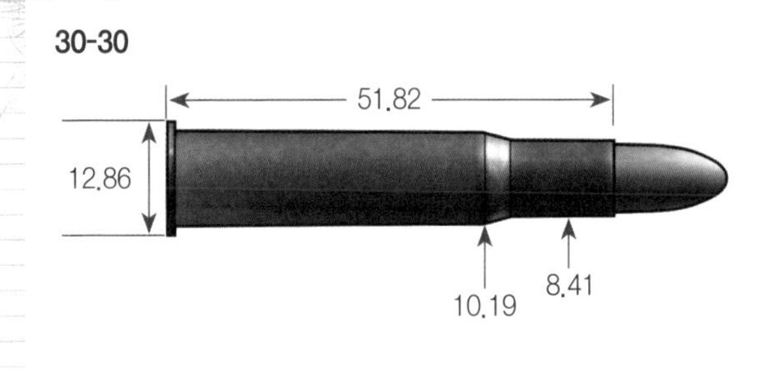

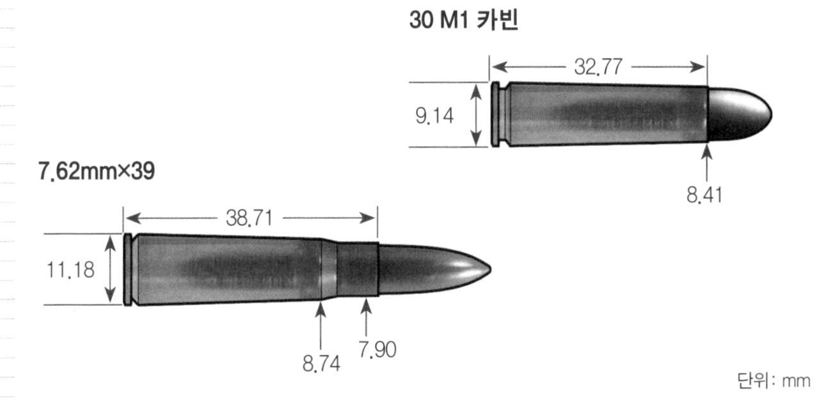

각 거리(야드)에서의 탄속(m/s)

	탄두중량	화약량	초속	100 야드	200 야드	300 야드	400 야드	500 야드
30-30	8.10	2.40	779	631	502	397	327	288
	9.72	2.14	672	646	439	357	308	278
	11.01	2.07	666	574	491	418	361	321
30 M1 카빈	7.13	0.94	603	474	373	313	278	254
7.62mm×39	7.91	1.62	712	623	527	466	403	353

※ 탄두중량과 화약량의 단위는 g

제로인을 200야드로 잡았을 때의 탄도 상승량과 낙하량(cm)

		100 야드	200 야드	300 야드	400 야드	500 야드
30-30	8.10g탄	8	0	-41	-135	-303
	9.72g탄	12	0	-55	-127	-376
	11.01g탄	10	0	-44	-136	-289
30 M1 카빈		16	0	-75	-331	-493
7.62mm×39		9	0	-37	-111	-235

11-09 300 매그넘 시리즈

무리 없이 쏠 수 있는 한계점

구경 0.30인치(7.62mm)인 30-06이나 308 윈체스터는 원래 군용 소총탄이었지만 세계에서 가장 많이 보급된 수렵용 탄약이 되었습니다. 수백 m 거리에서 사슴을 노리기에 충분한 위력이 있고, 근거리에서도 곰과 대적할 수 있을 최소한의 위력도 지니고 있습니다.

물론 그렇다고 해도 **곰과 대결해야 한다면 더 강력한 탄환**이 갖고 싶어지는 법입니다.

하지만 반동을 생각하면 역시 구경을 너무 크게 키우고 싶지는 않습니다. 같은 위력이라면 무거운 탄을 저속으로 발사하는 것보다 가벼운 탄을 고속으로 발사하는 것이 반동 제어 측면에서 유리하며, 고속탄이 원거리 사격에도 유리합니다. 그래서 구경은 7.62mm인데, 308 윈체스터나 30-06보다 큰 약협을 사용하는 매그넘이 만들어집니다. 몇몇 회사들이 경쟁해서 7.62mm 매그넘을 개발했기 때문에 여러 종류가 만들어졌습니다.

300 웨더비 매그넘이나 **300 윈체스터 매그넘** 같은 벨티드형 약협은 이미 오래되었다고 할 수 있습니다. 같은 구경, 같은 위력이라면 길쭉한 약협보다 굵고 짧은 약협으로 만드는 것이 훨씬 명중률이 높다는 것을 알게 되면서, 21세기가 되고 나서 신세대 30구경 매그넘이 탄생했습니다. 그런데도 미군이 원거리 저격용으로 300 윈체스터 매그넘을 선택한 것은 좀 이상하다는 생각이 들지만, 아마 쇼트 매그넘이 탄생하기 이전부터 원거리 저격용으로 300 윈체스터 매그넘을 사용하기로 미리 정해둔 상태였을 것입니다. 덧붙여서, 사람이 어느 정도의 반동을 견딜 수 있는지는 개인차가 있지만, 대부분의 사람이 큰 무리 없이 쏠 수 있다고 보는 한계는 30구경 정도입니다. 필자의 감각으로는 **8mm 마우저**의 반동 언저리에서 더 이상 쏘고 싶지 않은 영역에 들어선다는 느낌이었습니다.

여기서 설명한 탄약 중에, 실제로 쏴본 적이 있는 것은 300 윈체스터 매그넘뿐입니다만, 쇼트 매그넘도 제법 흥미로워 보입니다.

300 홀랜드 매그넘

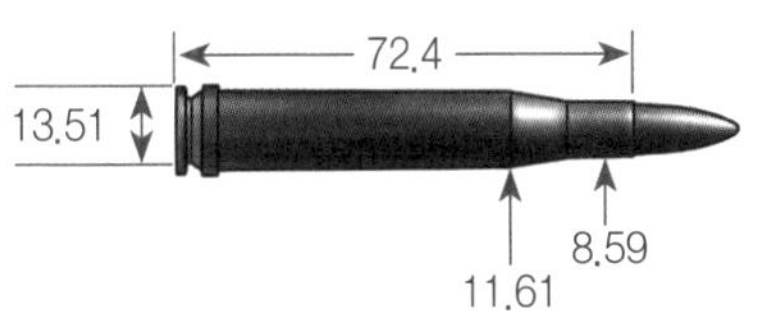

308 노마 매그넘

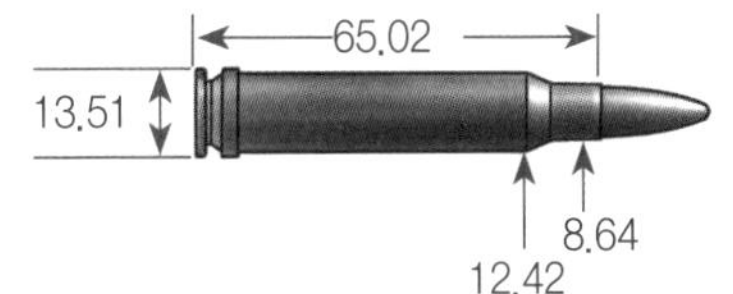

300 윈체스터 매그넘

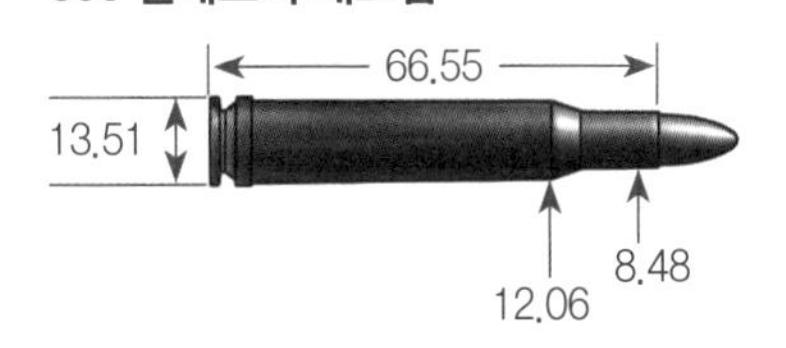

300 웨더비 매그넘

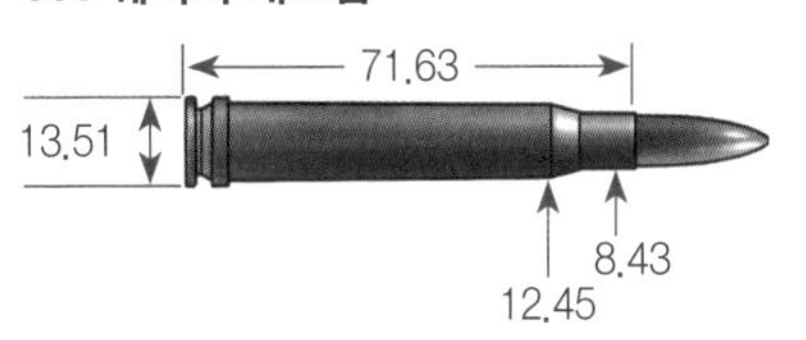

300 윈체스터 쇼트 매그넘

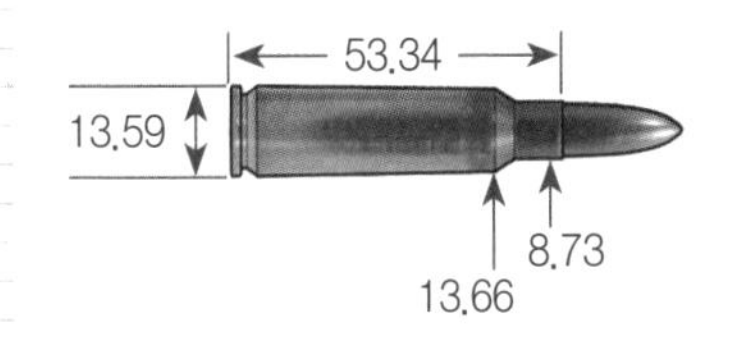

300 레밍턴 울트라 매그넘

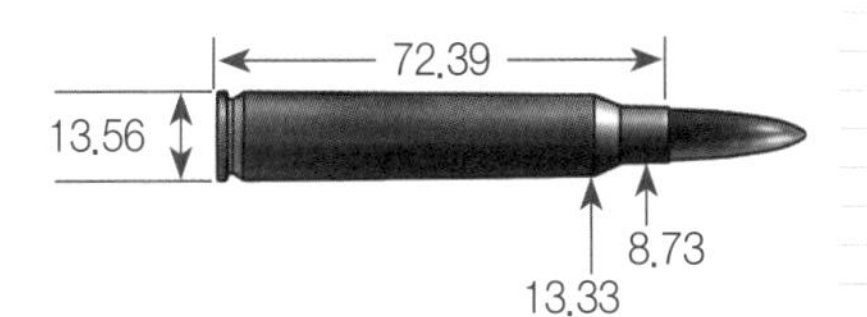

300 레밍턴 SA※ 울트라 매그넘

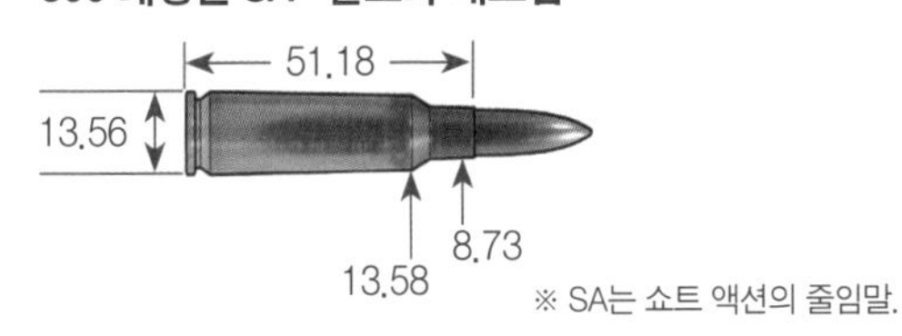

※ SA는 쇼트 액션의 줄임말.

단위 : mm

각 거리(야드)에서의 탄속(m/s)

	초속	100 야드	200 야드	300 야드	400 야드	500 야드
300 홀랜드 매그넘	873	817	763	712	661	613
308 노마 매그넘	910	839	774	711	651	593
300 윈체스터 매그넘	897	841	786	734	685	636
300 웨더비 매그넘	939	880	824	769	718	667
300 윈체스터 쇼트 매그넘	896	839	785	732	682	633
300 레밍턴 울트라 매그넘	969	909	852	796	743	692
300 레밍턴 SA 울트라 매그넘	896	836	779	724	671	619

11-10 8mm 클래스의 매그넘 탄약

코피가 나올 것만 같은 반동

제2차 세계대전 중에 독일군이 사용한 8mm 마우저는 200그레인(12.83g)의 탄환을 3.05g의 화약을 사용해 초속 780m/s로 발사했습니다. 화약의 양은 30-06과 거의 비슷했지만, 탄환의 무게 때문에 반동이 상당히 강했습니다. 필자가 느낀 바에 따르면, 이 8mm 마우저 정도가 평범하게 쏠 수 있는 한계선입니다.

하지만 **8mm 레밍턴 매그넘**은 같은 200그레인의 탄환을 4.7g의 화약으로 초속 879m/s로 발사합니다. **338 윈체스터 매그넘**의 '338'은 mm로 따지면 8.58mm입니다. **340 웨더비 매그넘**은 숫자로 장난을 좀 친 것으로, 사실은 338 구경입니다. 화약의 양은 이 근처가 되면 5.8g 정도를 사용하고, 탄환의 무게도 215그레인, 225그레인, 250그레인으로 점차 무거워집니다.

쏴야 할 이유가 없다고 하면, 굳이 즐겨 쏘고 싶지는 않은 물건입니다.

하지만 원거리 사격 성능은 역시 대단한데, **338 레밍턴 울트라 매그넘**(250그레인 탄두)을 예로 들면, 그 탄속은 1,000야드에서 초속 362m/s, 운동에너지는 110kgf·m나 됩니다. 같은 조건에서 308 윈체스터(150그레인 탄두)가 초속 289m/s, 운동에너지 42kgf·m이므로 전혀 상대가 되지 않는다고 말하겠습니다.

또한 제로인을 300야드로 잡은 총으로 1,000야드 거리의 표적을 쏜 경우, 308 윈 체스터는 12m나 떨어지는데 338 레밍턴 울트라 매그넘이라면 8.3m, 600야드에서 제로인을 잡았다면 308 윈체스터는 8.6m 떨어지는데 338 레밍턴 울트라 매그넘은 5.7m 낙하로 그칩니다.

그렇다고는 해도, 이러한 탄을 사용해도, 예를 들어 적과의 거리를 900야드라 판단하고 쐈지만 실은 1,000야드였다고 하는 경우, 탄착이 사람 키 하나 정도나 달라지는 것을 생각하면 원거리 사격은 정말 어려운 것이라 하겠습니다.

8mm 레밍턴 매그넘

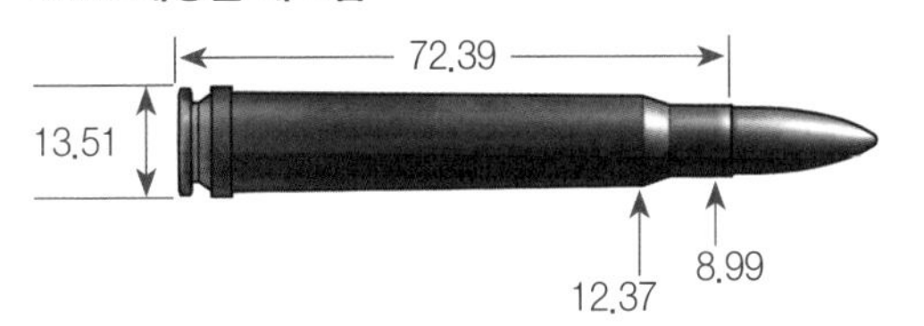

338 윈체스터 매그넘

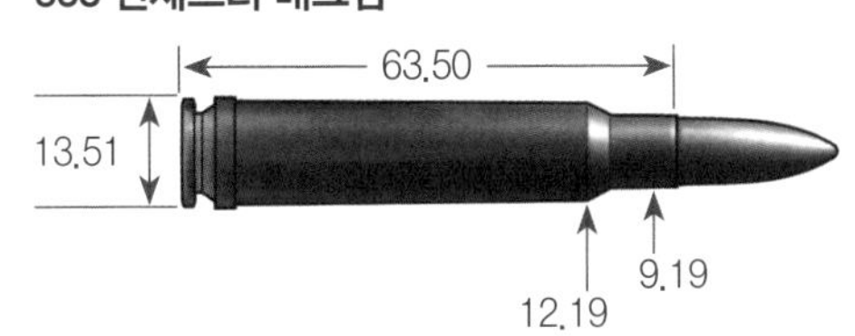

340 웨더비 매그넘

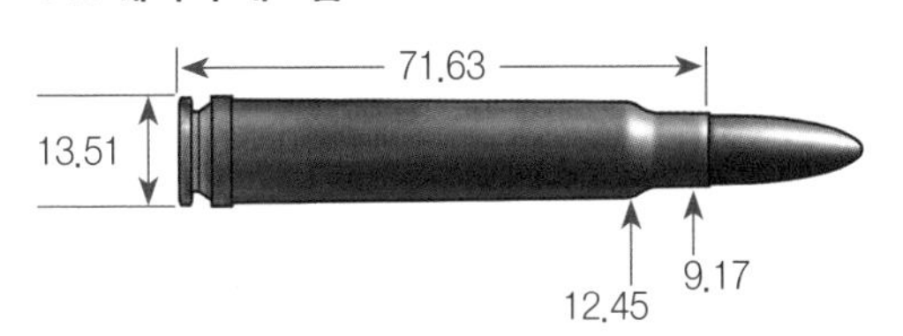

338 레밍턴 울트라 매그넘

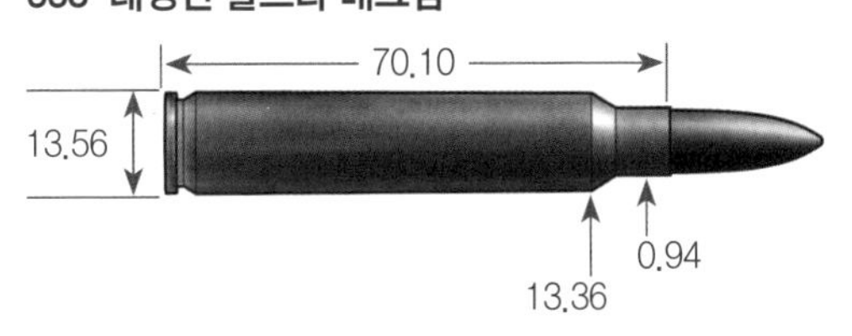

단위: mm

각 거리(야드)에서의 탄속(m/s)

	탄두중량	초속	100야드	200야드	300야드	400야드	500야드
8mm 레밍턴 매그넘	200그레인(12.96g)	879	795	716	641	571	506
338 윈체스터 매그넘	215그레인(13.93g)	806	742	695	644	594	546
340 웨더비 매그넘	250그레인(16.20g)	891	831	774	718	666	615
338 라푸아 매그넘	250그레인(16.20g)	894	845	798	753	709	666
338 레밍턴 울트라 매그넘	250그레인(16.20g)	915	862	812	763	715	670

11-11 8~9mm 클래스 리볼버용 탄약

대인 전투에 충분한 위력을 발휘한다

26년식 9mm 권총탄은 러일전쟁 무렵 일본군의 권총에 사용된 것입니다. 지금은 사용되고 있지 않지만, 간단한 역사 지식 차원에서 소개하고자 합니다. 이 권총탄은 군용이라고는 생각되지 않을 정도로 위력이 낮았습니다.

같은 세대의 리볼버 탄약으로는 미군이 사용하던 **38 롱 콜트**(1892년 등장)가 있었습니다. 이것은 필리핀 독립전쟁 진압에 사용되었을 때, 만도를 휘두르며 돌진해오는 필리핀 원주민에게 6발이나 쐈음에도 원주민이 쓰러지지 않고 도리어 미군이 돌진해온 원주민의 칼에 맞았다는 일화가 있었기 때문에 위력이 부족하다는 평가를 받았고, 그때의 교훈에 따라 미군은 새로운 군용 권총탄의 구경을 45구경으로 정하게 되었습니다.

38 스페셜은 S&W가 M1899 리볼버용으로 만들어 경찰용이나 호신용 리볼버 탄약으로 널리 보급했습니다. 이것은 리볼버의 탄환으로도 일반적인 것입니다. 이 이전에는 **38 S&W**라는 것도 있었습니다만, 위력 부족으로 도태되었습니다.

357 매그넘은 38 스페셜의 약협을 조금 길게 하여 화약량을 늘린 것으로, 1939년에 개발되었습니다. 38 스페셜은 자동차의 문을 뚫지 못했지만 357 매그넘이라면 뚫을 수 있다며 경찰용 리볼버 탄약으로 38 스페셜을 대신하여 미국 경찰에 보급되었습니다. 자동차 문을 방패로 삼은 상대와의 총격전에 유리하다는 이유에서입니다.

하지만 경찰이 매그넘을 사용하는 것은 대외적으로 좋지 않은 인상을 줄 수 있다는 이유에서, 38 스페셜의 화약량을 늘려 357 매그넘에 가까운 위력을 내도록 만든 **38 스페셜 플러스 P**라는 탄약이 대신 사용되고 있기도 합니다.

아마 이들 중에서 독자 여러분들 사이에 가장 인기가 있는 것은 357 매그넘이겠지요. 이는 필자도 동의합니다만, 아예 쏴본 적이 없는 사람이 상상하는 것만큼 강렬한 반동도 아니고 S&W의 M685 정도의 무게감이 있는 총이라면 제법 편하게 쏠 수 있었습니다.

26년식

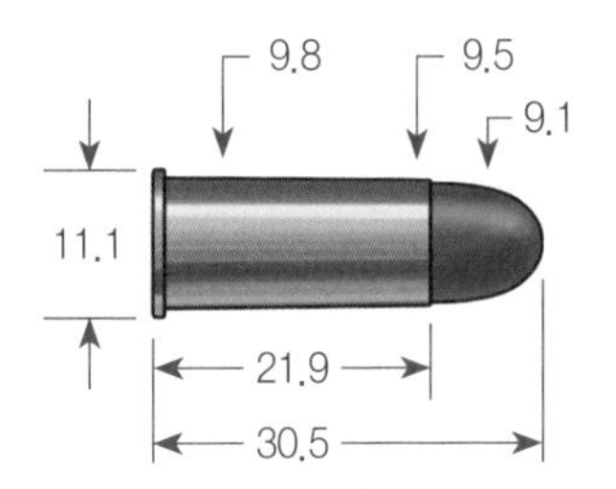

38 롱 콜트

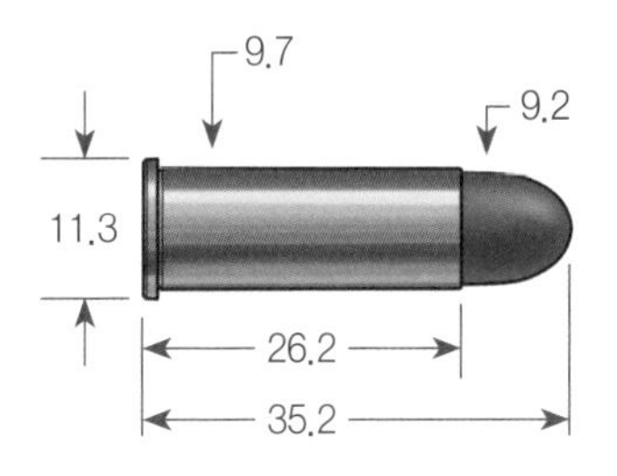

38 스페셜

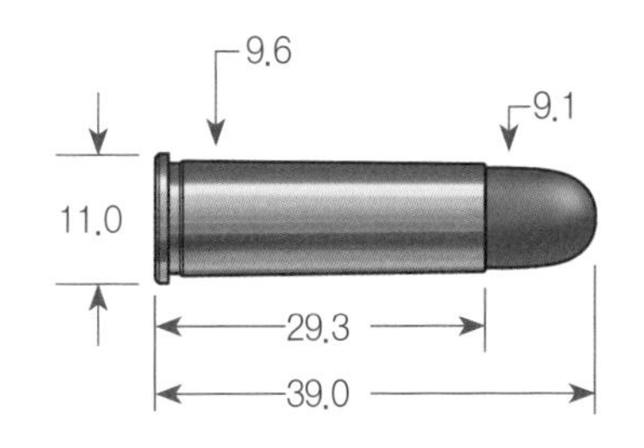

357 매그넘

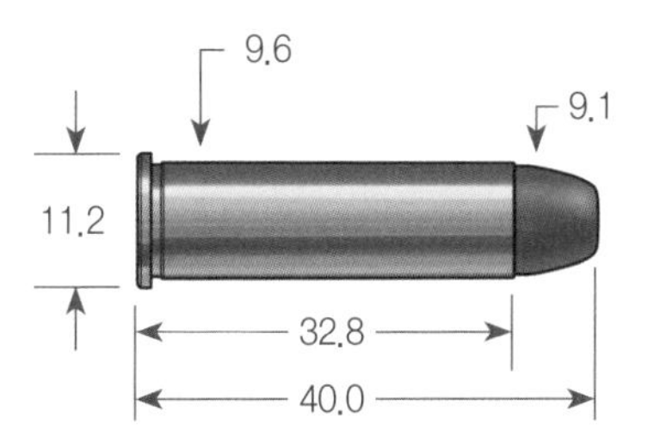

38 S&W

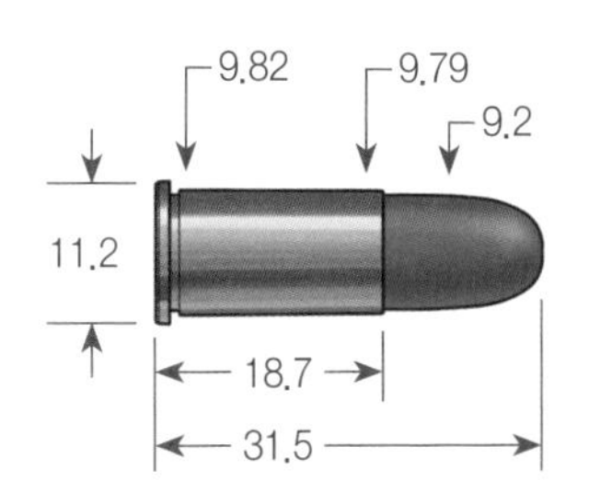

38 쇼트 콜트

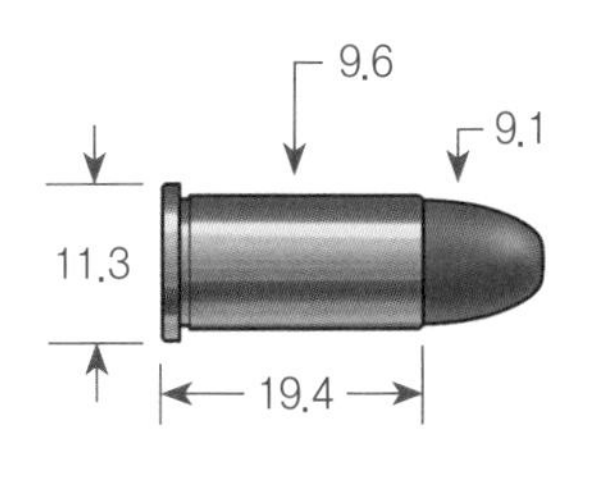

단위: mm

탄약명	탄두중량(gr)	초속(ft/s)	운동에너지(ft·lbs)
26년식	151	495	82
38 롱 콜트	150	777	201
38 스페셜	158	770	208
357 매그넘	158	1,485	774
38 S&W	195	653	185
38 쇼트 콜트	128	777	181

11-12 8~9mm급 자동권총용 탄약

7. 62mm 토카레프는 9mm 루거보다 강력

7.62mm **토카레프탄**은 구경은 작은 것 같습니다만, 그림과 같이 약협 직경은 9mm 루거와 거의 같으며, 길이는 조금 깁니다. 실제로 발사약도 9mm 루거보다 넉넉하게 들어 있어 '작은 탄환을 많은 발사약으로 고속으로 날린다'는 것으로, 계산된 수치로 보는 운동에너지는 9mm 루거보다 강력합니다. 관통력도 탁월합니다.

토카레프탄과 비슷하지만 조금 작은 **8mm 난부**(南部)는 구 일본군이 사용한 14년식 권총탄입니다. 지금은 사용되지 않지만, 일단 참고용으로 같이 해설하고자 합니다. 이쪽은 토카레프탄과 비슷하지만 위력은 상당히 약한 대신에 반동이 가벼워서 다루기 쉬운 탄이었습니다.

9mm 마카로프는 2차 세계대전 후 러시아가 토카레프의 후계로 개발한 마카로프 권총용 탄약으로, 구경은 9mm이지만 9mm 루거보다 약해 군용 권총탄으로는 위력 부족이라는 평가도 있습니다. 러시아군에서는 권총이란 적병을 쏘는 것이 아니라 명령을 따르지 않는 병사를 총살하는 것 혹은 자결하기 위한 도구라고 생각했던 것 같습니다.

380 오토는 9mm 마카로프보다 약협이 1mm 짧을 뿐, 매우 비슷한 성격의 탄약입니다. 호신용 중·소형 권총에 적합하기 때문에 발터 PP, 마우저 HSC, 베레타 M1934, 브라우닝 M1910, 글록 25 등 다양한 권총에 사용되고 있습니다. 혼동을 일으키는 존재로는 **38 오토**(9×23)라는 탄약이 있습니다. 콜트 M1900 등에 사용되고 있었지만, 9mm 루거와 거의 같은 위력이어서 9mm 루거가 보급되자 밀려나고 말았습니다. 하지만 약협의 길이를 살려 화약량을 늘리고 **38 슈퍼**라는 이름으로 부활했으며, 콜트 마크IV 등에 사용되고 있습니다.

여기서 설명한 탄약 중에는 9mm 루거가 가장 지명도도 높고 세계적으로 가장 널리 사용되고 있지만, 사실 필자는 토카레프도 꽤 좋아하는 편입니다

7.62mm 토카레프

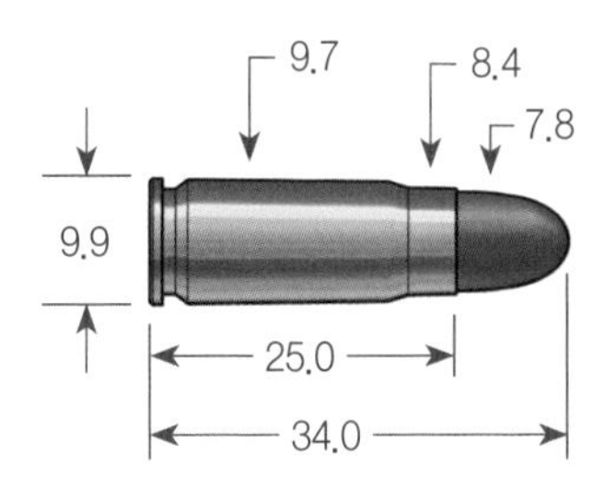

9mm 루거

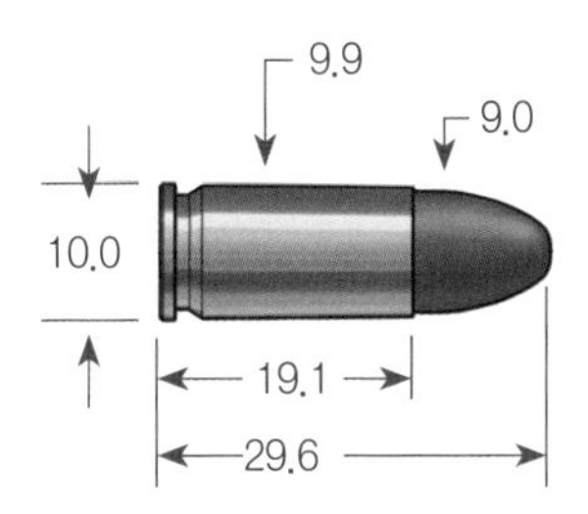

8mm 난부

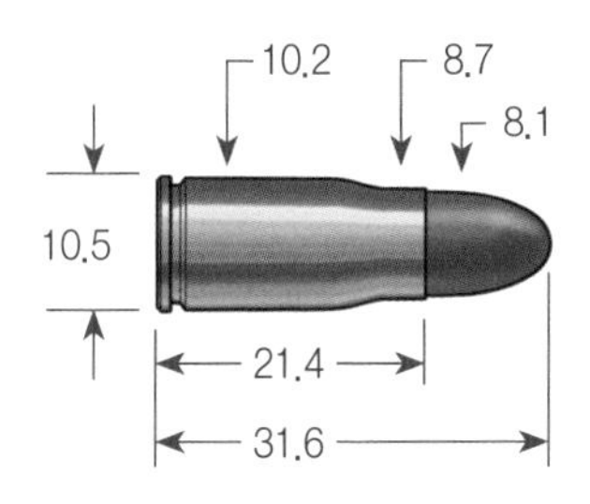

9mm 마카로프

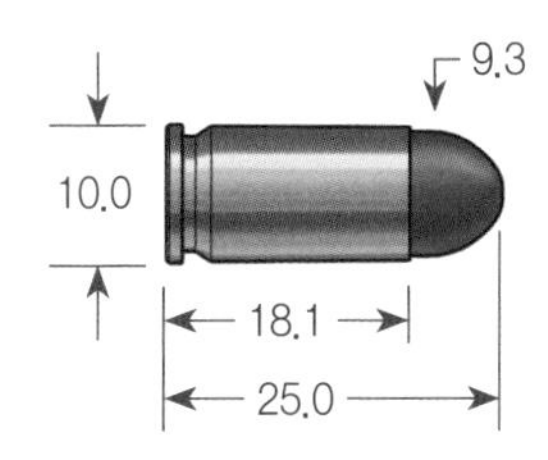

380 오토

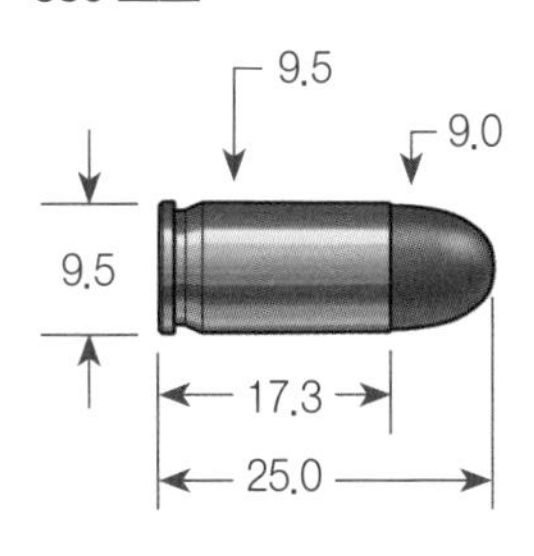

38 오토(38 슈퍼)

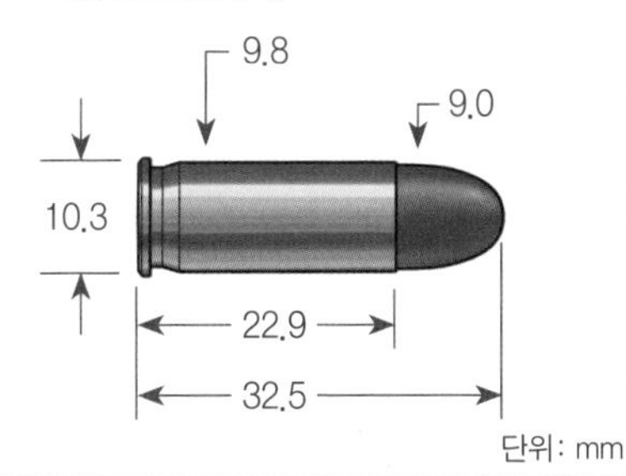

단위: mm

탄약명	탄두중량(gr)	초속(ft/s)	운동에너지(ft·lbs)
7.62mm 토카레프	85	1,650	511
9mm 루거	123	1,100	364
8mm 난부	102	950	202
9mm 마카로프	95	1,050	281
380 오토	95	980	203
38 오토	125	1,100	336
38 슈퍼	130	1,305	439

11-13 9~10mm급 자동권총용 탄약

357 매그넘의 위력을 자동권총으로

357 SIG는 357 매그넘과 같은 위력의 탄환을 자동권총에서 발사해보자는 아이디어에서 개발되어 글록 31이나 32에 사용되고 있습니다. 유럽의 제조사가 개발했는데도 9mm 오토 매그넘이라 하지 않고 357이라고 한 것은 357 매그넘의 인기에 편승하고자 한 것입니다만, 그다지 널리 보급되지는 못했습니다.

이름에 357이라 붙이지는 않았지만 38 슈퍼 또한 357 SIG와 비슷한 성격의 탄약이었습니다. 하지만 357 SIG보다 한층 더 보급에 실패했는데, 이는 약협이 길기 때문에 사용할 수 있는 총기가 한정되기 때문일 것입니다. 저지력(stopping power)이 뛰어나다(...라고 미국인들은 믿고 있습니다)고 알려진 **45 ACP**는 반동이 강하고, 그에 비해 탄속은 느려서 방탄복을 뚫지 못합니다. **9mm 파라벨룸**은 (미국인이 생각하는 바로는) 저지력이 부족합니다.

그래서 양자의 중간을 겨냥해 **10mm의 자동권총 탄약**(10mm 오토)이 1983년에 자동권총인 브렌 텐과 함께 발매되었습니다. 이후 콜트의 델타 엘리트 등 여러 권총이 만들어졌지만, 그다지 성공한 작품은 아니었습니다. 총 쪽에도 문제가 있었습니다만, 반동이 너무 강해서 다루기 어려웠던 것이 원인 같습니다.

이 때문에 화약량을 줄이고 약협도 조금 짧게 해 9mm 자동권총 사이즈의 총으로부터 10mm의 탄을 쏠 수 있도록 한 것이 바로 **40 S&W**입니다. 1990년에 등장한 이 탄약은 9mm 루거보다 미묘하게 크지만 거의 비슷한 사이즈로, 기존의 9mm 권총을 크게 설계를 변경하지 않고 40 S&W 버전을 만들 수 있었기에, 이 탄약은 널리 보급되는 데 성공했습니다. 10mm 오토가 목표로 하고 있던 것이 이 40 S&W에 와서 완성되었다고 말할 수 있을지도 모르겠습니다.

필자는 마니아적으로 델타 엘리트와 10mm 오토를 좋아합니다.

357 SIG

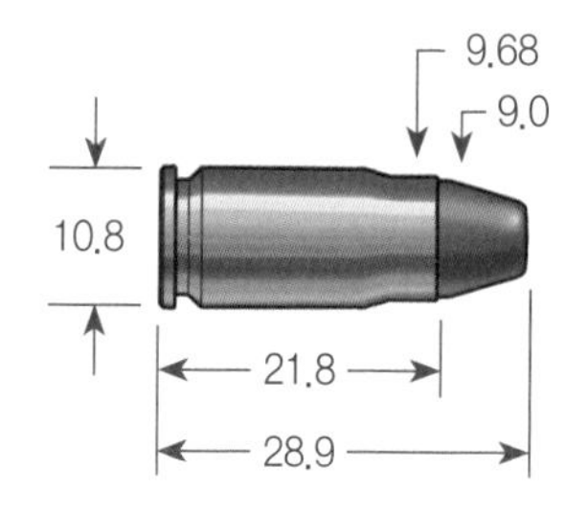

9mm 슈타이어

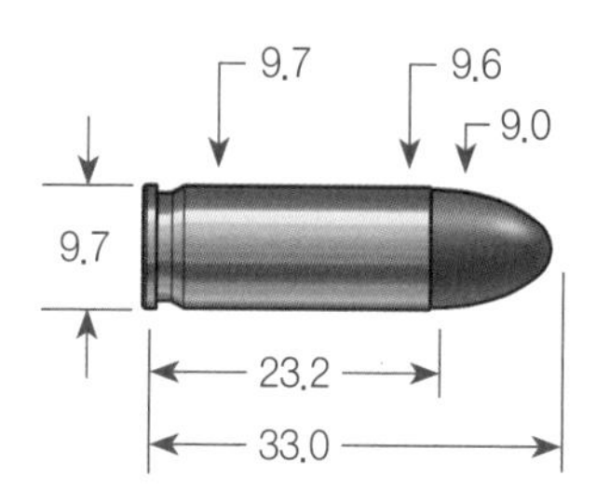

10mm 오토

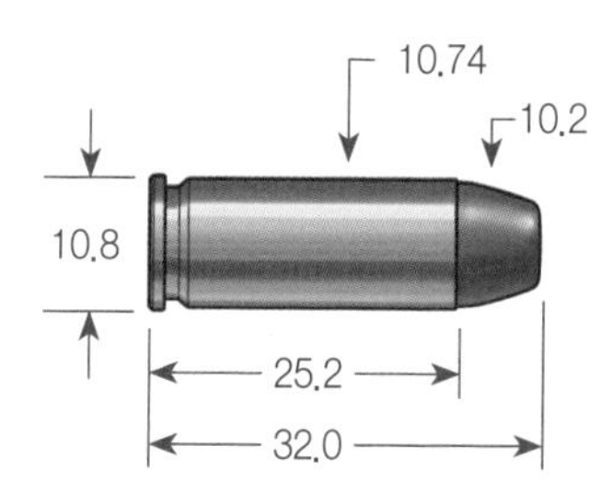

40 S&W

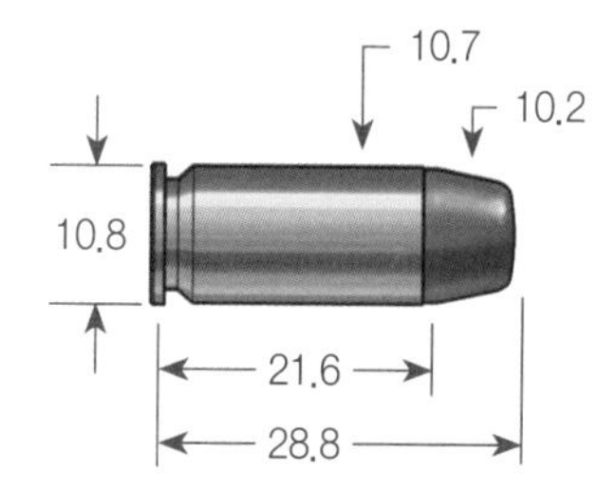

단위 : mm

탄약명	탄두중량(gr)	초속(ft/s)	운동에너지(ft·lbs)
357 SIG	115	1,550	614
9mm 슈타이어	115	1,230	388
10mm 오토	155	1,500	775
40 S&W	155	1,205	500

9mm 슈타이어는 제1차 세계대전 무렵 오스트리아군이 사용한 탄환이지만 9mm 루거의 보급과 함께 사라져 지금은 거의 존재하지 않는다. 다만 여기에는 참고용으로 게재했다.

11-14 9~10mm급 탄약

근거리 맹수 사냥용

캐나다나 알래스카에서 회색곰이나 북극곰, 아프리카에서 코끼리·코뿔소·물소 등의 대형 맹수를 사냥하기 위해 만들어진 **9~10mm 클래스의 대형 탄약**이 몇 종 있습니다. 중·근거리용으로 저격에는 맞지 않지만, 탄두중량과 초속, 운동에너지를 아래의 표로 정리해보았습니다.

대형 탄약의 탄두중량과 초속 및 운동에너지

	탄두중량 (그레인)	초속(m/s)	운동에너지 (kgf·m)
358 노마 매그넘※1	250	840	583
375 홀랜드 매그넘	200	884	516
	250	853	602
	300	808	647
378 웨더비 매그넘	300	892	788
416 레밍턴 매그넘	400	742	736
458 윈체스터 매그넘	300	794	625
	400	685	622
	500	670	670
470 니트로 익스프레스	500	880	711
500 니트로 익스프레스	500	660	711
460 웨더비 매그넘※2	500	790	1,037

※1 실제 구경은 0.357인치(9.1mm).

※2 실제 구경은 0.450인치(11.4mm).

하지만 코끼리는 이렇게 한 발 쏘는 것만으로도 어깨가 탈구될 것만 같은 강렬한 반동의 탄을 사용하지 않고도 308 윈체스터로 쓰러뜨릴 수 있습니다. **지근거리까지 접근할 배짱**과 정확하게 뇌에 탄환을 박아 넣을 **사격 실력**이 있을 때의 얘기지만 말이죠.

358 노마 매그넘

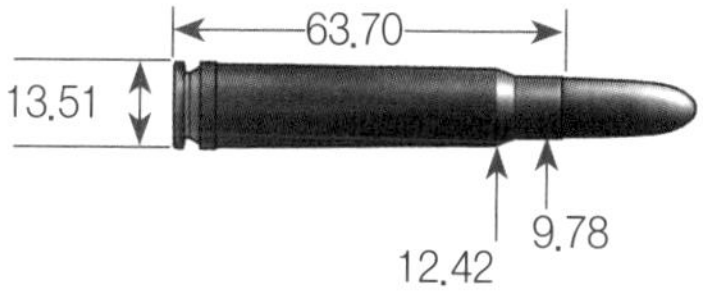

63.70
13.51
12.42
9.78

375 홀랜드 매그넘

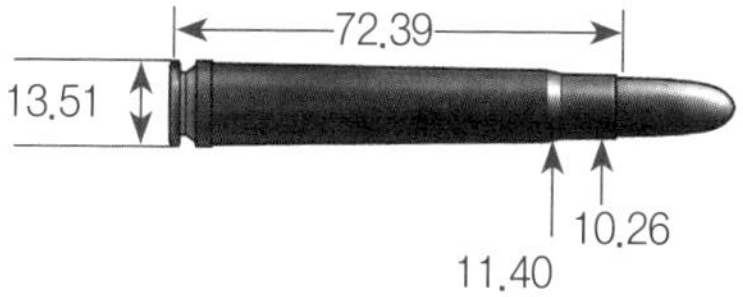

72.39
13.51
11.40
10.26

378 웨더비 매그넘

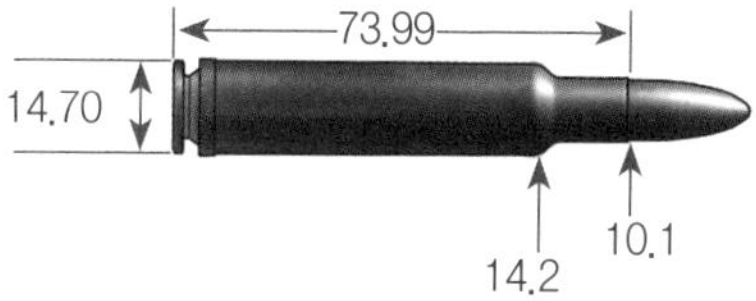

73.99
14.70
14.2
10.1

416 레밍턴 매그넘

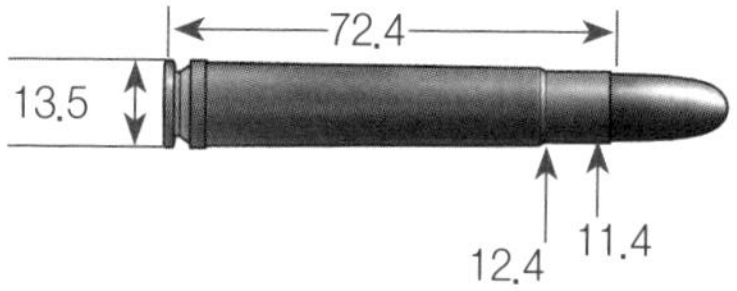

72.4
13.5
12.4
11.4

458 윈체스터 매그넘

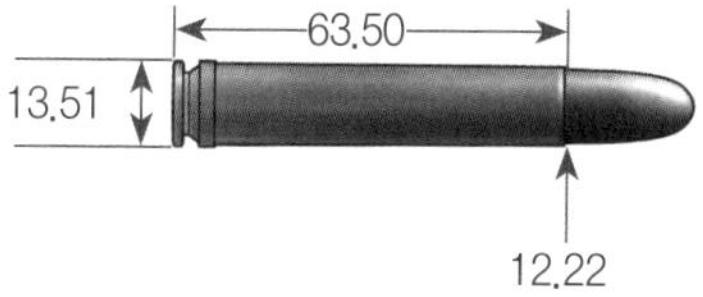

63.50
13.51
12.22

470 니트로 익스프레스

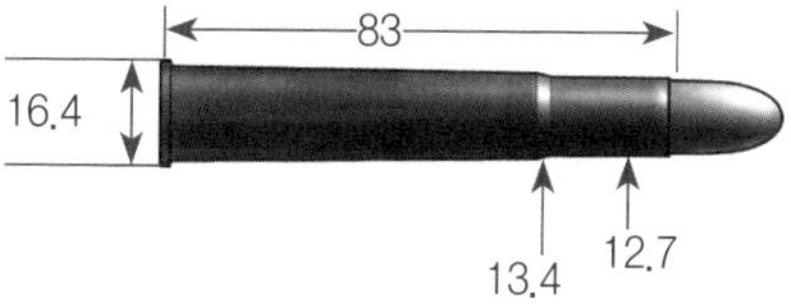

83
16.4
13.4
12.7

500 니트로 익스프레스

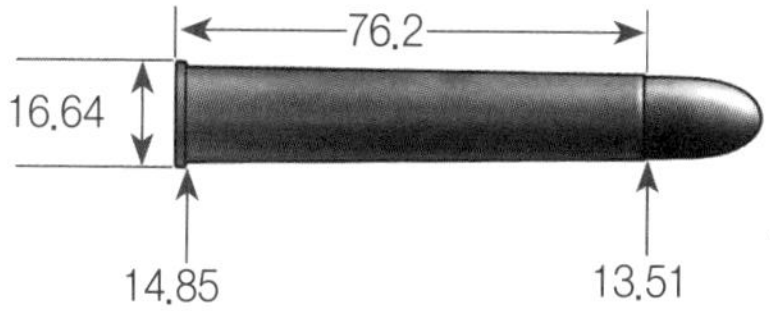

76.2
16.64
14.85
13.51

460 웨더비 매그넘

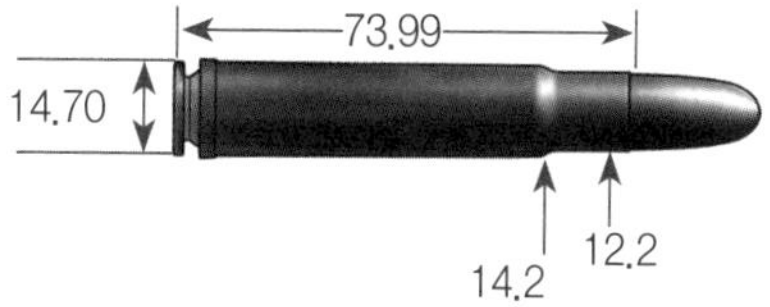

73.99
14.70
14.2
12.2

단위: mm

11-15 41~44구경 리볼버 탄약

대구경으로 강력한 저지력을!

41 매그넘은 44 매그넘보다 쏘기 쉽고 357 매그넘보다 강력한 탄약을 목표로, 1963년에 개발되었습니다. S&W의 M57과 M58, 루거 블랙호크 중에서 이 구경의 제품이 만들어졌지만 별로 보급되지 않았습니다.

41이라고 하면 백수십 년도 전에 콜트 M1877 리볼버의 탄환으로 41 롱 콜트나 쇼트 콜트라는 것이 있었습니다만, 지금은 사라져버렸습니다.

44 스페셜은 흑색화약 시대에서 무연화약의 시대로 접어든 1907년에 등장했는데, 사실 구경이 0.41인치입니다. 이것은 서부 개척시대에 많은 사람들이 선호했던 구경이 44나 45였기 때문에 44라는 구경 표시로 한 것일 뿐이었지요. 한때는 제법 널리 보급되었지만 1955년에 **44 매그넘**이 등장하자 여기에 밀려 잘 팔리지 않게 되었습니다. 이 탄약을 사용하는 권총으로는 S&W의 M21, M696, 콜트 SAA와 채터암즈의 불독 등이 있습니다.

44 매그넘은 44 스페셜의 약협을 조금 길게 만든 것으로, 1955년에 S&W의 M29 리볼버용 탄약으로 등장했습니다. 약협 용적만 생각하면 딱히 길게 만들 필요가 없었습니다만, 단순히 44 스페셜을 파워를 올린 것일 뿐인 경우, '44 스페셜 탄약의 압력을 상정해 만들어진 총 중에는 강도가 부족해 문제를 일으키는 총이 있을 것'이라고 판단하여 44 스페셜보다 약협을 길게 만드는 방식으로 44 스페셜용 총기에 장전할 수 없도록 한 것입니다. 이 탄약은 영화 〈더티 해리〉(1971년)에서 '세계에서 가장 강력한 권총'이라는 대사로 유명해지기도 했습니다.

이 클래스에서 가장 지명도가 높은 것은 44 매그넘이겠지만, 필자의 마니아적 취향으로는 41 매그넘과 루거 블랙호크의 조합이 아닐까 합니다.

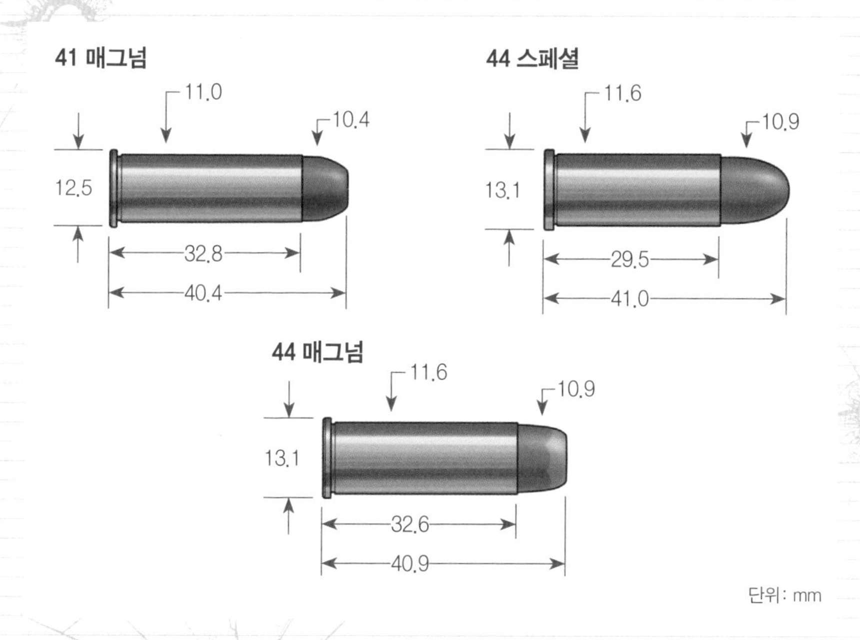

탄약명	탄두중량(gr)	초속(ft/s)	운동에너지(ft·lbs)
41 매그넘	210	1,567	1,160
44 스페셜	200	870	336
44 매그넘	240	1,500	1,200

콜트 피스 메이커는 처음에 45구경으로 등장했지만, 윈체스터 M73과 탄약을 공통으로 하고 싶다는 바람에 따라 44구경인 제품도 생산되었다.

11-16 각종 44~45구경 탄약

오래된 것도 아직 건재하다

44 오토 매그넘은 '리볼버의 44 매그넘을 능가하는 위력의 자동권총'으로 1970년 오토매그 코퍼레이션에서 발매된 44 오토매그 권총용 탄약입니다. 그러나 이 총은 작동 불량 등의 결함으로 상업적으로는 성공하지 못했습니다.

44-40 윈체스터는 1873년 윈체스터의 레버 액션 라이플 탄약으로 등장했습니다. 44-40의 44는 구경, 40은 흑색화약 40그레인이 채워져 있음을 의미합니다. 콜트 피스 메이커 권총에 사용되는 45 롱 콜트 탄약에 가까운 성격의 탄약이기 때문에, 탄약을 공용으로 사용할 수 있으면 편리하다는 발상에 따라 콜트 피스 메이커에도 이 탄약을 사용하는 모델이 생산되었습니다. 흑색화약 시대의 오래된 설계의 탄약입니다만, 이것을 사용하는 총이 시대를 초월해 미국인들 사이에서는 여전히 계속 사랑받고 있기 때문에, 이 탄약도 지금까지 생산이 지속되고 있습니다.

45 롱 콜트는 1872년에 콜트 피스 메이커용 탄약으로 등장했습니다. 이 권총은 서부영화에 가장 많이 등장하기 때문에 지금도 미국에서 애호가들이 끊이지 않고 있으며, 그 때문에 백수십 년이나 옛날에 설계된 이 탄약이 지금도 생산되고 있습니다.

45 ACP(45 오토)는 무연화약과 자동권총의 시대에 이르러 미군용으로 개발된 콜트 M1911 자동권총용 탄약입니다. 45 롱 콜트와 위력도 거의 같지만, 무연화약을 사용하기 때문에 약협은 상당히 짧아지고, 또한 림리스형이 되었습니다. 이 탄약도 미국에서 큰 인기를 끌어 이를 사용하는 권총도 M1911 이외에 수많은 제품이 만들어졌습니다. 이 책을 읽으신 분이라면 콜트 피스 메이커도 M1911도 무척 좋아할 것입니다.

44 오토 매그넘

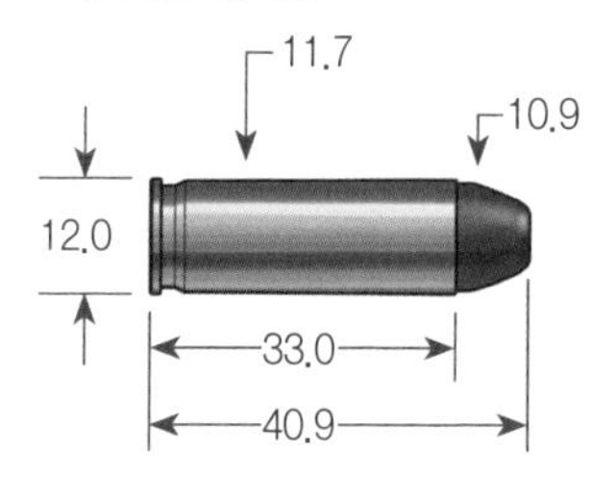

44-40 윈체스터

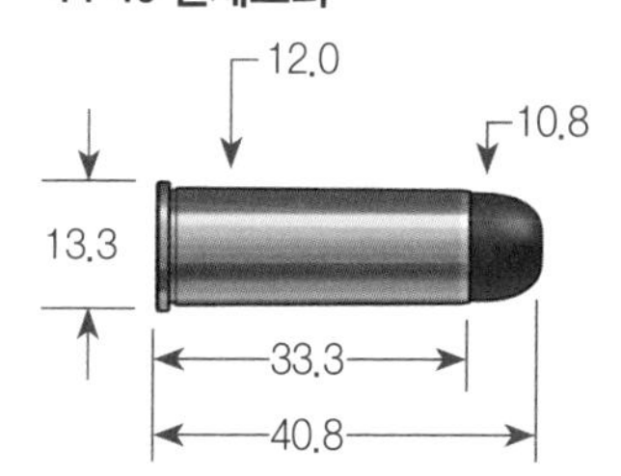

45 롱 콜트

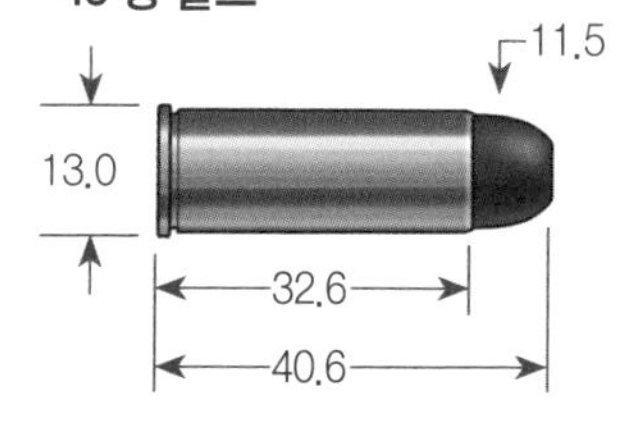

45 ACP(45 오토)

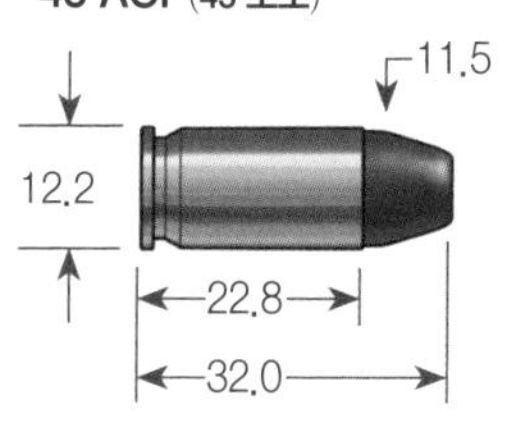

단위 : mm

탄약명	탄두중량(gr)	초속(ft/s)	운동에너지(ft·lbs)
44 오토 매그넘	240	1,300	900
44-40 윈체스터	225	750	281
45 롱 콜트	230	969	480
45 ACP(45 오토)	230	850	369

미국인들은 45구경에 신앙에 가까운 신념을 갖고 있다.

11-17 초고위력 권총탄

그렇게까지 해도 괜찮을까 싶을 정도인데…

45 윈체스터 매그넘은 '리볼버의 44 매그넘을 능가하는 위력의 자동권총'을 목표로 1977년에 개발된 윌디(Wildy) 권총용 탄약인데 이것도 널리 보급되지는 못했습니다. 이 정도 클래스가 되면 실용성과는 거리가 먼, 문자 그대로 **괴짜들의 총**이 됩니다.

454 카술(casull)은 45 롱 콜트의 약협을 길게 한 탄약으로, 이 약실에 45 롱 콜트를 넣어 쏠 수는 있습니다. 루거의 슈퍼 레드 호크, 토러스 레이징 불의 프로헌터 등의 총이 있습니다. 이에 가까운 리볼버 탄약으로는 **475 라인보우**(Linebaugh), **480 루거** 등이 있습니다만, 역시 널리 보급되어 있지 않습니다.

50 AE는 1992년에 자동권총 데저트 이글용 탄약으로 등장했습니다. 50이라고 하는데, 탄두 직경은 0.54인치(13.7mm)나 되어, 0.492인치(12.5mm)인 **500 S&W**보다 훨씬 큽니다.

총 쪽이 잘 만들어져 있고, 50구경이라고 하는 대구경에, 자동권총(특히 가스 이용식은)이면서도 위력에 비해서는 반동이 부드럽고 쏘기 쉬워서 인기가 있습니다.

500 S&W는 2003년에 세계 최강의 권총으로 등장한 S&W의 M500용 탄약입니다. 500 S&W는 위력이 44 매그넘의 3배에 달해 수렵용 라이플 수준의 파워를 자랑합니다. 곰을 해치울 만큼의 위력을 지니고 있기에, 곰이 출몰하는 지역임에도 라이플을 갖고 다니기가 여의치 않은 상황에서는 든든한 아군이 되어줄 것입니다. 다만 역시나 그 반동은 단단히 각오하고 다루지 않으면 안 될 정도로 강렬합니다. 44 매그넘의 반동을 아무렇지도 않게 생각하는 필자입니다만, 이 탄을 쐈을 때는 조금 손을 다치고 말았습니다.

이 체급의 권총은 모델을 막론하고 그다지 즐겨 쏘고 싶지는 않다고 생각합니다만, 데저트 이글의 50 AE는 가스 작동 구조이기에 비교적 쏘기 쉽습니다.

45 윈체스터 매그넘

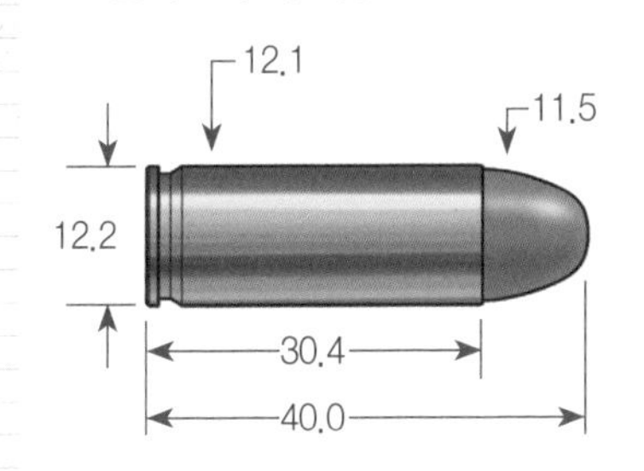

454 카술

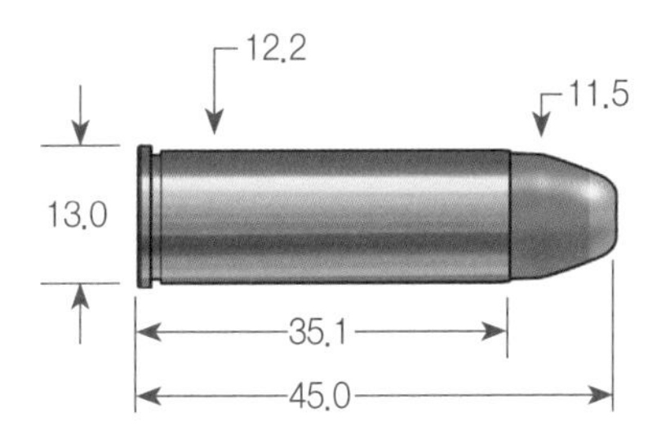

480 루거

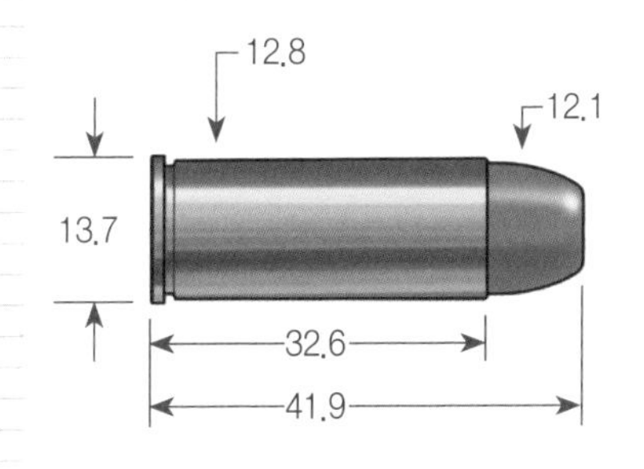

475 라인보우

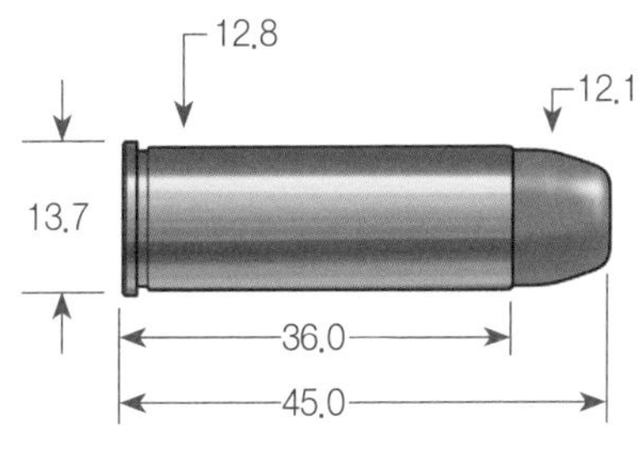

50 AE

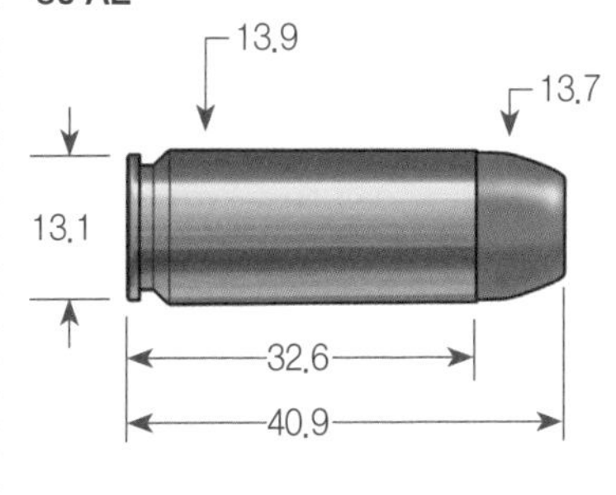

500 S&W

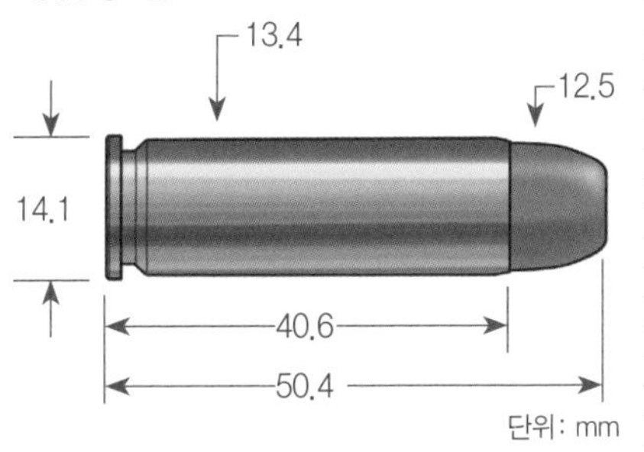

단위: mm

탄약명	탄두중량(gr)	초속(ft/s)	운동에너지(ft·lbs)
45 윈체스터 매그넘	300	1,150	940
454 카술	300	1,850	2,280
480 루거	325	1,370	1,352
475 라인보우	440	1,360	1,800
50 AE	325	1,300	1,218
500 S&W	325	1,800	2,339

11-18 초원거리 저격용 탄약

1,000m가 넘는 표적에 사격할 때

7.62mm 구경의 탄환으로 1,000m나 2,000m 거리의 표적을 저격하는 것은 매우 어려운 일입니다. 역시 원거리 사격에는 큰 탄환이 유리합니다. 그래서 **12.7mm 중기관총**(50 BMG=50구경 블로닝 헤비머신 건)의 **탄환**을 사용하는 저격소총이 사용되기 시작했는데, 총도 탄환도 실용성에 의문이 들 정도로 크고 무거워집니다. 또한 50 BMG탄이라는 것은 원래 제1차 세계대전 무렵에 개발된 탄으로, 현대 관점에서 보면 구식 설계입니다.

그래서 저격에 대해 생각해보면, 새롭게 공기저항이 더 적으면서 슬림하고 효율 좋은 탄약을 만들자는 생각에서 등장한 것이 바로 **416 바레트**나 **408 샤이텍**입니다. 416 바레트는 50 BMG의 약협을 바탕으로, 치수는 짧고 구경은 약간 가늘게 만들어 26g의 탄환을 13g의 화약으로 초속 985m/s로 발사하는 탄약입니다. 50 BMG가 46g의 탄환을 15.6g의 화약을 사용해서 초속 820m/s로 발사하는 것에 비하면 반동도 절반 가까이 가벼워지지만, 그래도 308 윈체스터의 3배가 조금 넘는 반동입니다. 한층 더 소형인 408 샤이텍은 26g의 탄환을 8g의 화약으로 발사하지만 탄환의 무게는 같으면서도 슬림한 형상을 하고 있어서 원거리가 되면 그 속도차가 줄어들고 있습니다.

수렵용 탄환인 **338 라푸아 매그넘**도 이들 대구경 탄약 못지않게 평탄한 탄도를 그리고 있습니다. 이 사이즈라면 기존 형태의 헌팅 라이플을 기반으로 한 총으로 만들 수 있습니다. 2,470m의 저격 기록도 이 탄으로 수립한 것이었습니다. 338 레밍턴 울트라 매그넘도 좋을 것 같지만 등장한 지 얼마 되지 않아서인지 실전에 투입됐다는 이야기는 거의 듣지 못했습니다. 또한 전술한 50 BMG탄은 바레트 M82 저격소총으로 2,815m 저격에 성공한 것 같습니다.

※ 샤이텍은 미국인들 중에서도 '체이탁'이라고 읽고 있는 사람이 있는데, '샤이텍'이 옳다고 한다.

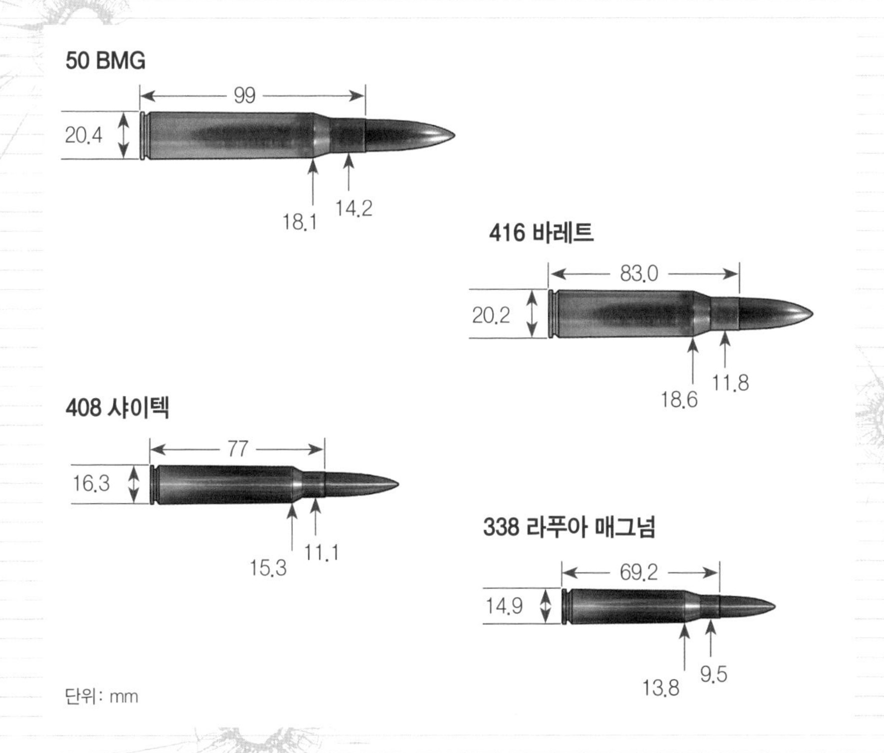

각 거리(m)에서의 탄속(m/s)

	초속	360m	720m	1,080m	1,440m	1,800m
50 BMG	820	736	659	587	520	460
416 바레트	985	883	787	698	616	540
408 샤이텍	827	757	688	618	555	496
338 라푸아 매그넘	909	804	707	617	534	460

각 거리(m)에서의 낙하량(밀)

	360m	720m	1,080m	1,440m	1,800m
50 BMG	1.76	4.98	8.79	13.28	18.62
416 바레트	1.09	3.31	5.96	9.12	12.90
408 샤이텍	1.66	4.70	8.24	12.34	17.12
338 라푸아 매그넘	1.37	4.06	7.35	11.34	16.25

이 표에서는 낙하량을 'MIL', 즉 각도로 나타내고 있다. 다시 말하면 '범위의 눈금을 사용하여 이만큼 위를 노려라'는 것이다.

COLUMN-11

3,800m의 '저격 세계기록'을 세운 탄약 '12.7×114HL'

우크라이나 저격수가 거리 3,800m에서 저격을 성공시키는 세계기록을 세웠습니다. 사용한 총은 마야크 조병창에서 만든 호라이즌스 로드 라이플로, 사용 탄약은 12.7×114HL이라고 합니다.

12.7×114HL은 제2차 세계대전 때부터 소련의 대전차 라이플이나 중기관총에 사용되어온 **14.5mm 기관총탄 약협의 목 부분을 12.7mm로 좁게** 한 것입니다. 14.5mm 기관총탄은 구경이 14.5mm이므로 일단 '총'이라고 부르는데, 약협의 크기는 20mm 발칸 포탄의 약협과 거의 비슷한 크기여서, 그것을 12.7mm로 목을 좁혀 만든 고속탄이 이 저격 신기록 달성에 기여했다고 할 수 있습니다.

20mm 발칸포탄(왼쪽), 14.5mm 기관총탄(가운데), 12.7mm 기관총탄(오른쪽).
사진 중앙의 14.5mm 기관총탄용 약협의 목 부분을 12.7mm로 좁히는 방식으로 12.7×114HL이 제작되었다.

제 12 장

걸작 총기를 논평하다

제12장에서는 영화나 게임 등에 등장하여 총에 대해 잘 모르는 사람들 사이에서도 제법 이름이 알려진 여러 총기에 대해 이야기를 해보고자 합니다.

12-01 콜트 M1911

45구경의 저지력

속칭 **콜트 거버먼트**라고 불립니다. 거버먼트(government)란 정부 기구를 말하며, 이 총뿐만 아니라 군용품은 모두 관급품(government issue)인데, 민간에 판매된 것도 군에 납품된 것과 동일한 모델이라는 의미에서 거버먼트 모델이라 불립니다.

이 총의 큰 특징은 **45구경**(11.4mm)**이라는 큰 구경**일 것입니다. 15g의 탄환을 초속 270m/s로 발사합니다. 다른 나라의 경우에서는 9mm 또는 이보다 더 작은 구경의 총이 채용되었는데, 미국이 이 구경을 채용한 것은 필리핀 독립전쟁 때의 교훈 때문입니다. 원래 미군에서는 38구경(9mm)의 리볼버를 사용하고 있었습니다만, 만도를 휘두르며 돌진해오는 필리핀 원주민 게릴라를 쐈음에도 쓰러뜨리지 못해 미군이 당하고 만 일이 있었습니다.

이러한 일이 있고서, '관통력은 낮아도 좋으니 묵직한 탄환으로 상대를 때려눕히자'는 생각에 이르러 이 구경을 사용하게 된 것입니다. 탄환의 속도가 음속보다 느리기 때문에 소음기를 부착하면 소리를 매우 크게 줄일 수 있다는 장점도 있습니다.

미군은 1985년에 콜트 M1911A1 대신 구경 9mm의 **베레타 M92F를 채택**했지만 아직도 **일부 특수부대에서 애용**되고 있으며, 일반 국민들 사이에서도 여전히 절대적인 신뢰와 애착을 받고 있습니다.

현대의 시점에서 보면 너무 크고 무거운 데다, 싱글 액션 방식이기에 쏘기 전에 격철을 뒤로 당겨줘야 하며, 장탄수가 7발밖에 되지 않는다는 등의 단점도 지적되지만, 프로들이 사용하면 아무런 문제도 없다거나, 신뢰성이 높은 총이라는 평가를 받고 있기도 합니다. 제법 큰 총입니다만, **싱글 액션이므로 방아쇠가 가벼워** 필자처럼 손이 작은 사람도 의외로 다루기 편합니다. 하루 종일 휴대한 채로 걸으면 지칠 것만 같은 무게지만, **45구경의 반동을 받아들여 안정적인 사격을 하기 위해서는 필요한 묵직함**이라 하겠습니다.

미국인들 사이에는 45구경에 대한 신앙에 가까운 신뢰가 있다. 이 때문에 아무리 9mm가 NATO 규격이라고 해도, 역시 자신들에게는 45구경만 한 것이 없다는 부대도 있다. 사진: 미 해병대

100년도 훨씬 전의 설계라고는 믿을 수 없는, 완성도가 높은 총이다. 그래서 싱글 액션이라도 격철을 올린 채 안전장치만 걸어두면 별문제가 없다고 생각하는 사람도 있다. 사진: 미 해병대

주요 등장 작품

〈지옥의 묵시록〉, 〈라이언 일병 구하기〉, 〈블랙 호크 다운〉

12-02 루거 P-08

마니아를 흥분시키는 특유의 기계 구조

1908년에 독일군이 채용해 제1차 세계대전 당시 독일의 주력 권총이었으며, 제2차 세계대전 중에는 후술하는 발터 P-38에 주력의 자리를 양보했지만 여전히 많은 독일군 장교의 허리를 장식하고 있었습니다. 현대적 관점에서 보자면 실용성에 의문이 들 수밖에 없는데, 만약에 전쟁터에 들고 나갈 때 콜트 M1911과 루거 P-08 중 어느 쪽을 선택할 것인가 하는 질문을 받게 된다면, 필자는 주저 없이 콜트 M1911을 고를 것입니다.

하지만 좋고 싫음을 따진다고 한다면 루거 P-08을 더 좋아하는 쪽입니다. 대체 왜 이렇게 복잡한 구조로 만든 것인가 싶을 정도이지만, 바로 이 부분이 지금도 기계적 기능미 넘치는 예술품으로서 마니아들을 사로잡는 매력 포인트라 하겠습니다.

손잡이는 손이 작은 사람도 쥐기 쉽고, 방아쇠는 당기는 거리가 짧아 조작이 편하고 쏘기 쉬운 총입니다. **토글 액션**이라고 불리는, 다른 권총에서는 볼 수 없는 노리쇠는 다른 자동권총의 슬라이드보다 편하게, 찰칵 하고 당길 수 있습니다. 콜트 M1911의 슬라이드는 힘이 약한 여성이라면 당황할 정도로 강한 힘으로 당겨야 하는데 말이죠.

루거 P-08은 격철이 없는 **스트라이커 방식**이므로 쏘기 직전에 토글을 당겨서 약실에 탄약을 넣어줘야 합니다. 약실에 탄약을 넣은 채로 전장을 누비는 것은 아무리 안전장치를 걸고 있다고 해도 불안이 남지요. 바로 그 점에서 콜트 M1911이라면 슬라이드를 당겨 약실에 탄을 넣은 뒤라도 격철을 손가락으로 누른 채 방아쇠를 당겨 천천히 격철을 쓰러뜨리면 안전하게 휴대할 수 있습니다.

구경 9mm인 루거 P-08은 45구경의 콜트에 비해 반동도 가벼워서 단연 쏘기 쉽지만, **역 V자형의 뾰족한 가늠쇠는 결코 겨냥하기 쉽지 않습니다.** 다만 19세기 말에는 이것이 가장 일반적인 형태였습니다. 표적을 맞혀 점수를 얻는 경기라면 몰라도 전장에서의 실용성에는 아무런 문제가 없습니다. 어쨌거나 이 총은 현대의 전장에서 쓸 수 있는 전투용 총기는 아니라 할 수 있습니다.

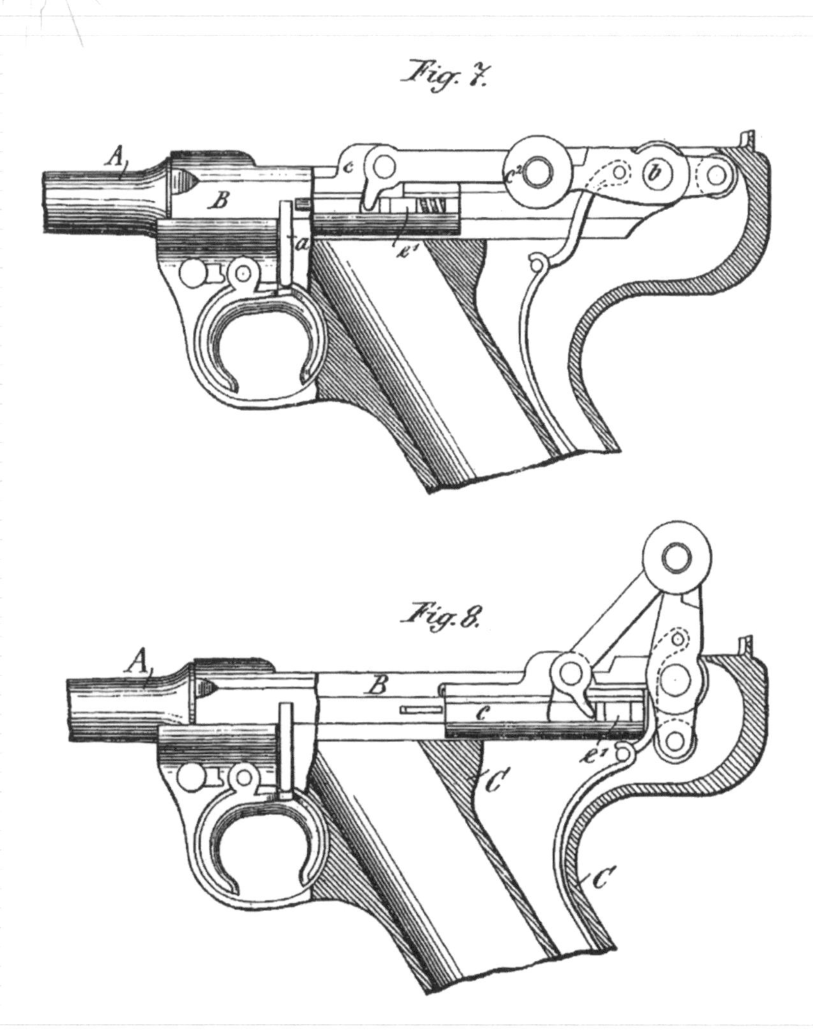

토글 액션 기구의 구조도. 현대의 전장에 가지고 갈 생각은 들지 않는 총이지만, 왜 이런 구조로 만들었을까 싶은 독특한 기계 구조가 참을 수 없을 정도로 매력적이다. 그림: Hmaag

주요 등장 작품

〈흉총 루거 P08〉

12-03 발터 P-38

현대 군용 권총의 기초를 닦은 총

발터 P-38은 루거 P-08의 뒤를 잇는 제식 권총으로 1938년 독일군에 채용되었습니다. **더블 액션 군용 권총으로는 세계 최초의 것**입니다. 더블 액션이기 때문에 약실에 탄을 보낸 후 격철을 쓰러뜨려 안전하게 휴대할 수 있으며, 적과 만나면 손가락으로 격철을 일으키지 않아도 방아쇠를 당겨 바로 발사할 수 있기에 콜트 M1911 등의 싱글 액션 권총보다 유리합니다.

또한 이 총에는 **약실 지시 핀이 장착**되어 있습니다. 권총을 쏘려고 생각했을 때, 자신이 약실에 탄을 넣어두었는지 아닌지에 대해 순간적으로 고민하는 경우가 자주 있습니다. 그런데 이 총은 약실에 탄이 들어 있을 경우, 슬라이드 뒷부분에 핀이 튀어나와 **어둠 속에서도 촉감으로 확인**할 수 있습니다.

개인적으로는 이 기능을 특히 높게 평가하고 있습니다. 전후의 여타 권총들이 모두 이 기능을 모방하지 않는 것을 이상하게 생각할 정도죠. 이 총은 너무 오래 혹사시키면 슬라이드 윗면에 가늠자와 일체로 되어 있는 약실 지시 핀의 커버가 발사의 충격으로 튕겨 날아갈 위험이 있었는데, 다른 총의 설계자들은 그것을 싫어했기 때문에 그랬던 것일지도 모르겠습니다.

발터 P-38은 루거 P-08에 비해 그립이 크고 방아쇠를 당기는 거리도 길기 때문에 잡기 쉬운 총, 쏘기 쉬운 총은 아닙니다. 손이 작은 아시아인에게는 다루기 불편할 정도로 그립이 크지요. 반대로 손이 큰 사람이 들면, 이번에는 그립이 너무 얇은 것이 아닐까? 좀 더 그립을 부풀리는 것이 인체공학적으로 좋지 않을까 생각하게 됩니다만, 그래도 이 **이전의 권총에 비하면 좋은 그립 형상**을 하고 있습니다.

콜트 등과 같이 긴 슬라이드가 총신 전체를 감싸지 않고, 가느다란 총신을 내밀고 있는 것이 이 총을 멋있게 보여주고는 있습니다만, 끝이 가벼우면 반동에 의한 총신 튀어 오름이 더 심해지는 문제가 있습니다.

발터 P-38의 이중 작용 기구

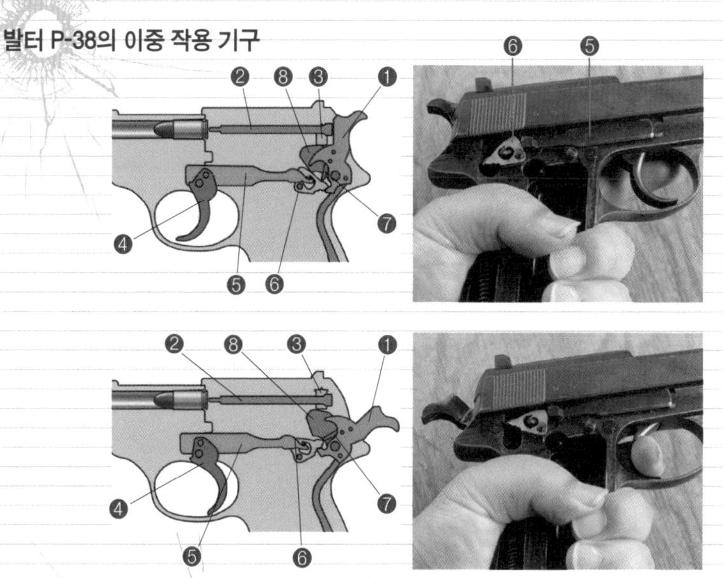

발터 P-38의 더블 액션 기구. 격철❶은 쓰러진 상태지만 격침❷에 마련된 홈에 자동 안전자❸가 들어가 격침의 전진을 저지하고 있다. 방아쇠❹를 당기면, 시어레버❺가 시어❻를 걸어서 일으키고, 시어가 더블 액션 릴레이❼를 움직여, 그것이 격철을 들어 올린다. 동시에 자동 안전자 해방판❽도 들어 올려, 그것이 격침❷의 움직임을 막고 있던 자동 안전자❸를 들어 올려 격침을 개방한다. 방아쇠를 당기면 시어❻와 격철❶의 걸림이 풀리면서, 격철은 격침을 타격해 뇌관을 찌른다.

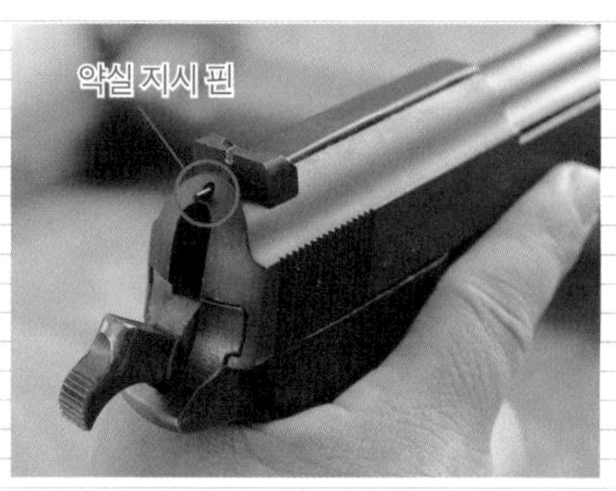

발사 P-38의 약실 지시 핀. 약실에 탄환이 장전되어 있지 않을 때는 왼쪽처럼 핀이 들어가 있다. 장전되어 있을 때는 오른쪽처럼 핀이 튀어나온다. 어둠 속에서도 손가락으로 핀을 만지면 장전되어 있는지 없는지 알 수 있다.

주요 등장 작품

〈와일드 기스〉, 〈더티 해리〉, 〈루팡 3세 시리즈〉

12-04 브라우닝 하이파워

13연발의 고출력

천재 총기 설계자인 존 브라우닝이 만년에 설계의 기본을 다지고 그의 사후 FN의 기술진에 의해 1934년에 완성되어 35년에 벨기에군에 채용되었고, 그 후 세계 50개국 이상의 군대에서 채용되었습니다.

브라우닝 하이파워는 그립 안에 탄창이 들어가는 권총으로는 **세계 최초로 복렬 탄창을 사용하는 자동권총**으로, 다른 자동권총의 장탄수가 8발 전후였던 시대에 **13발이나 들어갔기 때문에 하이파워**라고 불렸습니다.

당대의 여러 군용 권총에 비해 한 둘레 더 작아, 토카레프나 글록 17과 비슷한 크기입니다. **복렬 탄창인데도 그립을 잡기 쉽도록 가늘게 만들었기 때문**에 손이 작은 사람에게도 고마운 사이즈이지요. 조금 그립이 각진 것은 어쩔 수 없는 부분입니다. 다만, 더블 액션 권총만큼이나 방아쇠 당기는 거리가 긴 것은 좀 불편한 느낌입니다. **싱글 액션인 만큼 좀 더 방아쇠 당기는 거리를 짧고 가볍게 해주었으면 하는 바람**이 있습니다.

표적을 노리고 정밀하게 사격하려고 하면, 방아쇠의 감촉이 그다지 샤프하지 않은 것도 신경 쓰이지만, 총에 익숙한 사람이 아니라면 눈치 채지 못할 수준의 것으로, 실전에서의 승패를 좌우할 정도의 수준은 아닙니다.

다만, 불필요한 구조가 붙어 있습니다. **매거진 세이프티**가 바로 그것인데, 탄창을 빼면 방아쇠를 당겨도 격철이 움직이지 않고, 약실에 탄이 있어도 발사되지 않는 기능입니다. 현대의 안전관리 원칙에서는 쏘지 않는 총은 탄창을 제거한 뒤 약실을 비우고, 방아쇠를 당겨서 안전을 확인하고 보관하기 때문에, 탄창을 뽑으면 방아쇠를 당길 수 없다는 것은 좀 불편합니다. 이는 자동권총의 안전한 취급에 대한 원칙이 아직 확립되지 않은 시대의 사고방식으로 설계되었기 때문입니다. 안전장치의 레버는 콜트 M1911 정도로 크게 만들어줬으면 싶습니다.

브라우닝 하이파워. 종합적으로 따져보면 좋은 총이기에 전장에 이것을 들고 나가라고 한다면, 딱히 거부할 생각은 들지 않는다. 사진: Robert Sarnowski

주요 등장 작품

〈베벌리힐스 캅〉, 〈리썰 웨폰 2〉, 〈보디가드〉

12-05 베레타 M92F

미국이 콜트가 아닌 베레타를 선택한 이유

이탈리아의 베레타는 세계 총기 제조업체 중에서 아마도 가장 역사가 오래된 회사일 것입니다. 하지만 20세기 후반까지 진짜 걸작이라 평가될 정도의 권총을 만들지는 않았습니다(산탄총에서는 최고 제작사입니다만).

미국은 1911년 이래 45구경 콜트 M1911(콜트 거버먼트)을 사용해왔지만, 제2차 세계대전 후 결성된 **NATO에서는 회원국의 탄약을 공통화**하기로 정했습니다. 이때 권총 탄환은 9×19(9mm 루가)가 표준이 되었으나, 미국은 좀처럼 9mm의 신형 권총을 채용하지 않았지요.

하지만 미국산 권총뿐만 아니라 유럽산 권총까지 시험한 결과, 1985년에 **미국총을 밀어내고 베레타 M92F가 군의 제식 번호 M9로 채용**되었습니다. 권총 강국인 미국이 신세대의 좋은 권총을 개발하지 못한 것이지요. 채용된 후, 슬라이드 파손 사고가 있었는데, 이 문제를 해결한 개량형은 M92FS라고 불립니다.

장탄수 14발로 더블 액션인 이 총은 브라우닝 하이파워보다 한 둘레 더 커서, 9mm 권총치고는 45구경의 콜트 거버먼트에 비해서도 딱히 작지 않습니다. 손이 큰 서양인들의 관점에서는 작게 만들 필요를 느끼지 못했던 것일지도 모릅니다. 하지만 프레임 재질로 **알루미늄 합금**을 사용했기에 가벼워졌습니다(그럼에도 쇠로 만든 브라우닝 하이파워보다 무겁지만).

이 총을 실제로 쏴보기 전에, 필자는 그립이 커서 잡기 불편하지 않을까 생각했는데, 실제로 쥐어보니 인체공학적으로 잘 만들어진 형태의 그립이어서 **생각보다 쥐기 쉽고**, 브라우닝 하이파워보다 크고 무거운 덕분에 **총구의 튀어 오름도 적고** 안정적으로 사격할 수 있었습니다.

베레타는 미군 제식 채용을 둘러싸고 SIG와 막상막하의 경쟁을 했지만, 베레타 쪽이 좀 더 낮은 가격을 제시하면서 제식 채용에 성공했다고 전해진다. 사진: 미 해병대

SIG(왼쪽) 등의 다른 많은 자동권총과 달리, 베레타(오른쪽)는 슬라이드가 후퇴해도 총신이 위를 향하지 않는다. 이것은 발터 P-38의 작동 구조를 계승하고 있기 때문이다.

사진: 미 해안경비대

주요 등장 작품

〈다이 하드〉, 〈리썰 웨폰〉, 〈터미네이터 2〉

12-06 SIG SAUER P220, P226

탄창을 분실하기 어렵기 때문에 P220으로 했다

창설 당시 미군으로부터 공여받은 콜트 거버먼트가 노후화됨에 따라 일본 자위대는 1982년에 SIG SAUER의 P220 권총을 제식으로 채용했습니다. 기계 구조적으로 좋은 권총이라고 하면 좋은 권총이지만, 9mm 권총임에도 콜트 거버먼트보다 딱히 작지는 않습니다(물론 가볍기는 하지만). 오히려 그립은 콜트 거버먼트보다 커서 쥐기 불편하고, 전혀 일본인의 손에도 잘 맞지 않습니다. 심지어 장탄수도 9발밖에 되지 않고 말이죠. 차라리 **베레타를 채용하는 게 낫지 않았을까** 싶을 정도입니다.

SIG SAUER P226이라면, 복렬 탄창을 채용해서 15발이나 들어가는 데다, P220보다 잡기 쉽기 때문에, 총에 대한 지식이 있는 사람들로부터 왜 P220 따위를 채용했냐고 비난이 빗발쳤습니다. 하지만 이 권총의 **최대 장점은 탄창을 떨어뜨리기 어렵다는 것**입니다. 자위대에서는 **탄약을 분실하면 큰일**이니까요.

P226은 베레타와 미군 제식 권총 자리를 다투다 탈락했는데, 그것은 P226의 성능이 베레타에 뒤떨어졌다는 것이 아니라 베레타가 좀 더 낮은 가격을 제시했다는 점과 P226에는 손가락으로 조작하는 안전장치가 없었기 때문입니다. 미군은 **손가락으로 조작하는 안전장치가 없는 총에는 격한 거부반응**을 보이죠.

필자는 안전장치가 없는 총이라니 위험하지 않을까 생각하는 사람은 아마추어라고 생각합니다. 쏠 의사가 있기 때문에 방아쇠에 손가락을 거는데, 방아쇠를 당겨도 탄환이 나가지 않는 구조가 왜 필요한가 말이죠. 이런 점에서는 SIG SAUER를 채용한 자위대 쪽이 오히려 좀 의외인 것 같습니다.

필자가 전쟁터에 나간다고 했을 때 베레타 M92F와 P226 중에 하나를 고르라고 한다면 P226 쪽을 선택하는데, 이것은 대부분 취향의 문제로, 둘 사이에서의 교전에서는 딱히 어느 쪽이 더 유리하다고 할 정도의 성능 차이는 없습니다.

SIG SAUER P220. 일본인의 손에 맞지 않지만, 탄창을 분실하기 어렵다는 점은 자위대에 안성맞춤이라고 할 수 있다.

사진: Crescent moon

SIG SAUER P226을 겨눈 뉴질랜드 육군의 병사. 탄창에 15발이나 들어가는데 P220보다 쥐기도 훨씬 편하다.

사진: 미 해병대

P220은 왼손으로 그립 바닥의 탄창 멈치를 눌러 탄창을 빼내기 때문에 신속한 탄창 교환에는 불리하다.

주요 등장 작품

〈히트〉, 〈다이 하드 4.0〉

12-07 글록 17

권총의 세계에 혁명을 불러오다

이 권총을 만들기 전까지 글록사는 총 제조사가 아니라 다양한 플라스틱 제품을 제조하는 회사였습니다. 그러던 것이 총은 쇠로 만드는 것이라는 상식을 뒤엎고 플라스틱 권총을 만들었고, 1983년 오스트리아군에 제식 권총 Pi 80으로 채택되는 데 성공했습니다. 그리고 이 Pi 80을 군용이 아닌 민수용 권총으로 미국에서 판매했을 때의 이름이 바로 **글록 17**입니다.

물론 총신 외에 일부 부품은 철이지만 프레임도 슬라이드도 플라스틱으로 만들어졌습니다. 그래서 초기에는 엑스레이 사진에 찍히지 않아 공항 수하물 검사도 빠져나갈 수 있지 않을까 하는 우려가 있었으나, 엑스레이 사진에는 제대로 총의 모습으로 찍힙니다.

플라스틱이라 강도가 떨어지지 않겠는가 하는 우려도 있었지만, 등장한 지 30년이 지나도록 총이 깨졌다는 이야기는 들어본 적이 없을 정도입니다. 플라스틱이라 당연히 가볍고, 총이 가벼우면 반동은 강해지는 법이지만, 플라스틱이 충격을 흡수해주기 때문인지 반동도 가볍고, 탄창에 17발이나 들어가는 것치고는 베레타나 SIG보다 그립도 작아 잡기 쉬운 등 **권총의 세계에 그야말로 혁명을 불러왔다** 해도 과언이 아닐 정도입니다.

기존의 총에 비해 멋지게 쏘기 쉽습니다.

이 이후, 전 세계의 권총이 글록의 아류작이 되었다고 할 정도의 영향을 주었습니다.

이 총은 격철 없이, 격침에 강한 용수철을 붙이고, 그 용수철의 힘으로 격침이 전진해 뇌관을 타격하는 **스트라이커 방식** 격발 기구를 가지고 있습니다. 기존의 상식으로는 그런 총은 약실에 탄환을 넣은 상태로 휴대하기에 안전상의 불안이 있었지만, 이 총은 방아쇠를 당기지 않는 한 떨어뜨린 정도의 충격으로는 격침이 움직이지 않는 구조(세이프 액션)로 되어 있습니다.

글록 17의 대성공으로 10mm 오토를 사용하는 글록 20, 45 ACP를 사용하는 글록 21 등 9mm 이외의 다양한 구경의 탄약을 사용하는 것 외에 콤팩트 모델인 글록 19, 23, 25 등 20종류에 가까운 파생형이 탄생했습니다.

총은 쇠로 만드는 것이라는 상식을 뒤엎고 등장한 글록은 권총 세계에 혁명을 일으켰다.
사진: 미 해병대

글록의 세이프 액션. 글록은 약실에 장전한 상태에서 스트라이커식 권총을 휴대하는 것은 위험하다는 세간의 상식까지 뒤엎었다.
사진: 미 육군

주요 등장 작품

<식스틴 블록>, <다이 하드 3>, <존 윅>

12-08 H&K SFP9

P220의 후계자로 일본 자위대에서 채용

탄창에 9발밖에 안 들어가는 데다 그립도 일본인의 손에 맞지 않는데도 탄창을 떨어뜨리기 어렵다는 이유로 SIG SAUER P220을 채용한 자위대였지만, 역시 21세기가 되자 생각이 바뀌었습니다. 그립 바닥에 탄창 멈치가 달려 있는 P220의 구조는 확실히 탄창을 떨어뜨리기 어렵습니다만, 탄창 교환을 위해서는 왼손을 사용하지 않으면 안 되고, 빈 탄창을 빼기 전에 왼손으로 새로운 탄창을 총 옆으로 가져가는 **택티컬 리로드**라는 기술도 사용할 수 없습니다.

그래서 2020년에 채용한 것이 H&K의 **SFP9**입니다. 이 총은 미국에서는 **VP9**라는 명칭으로 판매되고 있습니다. 15발들이 복렬 탄창이라고는 생각되지 않을 날씬한 그립으로, 일본인의 손에도 잘 맞고 방아쇠를 당기는 거리도 짧습니다. 게다가 사용자의 손 크기에 따라 그립 패널도 교환할 수 있습니다. 탄창 멈치가 일반적인 버튼식이 아니라 방아쇠를 당기는 손가락(엄지라도 좋습니다)으로 방아쇠 근처의 레버를 미는 방식입니다만, 한 손 조작으로 탄창을 제거하여 택티컬 리로드를 할 수 있는 데 더해 **탄창을 분실하기 어렵다는 것은 자위대에도 정말 고마운 구조입니다. 참고로 이 방식을 선호하지 않는 곳도 많기 때문에 버튼식 모델도 생산**되고 있습니다.

필자는 기존에 격철이 없는 스트라이커식 총은 싫어했습니다. 격철이 있는 총은 격철이 올라가 있는지 없는지에 따라 코킹되어 있는지 없는지를 한눈에 알 수 있습니다만, 격철이 없는 총은 그것을 알 수 없기 때문입니다.

하지만 SFP9는 코킹 상태에 있으면 **슬라이드 후단의 격침 구멍이 붉은색**으로 표시되어 코킹된 상태임을 나타냅니다,

방아쇠를 당기기 쉽고, 반동에 의해 튀어 오르는 일도 적어, 재빨리 두 발째를 겨눌 수 있는 SFP9를 선택한 것을 보면 모처럼 자위대가 제대로 일을 했구나 생각하게 됩니다.

SFP9는 방아쇠울 하부 측면의 레버를 눌러 탄창을 빼는 비교적 보기 드문 방식을 채용했지만, 자위대 특성에는 잘 맞는 것 같다.

약실에 장전되어 있는 상태에서는 붉은 인디케이터가 보인다.

약실이 비어 있을 때는 붉은 인디케이터가 보이지 않는다.

주요 등장 작품

〈007 스펙터〉

12-09 SIG SAUER P320

베레타 M92F의 후계로 미군이 채용

2017년 미군은 베레타 M92F의 후계 제식 권총으로 SIG SAUER P320을 채택했습니다. 베레타로는 총격전에서 이길 수 없는가 하면, 그렇지도 않다고 생각합니다만, 역시 P320은 21세기의 권총다운 특색을 몇 가지 가지고 있습니다.

외관은 P226을 격철이 있는 타입에서 격철이 없는 스트라이커 방식으로 설계를 변경하고 프레임을 플라스틱으로 만들었다는 느낌입니다.

이 프레임은 **총 본체라기보다는 그립** 취급입니다. 총 본체는 내부에 있는 격발 유닛으로, 일련번호도 여기에 찍혀 있습니다.

다른 총이라면 프레임이라고 생각할 수 있는 그립은 사수의 손 크기에 따라 S, M, L 세 종류의 크기 중에서 선택할 수 있습니다. 이 **그립의 크기를 선택할 수 있다는 점**이 미군에 채용된 가장 큰 이유였던 것 같습니다.

그리고 이 그립 프레임에도 슬라이드에도 긴 것이나 짧은 것이 있어 자유롭게 교환할 수 있습니다. **긴 그립 프레임에 긴 슬라이드를 붙인 것**(풀 사이즈)을 미군에서는 **M17**이라 하고, 짧은 그립 프레임에 짧은 슬라이드나 총신을 붙인 것(콤팩트)에 **M18**이라는 제식 번호를 부여하고 있습니다. 시판품에는 이 밖에도 풀사이즈와 콤팩트의 중간 크기인 캐리(carry)나, 콤팩트보다 소형인 서브 콤팩트라고 하는 사이즈도 있습니다.

슬라이드는 스테인리스이므로 프레임이 플라스틱인 것치고는 글록보다 약간 무겁지만 슬라이드의 무게는 안정적인 사격에 기여합니다. 격철이 없는 스트라이커 방식은 사격 시 총이 튀어 오르는 것을 줄이고, 빠르게 두 발을 쏘는 데에도 기여합니다.

P320에는 원래 **손가락으로 조작하는 안전장치**가 없었지만, 미군에 납품하는 모델에는 안전장치가 달려 있습니다.

미군의 M17(P320의 스탠더드 버전). 그립 프레임의 크기에 S, M, L의 세 종류가 있어 내 손에 맞는 사이즈를 선택할 수 있다. 사진: 미 육군

미군의 M18(P320의 콤팩트판). 콤팩트화는 명중률이 저하되는 경향이 있지만, 그렇게까지 나쁜 것은 아닌 모양이다. 사진: 미 공군

주요 등장 작품

〈더 슈터(시즌 2)〉

12-10 데저트 이글

세계 최강의 자동권총

데저트 이글은 **세계 최강의 자동권총**입니다. 세계 최강의 자동권총을 목표로 과거에 샌퍼드의 44 오토 매그나 윌디가 만들어진 적이 있습니다만, 성공작이라고는 할 수 없는 것이었습니다.

데저트 이글의 사용 탄약은 357 매그넘, 44 매그넘 등 여러 종류가 있습니다만, 대표적이고 인기 있는 것은 **50 AE**입니다. 50 AE 중에도 탄두중량은 여러 종류가 있습니다만, 가장 강력한 것은 19g의 탄환을 초속 470m/s에 발사합니다. 그 에너지는 9mm 루거의 4.5배, 44 S&W 매그넘의 1.4배 정도 되며, 308 윈체스터의 6할 정도의 위력입니다.

사람을 쏘기에는 지나칠 정도로 강력한 총이지만, **곰이 나올 가능성이 있는 산길에서 호신용으로 가지고 다니기에는 좋은 총**입니다. S&W의 M500이라면 이보다 1.8배 정도의 위력이 있지만, 리볼버는 반동이 강하고, 꽤 권총을 다룰 줄 아는 사람도 쏠 수는 있다고 하는 느낌으로 여러 발을 속사하는 것은 도저히 무리입니다

그런 점에서 **가스 작동식 자동권총인 데저트 이글의 반동은 상대적으로 부드럽고, 쏠 때 손이 아픈 일**도 없습니다. 큰 탄환을 사용하기 때문에 꽤 손이 큰 사람이 아니면 한 손으로 쏘기 어렵지만, 두 손으로 들면 약간이라도 권총을 다룰 줄 아는 사람이라면 어렵지 않게 다룰 수 있습니다. 목표를 향해 속사 가능하기 때문에 곰이 나오는 산길에서 M500과 50 AE 사용 데저트 이글 중 어느 것을 들고 갈 것인가 하면 데저트 이글을 추천하고 싶습니다.

호신용이 아니라 적극적으로 동물을 사냥하겠다면 보통은 라이플을 사용하겠지만 세상에는 권총으로 사냥을 하고 싶어 하는 사람도 있습니다. 그런 사람에게는 10인치 총신에 도트 사이트나 저배율의 스코프를 올리면 멧돼지 사냥 등에도 적합한 총일 것입니다.

라이플과 같은 가스 작동 구조인 데저트 이글.

가스압으로 작동되는 자동권총이므로 의외로 반동이 부드럽고, 쏘기 쉽다.

주요 등장 작품

〈코만도〉, 〈로보캅〉

12-11 AK-47, AKM, AK-74
냉전시대 적군의 소총

2-14에서 말했듯, 제2차 세계대전 이후 보병의 소총은 화약량이 이전 소총의 절반 정도인 탄약을 사용하는 **돌격소총이 주류**를 이루는 시대가 되었습니다. 그 효시라 할 수 있는 AK-47에 미국이 베트남전에서 고전하자 대항책으로 M16을 투입했고, M16의 5.56mm탄에 영향을 받아 러시아가 5.45mm의 AK-74를 개발한 것도 2-15에서 언급했습니다.

화약의 양이 같아도 발사하는 탄환이 무거울수록 반동은 강해집니다. **AK-47**을 전자동으로 사격하면 총구가 상당히 튀어 올라, 5~6발마다 다시 겨냥하지 않으면 허공을 쏘게 됩니다. 이것은 9-03에서 해설한 바와 같이 총상 각도가 깊은 것에도 원인이 있습니다.

그래서 개량형인 **AKM**은 총상 각도를 얕게 만들었습니다. 그러나 그래도 M16 등 5.56mm의 총에 비하면 반동이 강하고, 전자동 사격에서는 총이 문자 그대로 난동을 부립니다. 그런데 5.45mm의 **AK-74**가 나오면서 거짓말처럼 반동이 가벼워졌습니다. **M16은 물론 89식보다 반동이 가볍게 느껴질 정도**입니다.

일부 사람들에게 꾸준한 인기가 있는 AK이지만, 튼튼하다는 것 외에는 장점이 없다는 것이 필자의 견해입니다. 우선 명중률이 낮습니다. M16이라면 100m 거리에서 직경 5~7cm의 원에 들어가지만, AK-47은 20cm 가까이 됩니다. 서방 진영의 총처럼 영점 조정도 할 수 없습니다. 그야말로 **변변한 훈련도 받지 않아 '소모품' 취급당하는 병사에게 쥐어주고, 어쨌든 전방에 탄환을 마구 뿌리며 돌격시키는 총**입니다. 이 총에 스코프를 붙이는 것은 무의미한 일이라 보지만, 애초에 광학기기를 부착하려고 해도 여러모로 손을 보지 않으면 부착하기가 어려운 구조로 만들어져 있습니다. 이 얘기는 **야간투시경 같은 것**도 쓸 수 없다는 뜻이지요. 안전장치를 조작하려고 해도 그립에서 손을 놓고 손을 앞으로 뻗어야 하며, 탄창이 비었을 때 노리쇠가 후퇴·고정되지도 않습니다. 탄창 교환도 M16처럼 신속하게 할 수 없습니다.

AK-47(위)과 AKM(오른쪽). AKM은 총구를 비스듬히 자른 듯한 모양의 부품이 붙고, 이것이 발사 가스의 압력을 받아내면서 반동에 의해 튀어 오르는 것을 억제한다. 스톡의 각도도 훨씬 얕게 조정되었다. 사진: 미 육군

AK-74는 구경이 5.45mm로 작아졌고, 총구에 소염 제거기구가 설치되어 AK-47이나 AKM과는 비교할 수 없을 정도로 반동이 가벼워졌다. 사진: 미 국방부

주요 등장 작품

〈플래툰〉, 〈햄버거 힐〉, 〈풀 메탈 재킷〉

12-12 M16 시리즈

탄창 교환의 용이성은 혁명적이지만

미국이 AK-47에 맞서 M16을 베트남전에 투입한 초기에는 원래 5.56mm탄에는 적합하지 않은 화약을 재고 처분 차원에서 사용한 것에 기인한 문제가 있어 평판이 떨어진 적이 있었습니다. 그러나 그 후에는 개량되어 수많은 전투에서 활약하고 있습니다.

하지만 베트남전 당시 일으킨 작동 불량은 세계에 강한 인상을 주었으며, 그 후 각국에서 5.56mm 돌격소총을 개발할 때 대부분의 나라는 가스 작동 방식만큼은 M16을 모방하지 않고 있으며, 거의 M16과 비슷한 총을 만들더라도 피스톤을 사용하는 방식으로 설계하고 있습니다.

그러나 필자가 M16에서 가장 문제라고 생각하는 것은 **피스톤의 유무**보다 장전 손잡이 쪽입니다. 대부분의 총은 기관부 옆에 장전 손잡이가 달려 있어 총을 견착한 채로 노리쇠를 뒤로 당길 수 있지만, M16은 스톡을 어깨에서 내린 상태에서 장전 손잡이를 당겨야 합니다. 이렇게 되면 장전 불량이 발생하거나 탄피 배출에 문제가 있을 때 대응이 늦어집니다. 또 M16은 노리쇠의 전진을 복좌 용수철의 힘에 의존하고 있기에 수동으로 노리쇠를 강제로 전진시킬 수 없습니다.

복좌 용수철의 힘으로 볼트가 전진하지 못하면 **노리쇠 전진기를 눌러줘야 한다**는 점에서 결함이 있는 총이라고 생각하는 사람도 있습니다. 총기의 노리쇠는 손으로 강제 후퇴 및 전진 가능하게 해야 합니다. 물론 그렇다고 해서 베트남전 때와는 달리 현재의 M16이나 M4가 이런 문제로 사용자들이 곤란을 겪었다는 이야기를 듣지 못했습니다만….

M16의 가장 뛰어난 점은 신속하게 **탄창을 교환할 수 있다는 것**입니다. 인체공학적으로 잘 고안된 노리쇠 멈치나 탄창 멈치 구조는 M16의 등장 이후 전 세계의 돌격소총이 이 방식을 모방하고 있을 정도입니다.

필자가 M16을 선호하지 않는 것은 이렇게 장전 손잡이를 바로 뒤로 당기는 방식에 있다. 총을 어깨에서 한 번 내려야 하기 때문이다.

탄창이 비면 노리쇠는 후퇴 위치에 고정된다. 유럽제 총기 중에는 이 기능이 없는 것도 많다.

노리쇠가 후퇴 위치에 고정되었다.

새로운 탄창을 밀어 넣었을 때 노리쇠 멈치를 누르면 노리쇠가 전진하면서 약실로 탄환을 보낸다. 이것을 신속하게 할 수 있다는 것이 M16의 가장 큰 장점이다.

주요 등장 작품

〈플래툰〉, 〈풀 메탈 재킷〉, 〈고르고 13〉

12-13 SIG SG550 시리즈

반할 정도로 훌륭한 사격 편의성

스위스 SIG SG550(스위스군 제식 명칭으로는 Stgw91) 소총은 정말 많은 종류의 총을 쏴본 경험이 있는 사람이라면 **누구나 탐을 낼 정도로 좋은 총**입니다. 양산품인데, 실력이 좋은 건스미스가 시어와 격철의 접점을 세세한 숫돌을 사용해 다듬은 것 같다고 생각할 정도로 방아쇠 당기는 느낌이 좋습니다. 커스텀이 실시되지 않은 총이면서 이렇게 방아쇠가 잘 다듬어진 총은 본 적이 없습니다.

이 총을 처음 시험했을 때 너무 쏘기 편한 총이라서 표적 뒤의 경사면에 빈 깡통이 떨어져 있는 것을 발견한 필자는 깡통 바닥을 쏴 공중으로 내던지고, 떨어져 경사면을 굴러 떨어지는 것을 다시 쏴 공중으로 튀어 올리고, 떨어진 것을 다시 쏘는 놀이를 했습니다. AK 따위로 할 수 있는 일이 아닙니다. 세계 최고의 명중률을 자랑하는 돌격소총이라 할 수 있습니다.

다만 SG550은 전장이 100cm로 길고 무게도 4.1kg이나 나가며, 요즘의 돌격소총치고는 길고 무겁기 때문에 **조금 짧은 SG551**이 만들어졌습니다. 또한 더 짧은 SG552 등 **다양한 파생형**도 만들어져 많은 국가의 특수부대 등에서 사용되고 있습니다.

하지만 다른 유럽산 소총과 마찬가지로 SG550 시리즈는 탄창이 비었을 때 노리쇠가 후퇴 위치에 고정되지 않으며, 탄창 교체 방법도 AK나 64식과 같이 레버를 누르는 타입이므로 M16과 같은 빠른 탄창 교체가 불가능합니다. 또한 1980년대에 개발되었기에 피카티니 레일도 달려 있지 않습니다.

이 때문에 M16과 같이 STANAG 규격 탄창을 사용하며 탈착의 방법도 M16과 같게 하고, 피카티니 레일을 설치했으며, 개머리판도 신축식으로 만든 SG556 등의 파생형도 만들어졌습니다.

말레이시아 공군의 특수부대원이 휴대한 SIG SG553. SG550의 단축 버전으로, 원형에는 없었던 피카티니 레일을 설치해 광학 사이트를 설치할 수 있도록 만들어졌다. 사진의 것은 소음기도 장착되어 있다.

사진: Jbarta

주요 등장 작품

〈본 아이덴티티〉

12-14 윈체스터 M70, 레밍턴 M700

M70 Pre64는 라이플맨의 라이플

미 육군의 M24 저격소총과 해병대의 M40 저격소총은 모두 **레밍턴 M700을 기반**으로 만들어졌는데, 베트남전쟁 때까지는 **윈체스터 M70**이 저격소총으로 사용되었습니다. 모두 엽사들 사이에서도 애용되던 총입니다. 하지만 M70은 장인의 손길이 들어간 고급품으로 대량생산에는 어려움이 있었습니다. 1962년 레밍턴사에서 M700이 출시되었습니다. 이 총은 저렴한 비용으로 생산할 수 있도록 잘 고안되어 있으며, 가격에 비해 잘 맞는 '가성비' 높은 총이었습니다.

이것을 본 윈체스터에서도 부재를 끼워 제조할 수 있도록 한 양산품인 '뉴 모델 M70'을 1964년에 발매했습니다. 그러나 장인들의 작품이던 M70에 비해 저렴해 보이는 뉴 모델 M70은 엽사들의 지지를 얻지 못하고 M700에 시장을 빼앗겨 갔습니다. 그 결과 **미군의 저격소총 자리까지 M700에 빼앗기게 된 것**입니다.

그러나 M700은 가격에 비해 우수한 총일 뿐, 정말로 뛰어난 총까지는 아닙니다. 예를 들어, M70이라면 노리쇠와 볼트 핸들이 쇳덩어리를 절삭하여 만든 것이기에 알래스카처럼 추운 곳에서 총이 얼어 노리쇠가 움직이지 않게 된 경우, **발로 차거나 돌로 두드려도 움직일 수 있습니다**. 그러나 M700은 머리와 몸통과 핸들을 따로 만들어 용접한 것이기에 강한 충격을 주면 부러질 수 있습니다.

또한 빠지지 않게 된 약협을 강제로 추출하려고 할 경우, M70의 익스트랙터는 정말 튼튼하게 만들어져 있습니다만, M700의 익스트랙터는 상대적으로 약한 구조입니다. 그래서 **엽사들은 구형 M70을 높게 평가**했고, 1964년 이전에 만들어진 M70 Pre64를 찾게 되었습니다.

M24 저격소총. 육군이나 공군의 M24 저격소총은 대부분 시판 중인 M700 버민터 그대로지만 익스트랙터의 취약함이 실제로 심각한 문제가 된 사례는 없는 것으로 보인다. 사진: 미 공군

미 해병대의 M40A5 저격소총. 베이스는 레밍턴 M700이지만, 미 해병대에서는 M700의 익스트랙터 강도에 불안을 느껴 M40에서는 독자적으로 강화한 익스트랙터를 사용하고 있다. 사진: 미 해병대

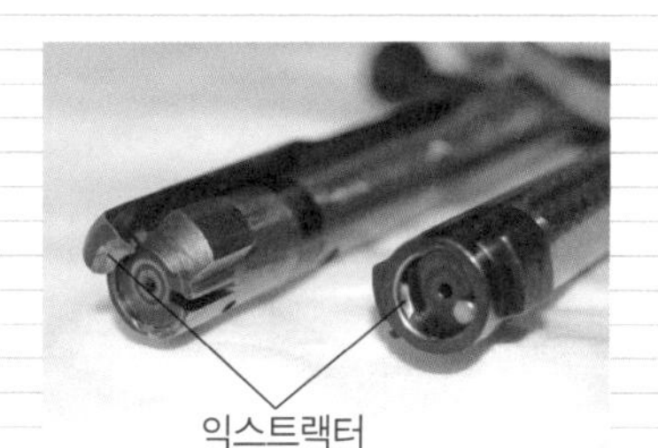

주요 등장 작품

〈더티 해리(윈체스터 M70)〉, 〈매드맥스(윈체스터 M70)〉, 〈스나이퍼(레밍턴 M700)〉, 〈더블 타깃(레밍턴 M700)〉

윈체스터 M70(왼쪽)에는 약실 안에서 팽창한 약협을 강제로 끌어당기는 튼튼한 익스트랙터가 붙어 있지만, 레밍턴 M700(오른쪽)의 익스트랙터에는 그런 강도를 기대하기 어렵다. 이 높은 신뢰성 때문에 윈체스터 M70 Pre64는 프리미엄이 붙은 가격에 거래되는, 그야말로 '라이플맨의 라이플'이 되었다.

12-15 레밍턴 M870
미국 영화에 자주 등장하는 산탄총

미국 영화에는 레밍턴 M870(일부 타사 제품일 수도 있습니다) 슬라이드 액션식 산탄총이 자주 등장합니다.

슬라이드 액션은 한 발마다 손으로 포어 엔드를 왕복시켜야 하고, 그런 점에서 자동 산탄총보다 불편할 텐데, 그것이 왜 많은 사람들의 지지를 얻고 있을까요?

산탄 장탄은 다양한 양의 산탄이 들어가고, 화약량도 이에 맞게 세분화되어 있습니다.

예를 들어 12게이지를 예로 들면, 약협에 담겨 있는 **산탄량**은 클레이 사격용의 경우 24g, 사냥 등의 경장탄으로 28g, 강장비는 40g, 매그넘에는 52g이라는 식입니다.

문제는 이런 장탄을 더운 날이나 추운 날 모두 원활하게 자동으로 작동시키는 것은 무리입니다. "이런 종류의 탄환은 이 총에서는 원활하게 작동하지 않는다"라고 하는 것이 흔히 있는 것입니다. 그러나 **슬라이드 액션이라면 손으로 움직이기 때문에** 그럴 걱정이 없습니다.

물론 포어 엔드를 자동 산탄총과 같은 속도로 조작하려면 상당한 숙련이 필요한 것이 아닐까 생각할 수도 있겠지만, 실제로는 그런 걱정을 할 필요가 없습니다. 사격 반동으로 포어 엔드가 알아서 움직인다는 느낌이기에 **빈총을 쏘는 것보다 실탄을 쏠 때 훨씬 원활하게 조작**할 수 있습니다.

또 자동 산탄총은 두 발째를 쏠 생각이 없어도, 두 발째가 자동 장전되어버립니다만, 슬라이드 액션이라면, 두 발째를 쏘지 않을 생각이라면 그저 포어 엔드를 조작하지 않으면 그만일 뿐입니다. 만약 조작하여 두 발째를 약실에 보낸다고 해도 약실에서 탄을 빼는 것이 자동 총보다 훨씬 간단합니다.

총신 교환도 용이합니다. 오리를 사냥용으로 초크가 많이 들어간 긴 총신, 스키트 사격용으로 초크가 느슨하고 짧은 총신, 멧돼지 사냥용 슬러그 총신 등 총신을 쉽게 바꿀 수 있는 것도 장점입니다.

레밍턴 M870 산탄총을 사격하는 미 공군 대원. 기본적으로 단순한 엽총이므로 일본에서도 소지 가능하지만, 사진과 같은 탄창이 길고 독립 그립을 사용하는 것은 일본에서 소지 허가가 나오지 않는다. 사진: 미국 주 방위 공군

레밍턴 M870 산탄총에 급탄하는 미 공군 대원. M870을 뒤집어 관형 탄창에 급탄하고 있다. 급탄구가 기관부의 하면에 있으므로, 이렇게 상하를 뒤집는 편이 장전하기 편하다. 사진: 미국 주 방위 공군

레밍턴 M870은 본래 엽총이다.

주요 등장 작품

〈플래툰〉, 〈터미네이터 2〉

COLUMN-12

탄약 명칭은 어떻게 읽을까?

본서에서는 여러 탄약의 명칭을 '38 스페셜'이라거나 '338 라푸아 매그넘'이라는 식으로 적고 있다. 그런데 이것을 사람들 앞에서 소리 내어 읽는다고 할 경우, 어떻게 발음하는 것이 올바를까? 그 답은 3-18에서 설명한 구경의 표기법에서 찾을 수 있다.

탄약의 명칭에서 앞에 붙은 숫자는 구경을 뜻하며, 탄환의 지름이 100분의 몇 혹은 1,000분의 몇 인치인가를 나타내는 것이다. 1인치를 100 또는 1,000으로 나눴다는 것은 0 이하 소수점 단위를 뜻하는 것이므로, 소수점 이하의 수를 읽는 법과 거의 같다고 할 수 있다.

따라서 38 스페셜이라면 '**삼팔 스페셜**', 338 라푸아 매그넘이라면 '**삼삼팔 라푸아 매그넘**'이라고 읽게 된다.

다만, 일상 영역에서는 소수점 이하의 숫자를 읽을 때 '0'을 '공' 그리고 때에 따라서는 '영'이라 읽는 것이 종종 허용되는데, 한국은 군사 분야에서 미국과 영어의 영향을 강하게 받은 국가이기에 예를 들어 영어권에서 '308'이라는 숫자를 'three-oh-eight'이라 읽는 것과 마찬가지로 탄약 명칭 앞에 붙은 '0'은 '공', 그러니까 '308'이라면 '삼공팔'이라 발음한다.

또한 원래는 인치법에 기반한 구경 표기에서 숫자 앞의 점을 넣어 '.223 레밍턴', '.357 매그넘'이라 표기하는 것이 올바르지만, 자료에 따라서는 이 점을 생략하고 표기한 것도 많다. 점이 생략되었다고는 해도, 앞의 숫자가 소수점 아래의 수를 의미한다는 사실은 잊지 않도록 하자.

사진의 7.62mm NATO 실탄은 민간용 명칭이 '308 윈체스터'이며 이 '308'을 한국어로 말할 때는 '삼공팔'이라고 발음한다.

사진: 미 해병대

주요 참고 문헌

서적

P. E. クリーター/著, 中条 健/訳『人類と兵器(인류와 병기)』(経済往来社, 1968年)

小山弘健/著『図説 世界軍事技術史(도설 세계군사기술사)』(芳賀書店, 1972年)

所 荘吉/著『火縄銃(화승총)』(雄山閣出版, 1993年)

所 荘吉/著『図解 古銃事典(도해 고총사전)』(雄山閣出版, 1996年)

有馬成甫/著『火砲の起源とその伝流(화포의 기원과 전통)』(吉川弘文館, 1962年)

安斎 實/著『砲術図説(포술 도설)』(日本ライフル射撃協会, 1988年)

小橋良夫, 関野邦夫/著『ピストルと銃の図鑑(피스톨과 총의 도감)』(池田書店, 1972年)

小橋良夫/著『世界兵器図鑑Gun〈日本編〉(세계병기도감Gun〈일본편〉)』(国際出版, 1973年)

岩堂憲人/著『世界兵器図鑑Gun〈アメリカ編〉(세계병기도감Gun〈미국편〉)』(国際出版, 1973年)

野崎龍介/著『世界兵器図鑑Gun〈共産諸国編〉(세계병기도감Gun〈공산진영편〉)』(国際出版, 1974年)

ジョン・エリス/著、越智道雄/訳『機関銃の社会史(기관총의 사회사)』(平凡社, 2008年)

今村義逸/著『猟銃・撃つ瞬間の理論(엽총 · 사격 순간의 이론)』(評言社, 1977年)

床井雅美/著『ドイツの小火器のすべて(독일 소화기의 모든 것)』(国際出版, 1976年)

岩堂憲人/著『世界のサブマシンガン(세계의 기관단총)』(国際出版, 1975年)

堀尾 茂/著『ザ・ショットガン(더 샷건)』(狩猟界社, 1983年)

池田浩理/著『最近の外国製実包の見分け方(최신 외국산 탄약의 구분법)』(教育システム, 2008年)

全米ライフル協会/監修『GUN FACT BOOK 銃の基礎知識(총의 기초 지식)』(学研プラス, 2008年)

George E. Frost/著『AMMUNITON MAKING』(National Rifle Association of America, 1990年)

Frank C. Barnes/著『CARTRIDGES of the WORLD』(Gun Digest Books, 2009年)

『Lyman Shotshell Handbook』(Lyman Publications, 2011年)

잡지

『月刊Gun』 각 호(国際出版)

『月刊Gun』 별책, 1, 2, 3권(国際出版)

『月刊Gun』 별책『GUN用語事典(GUN용어사전)』(国際出版, 1999年)

『GUN Professionals』 각 호(ホビージャパン)

『Guns & Shooting』 각 호(ホビージャパン)

※ 제공처가 기재되지 않은 사진은 모두 저자 소유이다.

색인

■저자: 가노 요시노리(かのよしのり)

1950년생. 자위대 가스미가우라항공학교 출신. 북부방면대 근무 후, 무기보급처 기술과 연구반 근무. 2004년 정년퇴임. 주요 저서로 사이언스 아이 신서 『총의 과학』, 『저격의 과학』, 『중화기의 과학』, 『권총의 과학』, 『미사일의 과학』, 『항공부대의 전투 기술』, 『보병의 전투 기술』(이상 SB크리에이티브) 외에 『총을 쏘자 100!』, 『스나이퍼 입문』(고진샤), 『자위대 89식 소총』, 『중국군 VS 자위대』(나미키쇼보), 『세계의 GUN 바이블』(가사쿠라 출판) 등 다수가 있습니다.

■일러스트: 아오이 구니오

■교정: 소네 노부히사

이 책의 내용은 『총의 과학』(사이언스 아이 신서)을 바탕으로 『저격의 과학』과 『중화기의 과학』, 『권총의 과학』의 내용을 발췌해 대폭 가필·수정한 것입니다.

총기 대전

-총기의 구조부터 위력, 정밀도, 탄속, 탄도까지 해설-

초판 1쇄 인쇄 2025년 6월 10일
초판 1쇄 발행 2025년 6월 15일

저자 : 가노 요시노리
번역 : 오광웅

펴낸이 : 이동섭
편집 : 이민규
디자인 : 조세연
기획 · 편집 : 송정환, 박소진
영업 · 마케팅 : 조정훈, 김려홍
e-BOOK : 홍인표, 최정수, 김은혜, 정희철, 김유빈
라이츠 : 서찬웅, 서유림
관리 : 이윤미

㈜에이케이커뮤니케이션즈
등록 1996년 7월 9일(제302-1996-00026호)
주소 : 08513 서울특별시 금천구 디지털로 178, B동 1805호
TEL : 02-702-7963~5 FAX : 0303-3440-2024
http://www.amusementkorea.co.kr

ISBN 979-11-274-9035-5 03390

창작을 위한 자료집

AK 트리비아 시리즈

-AK TRIVIA BOOK

No. 01 도해 근접무기
오나미 아츠시 지음 | 이창협 옮김
검, 도끼, 창, 곤봉, 활 등 냉병기에 대한 개설

No. 02 도해 크툴루 신화
모리세 료 지음 | AK커뮤니케이션즈 편집부 옮김
우주적 공포인 크툴루 신화의 과거와 현재

No. 03 도해 메이드
이케가미 료타 지음 | 코트랜스 인터내셔널 옮김
영국 빅토리아 시대에 실존했던 메이드의 삶

No. 04 도해 연금술
쿠사노 타쿠미 지음 | 코트랜스 인터내셔널 옮김
'진리'를 위해 모든 것을 바친 이들의 기록

No. 05 도해 핸드웨폰
오나미 아츠시 지음 | 이창협 옮김
권총, 기관총, 머신건 등 개인 화기의 모든 것

No. 06 도해 전국무장
이케가미 료타 지음 | 이재경 옮김
무장들의 활약상, 전국시대의 일상과 생활

No. 07 도해 전투기
가와노 요시유키 지음 | 문우성 옮김
인류의 전쟁사를 바꾸어놓은 전투기를 상세 소개

No. 08 도해 특수경찰
모리 모토사다 지음 | 이재경 옮김
실제 SWAT 교관 출신의 저자가 소개하는 특수경찰

No. 09 도해 전차
오나미 아츠시 지음 | 문우성 옮김
지상전의 지배자이자 절대 강자 전차의 힘과 전술

No. 10 도해 헤비암즈
오나미 아츠시 지음 | 이재경 옮김
무반동총, 대전차 로켓 등의 압도적인 화력

No. 11 도해 밀리터리 아이템
오나미 아츠시 지음 | 이재경 옮김
군대에서 쓰이는 군장 용품을 완벽 해설

No. 12 도해 악마학
쿠사노 타쿠미 지음 | 김문광 옮김
악마학 발전 과정을 한눈에 알아볼 수 있게 구성

No. 13 도해 북유럽 신화
이케가미 료타 지음 | 김문광 옮김
북유럽 신화 세계관의 탄생부터 라그나로크까지

No. 14 도해 군함
다카하라 나루미 외 1인 지음 | 문우성 옮김
20세기 전함부터 항모, 전략 원잠까지 해설

No. 15 도해 제3제국
모리세 료 외 1인 지음 | 문우성 옮김
아돌프 히틀러 통치하의 독일 제3제국 개론서

No. 16 도해 근대마술
하니 레이 지음 | AK커뮤니케이션즈 편집부 옮김
마술의 종류와 개념, 마술사, 단체 등 심층 해설

No. 17 도해 우주선
모리세 료 외 1인 지음 | 이재경 옮김
우주선의 태동부터 발사, 비행 원리 등의 발전 과정

No. 18 도해 고대병기
미즈노 히로키 지음 | 이재경 옮김
고대병기 탄생 배경과 활약상, 계보, 작동 원리 해설

No. 19 도해 UFO
사쿠라이 신타로 지음 | 서형주 옮김
세계를 떠들썩하게 만든 UFO 사건 및 지식

No. 20 도해 식문화의 역사
다카하라 나루미 지음 | 채다인 옮김
중세 유럽을 중심으로, 음식문화의 변화를 설명

No. 21 도해 문장
신노 케이 지음 | 기미정 옮김
역사와 문화의 시대적 상징물, 문장의 발전 과정

No. 22 도해 게임이론
와타나베 타카히로 지음 | 기미정 옮김
알기 쉽고 현실에 적용할 수 있는 입문서

No. 23 도해 단위의 사전
호시다 타다히코 지음 | 문우성 옮김
세계를 바라보고, 규정하는 기준이 되는 단위

No. 24 도해 켈트 신화
이케가미 료타 지음 | 곽형준 옮김
켈트 신화의 세계관 및 전설의 주요 인물 소개

No. 25 도해 항공모함
노가미 아키토 외 1인 지음 | 오광웅 옮김
군사력의 상징이자 군사기술의 결정체, 항공모함

No. 26 도해 위스키
츠치야 마모루 지음 | 기미정 옮김
위스키의 맛을 한층 돋워주는 필수 지식이 가득

No. 27 도해 특수부대
오나미 아츠시 지음 | 오광웅 옮김
전장의 스페셜리스트 특수부대의 모든 것

No. 28 도해 서양화
다나카 쿠미코 지음 | 김상호 옮김
시대를 넘어 사랑받는 명작 84점을 해설

No. 29 도해 갑자기 그림을 잘 그리게 되는 법
나카야마 시게노부 지음 | 이연희 옮김
멋진 일러스트를 위한 투시와 원근법 초간단 스킬

No. 30 도해 사케
키미지마 사토시 지음 | 기미정 옮김
사케의 맛을 한층 더 즐길 수 있는 모든 지식

No. 31 도해 흑마술
쿠사노 타쿠미 지음 | 곽형준 옮김
역사 속에 실존했던 흑마술을 총망라

No. 32 도해 현대 지상전
모리 모토사다 지음 | 정은택 옮김
현대 지상전의 최첨단 장비와 전략, 전술

No. 33 도해 건파이트
오나미 아츠시 지음 | 송명규 옮김
영화 등에서 볼 수 있는 건 액션의 핵심 지식

No. 34 도해 마술의 역사
쿠사노 타쿠미 지음 | 김진아 옮김
마술의 발생시기와 장소, 변모 등 역사와 개요

No. 35 도해 군용 차량
노가미 아키토 지음 | 오광웅 옮김
맡은 임무에 맞추어 고안된 군용 차량의 세계

No. 36 도해 첩보·정찰 장비
사카모토 아키라 지음 | 문성호 옮김
승리의 열쇠 정보! 첩보원들의 특수장비 설명

No. 37 도해 세계의 잠수함
사카모토 아키라 지음 | 류재학 옮김
바다를 지배하는 침묵의 자객, 잠수함을 철저 해부

No. 38 도해 무녀
토키타 유스케 지음 | 송명규 옮김
한국의 무당을 비롯한 세계의 샤머니즘과 각종 종교

No. 39 도해 세계의 미사일 로켓 병기
사카모토 아키라 | 유병준·김성훈 옮김
ICBM과 THAAD까지 미사일의 모든 것을 해설

No. 40 독과 약의 세계사
후나야마 신지 지음 | 진정숙 옮김
독과 약의 역사, 그리고 우리 생활과의 관계

No. 41 영국 메이드의 일상
무라카미 리코 지음 | 조아라 옮김
빅토리아 시대의 아이콘 메이드의 일과 생활

No. 42 영국 집사의 일상
무라카미 리코 지음 | 기미정 옮김
집사로 대표되는 남성 상급 사용인의 모든 것

No. 43 중세 유럽의 생활
가와하라 아쓰시 외 1인 지음 | 남지연 옮김
중세의 신분 중「일하는 자」의 일상생활

No. 44 세계의 군복
사카모토 아키라 지음 | 진정숙 옮김
형태와 기능미가 절묘하게 융합된 군복의 매력

No. 45 세계의 보병장비
사카모토 아키라 지음 | 이상언 옮김
군에 있어 가장 기본이 되는 보병이 지닌 장비

No. 46 해적의 세계사
모모이 지로 지음 | 김효진 옮김
다양한 해적들이 세계사에 남긴 발자취

No. 47 닌자의 세계
야마키타 아츠시 지음 | 송명규 옮김
온갖 지혜를 짜낸 닌자의 궁극의 도구와 인술

No. 48 스나이퍼
오나미 아츠시 지음 | 이상언 옮김
스나이퍼의 다양한 장비와 고도의 테크닉

No. 49 중세 유럽의 문화
이케가미 쇼타 지음 | 이은수 옮김
중세 세계관을 이루는 요소들과 실제 생활

No. 50 기사의 세계
이케가미 슌이치 지음 | 남지연 옮김
기사의 탄생에서 몰락까지, 파헤치는 역사의 드라마

No. 51 영국 사교계 가이드
무라카미 리코 지음 | 문성호 옮김
빅토리아 시대 중류 여성들의 사교 생활

No. 52 중세 유럽의 성채 도시
가이하쓰샤 지음 | 김진희 옮김
궁극적인 기능미의 집약체였던 성채 도시

No. 53 마도서의 세계
쿠사노 타쿠미 지음 | 남지연 옮김
천사와 악마의 영혼을 소환하는 마도서의 비밀

No. 54 영국의 주택
야마다 카요코 외 지음 | 문성호 옮김
영국 지역에 따른 각종 주택 스타일을 상세 설명

No. 55 발효
고이즈미 다케오 지음 | 장현주 옮김
미세한 거인들의 경이로운 세계

No. 56 중세 유럽의 레시피
코스트마리 사무국 슈 호카 지음 | 김효진 옮김
중세 요리에 대한 풍부한 지식과 요리법

No. 57 알기 쉬운 인도 신화
천축 기담 지음 | 김진희 옮김
강렬한 개성이 충돌하는 무아와 혼돈의 이야기

No. 58 방어구의 역사
다카히라 나루미 지음 | 남지연 옮김
방어구의 역사적 변천과 특색 · 재질 · 기능을 망라

No. 59 마녀 사냥
모리시마 쓰네오 지음 | 김진희 옮김
르네상스 시대에 휘몰아친 '마녀사냥'의 광풍

No. 60 노예선의 세계사
후루가와 마사히로 지음 | 김효진 옮김
400년 남짓 대서양에서 자행된 노예무역

No. 61 말의 세계사
모토무라 료지 지음 | 김효진 옮김
역사로 보는 인간과 말의 관계

No. 62 달은 대단하다
사이키 가즈토 지음 | 김효진 옮김
우주를 향한 인류의 대항해 시대

No. 63 바다의 패권 400년사
다케다 이사미 지음 | 김진희 옮김
17세기에 시작된 해양 패권 다툼의 역사

No. 64 영국 빅토리아 시대의 라이프 스타일
Cha Tea 홍차 교실 지음 | 문성호 옮김
영국 빅토리아 시대 중산계급 여성들의 생활

No. 65 영국 귀족의 영애
무라카미 리코 지음 | 문성호 옮김
영애가 누렸던 화려한 일상과 그 이면의 현실

No. 66 쾌락주의 철학
시부사와 다쓰히코 지음 | 김수희 옮김
쾌락주의적 삶을 향한 고찰과 실천

No. 67 에로만화 스터디즈
나가야마 카오루 지음 | 선정우 옮김
에로만화의 역사와 주요 장르를 망라

No. 68 영국 인테리어의 역사
트레버 요크 지음 | 김효진 옮김
500년에 걸친 영국 인테리어 스타일

No. 69 과학실험 의학 사전
아루마 지로 지음 | 김효진 옮김
기상천외한 의학계의 흑역사 완전 공개

No. 70 영국 상류계급의 문화
아라이 메구미 지음 | 김정희 옮김
어퍼 클래스 사람들의 인상과 그 실상

No. 71 비밀결사 수첩
시부사와 다쓰히코 지음 | 김수희 옮김
역사의 그림자 속에서 활동해온 비밀결사

No. 72 영국 빅토리아 여왕과 귀족 문화
무라카미 리코 지음 | 문성호 옮김
대영제국의 황금기를 이끌었던 여성 군주

No. 73 미즈키 시게루의 일본 현대사 1~4
미즈키 시게루 지음 | 김진희 옮김
서민의 눈으로 바라보는 격동의 일본 현대사

No. 74 전쟁과 군복의 역사
쓰지모토 요시후미 지음 | 김효진 옮김
풍부한 일러스트로 살펴보는 군복의 변천

No. 75 흑마술 수첩
시부사와 다쓰히코 지음 | 김수희 옮김
악마들이 도사리는 오컬티즘의 다양한 세계

No. 76 세계 괴이 사전 현대편
아사자토 이츠키 지음 | 현정수 옮김
세계 지역별로 수록된 방대한 괴담집

No. 77 세계의 악녀 이야기
시부사와 다쓰히코 지음 | 김수희 옮김
악녀의 본성과 악의 본질을 파고드는 명저

No. 78 독약 수첩
시부사와 다쓰히코 지음 | 김수희 옮김
역사 속 에피소드로 살펴보는 독약의 문화사

No. 79 미즈키 시게루의 히틀러 전기
미즈키 시게루 지음 | 김진희 옮김
거장이 그려내는 히틀러 56년의 생애

No. 80 이치로 사고
고다마 미쓰오 지음 | 김진희 옮김
역경을 넘어서는 일류의 자기관리

No. 81 어떻게든 되겠지
우치다 다쓰루 지음 | 김경원 옮김
우치다 다쓰루의 '자기다움'을 위한 인생 안내

No. 82 태양왕 루이 14세
사사키 마코토 지음 | 김효진 옮김
루이 14세의 알려지지 않은 실상을 담은 평전

No. 83 이탈리아 과자 대백과
사토 레이코 지음 | 김효진 옮김
전통과 현대를 아우르는 이탈리아 명과 107선

No. 84 유럽의 문장 이야기
모리 마모루 지음 | 서수지 옮김
유럽 문장의 판별법과 역사를 이해

No. 85 중세 기사의 전투기술
제이 에릭 노이즈, 마루야마 무쿠 지음 | 김정규 옮김
검술 사진으로 알아보는 기사의 전투 기술

No. 86 서양 드레스 도감
리디아 에드워즈 지음 | 김효진, 이지은 옮김
유럽 복식사 500년을 장식한 드레스

No. 87 발레 용어 사전
도미나가 아키코 지음 | 김효진 옮김
일러스트를 곁들여 흥미롭게 들려주는 발레 이야기

No. 88 세계 괴이 사전 전설편
에이토에후 지음 | 현정수 옮김
세계 곳곳에서 전해지는 신비한 전설!

No. 89 중국 복식사 도감
류융화 지음 | 김효진 옮김
중국 복식의 역사를 한 권에 담은 최고의 입문서!

No. 90 삼색 고양이 모부는 캔 부자가 되고 싶어
쿠로야마 캐시 램 지음 | 조아라 옮김
독립적인 고양이를 향한 모부의 도전 이야기

No. 91 마녀의 역사
Future Publishing 지음 | 강영준 옮김
풍부한 자료로 알아보는 마녀의 어두운 진실!

No. 92 스타워즈 라이트세이버 컬렉션
대니얼 월리스 지음 | 권윤경 옮김
전설의 무기 라이트세이버의 장대한 역사

No. 93 페르시아 신화
오카다 에미코 지음 | 김진희 옮김
인간적인 면이 돋보이는 페르시아 신화의 전모

No. 94 스튜디오 지브리의 현장
스즈키 도시오 지음 | 문혜란 옮김
프로듀서 스즈키 도시오가 공개하는 지브리의 궤적

No. 95 영국의 여왕과 공주
Cha Tea 홍차 교실 지음 | 김효진 옮김
영국 왕실의 초석을 쌓은 여성들의 22가지 이야기

No. 96 전홍식 관장의 판타지 도서관
전홍식 지음
판타지의 거의 모든 것을 살펴보는 방대한 자료

No. 97 주술의 세계
Future Publishing 지음 | 강영준 옮김
다양한 시각 자료로 알아보는 주술의 역사와 이론

No. 98 메소포타미아 신화
야지마 후미오 지음 | 김정희 옮김
인류에게 많은 유산을 남긴 최초의 문명 이야기

No. 99 일러스트 공룡 대백과
G. Masukawa 지음 | 김효진 옮김
풍부한 일러스트로 공룡의 이모저모를 완전 해부.

No. 100 고대 로마 글래디에이터의 세계
스티븐 위즈덤 지음 | 문성호 옮김
로마 검투사의 실제 일상과 훈련, 장비 등을 상세 해설.

No. 101 우에다 신의 도해 한국전쟁
우에다 신 지음 | 강영준 옮김
한국전쟁 참전국들의 병기를 치밀한 일러스트로 소개.

그림과 사진으로 풀어보는 이상한 나라의 앨리스
구와바라 시게오 지음 | 조민경 옮김
매혹적인 원더랜드의 논리를 완전 해설

그림과 사진으로 풀어보는 알프스 소녀 하이디
지바 가오리 외 지음 | 남지연 옮김
하이디를 통해 살펴보는 19세기 유럽사

영국 귀족의 생활
다나카 료조 지음 | 김상호 옮김
화려함과 고상함의 이면에 자리 잡은 책임과 무게

요리 도감
오치 도요코 지음 | 김세원 옮김
부모가 자식에게 조곤조곤 알려주는 요리 조언집

사육 재배 도감
아라사와 시게오 지음 | 김민영 옮김
동물과 식물을 스스로 키워보기 위한 알찬 조언

식물은 대단하다
다나카 오사무 지음 | 남지연 옮김
우리 주변의 식물들이 지닌 놀라운 힘

그림과 사진으로 풀어보는 마녀의 약초상자
니시무라 유코 지음 | 김상호 옮김
「약초」라는 키워드로 마녀의 비밀을 추적

초콜릿 세계사
다케다 나오코 지음 | 이지은 옮김
신비의 약이 연인 사이의 선물로 자리 잡기까지

초콜릿어 사전
Dolcerica 가가와 리카코 지음 | 이지은 옮김
사랑스러운 일러스트로 보는 초콜릿의 매력

판타지세계 용어사전
고타니 마리 감수 | 전홍식 옮김
세계 각국의 신화, 전설, 역사 속의 용어들을 해설

세계사 만물사전
헤이본샤 편집부 지음 | 남지연 옮김
역사를 장식한 각종 사물 약 3,000점의 유래와 역사

고대 격투기
오사다 류타 지음 | 남지연 옮김
고대 지중해 세계 격투기와 무기 전투술 총망라

에로 만화 표현사
키미 리토 지음 | 문성호 옮김
에로 만화에 학문적으로 접근하여 자세히 분석

크툴루 신화 대사전
히가시 마사오 지음 | 전홍식 옮김
러브크래프트의 문학 세계와 문화사적 배경 망라

아리스가와 아리스의 밀실 대도감
아리스가와 아리스 지음 | 김효진 옮김
신기한 밀실의 세계로 초대하는 41개의 밀실 트릭

연표로 보는 과학사 400년
고야마 게타 지음 | 김진희 옮김
연표로 알아보는 파란만장한 과학사 여행 가이드

제2차 세계대전 독일 전차
우에다 신 지음 | 오광웅 옮김
풍부한 일러스트로 살펴보는 독일 전차

구로사와 아키라 자서전 비슷한 것
구로사와 아키라 지음 | 김경남 옮김
영화감독 구로사와 아키라의 반생을 회고한 자서전

유감스러운 병기 도감
세계 병기사 연구회 지음 | 오광웅 옮김
69종의 진기한 병기들의 깜짝 에피소드

유해초수
Toy(e) 지음 | 김정규 옮김
오리지널 세계관의 몬스터 일러스트 수록

요괴 대도감
미즈키 시게루 지음 | 김건 옮김
미즈키 시게루가 그려낸 걸작 요괴 작품집

과학실험 이과 대사전
야쿠리 교시쓰 지음 | 김효진 옮김
다양한 분야를 아우르는 궁극의 지식탐험!

과학실험 공작 사전
야쿠리 교시쓰 지음 | 김효진 옮김
공작이 지닌 궁극의 가능성과 재미!

크툴루 님이 엄청 대충 가르쳐주시는 크툴루 신화 용어사전
우미노 나마코 지음 | 김정규 옮김
크툴루 신화 신들의 귀여운 일러스트가 한가득

고대 로마 군단의 장비와 전술
오사다 류타 지음 | 김진희 옮김
로마를 세계의 수도로 끌어올린 원동력

제2차 세계대전 군장 도감
우에다 신 지음 | 오광웅 옮김
각 병종에 따른 군장들을 상세하게 소개

음양사 해부도감
가와이 쇼코 지음 | 강영준 옮김
과학자이자 주술사였던 음양사의 진정한 모습

미즈키 시게루의 라바울 전기
미즈키 시게루 지음 | 김효진 옮김
미즈키 시게루의 귀중한 라바울 전투 체험담

산괴 1~3
다나카 야스히로 지음 | 김수희 옮김
산에 얽힌 불가사의하고 근원적인 두려움

초 슈퍼 패미컴
타네 키요시 외 2명 지음 | 문성호 옮김
역사에 남는 게임들의 발자취와 추억